高职高专"十二五"规划教材

# 可编程控制器应用技术

## ——理实一体化教程

（第二版）

李俊秀 主 编

李 严 李 剑 副主编

郝晓弘 主 审

化学工业出版社

·北京·

本书立足于一体化教学，从技能培养、技术应用的角度出发，以三菱公司FX系列PLC为背景机型，系统地介绍了可编程控制器的应用技术。为适应不同层次、不同专业及一体化教学的需要，全书涵盖了可编程控制器的组成与基本原理、程序的设计与调试、功能指令与特殊功能模块的使用、PLC通信技术、PLC技术的工程应用及PLC技术应用的技能训练等。书中列举了大量程序设计的案例和实训课题，突出了技术应用和工程实践能力的培养，既可用于理论与一体化教学，也可指导学生进行实训、课程设计和毕业设计。

本书理论联系实际，以技能培养、技术应用为主线，内容丰富，实用性强。

本书可作为高职高专、成人教育和中等职业学校电气自动化技术、生产过程自动化技术、工业电气自动化、应用电子技术、机电应用技术、机电一体化、数控技术、仪表自动化技术和计算机应用技术等相关专业的教材，也可供工程技术人员参考和作为培训教材使用。

**图书在版编目(CIP)数据**

可编程控制器应用技术：理实一体化教程／李俊秀主编. —2版. —北京：化学工业出版社，2015.6

高职高专“十二五”规划教材

ISBN 978-7-122-23910-5

Ⅰ. ①可… Ⅱ. ①李… Ⅲ. ①可编程序控制器-高等职业教育-教材 Ⅳ. ①TM571.6

中国版本图书馆CIP数据核字（2015）第095030号

---

责任编辑：张建茹　潘新文　　　　装帧设计：关　飞

---

出版发行：化学工业出版社（北京市东城区青年湖南街13号　邮政编码100011）

印　　装：三河市延风印装有限公司

787mm×1092mm　1/16　印张14　字数366千字　2015年10月北京第2版第1次印刷

---

购书咨询：010-64518888（传真：010-64519686）　售后服务：010-64518899

网　　址：http://www.cip.com.cn

凡购买本书，如有缺损质量问题，本社销售中心负责调换。

---

定　　价：30.00元　版权所有　违者必究

# 前　言

可编程控制器（PLC）是以计算机技术为核心的通用工业自动化控制设备，它以其功能强大、可靠性高、编程简单、联网方便等突出的优越性，迅速普及并成为当代工业自动化控制的支柱设备之一。为帮助读者更好地掌握 PLC 应用技术，在总结多年 PLC 理论与实践教学的基础上，按照基础知识、技术应用、工程实践和技能训练四个模块编写了《可编程控制器应用技术》一书，其中前 4 章属于**基础知识模块**，第 5~7 章属于**技术应用模块**，第 8 和 9 章属于**工程实践模块**，第 10 章属于**技能训练模块**。

目前，PLC 的机型很多，但其基本结构、原理相同，基本功能、指令系统及编程方法类似。因此，本书从教学需要及实际应用出发，选择了当今最具特色并极有代表性的三菱 FX 系列高性能、微型 PLC 作为背景机型，系统介绍了 PLC 的组成、工作原理、内部软元件、指令系统及编程、特殊功能模块及应用、PLC 通信技术、PLC 技术的工程应用及 PLC 技术应用的技能训练等。书中列举了大量程序设计的案例和实训课题，突出了应用技能和工程实践能力的培养，既可用于理论与一体化教学，也可指导学生进行实训、课程设计和毕业设计。

本书具有以下特点。

• 主线突出　贯穿了技能培养、技术应用的主线，实现三个核心能力（程序编制与调试；PLC 技术应用；PLC 工程实践）的培养。

• 适用性强　模块式教学内容，理论与实践并举，可满足不同层次、不同岗位的要求。

• 工学结合　采用基于“工学结合”的教学模式和案例驱动的理实一体化教学方法，确保“做中教，做中学，学到手”。通过工学结合，实现技能培养。

• 技术先进　体现了新知识、新技术的渗透及应用（变频器、触摸屏、组态技术与 PLC 技术的融合）。

全书共 10 章和 1 个附录。其中第 1～4 章和第 9 章由李俊秀编写（其中第 9 章的 9.4 节由李剑编写），第 5 章和附录由耿惊涛、童克波与陈冬编写，第 6 章由魏训帮编写，第 7 章由李严编写，第 8 章由胡建龙与童克波编写，第 10 章的 10.1、10.3、10.5、10.7、10.9、10.10 和 10.12 由童克波编写，10.2、10.4、10.6、10.8、10.11 和 10.13 由李剑编写。本书由李俊秀任主编，并负责全书的统稿工作，李严、李剑任副主编，郝晓弘教授主审。

本书在编写过程中得到了中国化工教育协会、化学工业出版社及许多院校和个人的大力支持和帮助，在此表示诚挚的谢意！

由于水平有限，书中不妥之处在所难免，恳请广大读者批评指正。

编者

2015 年 5 月

# 目　录

# 第 1 章　可编程控制器及其工作原理

## 1.1　可编程控制器概述

### 1.1.1　可编程控制器

可编程控制器（Programmable Logic Controller，简称 PLC）是将传统的继电器控制技术、现代的微电子技术、计算机技术和通信技术融为一体的自动化控制设备。图 1-1 是 $FX_{2N}$ 系列小型 PLC 的主机外观图。

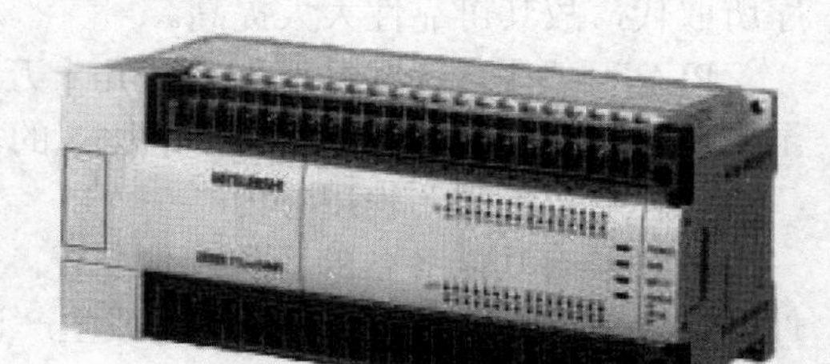

图 1-1　$FX_{2N}$ 系列小型 PLC 的主机外观图

1969 年，美国数字设备公司（DEC）首先研制成功了第一台可编程控制器，并在通用汽车公司（GM）的自动生产线上试用成功，从而开创了工业控制的新局面；1971 年，日本开始生产可编程控制器；1973 年，欧洲各国开始生产可编程控制器；1974 年，中国开始研制可编程控制器，1977 年开始工业应用。

20 世纪 80 年代以来，随着大规模集成电路和微型计算机技术的发展，以 16 位和 32 位微处理器为核心的 PLC 得到了迅速发展，使 PLC 在设计、性能、价格以及应用等方面都有了新的突破，不仅控制功能增强、功耗和体积减小、成本下降、可靠性提高、编程和故障检测更为灵活方便，而且随着远程 I/O 和通信网络、数据处理以及图像显示等技术的发展，PLC 的应用领域不断扩大。PLC 已成为现代工业生产自动控制的一大支柱设备。

目前，PLC 的生产厂家众多，产品型号、规格不可胜数，但主要分为欧洲、日本、美国三大块。在中国市场上，欧洲的代表是西门子，日本的代表是三菱和欧姆龙，美国的代表是 AB 与 GE。各大公司都推出了自己从微型到大型的系列化产品，可以满足各种控制要求。

西门子公司的产品有 S-200（微型机）、S-300（中型机）和 S-400（大型机）。

三菱公司的产品有 Q 系列、QnA 系列、AnS 系列和 A 系列，其为模块式大型 PLC，最大容量为 8KB；FX 系列为单元式小型 PLC，单机最大容量为 256B。

PLC 的历史只有 30 多年，但一直在发展中，所以至今尚未对其下最后的定义。国际电工学会 IEC（International Electrical Committee）1987 年发布了当时 PLC 的最新定义：PLC 是一种专门为在工业环境下应用而设计的数字运算操作的电子装置，它采用可以编制程序的存储器，在其内部存储执行逻辑运算、顺序运算、计时、计数和算术运算等操作的指令，并能通过数字式或模拟式的输入和输出控制各种类型的机械或生产过程，PLC 及其相关的外围设备都应按照易与工业控制系统形成一个整体，易于扩展其功能的原则而设计。其要点如下。

① PLC 是数字运算操作的电子装置，可以进行逻辑运算、顺序运算、计时、计数和算术运算等操作。

② PLC 带有可以编制程序的存储器。

③ PLC 是为在工业环境下应用而设计，用于控制各种类型的机械或生产过程。

④ PLC 易与控制系统连成一体，易于扩展。

总而言之，PLC 是可编写程序的通用工业计算机自动控制设备。只要改变用户程序，便可用于各种工业控制设备或系统。

### 1.1.2 可编程控制器的特点

（1）可靠性高，抗干扰能力强

PLC 在设计与制造过程中，考虑了工业现场电磁干扰、电源波动、机械振动、温度和湿度变化等因素的影响，在设备硬件上采用了隔离、屏蔽、滤波、接地等抗干扰措施，主要模块采用大规模或超大规模集成电路，I/O 电路设计有完善的通道保护和信号调理电路；在软件上采用数字滤波等抗干扰和故障诊断措施，所有这些使 PLC 具备了很强的抗干扰能力。特别是大量的开关动作由无触点的电子存储器完成，大部分继电器和繁杂的硬件接线被软件程序所取代，故其可靠性大大提高。

PLC 一般平均无故障时间可达几十万至上千万小时，组成系统时亦可达 4 万~5 万小时甚至更长，这是一般微型计算机不能比拟的。

（2）通用性强，使用方便

PLC 具有功能齐备的各种硬件配置，可以组成能满足各种控制要求的控制系统。用户硬件确定之后，若生产工艺流程改变或生产设备更新，也不必改变 PLC 的硬件设备，只需改编程序就可以满足控制要求。

（3）功能强，适应面广

现代 PLC 不仅有逻辑运算、计时、计数、顺序控制等功能，还具有数字和模拟量的输入输出、功率驱动、通信、人机对话、自检、记录显示等功能，既可控制一台生产机械、一条生产线，又可控制一个生产过程。

（4）编程简单，容易掌握

PLC 程序的编制，一般都采用继电控制形式的梯形图编程语言。梯形图编程语言既继承了传统控制线路的形象直观，又兼顾大多数企业电气技术人员的读图习惯及编程水平，所以非常容易接受和掌握。

（5）体积小、重量轻、功耗低

PLC 是将微电子技术应用于工业设备的产品，其结构紧凑，体积小，重量轻，功耗低。

### 1.1.3 可编程控制器的应用

随着 PLC 功能的不断完善，性价比的不断提高，其应用面也越来越广。目前，PLC 在国内外已广泛应用于钢铁、石油、化工、电力、建材、机械制造、汽车、轻纺、交通运输、环保和文化娱乐等各个行业。

（1）开关量逻辑控制

PLC 取代传统的继电器控制电路构成的逻辑控制、顺序控制系统是 PLC 最基本的应用，既可用于单机控制，又可用于多机群控及自动化流水线控制，如组合机床、注塑机、印刷机械、装配生产线、包装生产线、电镀流水线及电梯控制等。

（2）运动控制

较高档次的 PLC 都有位置控制模块，用于控制步进电动机或伺服电动机，实现对各种机械的位置和运动控制。

（3）闭环过程控制

PLC 具有 A/D 和 D/A 转换功能或模块，能完成对温度、压力、速度和流量等模拟量的调节与控制。现代大中型 PLC 一般都配备了 PID（Proportional Integral Derivative）控制模块，可实现闭环过程控制。当控制过程中某个变量出现偏差时，PLC 能按照 PID 算法计算出正确的输出去控制生产过程，把变量保持在设定值上。过程控制在冶金、化工、热处理、锅炉控制等场合有非常广泛的应用。

（4）数据处理

现代的 PLC 不仅能进行算术运算、数据传送、排序、查表等，而且还能进行数据比较、数据转换、数据通信、数据显示和打印等，它具有很强的数据处理能力。

（5）通信及联网

近几年，随着计算机控制技术的发展，为了适应工厂自动化（FA）网络系统及集散控制系统 DCS（Distributed Control System）发展的需要，较高档次的 PLC 都具有通信联网功能，既可以对远程 I/O 进行控制，又能实现 PLC 与 PLC、PLC 与计算机之间的通信，构成多级分布式控制系统，如三菱 Q 系列 PLC 能为工厂自动化网络系统提供层次清晰的三层控制与管理网络，如图 1-2 所示。

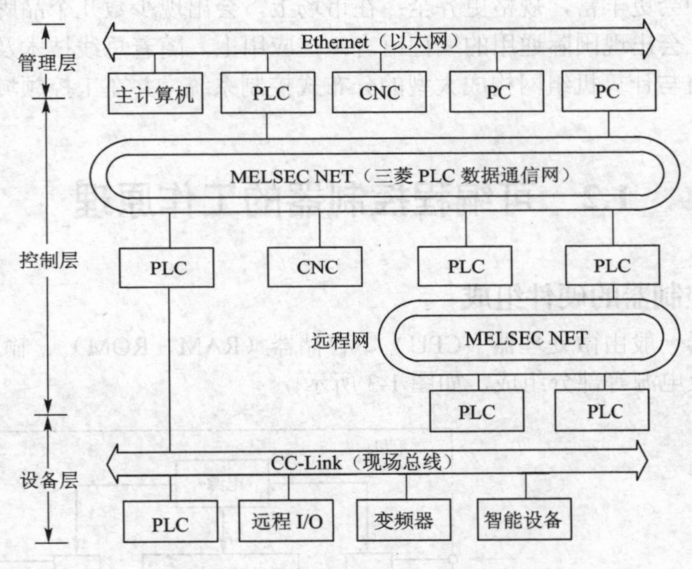


图 1-2　三菱 Q 系列 PLC 网络示意图

由上位机（主计算机）、PLC 和远程 I/O 设备相互连接所形成的 PLC 网络系统可对工业生产从设计到制造，从控制到管理，实现“管控一体化”，构成工厂自动化控制系统。

① 管理层　管理层为网络系统中的最高层（工厂级），主要是在 PLC、设备控制器以及主计算机之间传输生产管理信息、质量管理信息及设备的运转情况等数据，管理层使用最普遍的 Ethernet（以太网）。它不仅能够连接 Windows 系统的 PC、UNIX 系统的工作站等，而且还能连接各种 FA 设备。

② 控制层　控制层是整个网络系统的中间层（车间级），是 PLC、CNC 等控制设备之间进行高速数据互传的控制网络，主要负责自动生产线上的数据采集、编程调试、工艺优化选择和参数设定等工作。作为三菱 PLC 的远程网络，MELSEC NET 具有良好的实时性、简单的网络设定、无程序的网络数据共享和冗余系统等特点，获得了很高的市场评价。

③ 设备层　设备层为网络的最低级（单元级），是通过现场总线（CC-Link）将 PLC 与其他安装在现场的智能化设备，如传感器、人机界面、变频器、智能化仪表、智能型电磁阀、智能型驱动执行机构等，通过一根传输介质（双绞线、同轴电缆或光缆）连接起来，并按照

同一通信规则互相传输信息，由此构成一个现场工业控制网络。这种网络与单纯的PLC远程网络相比，配置更灵活、扩容更方便、性价比更高、更具有开放意义。

MELSEC NET和CC-Link使用循环通信的方式，周期性自动地收发信息，不需要专门的数据通信程序，只需简单的参数设定即可实现网络上的数据共享。

### 1.1.4　可编程控制器的发展前景

PLC经过30多年的发展，在美、德、日等工业发达国家已成为重要的产业之一。目前，世界上有200多个厂家生产PLC，其中较为著名的有美国AB通用电气公司、莫迪康公司；日本三菱、富士、欧姆龙、松下电工等公司；德国西门子公司；法国施耐德公司；韩国三星、LG公司等。世界PLC总销售额不断上升、生产厂家不断涌现、品种也不断翻新。

21世纪，PLC将会有更大的发展。在技术上，计算机技术的新成果会更多地应用于PLC的设计与制造，会有运算速度更快、存储容量更大、组网能力更强的品种出现；在产品的规模上，会进一步向超小型和超大型方向发展；在产品的配套性上，新器件、新模块将不断推出，产品的品种会更丰富，规格更齐全；在市场上，会出现少数几个品牌垄断国际市场的局面；在编程上，会出现国际通用的编程语言；在应用上，随着总线技术及计算机网络的进一步发展，PLC将与计算机组网构成大型的分布式控制系统，并在工控领域发挥越来越大的作用。

## 1.2　可编程控制器的工作原理

### 1.2.1　可编程控制器的硬件组成

可编程控制器一般由微处理器（CPU）、存储器（RAM、ROM）、输入输出接口（I/O接口）、编程器及电源等部分组成，如图1-3所示。

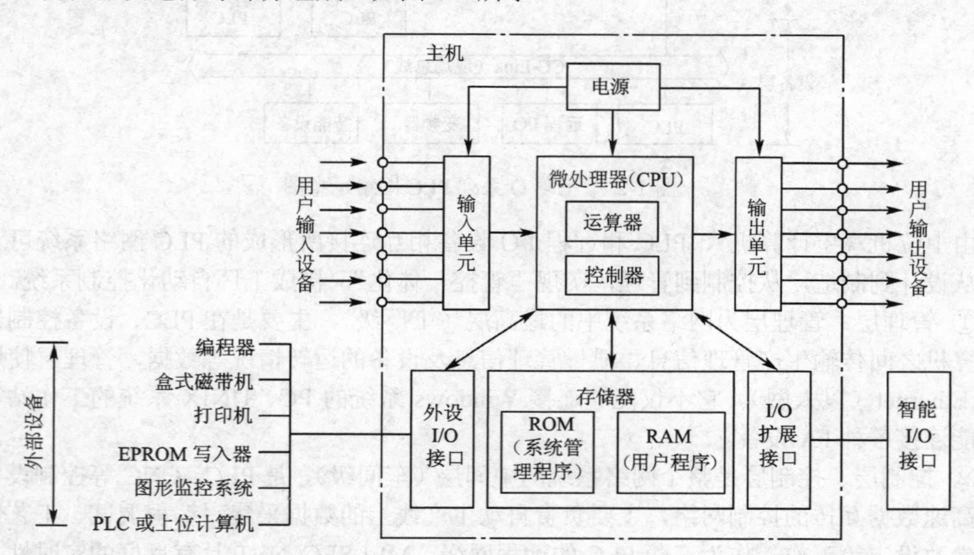


图1-3　可编程控制器基本结构框图

（1）微处理器（CPU）

CPU是PLC的运算控制中心，PLC在CPU的控制下，协调系统内部各部分的工作，执行监控程序和用户程序，进行信息和数据的逻辑处理，产生相应的内部控制信号，实现对现场各个设备的控制。

PLC 中常用的 CPU 主要采用通用微处理器（如 8086、80286、80386 等）、单片机（如 8031、8051、8096 等）或双极型位片式微处理器（如 AM2901、AM2903 等），但一些专业生产 PLC 的厂家均采用自己开发的专用 CPU。CPU 的性能关系到 PLC 处理信息的能力与速度。PLC 的档次越高，CPU 的位数也越多，系统处理信息的量越大，运算速度也越快。

（2）存储器

PLC 的存储器分系统存储器（ROM）和用户存储器（RAM）。系统存储器用来存放系统管理程序，并固化在 ROM 内，用户不能访问和更改；用户存储器用来存放用户编制的应用程序和工作数据，其内容可以由用户任意修改，目前较先进的 PLC 采用可随时读写的快闪存储器作为用户程序存储器，它不需要后备电池，掉电时数据也不会丢失。

（3）输入输出接口

输入输出接口是 PLC 和工业现场输入与输出设备连接的部分。

① 输入接口　输入接口电路用来接收和采集现场输入信号，PLC 输入回路的接线如图 1-4 所示。输入回路中公共点 COM 通过输入元件（如按钮、开关、继电器的触点、传感器等）连接到对应的输入点上，再通过输入继电器将输入元件的状态转换成 CPU 能够识别和处理的信号，并存储到输入映像寄存器中。

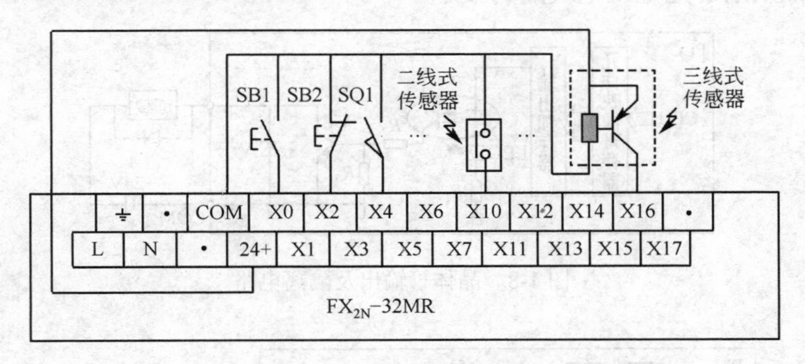


图 1-4　PLC 输入回路的接线

输入回路又分直流输入和交流输入两种形式，如图 1-5、图 1-6 所示。为防止各种干扰信号进入 PLC，影响其可靠性，输入接口电路采用了光电隔离措施。

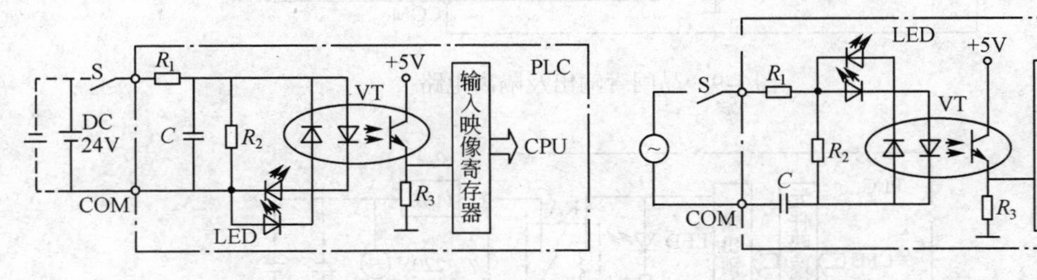


图 1-5　直流输入及隔离电路　　图 1-6　交流输入及隔离电路

② 输出接口　输出接口电路就是 PLC 的负载驱动回路，PLC 输出回路的接线如图 1-7 所示。通过输出接口，将负载和负载电源连接成一个回路，这样负载就由 PLC 输出接口的 ON/OFF 进行控制，输出接口为 ON 时，负载得到驱动。

负载电源的规格应根据负载的需要和输出接口的技术规格进行选择，在输出共用一个公共接口时，必须用同一电压类型和同一电压等级；而不同公共接口组可使用不同电压类型和电压等级的负载。

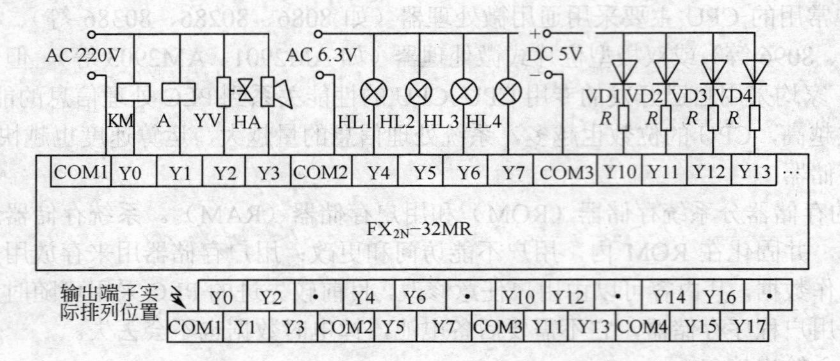


图 1-7　PLC 输出回路的接线

为适应控制的需要，PLC 输出分晶体管输出、晶闸管输出和继电器输出三种形式，如图 1-8、图 1-9、图 1-10 所示。CPU 将处理结果存放在元件映像寄存器中，输出接口电路将其转换成现场需要的强电信号输出，以驱动被控设备的执行元件。为提高 PLC 抗干扰能力，每种输出电路都采用了光电或电气隔离技术。

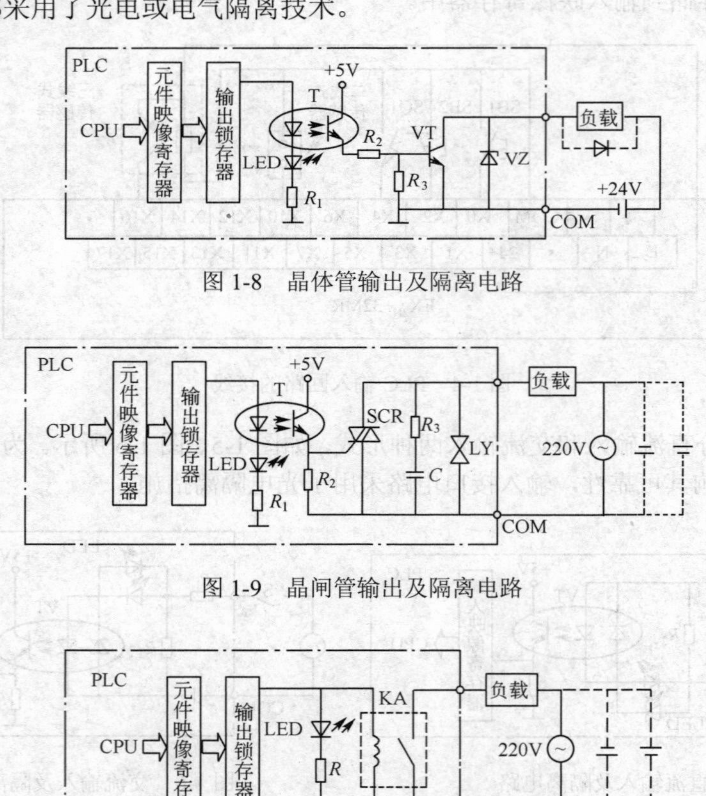


图 1-8　晶体管输出及隔离电路

图 1-9　晶闸管输出及隔离电路

图 1-10　继电器输出及隔离电路

继电器输出和晶闸管输出适用于大电流输出场合；晶体管输出、晶闸管输出适用于快速、频繁动作的场合。对相同驱动能力，继电器输出形式价格较低。

PLC 输出端有感性负载时，为防止其瞬间干扰，应采取抗干扰措施。对直流负载，可在其两端并联续流二极管，如图 1-11（a）所示，二极管可选 1A 的管子，其耐压值应大于负载电源电压的 3~4 倍，接线时要注意二极管的极性；对交流负载，应在负载两端并联阻容吸收电路，如图 1-11（b）所示，一般负载容量在 10V · A 以下，可取 $R$ 为 120Ω，$C$ 为 0.1μF；若负载容量在 10V · A 以上，可取 $R$ 为 47Ω，$C$ 为 0.47μF。

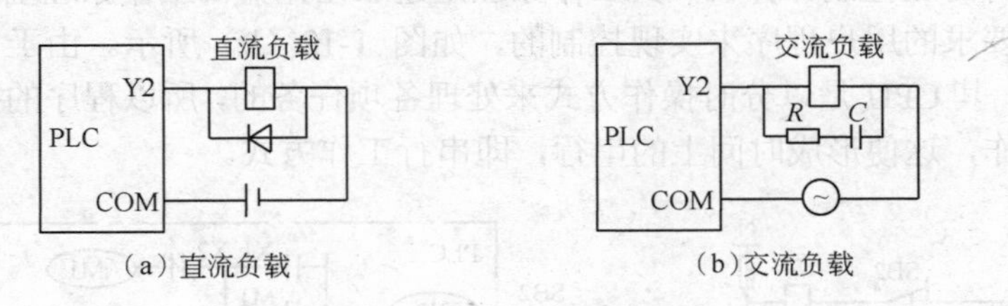

（a）直流负载　（b）交流负载

图 1-11　输出负载的抗干扰措施

（4）智能 I/O 接口

为了实现更加复杂的控制功能，PLC 配有多种智能单元，称为功能模块，如 A/D 单元、D/A 单元、PID 单元、高速计数单元、定位单元等。智能单元一般都有各自的 CPU 和专用的系统软件，能独立完成一项专门的工作。智能单元通过总线与主机联机，通过通信方式接受主机的管理，共同完成控制任务。

（5）电源

小型整体式 PLC 内部设有开关稳压电源，电源一方面可为 CPU 板、I/O 板及扩展单元提供工作电源（DC 5V），另一方面可为外部输入元件提供 DC 24V（200mA）的电源。

（6）编程器

编程器供用户进行程序的编制、编辑、调试和监控，详见 10.1 节。编程器有简易型和智能型两类。简易型编程器只能联机编程，且需要将梯形图转化为机器语言（助记符）后才能输入；智能型编程器又称图形编程器，既可以联机编程，也可以脱机编程，具有图形显示功能，可以直接输入梯形图和通过屏幕对话。

除编程器外，PLC 还可以利用计算机辅助编程，详见 10.2 节，这时计算机应配有相应的编程软件包。若要直接与可编程控制器通信，还要配有相应的通信电缆。

PLC 还可配有盒式磁带机、EPROM 写入器、存储器卡等其他外部设备。

## 1.2.2　可编程控制器的软件

PLC 的软件由系统程序（系统软件）和用户程序（应用软件）组成。

① 系统程序　系统程序包括管理程序、用户指令解释程序以及供系统调用的专用标准程序模块等。管理程序用于运行管理、存储空间分配管理和系统的自检，控制整个系统的运行；用户指令解释程序用于把输入的应用程序（梯形图）翻译成机器能够识别的机器语言；专用标准程序模块是由许多独立的程序块组成，各自能完成不同的功能。系统程序由 PLC 生产厂家提供，并固化在 EPROM 中，用户不能直接读写。

② 用户程序　用户程序是用户根据控制要求，用 PLC 编程语言编制的应用程序。PLC 常用的三种图形化编程语言是梯形图（LD）、功能块图（FBD）和顺序功能图（SFC）；两种文本化编程语言是指令表（IL）和结构化文本（ST）。用户通过编程器或计算机将用户程序写入到 PLC 的 RAM 中，并可以对其进行修改和更新，当 PLC 断电时，写入的内容被锂电池保持。

### 1.2.3　可编程控制器的工作原理

（1）PLC 控制逻辑的实现

继电器控制系统是一种硬件逻辑系统，如图 1-12（a）所示，其三条支路是并联工作的。按下按钮 SB1，中间继电器 KA 得电并自锁，KA 的另两个触点闭合，使接触器 KM1、KM2 同时得电并动作，所以继电器控制系统采用的是并行工作方式。

PLC 是一种工业控制计算机，其工作原理是建立在计算机工作原理基础之上的，是通过执行反映控制要求的用户程序来实现控制的，如图 1-12（b）所示。由于计算机在每一瞬间只能做一件事，其 CPU 是以分时操作方式来处理各项任务的，所以程序的执行是按顺序依次完成相应的动作，这便形成时间上的串行，即串行工作方式。

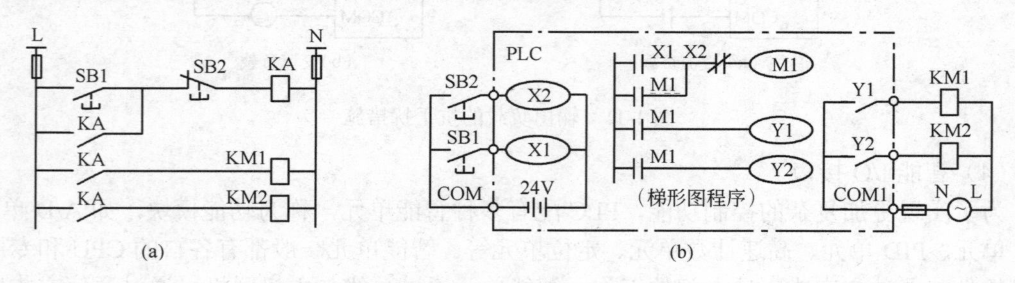


图 1-12　PLC 控制逻辑实现原理示意图

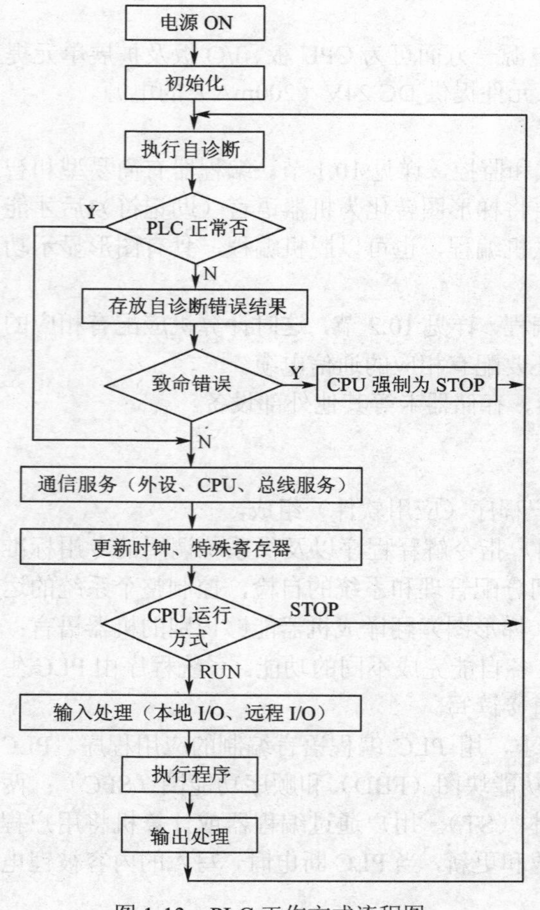


图 1-13　PLC 工作方式流程图

（2）PLC 的工作方式

PLC 采用反复循环的顺序扫描工作方式。PLC 从第一条指令执行开始，按顺序逐条执行用户程序直到用户程序结束，然后返回第一条指令开始新的一轮扫描，每重复一次的时间就是一个工作周期（称扫描周期）。工作周期的长短与程序的长短、指令的种类和 CPU 的主频有关。一个扫描过程中，执行指令程序的时间占了绝大部分。整个扫描过程可分上电处理、自诊断处理、通信服务和程序扫描四个环节，如图 1-13 所示。

① 上电处理　PLC 上电后对系统进行一次初始化，包括硬件初始化和软件初始化，I/O 模块配置检查，断电保持范围设定及其他初始化处理等。

② 自诊断处理　PLC 每扫描一次，执行一次自诊断检查，以确定 PLC 自身的动作是否正常。如检查出异常时，CPU 面板上的 LED 及异常继电器会接通，在特殊寄存器中会存入出错代码。当出现致命错误时，CPU 被强制为 STOP 方式，所有的扫描便中止。

③ 通信服务　PLC 自诊断处理完成以后进入通信服务过程。首先检查有无通信任务，如有调用相应进程，完成与其他设备的通信，

并对通信数据作相应处理；然后进行时钟、特殊寄存器更新处理等工作。

④ 程序扫描　PLC 上电处理、自诊断和通信任务完成以后，如果工作选择开关在 RUN 位置，则进入程序扫描工作阶段。先采样输入信号，再执行用户程序，最后刷新输出。

当 PLC 处于正常运行时，其工作过程可分三个阶段，即输入采样阶段、程序执行阶段和输出刷新阶段，如图 1-14 所示。

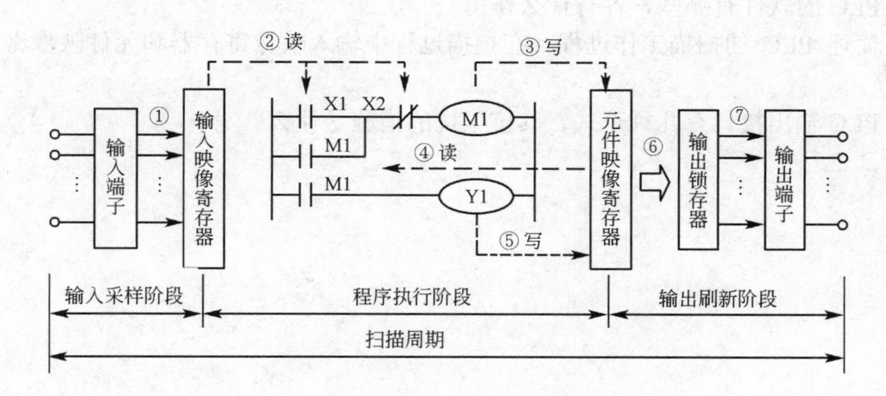


图 1-14　PLC 工作过程示意图

• 输入采样阶段　在程序执行之前，PLC 将所有输入信号的状态（开或关、即 1 或 0）读入到输入映像寄存器中，这称为对输入信号的采样，即输入刷新。接着转入程序执行阶段，在程序执行期间，即使输入信号的状态变化，输入映像寄存器的内容也不会改变，输入状态的变化只能在下一个工作周期的输入采样阶段才被重新读入。

• 程序执行阶段　PLC 在程序执行阶段，总是按从左到右、自上而下的顺序对每条指令进行扫描。每执行一条指令时，所需要的输入元件状态或其他元件的状态分别由输入映像寄存器和元件映像寄存器中读出，而将程序执行结果随时写入到元件映像寄存器中，所以元件映像寄存器中的内容是随程序执行的过程变化的。

• 输出刷新阶段　整个程序执行完毕，将元件映像寄存器中所有输出元件的 ON/OFF 状态转存到输出锁存寄存器，再驱动用户输出设备（负载），这才是 PLC 的实际输出。

注意，输入映像寄存器在采样时刷新；元件映像寄存器进行实时刷新；输出端子的通/断由输出锁存器决定。

（3）输入/输出的滞后现象

从微观上来考察，由于 PLC 特定的扫描工作方式，程序在执行过程中所用的输入信号是本周期内采样阶段的输入信号。若在程序执行过程中，输入信号发生变化，其输出不能即时做出反映，只能等到下一个工作周期的输入采样阶段，才能采样该变化了的输入信号。另外，程序执行过程中产生的输出信号不是立即去驱动负载，而是将处理的结果存放在元件映像寄存器中，等程序全部执行完毕，才将元件映像寄存器中的输出信号经输出锁存器送到输出端子上的。因此，PLC 最显著的不足之处是输入/输出有响应滞后现象。

对一般工业设备来说，其开关量输入信号的变化周期（秒级以上）大于程序工作周期（仅几十毫秒），因此从宏观上来看，输入信号一旦变化，就能立即进入输入映像寄存器；同样，输出元件状态的变化也能使负载得到立即驱动。也就是说，PLC 的输入/输出滞后现象对一般工业设备来说是完全允许的，但对某些设备，如需要输出对输入做出快速反应，可采用快速响应模块、高速计数模块以及中断处理等措施来尽量减少滞后时间。

## 思考题

1-1 什么是PLC？它有哪些主要特点和应用？

1-2 PLC的硬件由哪几部分组成？各有什么作用？

1-3 PLC有哪些编程语言？常用的是什么编程语言？

1-4 PLC的软件有哪些？各有什么作用？

1-5 简述 PLC 的扫描工作过程。在扫描过程中输入映像寄存器和元件映像寄存器各起什么作用？

1-6 PLC输出接口有几种形式？其抗干扰的措施是什么？

# 第2章 FX系列可编程控制器

## 2.1 FX 系列 PLC 的型号

FX 系列 PLC 是三菱公司的产品。三菱公司近年来推出的 FX 系列 PLC 有 $FX_0$、$FX_2$、$FX_{0S}$、$FX_{0N}$、$FX_{2C}$、$FX_{1S}$、$FX_{1N}$、$FX_{2N}$、$FX_{2NC}$ 等系列型号。

FX 系列 PLC 型号命名的基本格式如下：

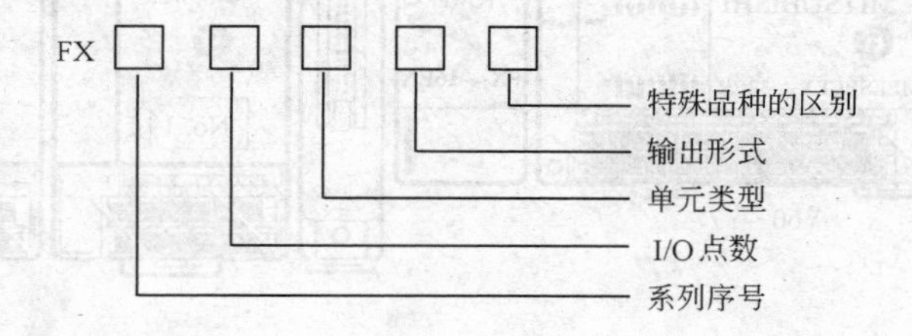


系列序号：系列名称，如 0、2、0S、0N、2C、1S、1N、2N、2NC 等。

I/O 点数：4～128 点。

单元类型：M 代表基本单元。

E 代表输入输出混合扩展单元及扩展模块。

EX 代表输入专用扩展模块。

EY 代表输出专用扩展模块。

输出形式：R 代表继电器输出；T 代表晶体管输出；S 代表晶闸管输出。

特殊品种的区别：D 代表 DC 电源，DC 输入；A1 代表 AC 电源，AC 输入（AC100~120V）或 AC 输入模块；H 代表大电流输出扩展模块（1A/点）；V 代表立式端子排的扩展模式；C 代表接插口输入输出方式；F 代表输入滤波器 1ms 的扩展模块；L 代表 TTL 输入型扩展模块；S 代表独立端子（无公共端）扩展模块；若特殊品种缺省，通常指 AC 电源、DC 输入、横式端子排。

## 2.2 $FX_{2N}$ 系列 PLC 的配置

$FX_{2N}$ 系列 PLC 是 FX 系列中最高级的产品，可用于要求很高的控制系统。图 2-1 示出的是 $FX_{2N}$ 系列 PLC 系统硬件组成示意图，其硬件由基本单元、扩展单元、扩展模块、转换电缆接口、特殊适配器和特殊功能模块等外部设备组成。

基本单元包括 CPU、存储器、I/O 接口和电源，是 PLC 的主要部分，其规格型号如表 2-1 所示。

扩展单元用于扩展 I/O 的点数，内部设有电源。扩展模块用于增加输入或输出的点数，内部无电源，由基本单元或扩展单元供给。扩展单元和扩展模块内无 CPU，必须与基本单元一起使用。$FX_{2N}$ 系列 PLC 扩展单元和扩展模块的规格型号分别如表 2-2、表 2-3 所示。

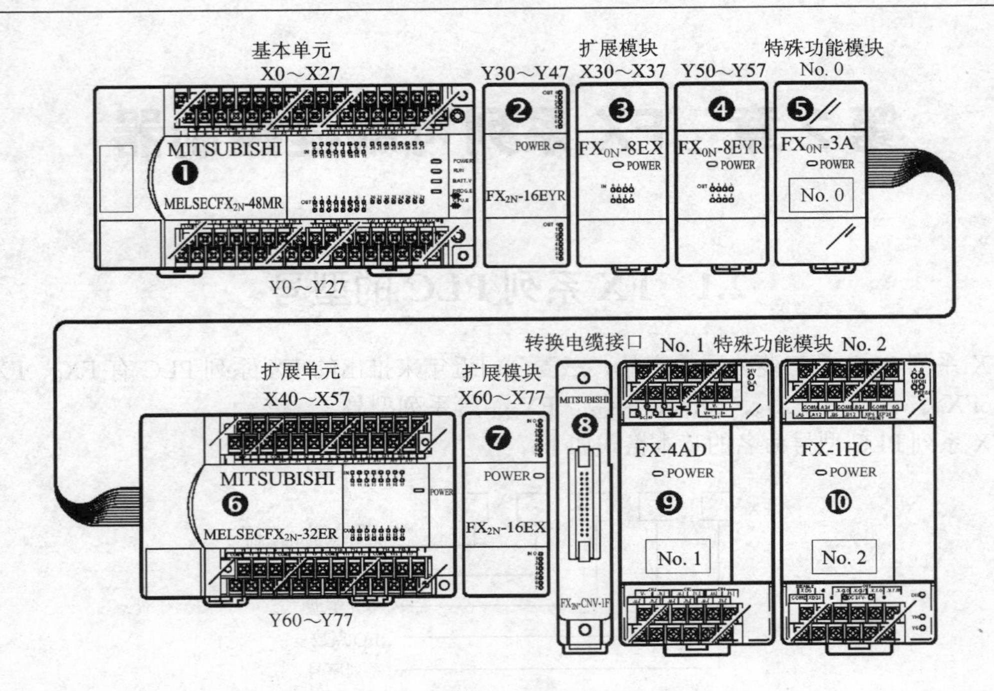


图 2-1 $FX_{2N}$ 系列 PLC 系统硬件组成示意图

**表 2-1 $FX_{2N}$ 系列 PLC 基本单元的规格型号**

| 型号 | | | 输入点数 | 输出点数 | 扩展模块可用点数 |
|---|---|---|---|---|---|
| 继电器输出 | 晶闸管输出 | 晶体管输出 | | | |
| $FX_{2N}$-16MR-001 | — | $FX_{2N}$-16MT-001 | 8 | 8 | 24~32 |
| $FX_{2N}$-32MR-001 | $FX_{2N}$-32MS-001 | $FX_{2N}$-32MT-001 | 16 | 16 | 24~32 |
| $FX_{2N}$-48MR-001 | $FX_{2N}$-48MS-001 | $FX_{2N}$-48MT-001 | 24 | 24 | 48~64 |
| $FX_{2N}$-64MR-001 | $FX_{2N}$-64MS-001 | $FX_{2N}$-64MT-001 | 32 | 32 | 48~64 |
| $FX_{2N}$-80MR-001 | $FX_{2N}$-80MS-001 | $FX_{2N}$-80MT-001 | 40 | 40 | 48~64 |
| $FX_{2N}$-128MR-001 | — | $FX_{2N}$-128MT-001 | 64 | 64 | 48~64 |

**表 2-2 $FX_{2N}$ 系列 PLC 扩展单元的规格型号**

| 型号 | | | 输入点数 | 输出点数 | 扩展模块可用点数 |
|---|---|---|---|---|---|
| 继电器输出 | 晶闸管输出 | 晶体管输出 | | | |
| $FX_{2N}$-32ER | — | $FX_{2N}$-32ET | 16 | 16 | 24~32 |
| $FX_{2N}$-48ER | — | $FX_{2N}$-48ET | 24 | 24 | 24~64 |

**表 2-3 $FX_{2N}$ 系列 PLC 扩展模块的规格型号**

| 型号 | | | | 输入点数 | 输出点数 |
|---|---|---|---|---|---|
| 输入 | 继电器输出 | 晶闸管输出 | 晶体管输出 | | |
| $FX_{2N}$-16EX | — | — | — | 16 | — |
| $FX_{2N}$-16EX-C | — | — | — | 16 | — |
| $FX_{2N}$-16EXL-C | — | — | — | 16 | — |
| — | $FX_{2N}$-16EYR | $FX_{2N}$-16EYS | — | — | 16 |
| — | — | — | $FX_{2N}$-16EYT | — | 16 |
| — | — | — | $FX_{2N}$-16EYT-C | — | 16 |

特殊功能模块是一些专门用途的装置，如进行模拟量控制的 A/D、D/A 转换模块，定位模块，高速计数模块和通信模块等，其规格型号如表 2-4 所示。

**表 2-4　$FX_{2N}$ 系列 PLC 特殊功能模块的规格型号**

| 种　类 | 型　号 | 功 能 概 要 |
|---|---|---|
| 定位模块 | $FX_{2N}$-1PG | 脉冲输出模块、单轴用，最大频率为 100Kbps，顺控程序控制 |
| 高速计数模块 | $FX_{2N}$-1HC | 高速计数模块，1 相 1 输入、1 相 2 输入（最大 50kHz）和 2 相输入（最大 50kHz） |
| 模拟量输入模块 | $FX_{2N}$-4AD | 模拟输入模块，12 位 4 通道，电压输入为直流±10V；输入电流为直流±20mA |
| | $FX_{2N}$-4AD-PT | PT-100 型温度传感器用模块，4 通道输入 |
| | $FX_{2N}$-4AD-TC | 热电偶型温度传感器用模块，4 通道输入 |
| 模拟量输出模块 | $FX_{2N}$-4DA | 模拟输出模块，12 位 4 通道，电压输出为±10V；电流输出为+4~±20mA |
| 通信模块 | $FX_{2N}$-232IF | RS-232C 通信接口，1 通道 |
| 功能扩展板 | $FX_{2N}$-8AV-BD | 容量适配器，模拟量 8 点 |
| | $FX_{2N}$-232-BD | RS-232 通信板（用于连接各种 RS-232 设备） |
| | $FX_{2N}$-422-BD | RS-422 通信板（用于连接外围设备） |
| | $FX_{2N}$-485-BD | RS-485 通信板（用于计算机网络） |
| | $FX_{2N}$-CNV-BD | $FX_{0N}$ 用适配器连接板（不需电源） |

## 2.3　$FX_{2N}$ 系列 PLC 内部资源

PLC 内部资源是指编程的软元件。编程软元件实质上是存储器单元，为了满足不同的功用，存储器单元作了分区，因此也就有了不同类型的编程软元件。各种编程软元件虽然功能不同，但其地址固定。考虑使用的方便性，将编程软元件称为继电器，并按存储数据的性质分为输入继电器、输出继电器、辅助继电器、状态继电器、定时器、计数器、数据寄存器等，用户编程时必须了解这些继电器（软元件）的符号、编号及功能。

需要特别指出的是，不同厂家，甚至同一厂家不同型号 PLC 编程的继电器的数量和种类有所不同。下面以 $FX_{2N}$ 系列 PLC 为例，介绍其编程的继电器。

### 2.3.1　输入输出继电器

（1）输入继电器（X）

输入继电器（X0~X267，按八进制编制）是输入映像寄存器（程序只读存储器），用于接收外部的开关信号，其状态取决于输入端子的状态，而不能被程序所改变。尽管输入继电器是电子继电器，但其线圈、常开触点和常闭触点的使用在原理上与传统的硬件继电器一样，如图 2-2 所示，这里常开触点和常闭触点的数量和使用次数不限，这些触点在 PLC 内可以自由使用。

注意，输入继电器只能利用其触点，其线圈不能用程序驱动，其触点也不能直接用于驱动外部负载。

（2）输出继电器（Y）

输出继电器（Y0~Y267，按八进制编制）是元件映像寄存器（程序可读可写存储器）的一个分区，用于存储运算结果并将其传送给输出接口，再由后者驱动外部负载，如图 2-2 所示。输出继电器的线圈由程序驱动，其常开触点和常闭触点的数量和使用次数不限。

注意，输出继电器外部输出触点的动作（晶体管、晶闸管、继电器的 ON/OFF）与内部触点的状态（软元件的 1/0）是不同的。此外，除输入输出继电器按八进制编制外，其他所有继电器均按十进制编制。

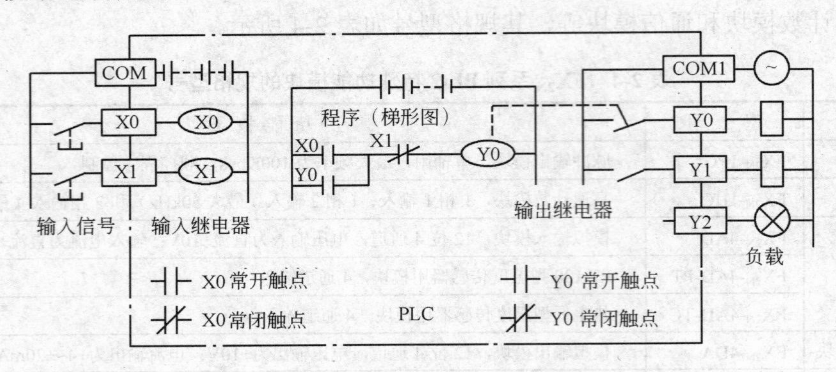


图 2-2 输入、输出继电器功能示意图

## 2.3.2 辅助继电器（M）

辅助继电器的功能类似于中间继电器，主要用于逻辑运算中间状态的存储、信号类型的变换和某些特殊用途。辅助继电器的线圈由程序驱动，其常开和常闭触点的使用次数不限，在 PLC 内可以自由使用，但是这些触点不能直接驱动外部负载。

辅助继电器分通用辅助继电器、断电保持辅助继电器和特殊用途辅助继电器三种类型。

（1）通用辅助继电器（M0~M499，500 点）

通用辅助继电器无状态保持功能，若当前状态为 ON，一旦 PLC 掉电，其状态将全部变为 OFF。

（2）断电保持辅助继电器（M500~M3071，2572 点）

断电保持辅助继电器具有记忆功能，可以保持其在掉电前的状态（元件状态由后备锂电池支持）。M500~M1023 为出厂时设定的断电保持区，如果需要，用户可在 M0~M499 和 M500~M1023 区域中自由安排断电保持区，而 M1024~M3071，共 2048 点，为固定断电保持区，其特性不可改变。

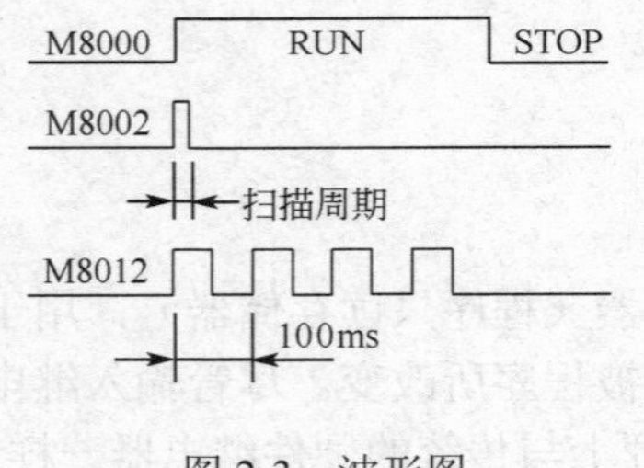


图 2-3 波形图

（3）特殊辅助继电器（M8000~M8255，256 点）

特殊辅助继电器是具有特殊功能的辅助继电器，根据使用方式可分为触点利用型和线圈驱动型两种类型。

① 触点利用型特殊辅助继电器 其线圈由 PLC 自行驱动，用户只能利用其触点，如 M8000 为运行标志（PLC 运行中一直为 ON），用于运行监视，如图 2-3 所示；M8002 为初始脉冲（仅在 PLC 开始运行的第一个扫描周期内为 ON），其常开触点用于某些元件的复位和清零，也可作为启动条件；M8011~M8014 分别是 10ms、100ms、1s 和 1min 时钟脉冲；M8005 是锂电池电压降低指示继电器（当电池电压下降至规定值时变为 ON），可以用它的触点驱动输出继电器和外部指示灯，提醒工作人员更换锂电池。

② 线圈驱动型特殊辅助继电器 其线圈由用户程序驱动，PLC 执行特定的操作，如 M8033 的线圈得电时，PLC 由 RUN 进入 STOP 状态后，映像寄存器与数据寄存器中的内容保持不变；M8034 的线圈得电时，全部输出被禁止；M8039 线圈得电时，PLC 以 D8039 中设定的扫描时间工作。

其余特殊辅助继电器的功能可查 $FX_{2N}$ 的用户手册。

### 2.3.3　状态继电器（S）

状态继电器是用于编制步进顺序控制程序的一种编程元件，它与 STL（步进顺控）指令一起使用。状态继电器有以下五种类型：

① 初始状态继电器（S0~S9，10 点）；

② 回零状态继电器（S10~S19，10 点）　供返回原点用；

③ 通用状态继电器（S20~S499，480 点）　供步进顺控编程用，没有断电保持功能，但是用程序可以将其设定为有断电保持功能的状态；

④ 断电保持状态继电器（S500~S899，400 点）　有断电保持功能；

⑤ 报警用状态继电器（S900~S999，100 点）　用于外部故障诊断的输出。

不与 STL 指令一起使用时，状态继电器（S）可以作为辅助继电器使用。

### 2.3.4　定时器（T）（字、bit）

PLC 中的定时器相当于时间继电器，在程序中用于延时控制。

定时器有一个设定值寄存器（一个字长）、一个当前值寄存器（一个字长）和一个用于存储其输出触点状态的映像寄存器（占二进制数的一位），这三个寄存器使用同一个元件号，设定值可以用常数 K 设定，也可以用数据寄存器设定。PLC 的定时器分普通定时器和积算定时器两种类型。

（1）普通定时器（T0~T245，246 点）

① 100ms 定时器（T0~T199，200 点）　定时范围为 0.1~3276.7s。其中 T192~T199 为子程序和中断服务程序专用的定时器。

② 10ms 定时器（T200~T245，46 点）　定时范围为 0.01~327.67s。普通定时器的工作原理如图 2-4 所示。当驱动输入 X0 为 ON 时，定时器 T200 的当前值计数器对 10ms 时钟脉冲进行累加计数，当前值等于设定值 123 时，定时器的常开触点接通，常闭触点断开，即 T200 的输出触点在其线圈被驱动 1.23s 后动作；若 X0 的常开触点断开，定时器将被复位，其常开触点断开，常闭触点接通，当前值计数器恢复为零。

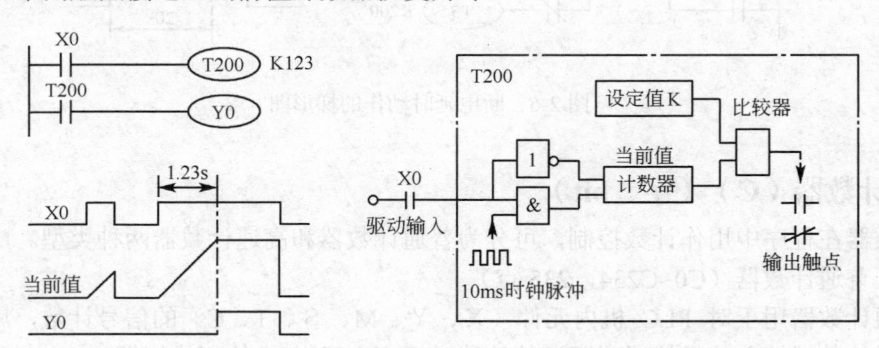


图 2-4　普通定时器的工作原理

如果需要在定时器线圈得电时就动作的瞬动触点，可以在定时器线圈两端并联一个辅助继电器的线圈，并使用该继电器的触点（相当于定时器的瞬动触点）。

普通定时器没有断电保持功能，在输入电路断开或断电时就复位。

（2）积算定时器（T246~T255，10 点）

① 1ms 积算定时器（T246~T249，4 点，中断动作）　定时范围：0.001~32.767s。

② 100ms 积算定时器（T250~T255，6 点）　定时范围：0.1~3276.7s。

积算定时器的工作原理如图 2-5 所示。当 X1 为 ON 时，T250 的当前值计数器对 100ms 时钟脉冲进行累加计数，当前值等于设定值 345 时，定时器的常开触点接通，常闭触点断开；X1 的常开触点断开或供电中断时，T250 的当前值保持不变；X1 的常开触点再次接通或恢复供电时，计时在原有值的基础上继续进行，当累积时间 $t_1+t_2$=34.5s 时，T250 的常开触点接通，Y1 输出。

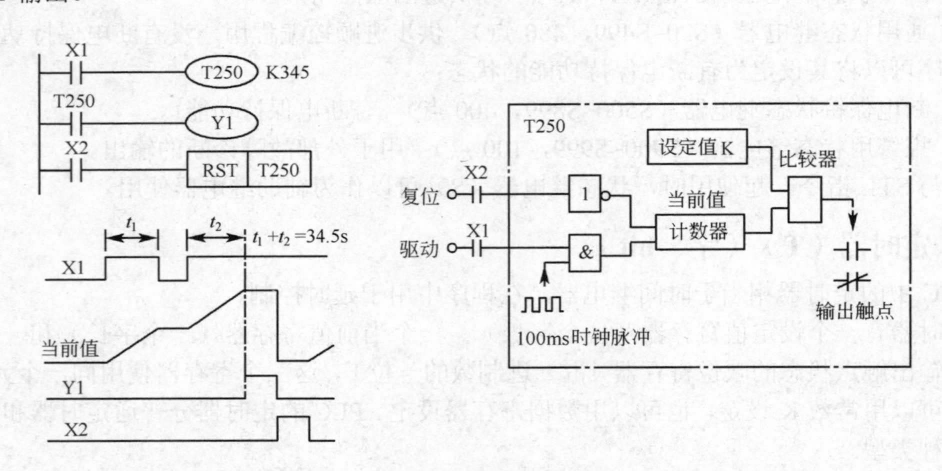


图 2-5 积算定时器工作原理

积算定时器使用时要加“清 0”环节。当 X2 有输入信号时，定时器复位。

定时器只能提供其线圈“得电“后延时动作的触点，如果需要断电（X1 由 ON→OFF）后的延时控制，可以使用图 2-6 所示的断电延时动作的梯形图。

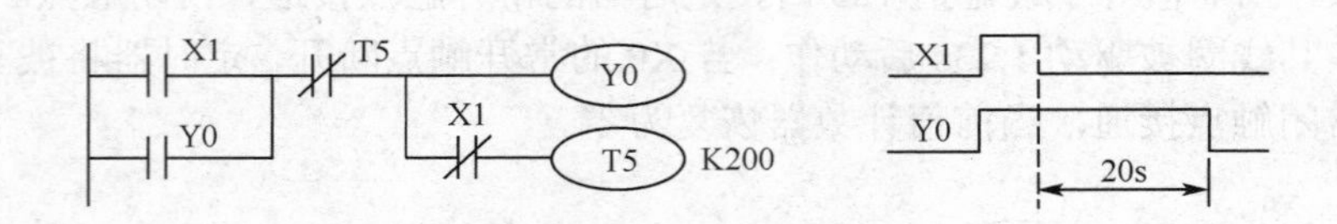


图 2-6 断电延时动作的梯形图

### 2.3.5 计数器（C）（字、bit）

计数器在程序中用作计数控制，可分为普通计数器和高速计数器两种类型。

（1）普通计数器（C0~C234，235 点）

普通计数器用于对 PLC 机内元件（X、Y、M、S、T、C）的信号计数，属低速计数器。普通计数器输入信号接通或断开的持续时间应大于 PLC 的扫描周期。

① 16 位加计数器（C0~C199，200 点） C0~C99（100 点）为通用型；C100~C199（100 点）为断电保持型。设定值为 1~32767。

图 2-7 给出了 16 位加计数器的工作过程，图中 X10 的信号用于计数器 C0 的复位，X11 是计数输入信号。当 C0 的复位输入电路断开，计数输入信号 X11 由 OFF 变为 ON（计数脉冲的上升沿）时，C0 的当前值加 1，在 9 个计数脉冲之后，C0 的当前值等于设定值 9，它对应的位存储单元被置 1，其常开触点接通，Y0 输出，再来计数脉冲，C0 当前值不变，直到复位输入信号 X10 为 ON 时，C0 的当前值被 “清 0”。

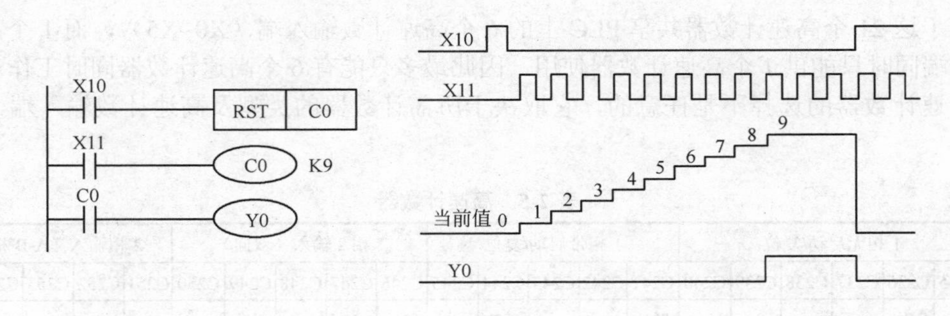


图 2-7　16 位加计数器的工作过程

计数器的设定值除了用常数 K 设定外，还可以通过数据寄存器间接设定。

② 32 位加/减计数器（C200~C234，35 点）C200~C219（20 点）为普通型；C220~C234（15 点）为断电保持型。设定值为–2 147 483 648~+2 147 483 647，设定值可正可负，除了用常数 K 设定外，还可用数据寄存器设定。32 位设定值存放在元件号相邻的两个数据寄存器中，如果指定的数据寄存器是 D0，则设定值存放在 D1 和 D0 中。C200~C234 的加/减计数方式由特殊辅助继电器 M8200~M8234 设定，对应的特殊辅助继电器置 ON 时，为减计数，反之为加计数。

图 2-8 为 32 位加/减计数器的工作过程。图中 X12 为计数方向选择信号；X14 是计数输入信号。计数器 C200 的设定值为–5，在计数过程中，计数器的当前值由–6→–5（增加）时，其触点接通（置 1）；计数器当前值由–5→–6（减少）时，其触点断开（置 0）。

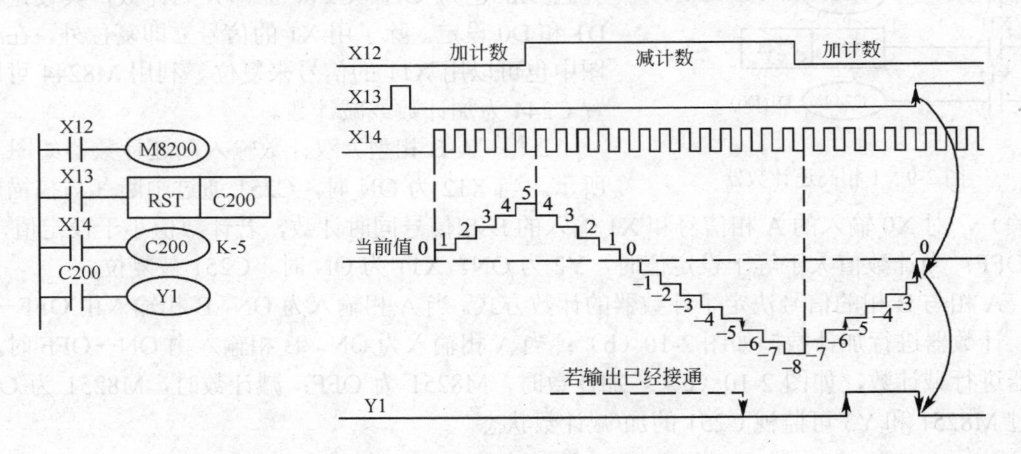


图 2-8　32 位加/减计数器的工作过程

复位输入信号 X13 为 ON 时，C200 被复位，其当前值被“清 0”。

32 位加/减计数器是循环计数器，其当前值的增减虽与输出触点的动作无关，但从+2147483647 起再进行加计数时，当前值就变为–2147483648；同样从–2147483648 起进行减计数，当前值就变为+2147483647。

使用断电保持型计数器时，其当前值和输出触点的状态均能断电保持。

（2）高速计数器（C235~C255，21 点）

其中 C235~C240 为 1 相无启动/复位输入端的高速计数器；C241~C245 为 1 相带启动/复位输入端的高速计数器；C246~C250 为 1 相 2 输入双向高速计数器；C251~C255 为 2 相（A-B 相型）双计数输入高速计数器。

由于这 21 个高速计数器共享 PLC 上的 6 个高速计数输入端（X0~X5），而 1 个高速计数输入端同时只能供 1 个高速计数器使用，因此最多只能有 6 个高速计数器同时工作。

高速计数器的选择不是任意的，它取决于所需计数器的类型及高速计数输入端，详见表 2-5。

**表 2-5 高速计数器**

| 中断 | 1 相无启动/复位 | | | | | | 1 相带启动/复位 | | | | | 1 相 2 输入（双向） | | | | | 2 相输入（A-B 相型） | | | | |
|---|---|---|---|---|---|---|---|---|---|---|---|---|---|---|---|---|---|---|---|---|---|
| 输入 | C235 | C236 | C237 | C238 | C239 | C240 | C241 | C242 | C243 | C244 | C245 | C246 | C247 | C248 | C249 | C250 | C251 | C252 | C253 | C254 | C255 |
| X0 | U/D | | | | | | U/D | | | U/D | | U | U | | U | | A | A | | A | |
| X1 | | U/D | | | | | R | | | R | | D | D | | D | | B | B | | B | |
| X2 | | | U/D | | | | | U/D | | | U/D | | R | | R | | | R | | R | |
| X3 | | | | U/D | | | | R | | | R | | | U | | U | | | A | | A |
| X4 | | | | | U/D | | | | U/D | | | | | D | | D | | | B | | B |
| X5 | | | | | | U/D | | | R | | | | | R | | R | | | R | | R |
| X6 | | | | | | | | | | S | | | | | S | | | | | S | |
| X7 | | | | | | | | | | | S | | | | | S | | | | | S |

注：U—加计数输入；D—减计数输入；A—A 相输入；B—B 相输入；R—复位输入；S—启动输入。

图 2-9 中的 C244 是 1 相带启动/复位输入端的高速计数器，它的 X0 是高速计数输入端，X1 是复位输入端，X6 是启动输入端。如果 X12 为 ON，并且 X6 也为 ON，C244 立即开始计数，其设定值由 D1 和 D0 设定。除了用 X1 的信号立即复位外，在梯形图中也可以用 X11 的信号来复位。利用 M8244 可以设置 C244 为加计数或减计数。

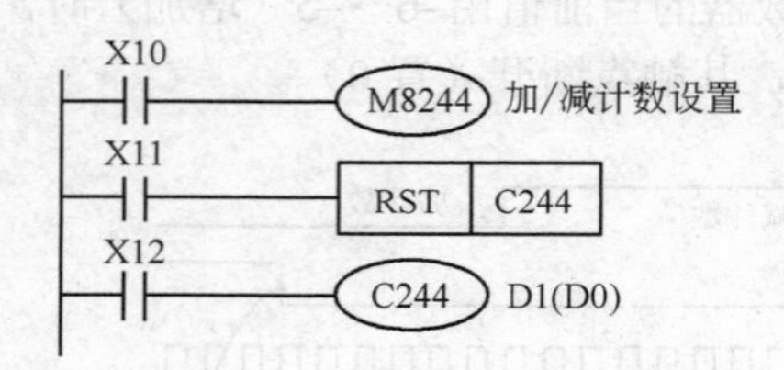


图 2-9 1 相高速计数器

2 相（A-B 相型）双计数输入高速计数器如图 2-10 所示。当 X12 为 ON 时，C251 通过中断（与扫描周期无关），对 X0 输入的 A 相信号和 X1 输入的 B 相信号同时计数，若计数值小于设定值，Y2 为 OFF；当计数值大于等于设定值时，Y2 为 ON。X11 为 ON 时，C251 被复位。

A 相与 B 相的信号决定了计数器的计数方式。当 A 相输入为 ON，B 相输入由 OFF→ON 时，计数器进行加计数，如图 2-10（b）；当 A 相输入为 ON，B 相输入由 ON→OFF 时，计数器进行减计数，如图 2-10（c）。加计数时，M8251 为 OFF；减计数时，M8251 为 ON。通过 M8251 和 Y3 可监视 C251 的加/减计数状态。

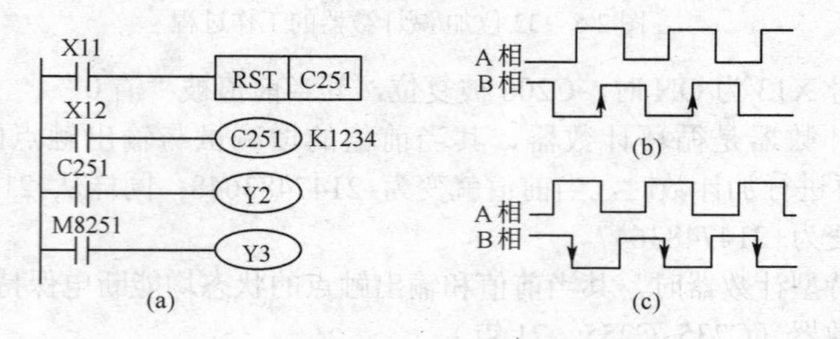


图 2-10 2 相高速计数器

利用旋转轴上安装的 A-B 相型编码器，在机械正转时可自动进行加计数，反转时可自动进行减计数，以测取轴正向或反向的转速。

### 2.3.6 数据寄存器（D）（字）

数据寄存器是用于存储数值数据的软元件。数据寄存器为 16 位（最高位为符号位，可处理的数值范围为–32768~+32767），如果将相邻两个数据寄存器组合，可存储 32 位（最高位为符号位，可处理的数值范围为–2147483648~+2147483647）数值数据。

（1）通用数据寄存器（D0~D199，200 点）

通用数据寄存器一旦写入数据，只要不再写入其他数据，其内容就不会变化，但在 PLC 中止运行或断电时，所有数据将被“清 0”（如果M8033 被驱动，则可以保持）。

（2）断电保持数据寄存器（D200~D7999）

只要不改写，断电保持数据寄存器将保持原有数据而不丢失。D200~D511（共 312 点）利用外部设备的参数设定，可改变通用数据寄存器与断电保持数据寄存器的分区范围，其中 D490~D509 供通信用；D512~D7999 的断电保持功能不能用软件改变，可用 RST 或 ZRST 指令清除它们的内容；以 500 点为单位，可将 D1000~D7999 设为文件寄存器。

（3）特殊数据寄存器（D8000~D8255，256 点）

特殊数据寄存器供监控机内元件的运行方式用，其内容在电源接通时先清零，然后写入初始值。注意，未定义的特殊数据寄存器不要使用。

（4）变址寄存器（V0~V7，Z0~Z7）

变址寄存器用来修改编程软元件的元件号，如当 V0=8 时，数据寄存器元件号 D5V0 相当于 D13（5+8=13）。在 32 位操作时，将 V、Z 组合使用，指定 Z 为低位。

### 2.3.7 指针（P/I）

指针用于指定跳转的目标地址或中断等程序的入口地址，与条件跳转（CJ）、子程序（CALL）和中断等指令一起使用，按用途可分为分支用指针和中断用指针。

（1）分支用指针（P）

指针 P 为条件跳转（CJ）指令指定目标地址，为子程序（CALL）指令指定入口地址，其地址号为 P0~P63，共 64 点，应用详见第 5 章。

（2）中断用指针（I）

指针 I 根据用途可分为三种类型，即输入中断、定时中断和计数中断。

① 输入中断（I00□~I50□，6 点） 指针的格式表示如下：

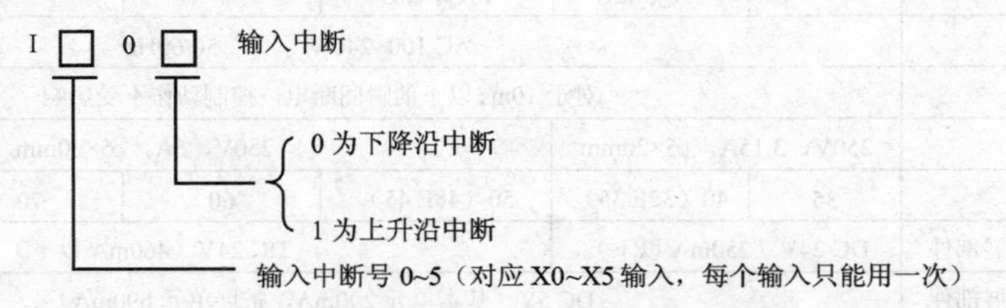


输入中断不受 PLC 扫描工作方式的影响，可以处理比扫描周期短的输入中断信号，这使 PLC 能迅速响应特定的外部输入信号。

② 定时中断（I6□□~I8□□，3 点） 指针的格式表示如下：

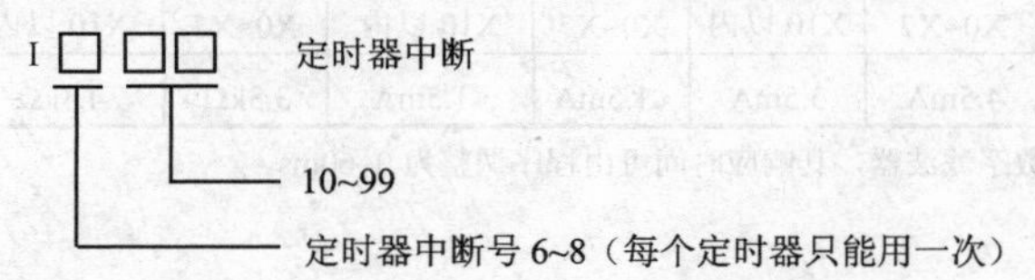

例如，I620 表示每隔 20ms 就执行标号为 I620 的中断服务程序一次，并在执行 IRET 指令时返回。

定时中断为机内信号中断，由编号为 6~8 的定时器控制，每隔设定时间（可在 10~99ms 之间选取）中断一次，处理的时间不受 PLC 扫描周期的限制。

③ 计数中断（I010~I060，6 点）　指针的格式表示如下：

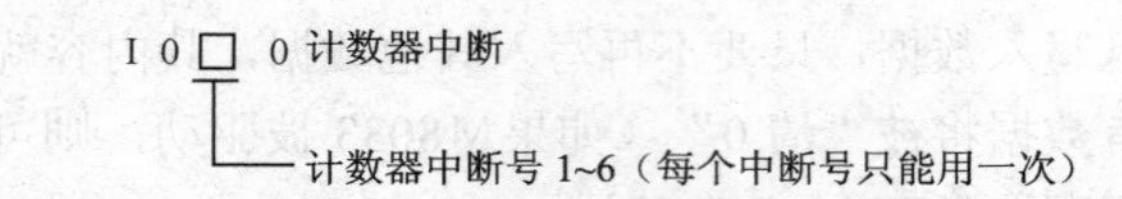


计数中断用于 PLC 内置的高速计数器，根据高速计数器当前值与设定值的关系来确定是否执行相应的中断服务子程序。

## 2.4　$FX_{2N}$ 系列 PLC 技术指标

$FX_{2N}$ 系列 PLC 的技术指标包括一般技术指标、电源技术指标、输入技术指标、输出技术指标和性能技术指标，如表 2-6~表 2-10 所示。

表 2-6　$FX_{2N}$ 一般技术指标

| 项目 | 指标 | |
|---|---|---|
| 环境温度 | 0~55℃（使用时）；-20~+70℃（保存时） | |
| 环境湿度 | 35%~89%RH（不结露） | |
| 抗振 | 符合 JISC0911 标准，0~55Hz，0.5mm（最大 2G），3 轴向各 2h（安装 DIN 导轨时为 0.5G） | |
| 抗冲击 | 符合 JISC0911 标准，10G，3 轴向各 3 次 | |
| 抗噪声 | 噪声电压为 $1000V_{P-P}$；脉宽为 1μs，周期为 30~100Hz 噪声干扰，工作正常 | |
| 耐压 | 1min（AC 1500V） | 所有端子与接地端之间 |
| 绝缘电阻 | 5MΩ 以上（DC 500V 兆欧表） | |
| 接地 | 第三种接地（不可与强电系统公用接地），不能接地时亦可浮空 | |
| 使用环境 | 无腐蚀性气体，无尘埃 | |

表 2-7　$FX_{2N}$ 电源技术指标

| 项　目 | | $FX_{2N}$-16M | $FX_{2N}$-32M<br>$FX_{2N}$-32E | $FX_{2N}$-48M<br>$FX_{2N}$-48E | $FX_{2N}$-64M | $FX_{2N}$-80M | $FX_{2N}$-128M |
|---|---|---|---|---|---|---|---|
| 电源电压 | | AC 100~240V　50/60Hz | | | | | |
| 瞬间断电时间 | | 对于 10ms 以下的瞬间断电，控制动作不受影响 | | | | | |
| 电源保险丝 | | 250V，3.15A，ϕ5×20mm | | | 250V，5A，ϕ5×20mm | | |
| 电力消耗/V・A | | 35 | 40（32E 35） | 50（48E 45） | 60 | 70 | 100 |
| 传感器电源 | 无扩展部件 | DC 24V（250mA 以下） | | DC 24V（460mA 以下） | | | |
| | 有扩展部件 | DC 5V（基本单元 290mA，扩展单元 690mA） | | | | | |

表 2-8　$FX_{2N}$ 输入技术指标

| 输入电压 | 输入电流 | | 输入 ON 电流 | | 输入 OFF 电流 | | 输入阻抗 | | 输入隔离 | 输入响应时间 |
|---|---|---|---|---|---|---|---|---|---|---|
| | X0~X7 | X10 以内 | X0~X7 | X10 以内 | X0~X7 | X10 以内 | X0~X7 | X10 以内 | | |
| DC 24V | 7mA | 5mA | 4.5mA | 3.5mA | ≤1.5mA | ≤1.5mA | 3.3kΩ | 4.3kΩ | 光电隔离 | 0~60 ms 可变 |

注：输入端 X0~X17 内有数字滤波器，其响应时间可由程序调整为 0~60ms。

表 2-9　$FX_{2N}$ 输出技术指标

| 项　　目 | | 继电器输出 | 晶闸管输出 | 晶体管输出 |
|---|---|---|---|---|
| 外部电源 | | AC 250V，DC 30V 以下 | AC 85~240V | DC 5~30V |
| 最大负载 | 电阻负载 | 2A/1 点；8A/4 点共享；8A/8 点共享 | 0.3A/1 点 0.8A/4 点 | 0.5A/1 点 0.8A/4 点 |
| | 感性负载 | 80V・A | 15V・A/AC 100V 30V・A/AC 200V | 12W/DC 24V |
| | 灯负载 | 100W | 30W | 1.5W/DC 24V |
| 开路漏电流 | | — | 1mA/AC 100V 2mA/AC 200V | 0.1mA 以下/DC 30V |
| 响应时间 | OFF 到 ON | 约 10ms | 约 1ms 以下 | 0.2ms 以下 |
| | ON 到 OFF | 约 10ms | 最大 10ms | 0.2ms 以下① |
| 电路隔离 | | 机械隔离 | 光电晶闸管隔离 | 光电耦合器隔离 |
| 动作显示 | | 继电器通电时 LED 灯亮 | 光电晶闸管驱动时 LED 灯亮 | 光电耦合器驱动时 LED 灯亮 |

① 响应时间 0.2ms 是在条件为 24V/200mA 时，实际所需时间为电路切断负载电流到电流为 0 的时间，可用并接续流二极管的方法改善响应时间，大电流时为 0.4mA 以下。

表 2-10　$FX_{2N}$ 性能技术指标

| 类　　别 | | | 性能技术指标 | |
|---|---|---|---|---|
| 运算控制方式 | | | 存储程序反复运算方式（专用 LSI）、中断命令 | |
| 输入输出控制方式 | | | 批处理方式（执行 END 指令时），但有 I/O 刷新指令 | |
| 程序语言 | | | 继电器符号和步进梯形图方式（可用 SFC 表示） | |
| 程序存储器 | | | 内附 8K 步 RAM，最大为 16K 步（可选 RAM、EPROM、EEPROM 存储卡盒） | |
| 指令数 | 基本、步进（顺控）指令 | | 基本指令 27 个，步进（顺控）指令 2 个 | |
| | 应用指令 | | 128 种，298 个 | |
| 运算处理速度 | 基本指令 | | 0.08μs | |
| | 应用指令 | | 1.52μs 至数百微秒 | |
| 输入继电器 X（扩展合用时） | | | X0~X267，184 点（八进制编制） | 扩展并用时总点数为 256 点 |
| 输出继电器 Y（扩展合用时） | | | Y0~Y267，184 点（八进制编制） | |
| 辅助继电器 M | 一般用① | | M0~M499①，500 点 | |
| | 保持用 | | M500~M1023②，524 点 | |
| | 保持用 | | M1024~M3071③，2048 点 | |
| | 特殊用 | | M8000~M8255，256 点 | |
| 状态寄存器 S | 初始化用 | | S0~S9，10 点 | |
| | 一般用 | | S10~S499①，490 点 | |
| | 保持用 | | S500~S899②，400 点 | |
| | 报警用 | | S900~S999③，100 点 | |
| 定时器 T | 100ms | | T0~T199，200 点（0.1~3276.7s） | |
| | 10ms | | T200~T245 ，46 点（0.01~327.67s） | |
| | 1ms（积算型） | | T246~T249③，4 点（0.001~32.767s） | |
| | 100ms（积算型） | | T250~T255③，6 点（0.1~3276.7s） | |
| 计数器 C | 增计数 | 一般用 | C0~C99①，100 点（16 位，0~32767） | |
| | | 保持用 | C100~C199②，100 点（16 位，0~32767） | |
| | 增/减计数 | 一般用 | C200~C219①，20 点（32 位，−2147483648~+2147483647） | |
| | | 保持用 | C220~C234②，15 点（32 位，−2147483648~+2147483647） | |
| | 高速用 | | C235~C255 的最高响应频率：1 相为 60kHz、2 相为 30kHz 或 1 相为 10kHz、2 相为 5kHz（最大 1 相 6 点或 2 相 2 点） | |

续表

| 类　别 | | | 性能技术指标 |
|---|---|---|---|
| 数据寄存器D | 通用 | 一般用 | D0~D199①，200 点（16 位） |
| | | 保持用 | D200~D511②，312 点（16 位） |
| | | | D512~D7999③，7488 点（16 位，D1000 以后可以 500 点为单位设置文件寄存器） |
| | 特殊用 | | D8000~D8195，106 点（16 位） |
| | 变址用 | | V0~V7、Z0~Z7，16 点（16 位） |
| 指针 I | 跳转、调用 | | P0~P127，128 点 |
| | 输入、计时中断 | | I0□□~I8□□，9 点（用 X0~X5 作中断输入） |
| | 计数中断 | | I010~I060，6 点 |
| | 嵌套（主控） | | N0~N7，8 点 |
| 常数 | 十进制（K） | | 16 位为–32768~+32767；32 位为–2147783648~+2147783647 |
| | 十六进制（H） | | 16 位为 0~FFFF；32 位为 0~FFFFFFFF |

① 非后备锂电池保持区通过参数设置，可改为后备锂电池保持区。

② 后备锂电池保持区通过参数设置，可改为非后备锂电池保持区。

③ 后备锂电池固定保持区固定，该区域特性不可改变。

## 思考题

2-1　说明 $FX_{2N}$ 系列 PLC 的主要编程软元件和它们的编号。

2-2　简述输入继电器、输出继电器、定时器和计数器的用途。

2-3　为什么 PLC 中软元件的触点可无数次使用？

2-4　定时器和计数器各有哪些使用要素？在梯形图中，定时器线圈和计数器线圈前面的触点是其工作条件，它们有什么不同？

2-5　PLC 主要有哪些技术指标？

# 第 3 章　FX 系列 PLC 基本指令及编程

## 3.1　FX 系列 PLC 基本指令

不同型号 PLC 的梯形图在形式上大同小异，其指令系统也大致相同。本书以 $FX_{2N}$ 系列 PLC 的基本指令为例，介绍其指令的功能、梯形图以及程序的编制。掌握了 PLC 的基本指令，也就初步掌握了 PLC 的基本使用方法。

$FX_{2N}$ 系列 PLC 的基本逻辑指令有 27 条，其指令助记符及其功能如表 3-1 所示。

表 3-1　基本逻辑指令一览表

| 指令助记符 | 功　能 | 指令助记符 | 功　能 |
|---|---|---|---|
| LD | 常开触点与母线连接 | OUT | 线圈驱动 |
| LDI | 常闭触点与母线连接 | SET | 置位（使动作保持） |
| LDP | 取脉冲上升沿 | RST | 复位（使动作复位或当前数据“清 0”） |
| LDF | 取脉冲下降沿 | PLS | 上升沿产生脉冲 |
| AND | 常开触点串联连接 | PLF | 下降沿产生脉冲 |
| ANI | 常闭触点串联连接 | MC | 主控（公共串联触点连接） |
| ANDP | 与脉冲上升沿 | MCR | 主控复位（使 MC 复位） |
| ANDF | 与脉冲下降沿 | MPS | 进栈（中间运算结果“暂存”） |
| OR | 常开触点并联连接 | MRD | 读栈（读出“暂存”） |
| ORI | 常闭触点并联连接 | MPP | 出栈（弹出“暂存”） |
| ORP | 或脉冲上升沿 | INV | 取反（运算结果取反） |
| ORF | 或脉冲下降沿 | NOP | 空操作（程序清除或空格用） |
| ANB | 电路块串联连接 | END | 结束（程序扫描结束） |
| ORB | 电路块并联连接 | | |

### 3.1.1　LD、LDI、OUT 指令

LD 为取指令，用于逻辑运算开始时常开触点与母线连接。

LDI 为取反指令，用于逻辑运算开始时常闭触点与母线连接。

OUT 为线圈驱动指令，用于输出。

LD、LDI 指令的操作元件是 X、Y、M、S、T、C，程序步均为 1 步，它不仅可用于与公共母线连接的触点，也可以用于分支回路的起点。OUT 指令的操作元件是 Y（1 步）、M（1 步，特殊 M 为 2 步）、S（1 步）、T（3 步）和 C（3~5 步）。图 3-1 是上述三条指令使用的梯形图与对应的程序。

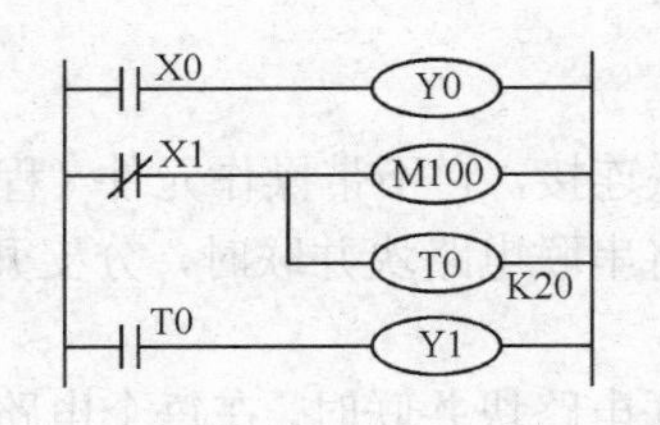


```
0 LD    X0     与母线连接
1 OUT   Y0     线圈驱动
2 LDI   X1     与母线连接
3 OUT   M100   线圈驱动
4 OUT   T0     定时器驱动
  SP    K20    设置常数
7 LD    T0     与母线连接
8 OUT   Y1     线圈驱动
  SP为空格键（按SP键，输入常数）
```

图 3-1　LD、LDI 和 OUT 指令使用

注意，OUT 指令不能用于输入继电器 X。OUT 指令的操作元件如果是定时器 T 或计数器 C，则必须设置常数 *K*。

### 3.1.2 AND、ANI 指令

AND 为串联指令，用于单个常开触点的串联连接。

ANI 为串联指令，用于单个常闭触点的串联连接。

AND、ANI 指令的操作元件是 X、Y、M、S、T、C（程序步均为 1 步）。AND、ANI 指令可多次重复使用，即串联触点的个数不限。

OUT 指令后，通过触点对其他线圈使用 OUT 指令，如图 3-2 中的（OUT Y3），称之为并行输出或连续输出。注意，这种输出可多次重复，但顺序不能颠倒。

AND、ANI 指令使用的梯形图与对应的程序如图 3-2 所示。

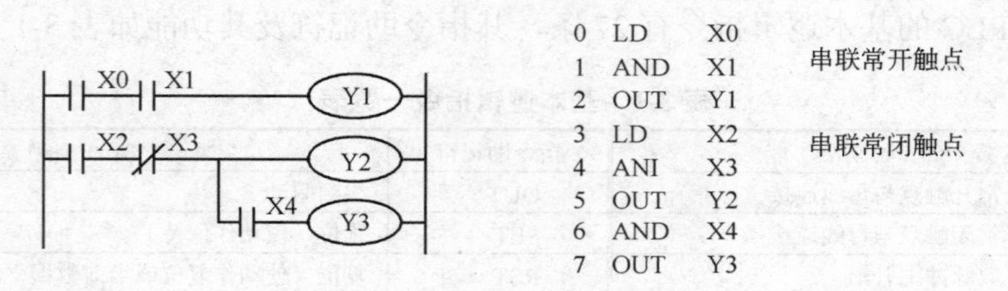


图 3-2 AND、ANI 指令的使用

### 3.1.3 OR、ORI 指令

OR 为或指令，用于单个常开触点并联连接。

ORI 为或非指令，用于单个常闭触点并联连接。

OR、ORI 指令的操作元件是 X、Y、M、S、T、C（程序步均为 1 步）。OR、ORI 指令紧接在 LD、LDI 指令后使用，即对 LD、LDI 指令指定的触点再并联一个触点，也可以对前面逻辑运算的结果再并联一个触点，并联的次数无限制。

OR、ORI 指令使用的梯形图与对应的程序如图 3-3 所示。

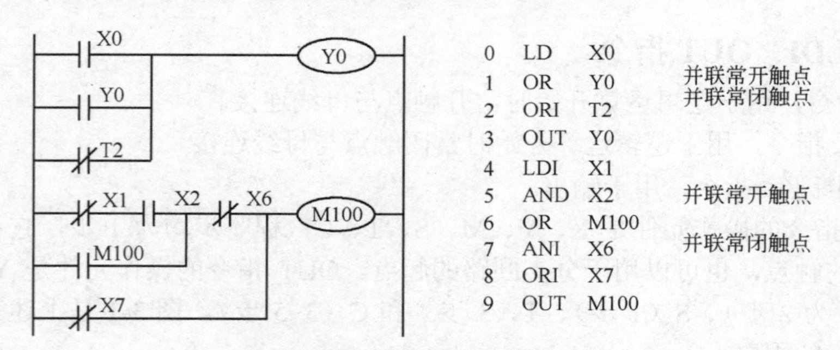


图 3-3 OR、ORI 指令的使用

### 3.1.4 ORB 指令

ORB：电路块并联指令，用于串联电路块并联连接，它不带操作元件（程序步为 1 步）。两个以上触点串联连接的电路称为串联电路块，将串联电路块并联时，分支开始用 LD、LDI 指令，分支结束用 ORB 指令。

ORB 指令的使用如图 3-4 所示。当有多个串联电路块并联时，在每个电路块后使用 ORB 指令，对并联电路数没有限制。考虑到 LD、LDI 指令只能连续使用 8 次，所以 ORB 指令的

使用应不超过 8 次。

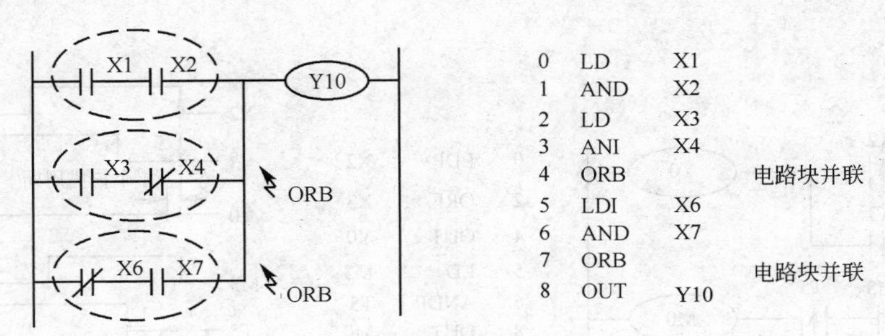


图 3-4 ORB 指令的使用

### 3.1.5 ANB 指令

ANB：电路块串联指令，用于电路块的串联连接。

ANB 指令不带操作元件（程序步为 1 步）。两个或两个以上触点并联连接的电路称为并联电路块。将并联电路块串联时，分支开始用 LD、LDI 指令，分支结束用 ANB 指令。

ANB 指令的使用如图 3-5 所示。若将多个并联电路块串联连接时，在每个电路块后面使用 ANB 指令，ANB 指令的使用也应不超过 8 次。

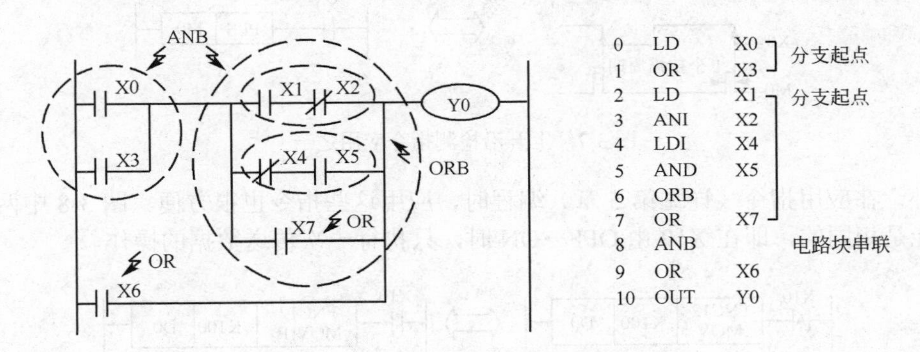


图 3-5 ANB 指令的使用

### 3.1.6 LDP、LDF、ANDP、ANDF、ORP 和 ORF 指令

LDP：取脉冲上升沿指令。

LDF：取脉冲下降沿指令。

ANDP：与脉冲上升沿指令。

ANDF：与脉冲下降沿指令。

ORP：或脉冲上升沿指令。

ORF：或脉冲下降沿指令。

上述 6 个指令又称边沿检测指令，其中，LDP、ANDP、ORP 指令是用于上升沿检测的指令，仅在指定位元件的上升沿（由 OFF→ON 变化时）接通一个扫描周期，又称上升沿微分指令。LDF、ANDF、ORF 指令是用于下降沿检测的指令，仅在指定位元件的下降沿（由 ON→OFF 变化时）接通一个扫描周期，又称下降沿微分指令。上述指令的操作元件是位元件，即 X、Y、M、S、T、C（程序步均为 2 步）。边沿检测指令的应用如图 3-6 所示，在 X2 的上升沿或 X3 的下降沿，Y0 有输出，且只接通一个扫描周期；对于 M0 输出，

当 M3 为 ON 时，T5 仅在接通的上升沿，M0 输出一个扫描周期，其时序图如图 3-6（c）所示。

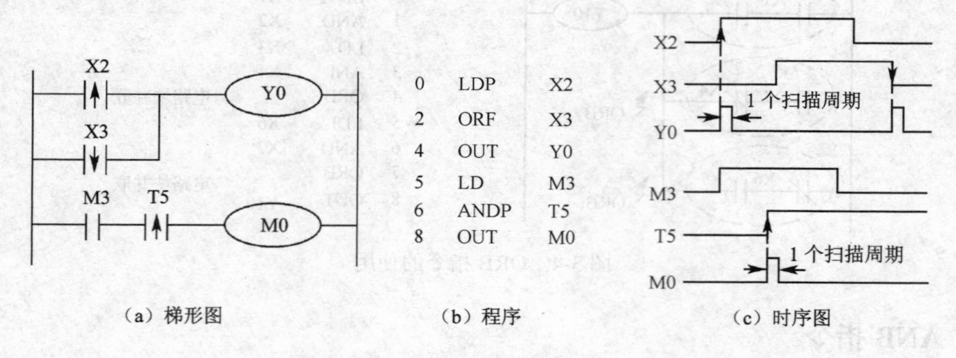


（a）梯形图 （b）程序 （c）时序图

图 3-6 边沿检测指令的应用

边沿检测指令的功能类似于脉冲（PLS、PLF）指令（详见 3.1.10）。图 3-7 中两种梯形图的功能是相同的，即在 X0 由 OFF→ON 时，M0 接通一个扫描周期。

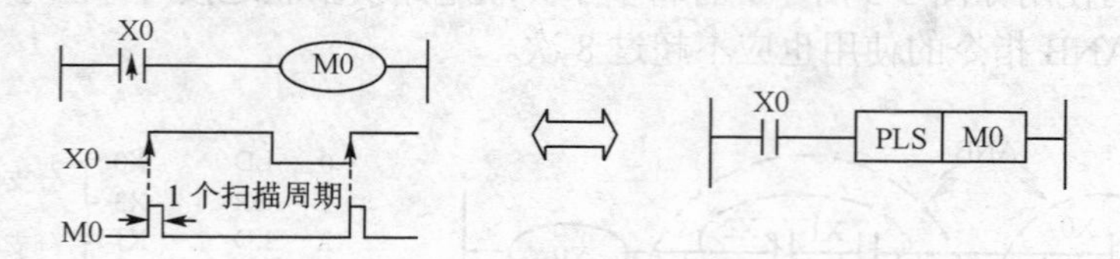


图 3-7 上升沿检测指令应用之一

此外，在应用指令（详见第 5 章）编程时，应用这些指令也很方便。图 3-8 中两种梯形图的功能是相同的，即在 X10 由 OFF→ON 时，只执行一次传送数据的操作。

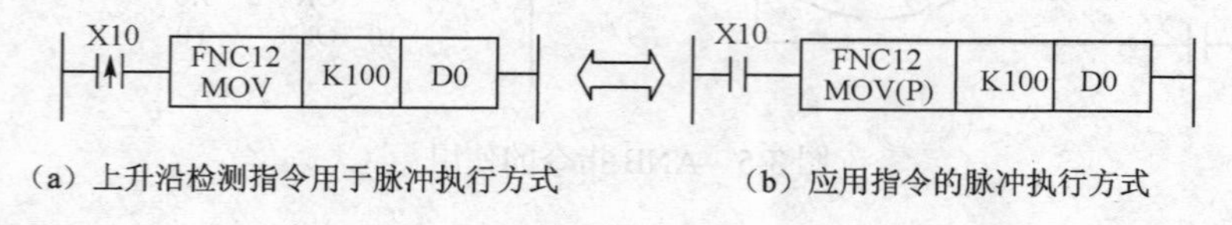


（a）上升沿检测指令用于脉冲执行方式 （b）应用指令的脉冲执行方式

图 3-8 上升沿检测指令应用之二

## 3.1.7 MPS、MRD、MPP 指令

MPS：进栈（压栈）指令，将中间运算结果（或数据）压入栈存储器。

MRD：读栈指令，读出栈存储器第 1 层的内容。

MPP：出栈（弹栈）指令，弹出栈存储器第 1 层的内容。

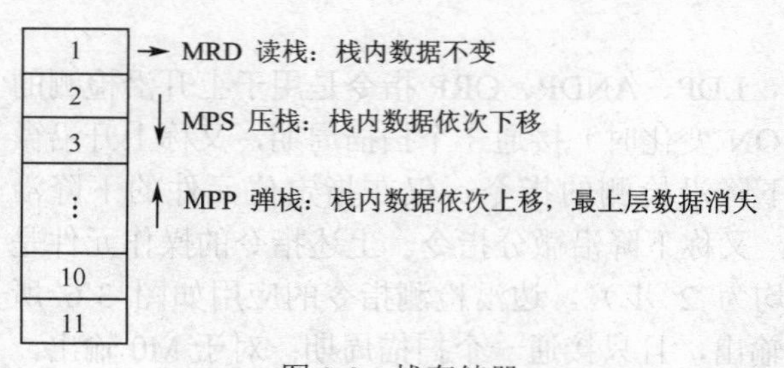


图 3-9 栈存储器

MPS、MRD、MPP 指令无操作元件（程序步均为 1 步），用于多重输出电路，又称栈存储器指令。

FX 系列 PLC 提供了 11 个栈存储器，如图 3-9 所示。使用一次 MPS 指令，便将当前的运算结果压入栈的第 1 层，而栈中原有的数据依次向下移一层；使用 MRD 指令时，栈内的数据不移动，而读出的是栈最上层的最新数据；使用一次 MPP 指令，栈内各数据依次向上移动一层，最上层的数据被读出，同时该数据就从栈内消失。栈存储器指令的使用如图 3-10 所示。

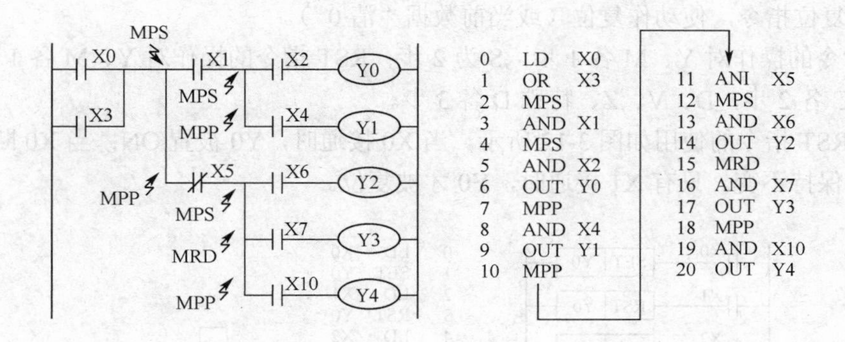


图 3-10 MPS、MRD、MPP 指令的使用

注意，MPS、MPP 指令必须成对使用，而且连续使用应少于 11 次。

### 3.1.8 MC、MCR 指令

MC：主控指令，用于公共串联触点的连接。

MCR：主控复位指令，用于对 MC 指令的复位。

MC 是 3 步指令，MCR 是 2 步指令，其操作元件是 Y、M，但不允许使用特殊 M。

应用主控指令可以实现对某一电路块的集中控制，它类似于计算机程序中的子程序调用。当 MC 条件成立时，执行 MC 与 MCR 指令之间的程序；否则跳过 MC 与 MCR 指令之间的程序，去执行 MCR 指令后面的程序。如在 MC 与 MCR 指令区内再次使用 MC 指令，称为嵌套，嵌套级 N0～N7 共 8 级。MC、MCR 指令的使用如图 3-11 所示。

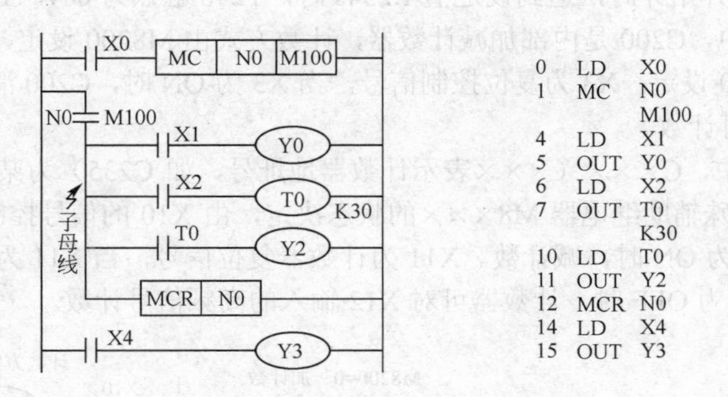


图 3-11 MC、MCR 指令的使用

图 3-11 中，当 X0 为 ON 时，执行 MC 与 MCR 之间的指令；当 X0 为 OFF 时，不执行 MC 与 MCR 之间的指令，此时非积算定时器（如 T0）和用 OUT 指令驱动的元件（如 Y0、Y2）均复位。积算定时器、计数器和用 SET/RST 指令驱动的元件，在 MC 触点断开后可以保持断开前的状态不变。

使用 MC 指令后，母线移到 MC 触点之后，形成子母线，所以与主控触点相连的触点必须用 LD 或 LDI 指令；MCR 指令使母线返回原来位置（相当于断开子母线）。

### 3.1.9 SET、RST 指令

SET：置位指令，使动作保持。

RST：复位指令，使动作复位（或当前数据“清 0”）。

SET 指令的操作对 Y、M 各 1 步，S 为 2 步；RST 指令的操作对 Y、M 各 1 步，S、特殊 M、T、C 各 2 步，D、V、Z、特殊 D 各 3 步。

SET、RST 指令的使用如图 3-12 所示。当 X0 接通时，Y0 被置 ON；当 X0 断开时，Y0 的状态仍然保持不变。只有 X1 接通时，Y0 才被复位。

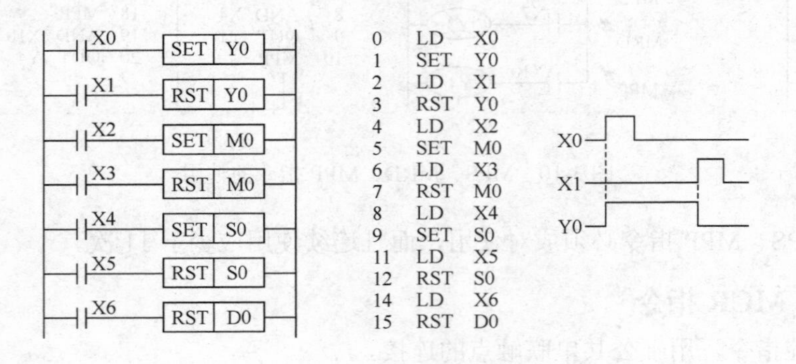


图 3-12 SET、RST 指令的使用

SET、RST 指令可以多次使用，且不限制使用顺序，但对同一元件，最后执行者有效。

RST 指令还可以用于对数据寄存器 D、变址寄存器 V、Z 当前值的清零；使积算定时器（T246～T255）、计数器 C 的当前值清零及触点复位。图 3-13（a）中，T246 是积算定时器，当 X0 接通时，T246 复位，其当前值清零，常开触点断开，Y0 输出为 OFF；当 X0 断开时，若 X1 接通，T246 开始计时，达到设定值 1.234s 时，T246 触点为 ON，Y0 有输出。

图 3-13（b）中，C200 是内部加减计数器，计数方式由 M8200 设定，计数脉冲由 X4 输入，计数个数由 D0 设定；X3 为复位控制信号，当 X3 为 ON 时，C200 清零；只有当 X3 为 OFF 时，C200 才可计数。

图 3-13（c）中，C×××（×××表示计数器地址号，如 C235）为某一高速计数器，计数方向由对应的特殊辅助继电器 M8×××的状态决定，由 X10 的信号控制。当 X10 为 OFF 时，加计数；X10 为 ON 时，减计数。X11 为计数器复位信号，当 X11 为 ON 时，计数器清零并复位；当 X11 为 OFF 时，计数器可对 X12 输入的高频信号计数。

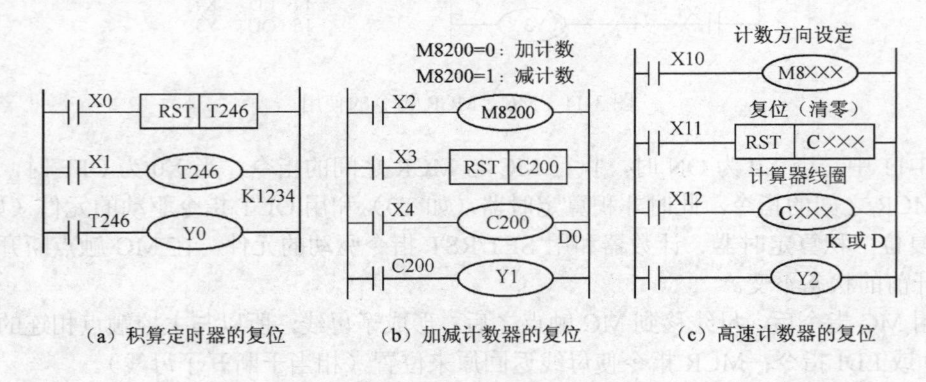


图 3-13 RST 指令应用实例

### 3.1.10　PLS、PLF 指令

PLS：上升沿微分输出指令，即在输入信号上升沿产生脉冲信号；

PLF：下降沿微分输出指令，即在输入信号下降沿产生脉冲信号。

PLS、PLF 指令的操作元件是 Y、M（程序步均为 2 步）。图 3-14 表示了 PLS、PLF 指令的编程及应用。从图 3-14（c）时序图可以看出，使用 PLS、PLF 指令，可以将开关较宽的输入信号进行脉冲处理，使之变成脉宽等于 PLC 扫描周期的触发脉冲信号，以适应不同的控制要求。

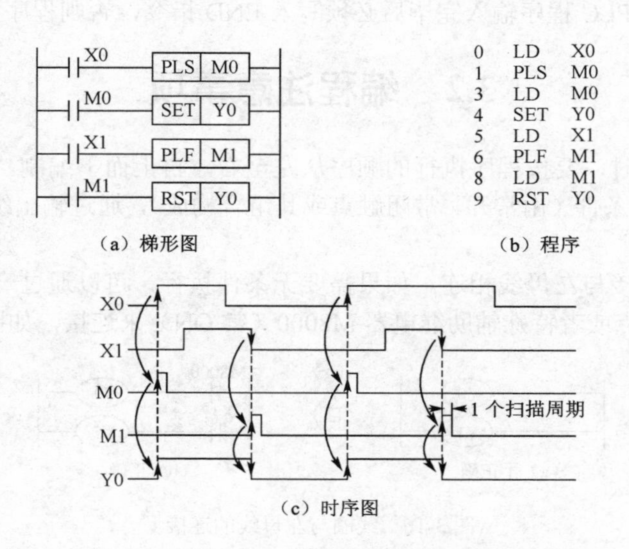


图 3-14　PLS、PLF 指令的使用

注意，特殊辅助继电器 M 不能用作 PLS 或 PLF 指令的操作元件。

### 3.1.11　INV 指令

INV：取反指令，取该指令之前运算结果的反逻辑。

INV 指令无操作元件，程序步为 1 步。图 3-15 所示为取反指令的使用。当 X0 为 ON 时，Y0 为 OFF；当 X0 为 OFF 时，Y0 为 ON。

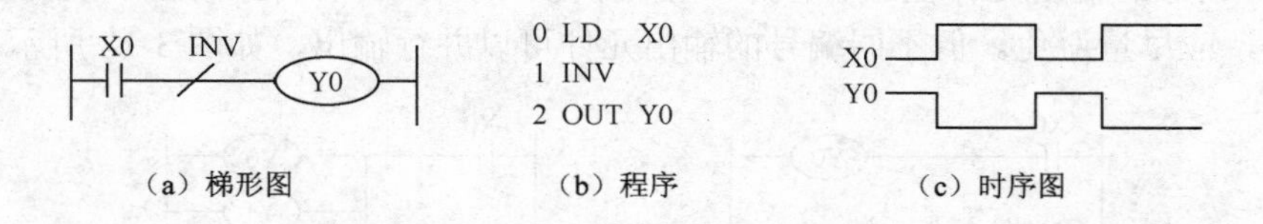


图 3-15　INV 指令的使用

注意，INV 指令不能直接与母线相连，其前面要有输入信号，也不能单独并联使用。在含有较复杂电路编程时，如有块与（ANB）、块或（ORB）的电路，INV 取反指令的功能是仅对从 LD、LDI、LDP、LDF 指令开始到其 INV 之前运算结果的取反。

### 3.1.12　NOP、END 指令

NOP 为空操作指令，使该步做空操作；

END 为程序结束指令。

NOP 指令无操作元件，程序步为 1 步。PLC 内存中程序“清 0”后，将全部显示为 NOP 指令，表明 RAM 中的程序已被全部清除。在不同功能块的程序之间加上适当的 NOP 指令，有利于程序的编制与调试。

END 指令无操作元件，程序步为 1 步。PLC 在循环扫描工作过程中，如遇 END 指令，就不再执行 END 指令后面的程序，而是直接进行输出处理。因此，在调试程序过程中，可分段插入 END 指令，再逐段调试，在确认前面程序正确无误之后，再依次删除 END 指令，这有利于程序的查错与调试。

注意，FX 系列 PLC 程序输入完毕后必须写入 END 指令，否则程序不运行。

## 3.2 编程注意事项

① 梯形图编程时，要按程序执行的顺序从左至右，自上而下编制。每一行从左母线开始，加上执行的逻辑条件（由常开、常闭触点或其组合构成），通过输出线圈，终止于右母线（右母线可以省略）。

② 线圈不能直接与左母线相连。如果需要无条件执行，可以通过一个没有使用的元件（如 X17）的常闭触点或者特殊辅助继电器 M8000（常 ON）来连接，如图 3-16 所示。

（a）不正确　（b）正确

图 3-16　线圈与左母线的连接

③ 线圈右边的触点应放在线圈的左边才能编程，如图 3-17 所示。

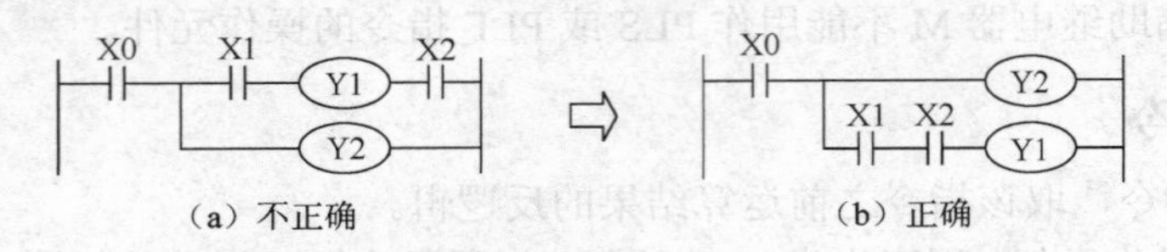


（a）不正确　（b）正确

图 3-17　线圈右边的触点应置于左边

④ 同一编号的输出元件在一个程序中使用两次，即形成双线圈输出　双线圈输出容易引起误操作，应尽量避免。但不同编号的输出元件可以并行输出，如图 3-18 所示。

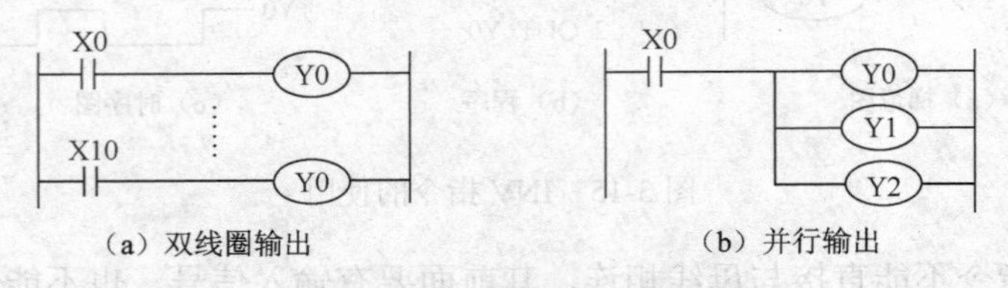


（a）双线圈输出　（b）并行输出

图 3-18　双线圈及并行输出

⑤ 适当安排编程顺序，可以简化编程并减少程序步数。

- 串联多的支路应尽量放在上部，如图 3-19 所示。
- 并联多的电路应靠近左母线，如图 3-20 所示。

⑥ 触点应画在水平分支线上，不能画在垂直分支线上。如图 3-21（a）所示的桥式电路，触点 X3 在垂直分支线上，不能直接编程，应等效变换成图 3-21（b）所示的电路进行编程。

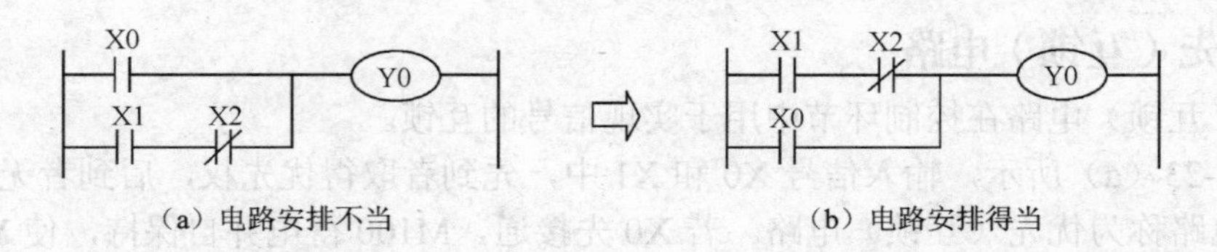

（a）电路安排不当　　（b）电路安排得当

图 3-19　串联多的支路应放在上部

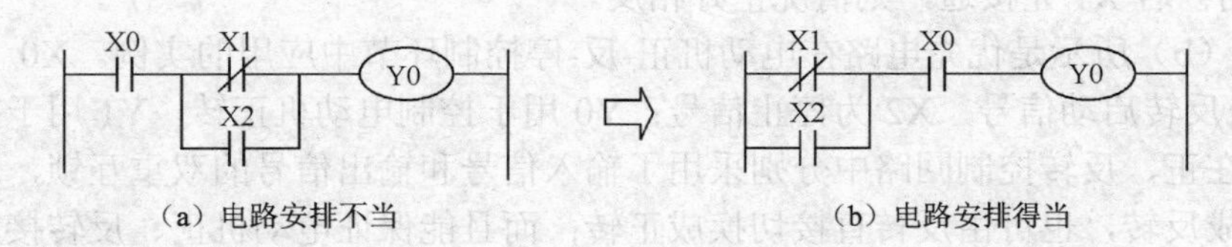

（a）电路安排不当　　（b）电路安排得当

图 3-20　并联多的电路应靠近左母线

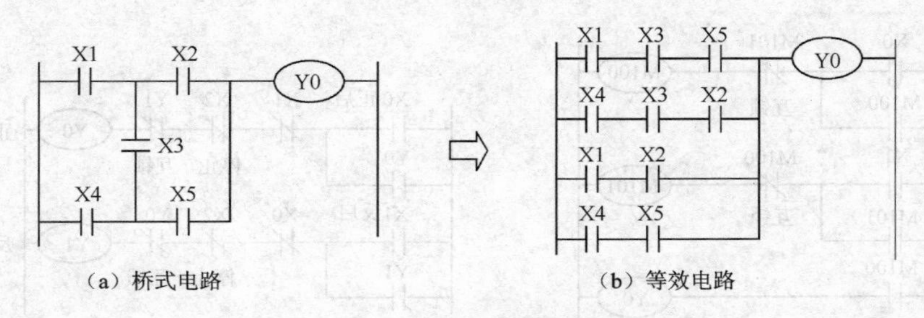

（a）桥式电路　　（b）等效电路

图 3-21　桥式电路的等效变换

## 3.3　基本控制环节的编程

如同继电器控制电路，熟悉并掌握梯形图的基本控制环节，有助于复杂控制系统程序的编制与设计。

### 3.3.1　启-保-停电路

启/停电路加上自锁环节，可将输入信号加以保持记忆。

如图 3-22（a）所示，当 X0 接通一下，辅助继电器 M0 得电并自锁，Y0 有输出；给 X1 一个输入信号，其常闭触点断开，M0 失电并解除自锁，Y0 无输出，这是常用的启-保-停控制电路。

如图 3-22（b）所示，当 X10 接通一下，辅助继电器 M500（断电保持型）得电并自保持，Y10 有输出；停电后再通电，Y10 仍然有输出。只有当 X11 为 ON，其常闭触点断开时，才能使 M500 自保持消失，Y10 无输出。保持电路一是用于停电后再通电要求自启动的控制环节；二是用于停电后再通电继续保持原来动作的控制电路。

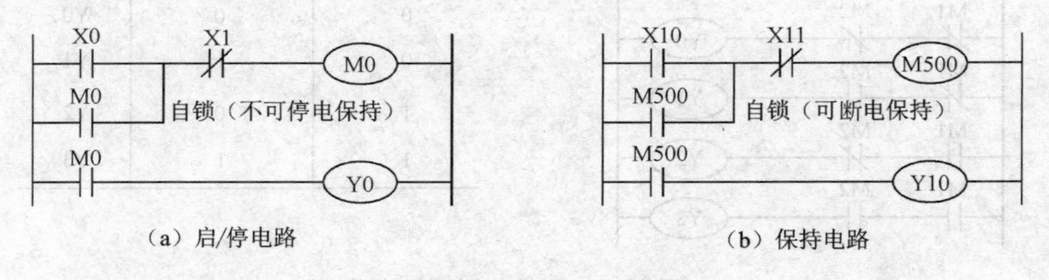

（a）启/停电路　　（b）保持电路

图 3-22　启-保-停控制电路

## 3.3.2 优先（互锁）电路

优先（互锁）电路在控制环节中用于实现信号的互锁。

如图 3-23（a）所示，输入信号 X0 和 X1 中，先到者取得优先权，后到者无效，实现这种功能的电路称为优先（互锁）电路。若 X0 先接通，M100 得电并自保持，使 Y0 有输出，同时 M100 常闭触点断开，互锁了 M101 线圈回路，即使 X1 再接通，也不能使 M101 动作，故 Y1 无输出；若 X1 先接通，则情况正好相反。

图 3-23（b）所示是优先电路在电动机正-反-停控制环节中应用的实例。X0 是正转启动信号，X1 是反转启动信号，X2 为停止信号；Y0 用于控制电动机正转，Y1 用于控制电动机反转。由于在正、反转控制回路中分别采用了输入信号和输出信号的双重互锁，所以可由正转直接切换成反转，也可由反转直接切换成正转；而且能保证电动机正、反转接触器不会同时得电，其主电路也就不会造成短接故障。

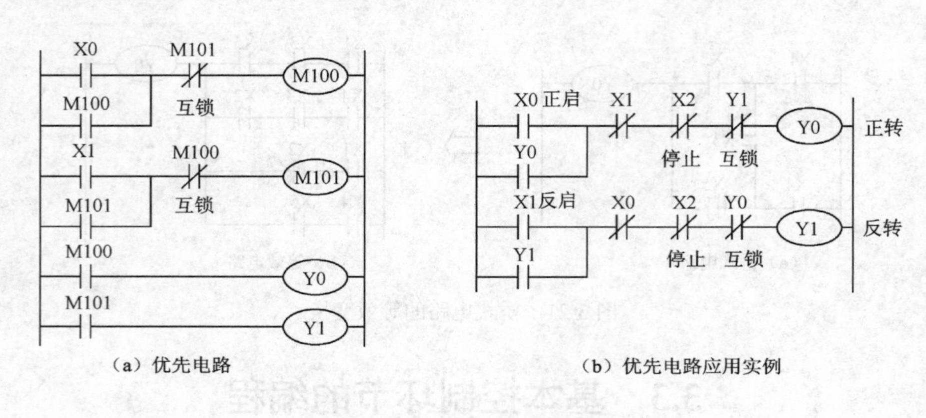

（a）优先电路　　（b）优先电路应用实例

图 3-23　优先（互锁）电路

## 3.3.3 比较（译码）电路

实际应用中，如遇到 PLC 输入点数不够，采用比较（译码）电路，通过对输入信号的处理，可实现多个输出信号的控制。

比较（译码）电路如图 3-24 所示，该电路按预先设定的输出要求，通过对两个输入信号的比较（译码），实现两个输入信号对四个输出信号的控制。若 X0、X1 均不接通（X0=0、X1=0），Y0 有输出；若 X0 不接通、X1 接通（X0=0、X1=1），Y1 有输出；若 X0 接通、X1 不接通（X0=1、X1=0），Y2 有输出；若 X0、X1 同时接通（X0=1、X1=1），则 Y3 有输出。

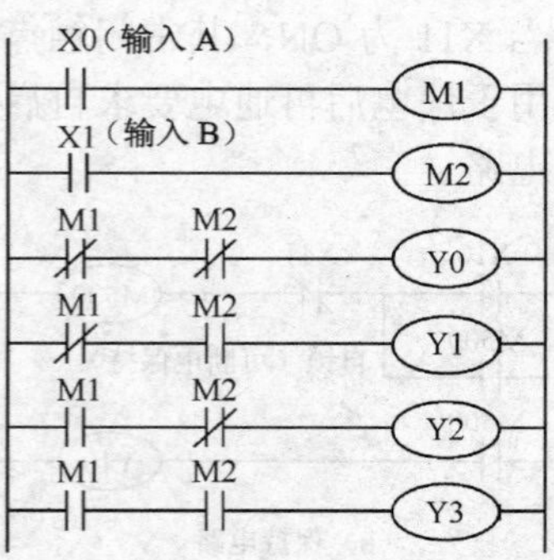

X0（输入 A）　M1
X1（输入 B）　M2
M1　M2　Y0
M1　M2　Y1
M1　M2　Y2
M1　M2　Y3

| X0（输入 A） | X1（输入 B） | 输出 |
|---|---|---|
| 0 | 0 | Y0 |
| 0 | 1 | Y1 |
| 1 | 0 | Y2 |
| 1 | 1 | Y3 |

图 3-24　比较（译码）电路

### 3.3.4　振荡（脉冲）电路

振荡（脉冲）电路可作为信号源，也是实现周期性控制的基本控制环节。

如图 3-25（a）、（b）所示，通过开关将 X0 接通，启动信号发生器，T0 延时 2s 后，其常开触点闭合，Y1 为 ON；同时 T1 开始计时，经 1s 延时后其常闭触点断开，使 T0、T1 相继复位，Y1 为 OFF。这一过程周期性地重复，由 Y1 输出一系列脉冲信号，其周期为 3s，脉宽为 1s。修改定时器的设定值，可改变 Y1 输出的脉宽。

图 3-25（c）所示为自复式信号发生器，X1 接通时，T2 开始计时，Y10 为 ON；2s 后 T2 的常闭触点断开，Y10 为 OFF，同时 T2 复位。T2 复位后，其常闭触点闭合，又重复上述过程。Y10 输出的脉冲信号，其脉宽为 2s，周期与脉宽近似相等（Y10 只断开一个扫描周期）。

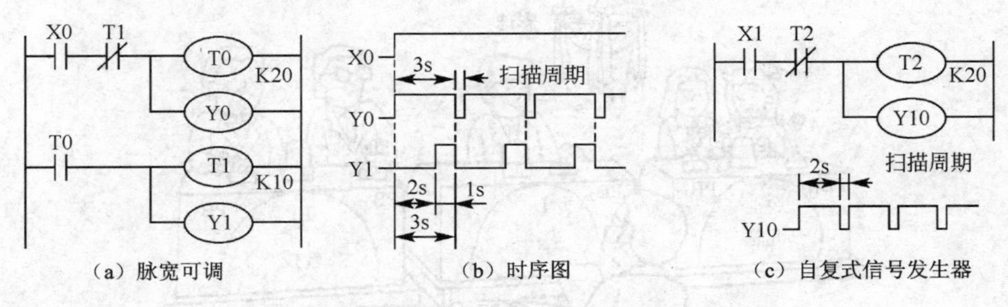


图 3-25　振荡（脉冲）电路

### 3.3.5　分频电路

用 PLC 可以实现对输入信号的任意分频。

图 3-26（a）示出的是一个 2 分频电路。将脉冲信号加到 X0 端，在第一个脉冲到来时，M100 产生一个扫描周期的单脉冲，M100 的常开触点闭合（一个扫描周期），使 Y0 得电并自保持；第 2 个脉冲到来时，由于 M100 的常闭触点断开一个扫描周期，Y0 自保持消失，Y0 为 OFF；第 3 个脉冲到来时，M100 又产生单脉冲，Y0 再次接通，输出信号又建立；在第 4 个脉冲的上升沿，输出信号再次消失。以后循环往复，不断重复上述过程。由图 3-26（b）可见，输出信号 Y0 是输入信号 X0 的 2 分频。

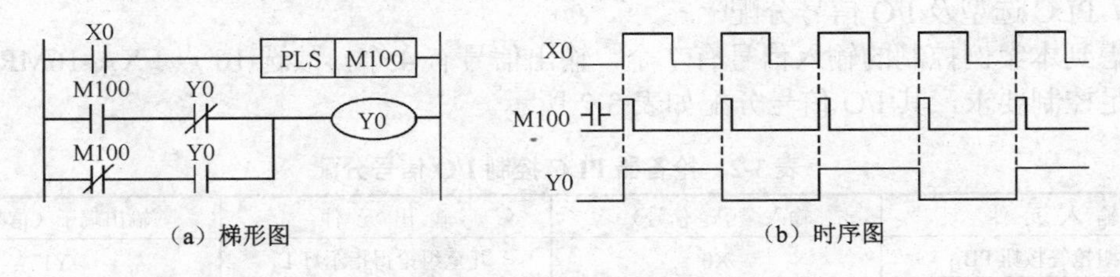


图 3-26　2 分频电路

### 3.3.6　定时/计数电路

定时/计数电路如图 3-27 所示。启动输入 X0，Y0 指示灯亮，表明长延时电路开始工作。T0 开始计时，60s 后计时到位，其常开触点接通一次，给计数器 C0 一个输入信号；其常闭触点断开，使 T0 复位；T0 复位后，其常开触点断开，常闭触点闭合，T0 又重新开始计时。当计数器 C0 对 T0 的反复动作计满 60 次后，C0 常开触点接通，Y1 输出，表明长延时电路计时到位，其总延时的时间 $T$=60×60=3600（s），即 1h。

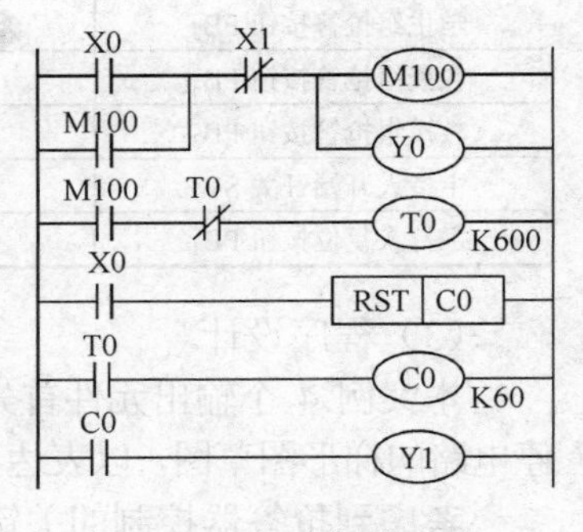


图 3-27　定时/计数电路

# 3.4　基本指令编程案例

## 3.4.1　抢答器控制

（1）控制要求

① 竞赛者若要回答主持人所提问题，需抢先按下桌上的按钮（$PB_{11}$、$PB_{12}$、$PB_2$、$PB_{31}$和$PB_{32}$），如图 3-28 所示。

图 3-28　抢答器控制示意图

② 指示灯（$L_1$~$L_3$）亮后，需等到主持人按下复位按钮 $PB_4$ 后才熄灭。为了给参赛儿童一些优待，$PB_{11}$ 和 $PB_{12}$ 中任一个被按下时，灯 $L_1$ 都亮；为了对教授组作一定限制，$L_3$ 只有在 $PB_{31}$ 和 $PB_{32}$ 按钮都按下时才亮。

③ 如果竞赛者在主持人打开开关 SW 的 10s 内按下抢答按钮，电磁线圈将使彩球摇动，以示竞赛者得到一次幸运机会。

（2）PLC 选型及 I/O 信号分配

考虑到本案例控制的输入信号有 7 个，输出信号有 4 个，故选 16 点 $FX_{2N}$-16MR 型 PLC 即可满足控制要求，其 I/O 信号分配如表 3-2 所示。

表 3-2　抢答器 PLC 控制 I/O 信号分配

| 输 入 元 件 | 输入端子（信号） | 输 出 元 件 | 输出端子（信号） |
|---|---|---|---|
| 儿童组抢答按钮 $PB_{11}$ | X0 | 儿童组抢得指示灯 $L_1$ | Y1 |
| 儿童组抢答按钮 $PB_{12}$ | X1 | 学生组抢得指示灯 $L_2$ | Y2 |
| 学生组抢答按钮 $PB_2$ | X2 | 教授组抢得指示灯 $L_3$ | Y3 |
| 教授组抢答按钮 $PB_{31}$ | X3 | 彩球电磁线圈 SOL | Y4 |
| 教授组抢答按钮 $PB_{32}$ | X4 | | |
| 主持人开始开关 SW | X6 | | |
| 主持人复位按钮 $PB_4$ | X7 | | |

（3）程序设计

本案例 4 个输出元件首先需要启/停控制，故可应用启-保-停控制电路，画出具有 4 个启/停电路的梯形图草图，以表达各个输出信号与输入信号间的基本逻辑关系，如图 3-29（a）所示。

考虑到抢答器控制的关键是竞时封锁，即某组抢先按下按钮，则其他组再按应无效，体现在梯形图上是 Y1~Y3 信号之间的互锁，因此在 Y1~Y3 支路中互相串接了其他两个输出继电器的常闭触点。另外，按控制要求，只有在主持人宣布开始（打开开关 SW）的 10s 内 Y1~Y3 接通才能启动彩球，为此在 Y4 输出支路中串接了定时器 T0 的常闭触点，实现 10s 后断开 Y4 回路的控制。综合以上因素，完善后的梯形图如图 3-29（b）所示。

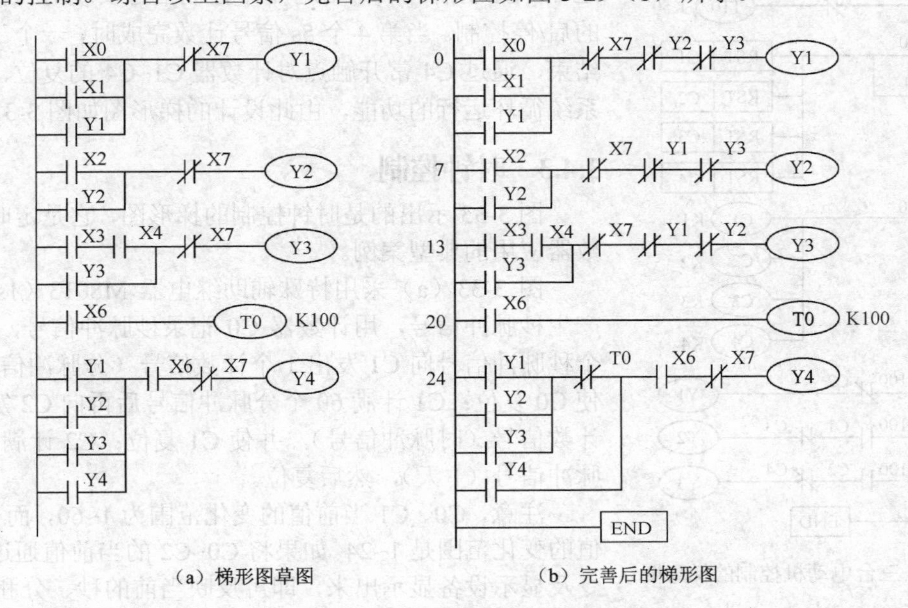

（a）梯形图草图　　（b）完善后的梯形图

图 3-29　抢答器控制的梯形图

### 3.4.2　三台电动机循环启/停控制

（1）控制要求

三台电动机 M1、M2、M3 控制的时序图如图 3-30 所示。要求 M1、M2 和 M3 依次相隔 5s 启动，各运转 10s 停止，并循环。

（2）PLC 选型及 I/O 信号分配

在本案例中，选用 16 点 $FX_{2N}$-16MR 型 PLC 一台，通过按钮 SB1、SB2 分别向系统输入运行（X0）和停止（X1）信号；输出信号 Y1~Y3 通过接触器 KM1~KM3 分别控制三台电动机 M1、M2 和 M3。其 I/O 信号分配如图 3-31 所示。

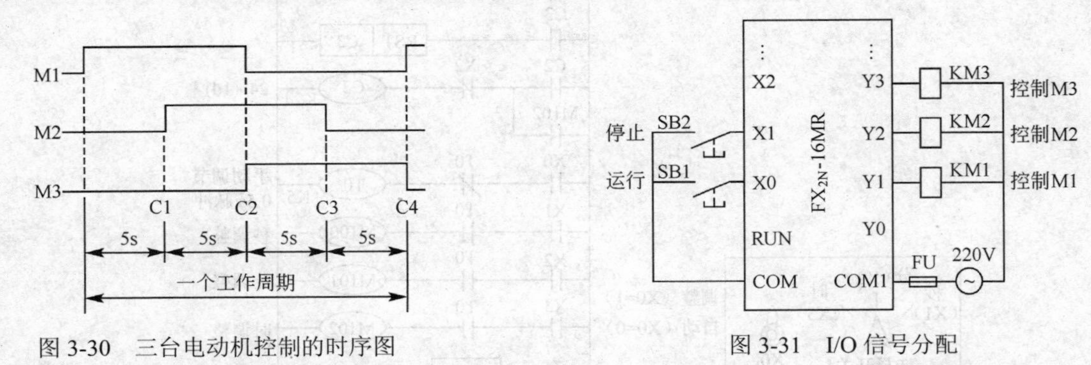

图 3-30　三台电动机控制的时序图　　图 3-31　I/O 信号分配

（3）程序设计

分析三台电动机 M1、M2、M3 控制的时序图不难发现三台电动机的启/停控制都与 5s 的时间间隔有关，即 M1 启动，第 1 个 5s 后 M2 启动；第 2 个 5s 后 M3 启动，而 M1 停止；

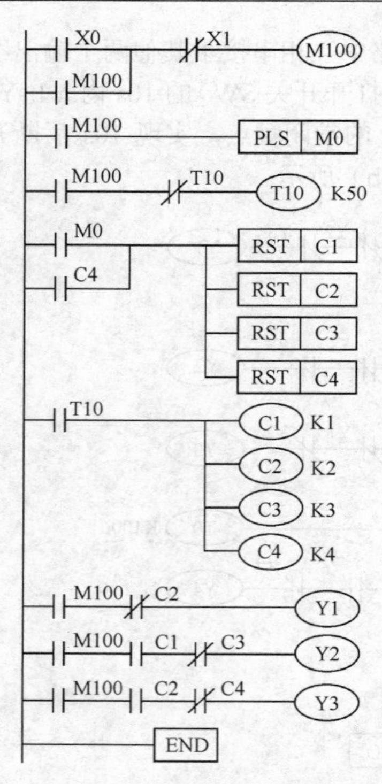


图 3-32　三台电动机控制的梯形图

第 3 个 5s 后 M2 停止；第 4 个 5s 后 M3 停止。为了反映这三台电动机控制的逻辑关系，可用自复式振荡电路建立一个 5s 的控制信号，并用计数器 C1、C2、C3、C4 分别记录这 4 个控制信号，再用这 4 个控制信号实现对三台电动机的启/停控制。当第 4 个 5s 信号计数完成时，一个工作周期结束，通过 C4 常开触点对计数器 C1~C4 的复位，可实现系统循环运行的功能，由此设计的梯形图如图 3-32 所示。

### 3.4.3　时钟控制

图 3-33 示出的是时钟控制的梯形图，它是定时器和计数器应用的典型案例。

图 3-33（a）采用特殊辅助继电器 M8013（1s 脉冲）产生秒脉冲信号，用计数器 C0 记录秒脉冲信号，计满 60 个秒脉冲信号向 C1 发出 1 个计数信号（分脉冲信号），并使 C0 复位；C1 计满 60 个分脉冲信号后再向 C2 发出 1 个计数信号（时脉冲信号），并使 C1 复位；C2 计满 24 个时脉冲信号（1 天），然后复位。

注意，C0、C1 当前值的变化范围为 1~60，而 C2 当前值的变化范围是 1~24。如果将 C0~C2 的当前值通过功能指令及显示设备显示出来，即可反映当前的秒、分和时。

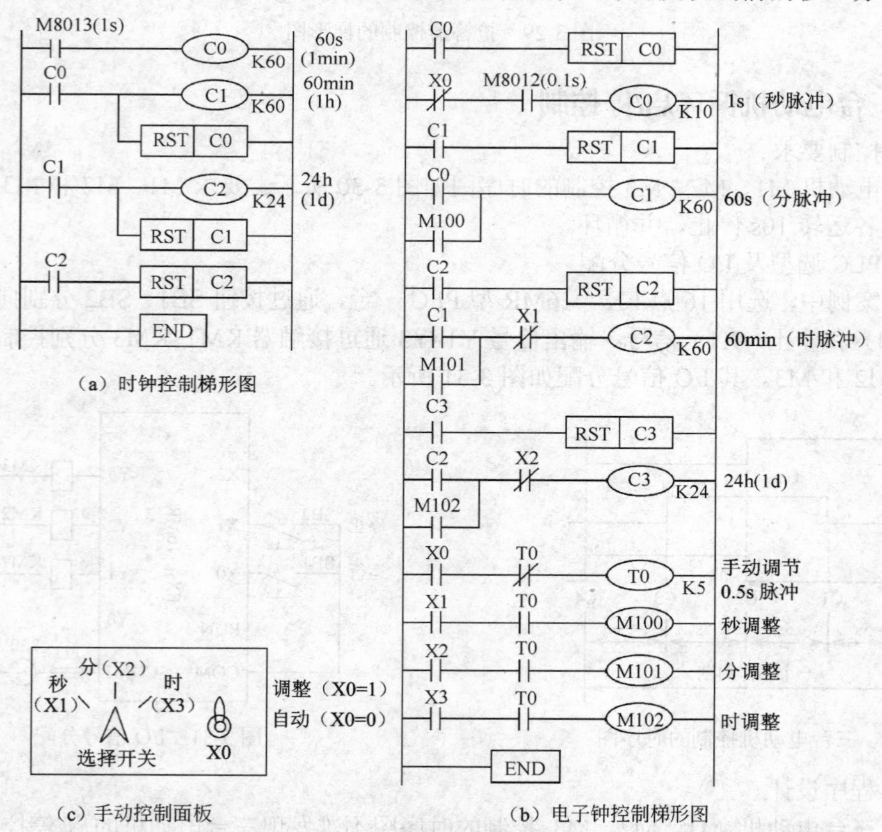


图 3-33　时钟控制梯形图

图 3-33（b）所示为一电子钟控制的梯形图。在自动方式下，具有正常的计时功能；在手动方式下，通过选择开关可对秒、分、时的当前值进行调整。同样，将 C1~C3 的当前值显示出来，即可反映当前的秒、分和时，如图 3-33（c）所示。

### 3.4.4　运料小车控制

（1）控制要求

某运料小车自动往返运行的示意图如图 3-34 所示，其控制要求如下。

① 按启动按钮 SB1，小车电动机正转，小车第一次前进；碰到限位开关 SQ1 后，电动机反转，小车后退。

② 小车后退碰到限位开关 SQ2 后，电动机 M 停转；停 10s 后，小车第二次前进，碰到限位开关 SQ3，再次后退。

③ 小车第二次后退碰到限位开关 SQ2 时停止。

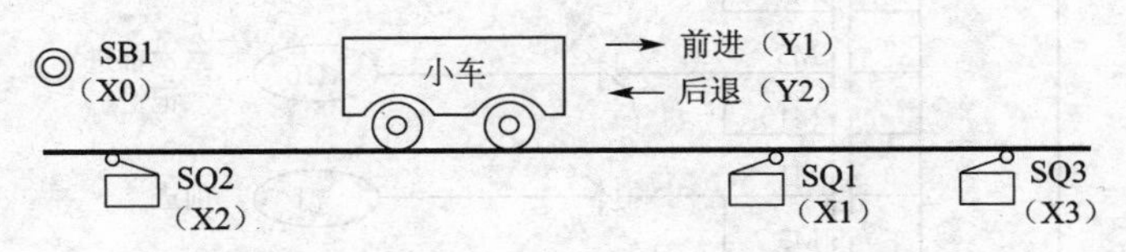


图 3-34　某运料小车自动往返运行示意图

（2）PLC 选型及 I/O 信号分配

本案例中，输入控制信号包括启/停控制信号（两个）、限位控制信号（三个）和过载保护控制信号（一个）；输出控制信号有两个（电动机 M 的正转与反转），故选 16 点 $FX_{2N}$-16MR 型 PLC，其 I/O 信号分配如图 3-35（b）所示。

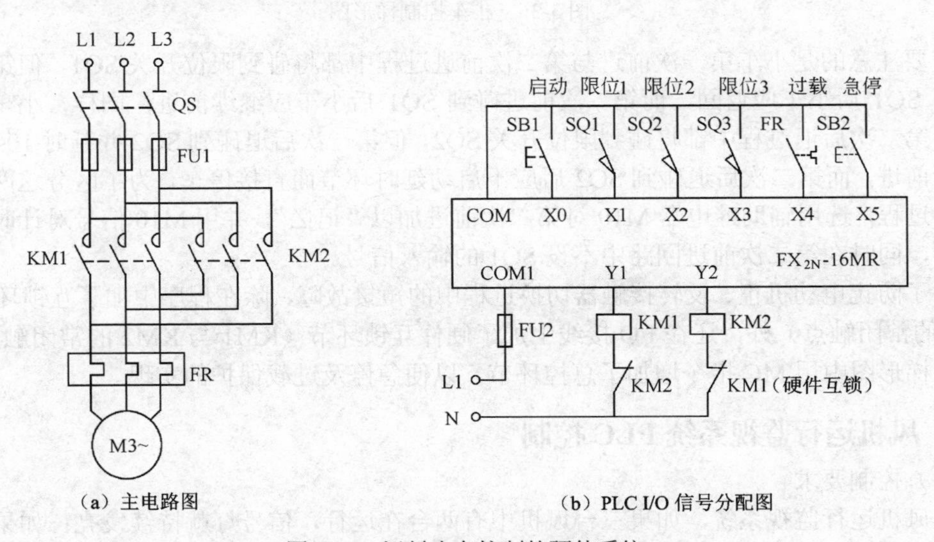


（a）主电路图　　（b）PLC I/O 信号分配图

图 3-35　运料小车控制的硬件系统

（3）程序设计

本案例要求小车按规定的工作过程运行，属于典型的顺序控制问题。对顺序控制问题，应按工艺过程进行编程。

用辅助继电器 M 对小车的工作过程加以描述，可表示为：一次前进（M1）→一次后退

（M2）→停车延时（T0）→二次前进（M3）→二次后退（M4）→停车。对每一过程加上启/停条件，就构成了小车控制梯形图的基本环节，如图 3-36 所示。

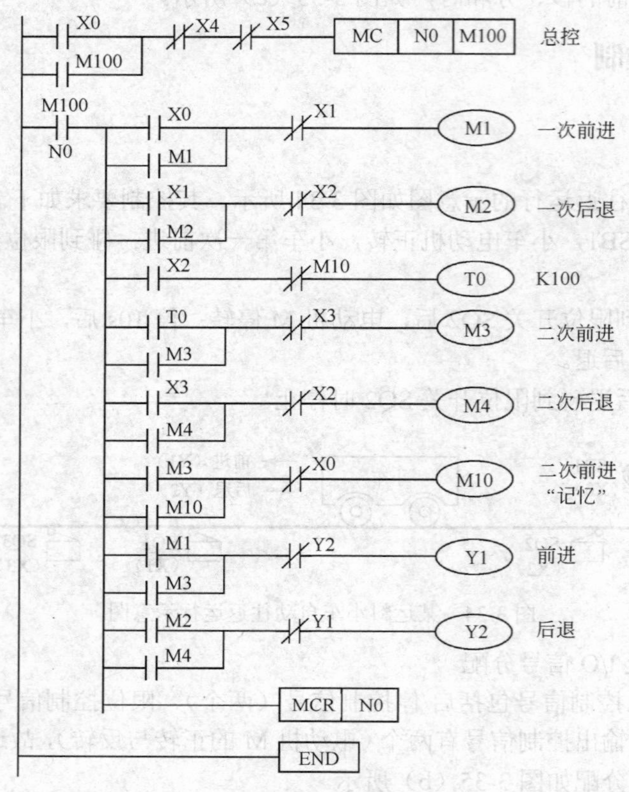


图 3-36　小车控制梯形图

需要注意的是小车第一次前进与第二次前进过程中都将碰到限位开关 SQ1，但第一次前进碰到 SQ1 后小车应返回，而第二次前进碰到 SQ1 后小车应继续前进；同样，小车第一次后退与第二次后退过程中都将碰到限位开关 SQ2，但第一次后退碰到 SQ2 并延时 10s 后小车应重新前进，而第二次后退碰到 SQ2 后应不启动延时环节而直接停车，为了区分这两个不同的工作过程，选用辅助继电器 M10 对第二次前进加以“记忆”，并用 M10 信号对计时环节加以限制，同时在第二次前进回路中不设 SQ1 的输入信号。

为了防止电动机正、反转接触器切换过程中的短接故障，除在程序中加了互锁环节（Y1 与 Y2 的常闭触点）外，还在 I/O 接线上加了硬件互锁环节（KM1 与 KM2 的常闭触点）。另外，在梯形图中用 MC 指令增加了总控环节，以便急停及过载保护的实现。

### 3.4.5　风机运行监视系统 PLC 控制

（1）控制要求

某风机运行监视系统，如果三台风机中有两台在运行，信号灯就持续发亮；如果只有一台风机运行，信号灯就以 0.5Hz 的频率闪光；如果三台风机都不工作，信号灯就以 2Hz 的频率闪光。运行监视系统停止工作，信号灯随即熄灭。

（2）PLC 选型及 I/O 信号分配

本案例可选 32 点 $FX_{2N}$-32MR 型 PLC。根据控制要求，风机运行监视系统 PLC 控制 I/O 信号分配如表 3-3 所示。

**表 3-3 风机运行监视系统 PLC 控制 I/O 信号分配**

| 输 入 元 件 | 输入端子（信号） | 输 出 元 件 | 输出端子（信号） |
|---|---|---|---|
| 系统启/停（SB1/SB2） | X0 / X1 | | |
| 风机 1 启/停（SB3/SB4） | X2 / X3 | 风机 1 控制 KM1 | Y1 |
| 风机 2 启/停（SB5/SB6） | X4 / X5 | 风机 2 控制 KM2 | Y2 |
| 风机 3 启/停（SB7/SB8） | X6 / X7 | 风机 3 控制 KM3 | Y3 |
| 风机 1 过载保护 FR1 | X10 | 信号灯 HL | Y10 |
| 风机 2 过载保护 FR2 | X11 | | |
| 风机 3 过载保护 FR3 | X12 | | |

（3）程序设计

本案例控制的关键是信号灯，当三台风机中有两台（可能是风机 1 和风机 2，可能是风机 2 和风机 3，也可能是风机 3 和风机 1）在运行时，信号灯就持续发亮；当三台风机中只有一台（可能是风机 1、风机 2，也可能是风机 3）运行时，信号灯就以 0.5Hz 的频率闪光；若三台风机都不工作，信号灯就以 2Hz 的频率闪光，即一个输出（信号灯）要根据输入条件（三台风机的运行情况）以三种不同的方式工作，属于多条件控制问题。为便于程序设计，可将三台风机的运行情况分类，并转化为辅助继电器的状态，再作为信号灯的驱动条件，以便控制过程得以实现。

风机运行监视系统 PLC 控制的梯形图如图 3-37 所示，图中通过振荡电路，分别产生周期为 2s（频率为 0.5Hz）和 0.5s（频率为 2Hz）的脉冲信号，供信号灯闪光控制用。图 3-37 对应的指令程序如表 3-4 所示。

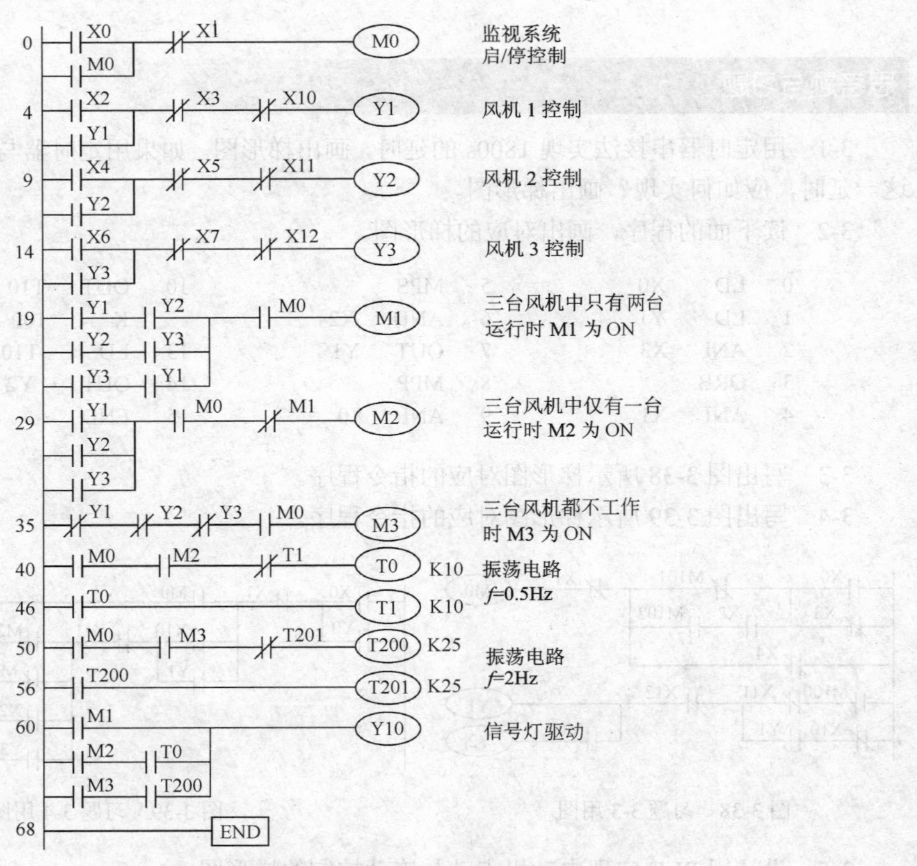


图 3-37 风机运行监视系统 PLC 控制的梯形图

表 3-4 图 3-37 梯形图对应的指令程序

| 指令程序 | 指令程序 | 指令程序 | 指令程序 |
|---|---|---|---|
| 0 LD X0 | 17 ANI X12 | 34 OUT M2 | 53 OUT T200 |
| 1 OR M0 | 18 OUT Y3 | 35 LDI Y1 | K 25 |
| 2 ANI X1 | 19 LD Y1 | 36 ANI Y2 | 56 LD T200 |
| 3 OUT M0 | 20 AND Y2 | 37 ANI Y3 | 57 OUT T201 |
| 4 LD X2 | 21 LD Y2 | 38 AND M0 | K 25 |
| 5 OR Y1 | 22 AND Y3 | 39 OUT M3 | 60 LD M1 |
| 6 ANI X3 | 23 ORB | 40 LD M0 | 61 LD M2 |
| 7 ANI X10 | 24 LD Y3 | 41 AND M2 | 62 AND T0 |
| 8 OUT Y1 | 25 AND Y1 | 42 ANI T1 | 63 ORB |
| 9 LD X4 | 26 ORB | 43 OUT T0 | 64 LD M3 |
| 10 OR Y2 | 27 AND M0 | K 10 | 65 AND T200 |
| 11 ANI X5 | 28 OUT M1 | 46 LD T0 | 66 ORB |
| 12 ANI X11 | 29 LD Y1 | 47 OUT T1 | 67 OUT Y10 |
| 13 OUT Y2 | 30 OR Y2 | K 10 | 68 END |
| 14 LD X6 | 31 OR Y3 | 50 LD M0 | |
| 15 OR Y3 | 32 AND M0 | 51 AND M3 | |
| 16 ANI X7 | 33 ANI M1 | 52 ANI T201 | |

## 思考题与习题

3-1 用定时器串接法实现 1800s 的延时，画出梯形图。如果用定时器与计数器配合完成这一延时，应如何实现？画出梯形图。

3-2 读下面的程序，画出对应的梯形图。

```
0  LD   X0      5  MPS           10  OUT  T10
1  LD   Y1      6  AND   X2          K    100
2  ANI  X3      7  OUT   Y1      13  LD   T10
3  ORB          8  MPP           14  OUT  Y2
4  ANI  X1      9  ANI   X0      15  END
```

3-3 写出图 3-38 所示梯形图对应的指令程序。

3-4 写出图 3-39 所示梯形图对应的指令程序。

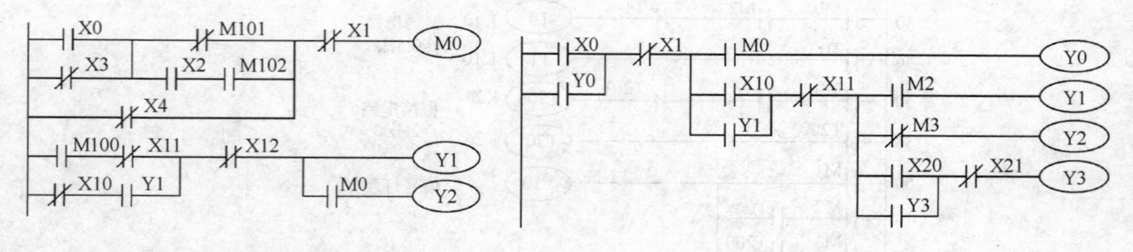


图 3-38 习题 3-3 用图　　　　图 3-39 习题 3-4 用图

3-5 设计用 PLC 实现电动机点动与连动控制的梯形图。

3-6 根据以下要求，分别编写两台电动机 M1 与 M2 的控制程序。

① 启动时，M1 启动后 M2 才能启动；停止时，M2 停止后 M1 才能停止。

② M1 先启动，经过 30s 后 M2 自行启动，M2 启动 10min 后 M1 自动停止。

3-7 画出图 3-40 中 M0、M1 和 Y0 的时序图。

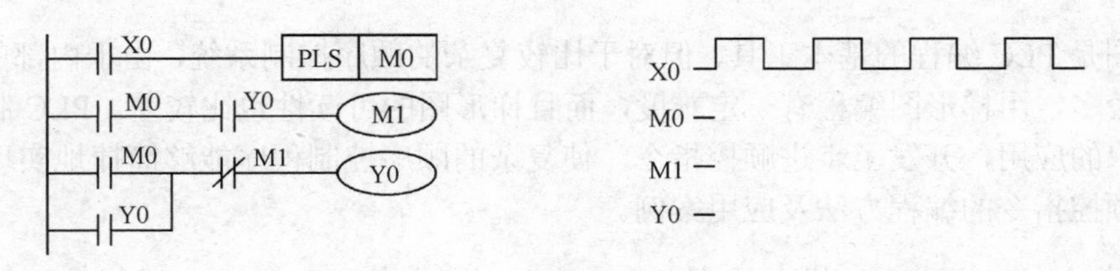


图 3-40 习题 3-7 用图

3-8 用 PLC 实现三相异步电动机Y/△减压启动控制，Y→△转换要求延时 0.2s，试设计控制的程序，要求给出主电路、I/O 信号分配表及梯形图。

3-9 设计一个节日礼花弹引爆程序。礼花弹用电阻点火引爆器引爆，为了实现自动引爆，拟采用 PLC 控制（用一个启动开关引爆），要求编制以下两种控制程序。

① 第 1~第 12 个礼花弹的引爆间隔为 0.1s；第 13~第 14 个礼花弹的引爆间隔为 0.2s。

② 第 1~第 6 个礼花弹的引爆间隔为 0.1s，引爆完后停 10s，接着第 7~第 12 个礼花弹引爆，间隔 0.1s，引爆完后再停 10s，接着第 13~第 18 个礼花弹引爆，间隔为 0.1s，引爆完后再停 10s，接着第 19~第 24 个礼花弹引爆，间隔为 0.1s。

3-10 某自动生产线上，使用有轨小车来运送工序间的物件。小车驱动采用电动机拖动，其运行示意图如图 3-41 所示。电动机正转，小车前进；电动机反转，小车后退。控制要求如下。

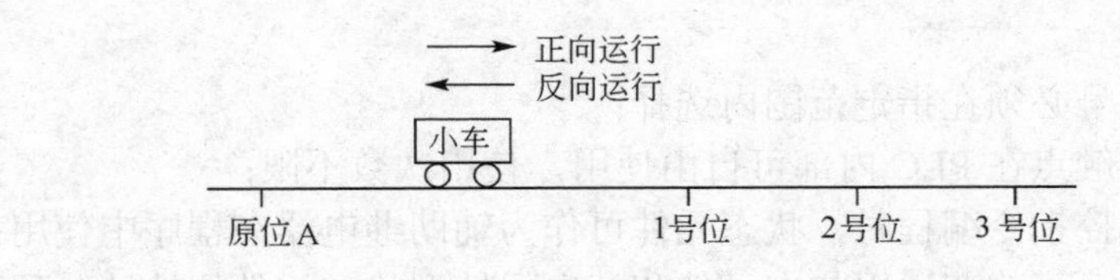


图 3-41 习题 3-10 用图

① 小车启动，从原位 A 出发驶向 1 号位，在 1 号位停留 5s 后返回原位 A。

② 在原位 A 停留 10s 后第二次出发驶向 2 号位，在 2 号位停留 5s 后仍返回原位 A。

③ 在原位 A 再停留 10s 后第三次出发驶向 3 号位，在 3 号位停留 5s 后依然返回原位 A。

④ 小车重复上述工作过程，直到按下停止按钮为止。

⑤ 小车在正向或反向运行过程中，要能停车和再次启动。

试用 PLC 实现小车的控制，要求给出主电路、I/O 信号分配表及控制的梯形图。

# 第 4 章　FX 系列 PLC 步进顺控指令及编程

梯形图是 PLC 编程的基本工具，但对于比较复杂的顺序控制系统，由于内部的联锁、互动关系比较多，用梯形图编程有一定难度，而且梯形图的可读性也比较差。PLC 制造厂商为了方便用户的应用，开发了步进顺控指令，使复杂的顺序控制程序能够简捷地实现。本章将介绍步进顺控指令的编程方法及应用案例。

## 4.1　状态转移图（SFC 图）

### 4.1.1　状态元件

状态元件（又称状态继电器）是构成状态转移图的基本元素。$FX_{2N}$ 系列 PLC 其状态元件的类别、编号、数量（点）及功能如表 4-1 所示。

表 4-1　$FX_{2N}$ 系列 PLC 状态元件一览表

| 类　别 | 编　号 | 数量（点） | 功　能 |
|---|---|---|---|
| 初始状态 | S0~S9 | 10 | 初始化 |
| 返回状态 | S10~S19 | 10 | 用 IST 指令时，返回原点 |
| 通用状态 | S20~S499 | 480 | 用于 SFC 的中间状态 |
| 掉电保持型状态 | S500~S899 | 400 | 具有断电保持功能，恢复供电后，可继续执行 |
| 信号报警用状态 | S900~S999 | 100 | 用于故障诊断或报警 |

说明：

① 状态元件的编号必须在指定范围内选择；

② 各状态元件的触点在 PLC 内部可自由使用，使用次数不限；

③ 在不用步进顺控指令编程时，状态元件可作为辅助继电器在程序中使用；

④ 通过参数设置，可改变通用状态元件和掉电保持型状态元件的地址分配。

### 4.1.2　状态转移图（SFC 图）

“状态”是构成状态转移图的基本环节，其物理意义是顺序控制过程中的“工步”。如第 3 章图 3-34 所示，用状态元件 S 对如图 3-34 所示的小车的工作过程加以描述，可表示为：初始状态（S0）→一次前进（S20）→一次后退（S21）→停车延时（S22）→二次前进（S23）→二次后退（S24）→停车（S0）。对每一“工步”加上运行条件及工作任务，就构成了小车控制的状态转移图，如图 4-1 所示。

从这一案例不难看出，一个顺序控制过程可以分为若干个工步（工作状态），状态与状态之间是相对独立的，每个状态具有不同的功能，将这些状态按工艺流程顺序组合起来，就是状态转移图。

每一状态都有负载驱动、指定状态转移条件和状态转移方向三个要素，这三个要素描述了一个状态的基本特征和功能。一旦某一状态被“激活”（如 S20），与该状态连接的负载（Y1）就得以驱动，然后判断状态转移条件是否满足，如果状态转移条件成立（X1 为 ON），就按顺序（箭头指示，但可省略）转向下一状态（S21），当 S21 被“激活”时，前一个状态（S20）就会自动“关闭”。由此可知，状态转移图执行的过程具有以下特点。

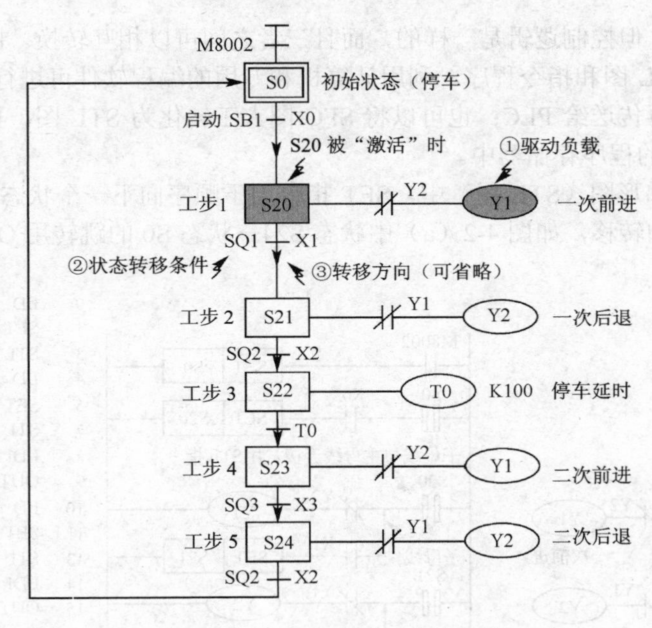


图 4-1 小车控制的状态转移图

① 状态转移图是严格按照预定的工艺流程顺序执行的。

② 每个状态有其“激活”的条件，一旦后一个状态被“激活”，其前一个状态就会自动“关闭”。

③ 状态执行的过程是驱动负载→判断状态转移条件→指定状态转移方向。

状态转移图根据控制流程不同可分为单流程状态转移图、选择性分支状态转移图、并行分支状态转移图及组合状态转移图等基本形式。

## 4.2 步进顺控指令及编程

### 4.2.1 步进指令

步进接点（子母线与主母线连接）指令为STL；步进返回（返回主母线）指令为RET。STL、RET指令的程序步均为1步。

STL指令的功能是使子母线与主母线连接，即“激活”该状态，如图4-2（b）所示。一旦某一步进接点接通，则该状态的所有操作（三个要素）均在子母线上进行，子母线后面的起始触点要用 LD、LDI 指令。除初始状态外，其他所有状态只有在其前一个状态处于“激活”且状态转移条件成立时才能开启。一旦下一个状态被“激活”，上一个状态会自动“关闭”。从PLC循环扫描程序的原理看，“激活”可理解为该段程序被扫描执行，而“关闭”则可理解为该段程序被扫描却不执行。

RET 指令用于返回主母线。步进顺控程序执行完毕后，用 RET 指令返回主母线，使非状态程序的操作在主母线上完成，以防止出现逻辑错误。因此，在状态转移程序的结尾必须使用RET指令。

### 4.2.2 状态转移图与步进梯形图的转换

步进顺控程序可以用状态转移图（SFC图）、步进梯形图（STL图）或指令程序表示，尽管表达形式不同，但控制逻辑是一样的，而且三者之间可以相互转换。图 4-2 为同一控制程序的 SFC 图、STL 图和指令程序。利用计算机和专用的编程软件可进行 SFC 图编程，然后转换成指令程序再传送给 PLC；也可以将 SFC 图人工转化为 STL 图，再写成指令程序，用编程器写入 PLC 的程序存储器中。

注意，在步进梯形图（STL 图）中，SET 指令用于顺序向下一个状态转移；而 OUT 指令用于向分离状态的转移，如图 4-2（a）中状态 S24→状态 S0 的跳转用 OUT 指令。

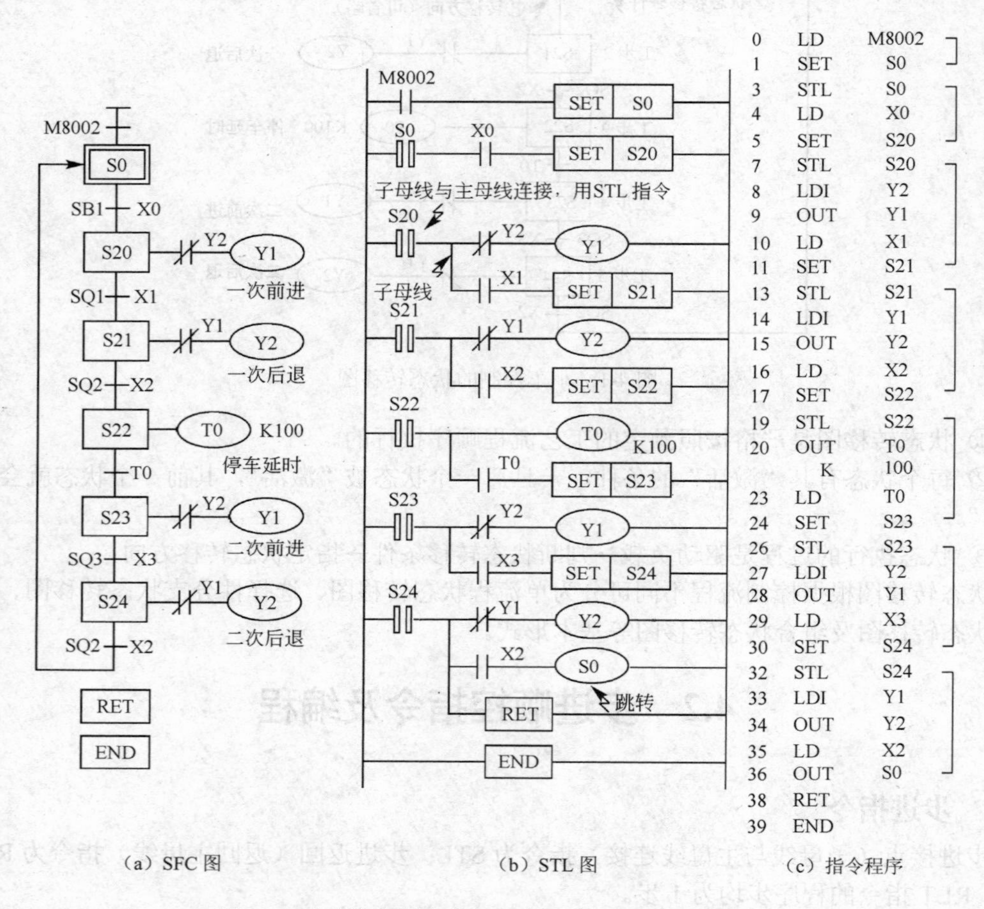


（a）SFC 图　（b）STL 图　（c）指令程序

图 4-2　小车控制程序的 SFC 图、STL 图和指令程序

## 4.2.3　编程注意事项

① 对状态进行编程，必须使用步进接点指令 STL。

② 程序的最后必须使用步进返回指令 RET，返回主母线。

③ 状态编程的顺序为先驱动负载，再根据转移条件和转移方向进行转移，次序不能颠倒。

④ 驱动负载用 OUT 指令。如果相邻的状态驱动同一个负载，可以使用多重输出，也可以用 SET 指令将其置位，等到该负载无需驱动时，再用 RST 指令将其复位。

⑤ 负载驱动或状态转移条件可能是多个，要视其具体逻辑关系，将其进行串、并联组合。

⑥ 相邻状态不能使用相同编号的 T、C 元件，如图 4-3 所示。如果同一 T、C 元件在相邻状态下编程，其线圈不能断电，当前值不能“清 0”。

⑦ 状态编程时，不可在状态触点（STL 指令）之后直接使用栈操作指令。只有在 LD 或 LDI 指令之后，方可用 MPS、MRD 和 MPP 指令编制程序，如图 4-4 所示。

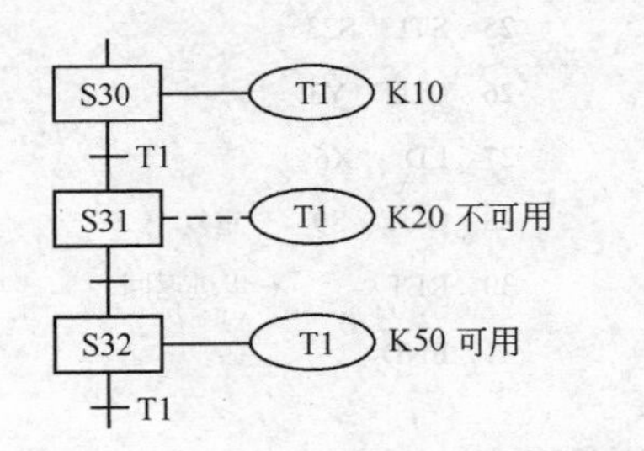


图 4-3 定时器在 SFC 图中的使用

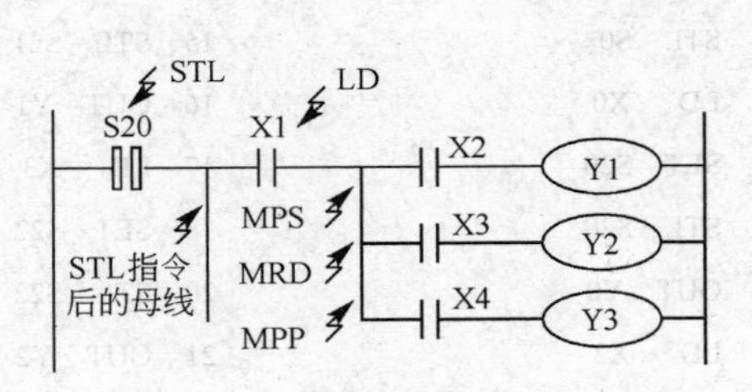


图 4-4 MPS/MRD/MPP 指令的位置

⑧ 在 STL 与 RET 指令之间不能使用 MC、MCR 指令。

⑨ 初始状态可由系统初始条件或其他状态驱动，也可用初始脉冲 M8002 进行驱动。如果没有驱动，状态流程就不会向下执行。如需在停电恢复后继续原状态运行，可使用 S500~S899 断电保持状态元件。

⑩ 在中断程序与子程序内不能使用 STL 指令。在 STL 指令内不禁止使用条件跳转（CJ）指令，但其操作复杂，建议一般不要使用。

# 4.3 单流程状态转移图

## 4.3.1 编程方法

单流程是指状态转移图只有一个分支，并按顺序执行整个流程。图 4-5（a）为带跳转与重复形式的单流程 SFC 图，图 4-5（b）为单流程 SFC 图向流程外跳转的情况。编程时，跳转与重复要用 OUT 指令。

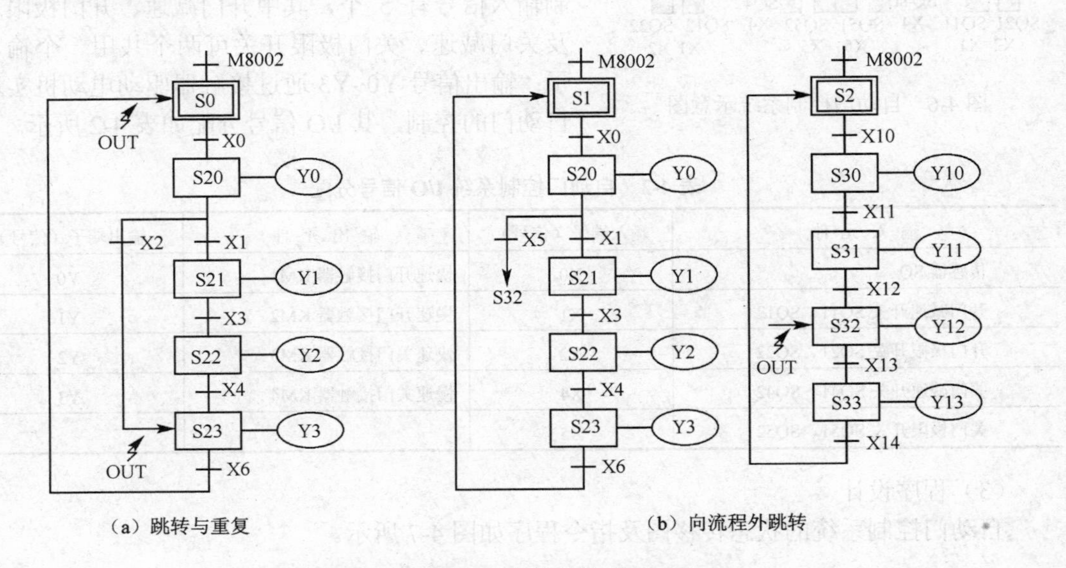


图 4-5 带跳转与重复的单流程 SFC 图

图 4-5（a）所对应的指令程序如下：

```
0  LD   M8002      12 LD   X1            23 SET  S23
1  SET  S0         13 SET  S21  ←顺转    25 STL  S23
3  STL  S0         15 STL  S21           26 OUT  Y3
4  LD   X0         16 OUT  Y1            27 LD   X6
5  SET  S20        17 LD   X3            28 OUT  S0   ←重复
7  STL  S20        18 SET  S22           30 RET       ←步进返回
8  OUT  Y0         20 STL  S22           31 END
9  LD   X2         21 OUT  Y2
10 OUT  S23 ←跳转  22 LD   X4
```

## 4.3.2 编程案例

（1）控制要求

某自动门控制系统示意图如图 4-6 所示。当有人接近自动门时，传感器 SQ 检测信号 X0 为 ON，Y0 驱动电动机快速开门；碰到开门减速开关 SQ11、SQ12（X1 为 ON）时，变为慢速开门；碰到开门极限开关 SQ21、SQ22（X2 为 ON）时电动机停转，并开始延时。若在 5s 延时后传感器 SQ 检测到无人，Y2 启动电动机快速关门，碰到关门减速开关 SQ41、SQ42（X4 为 ON）时，改为慢速关门，碰到关门极限开关 SQ51、SQ52（X5 为 ON）时电动机停转。在关门期间若传感器 SQ 检测到有人，马上停止关门，并延时 0.5s 后自动转换为快速开门。

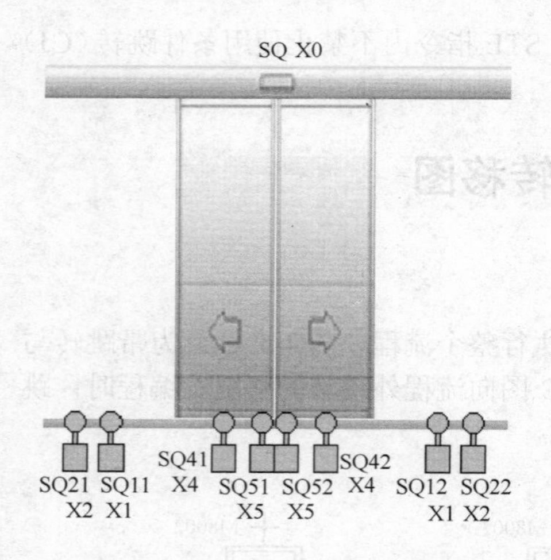


图 4-6 自动门控制系统示意图

（2）PLC 选型及 I/O 信号分配

本案例可选 16 点 $FX_{2N}$-16MR 型 PLC，它的控制输入信号有 5 个，其中开门减速、开门极限开关及关门减速、关门极限开关可两个共用一个输入端子；输出信号 Y0~Y3 通过接触器驱动电动机实现对自动门的控制，其 I/O 信号分配如表 4-2 所示。

**表 4-2 自动门控制系统 I/O 信号分配**

| 输入元件 | 输入端子（信号） | 输出元件 | 输出端子（信号） |
|---|---|---|---|
| 传感器 SQ | X0 | 快速开门接触器 KM1 | Y0 |
| 开门减速开关 SQ11、SQ12 | X1 | 慢速开门接触器 KM2 | Y1 |
| 开门极限开关 SQ21、SQ22 | X2 | 快速关门接触器 KM3 | Y2 |
| 关门减速开关 SQ41、SQ42 | X4 | 慢速关门接触器 KM4 | Y3 |
| 关门极限开关 SQ51、SQ52 | X5 | | |

（3）程序设计

自动门控制系统的状态转移图及指令程序如图 4-7 所示。

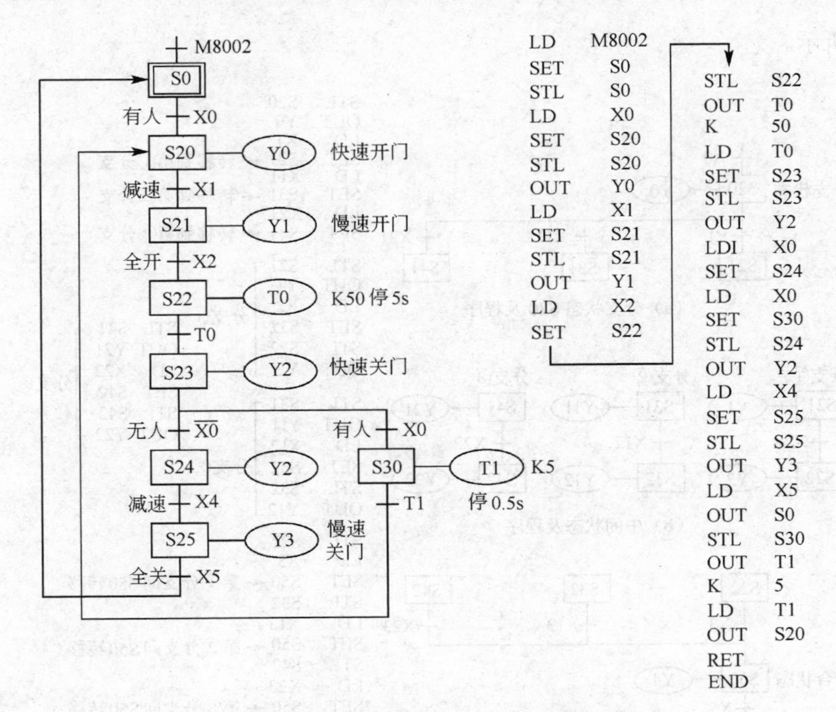


图 4-7　自动门控制的 SFC 图及指令程序

## 4.4　选择性分支状态转移图

从多个流程中按条件选择执行的某一分支称为选择性分支，如图 4-8 所示。

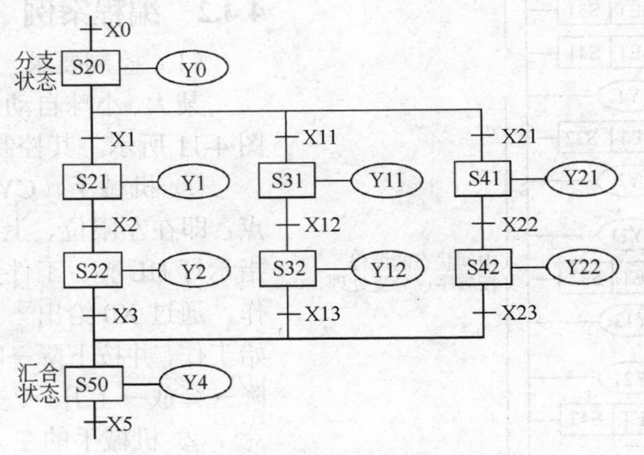


图 4-8　选择性分支 SFC 图

### 4.4.1　编程方法

选择性分支编程时，先处理分支状态，再处理中间状态，最后处理汇合状态。

在图 4-9 中，对分支状态 S20，先进行分支状态的驱动处理（OUT　Y0），再按 S21→S31→S41 的顺序（从左→右）进行转移处理，如图 4-9（a）所示。对中间状态，应从左→右按顺序逐分支进行编程，如图 4-9（b）所示。对汇合状态 S50，先按 S22、S32、S42 的顺序（从左→右）进行由各分支到汇合状态的转移处理，再进行汇合状态的驱动处理（OUT　Y4），如

图 4-9（c）所示。

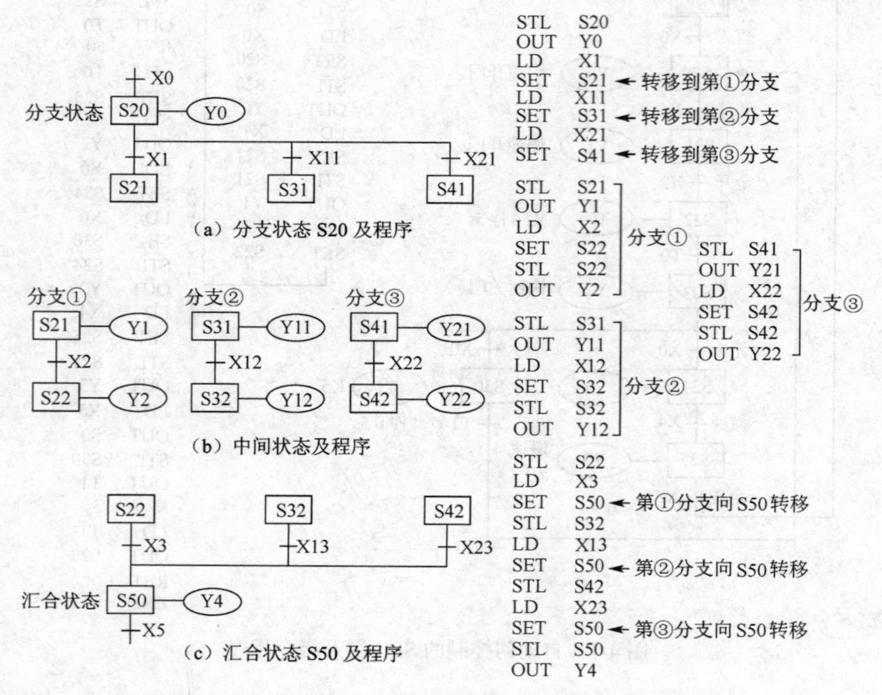


图 4-9　选择性分支的编程

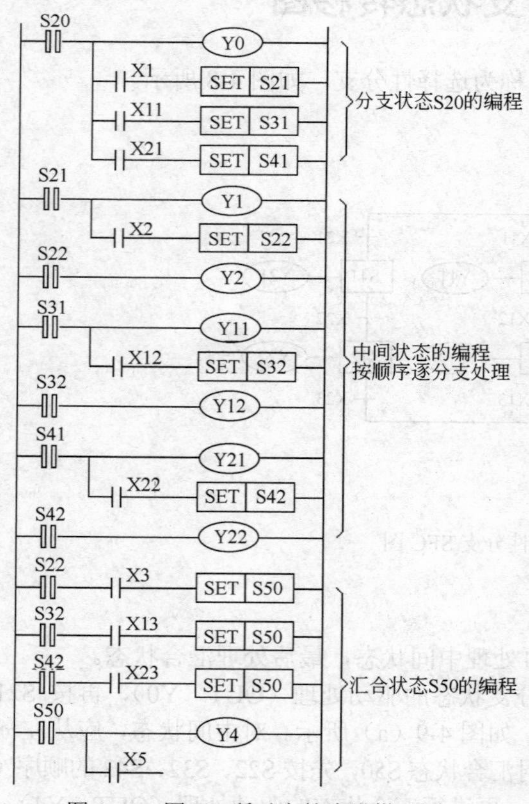


图 4-10　图 4-8 所对应的步进梯形图

图 4-8 所示的选择性分支状态转移图对应的步进梯形图如图 4-10 所示。

### 4.4.2　编程案例

（1）控制要求

某大、小球自动分类传送系统示意图如图 4-11 所示，其控制要求如下。

① 机械手（CY1）当前位置在工作原点，即在左限位、上限位和释放状态，原点指示灯 HL 亮。工件到位，接近开关 PS0 动作，通过 X0 给出一个启动信号，机械手开始工作，并按下降→吸持→上升→右移→下降→释放→上升→左移的工序自动循环。

② 机械手的左、右移动通过电动机 M 拖动带传动装置实现；机械手的上升、下降通过液压传动装置实现；机械手吸持、释放工件通过电磁铁的得电与失电实现。

③ 当机械手下降到使电磁铁 YA 压着大球时（机械手未达下限），下限位开关 LS2 处于断开状态（X2 为 OFF）；当机械手下降到压着小球时（机械手已达下限），下限位开关 LS2 处于闭合状态（X2 为 ON）。以此

作为大、小球分类传送的依据。

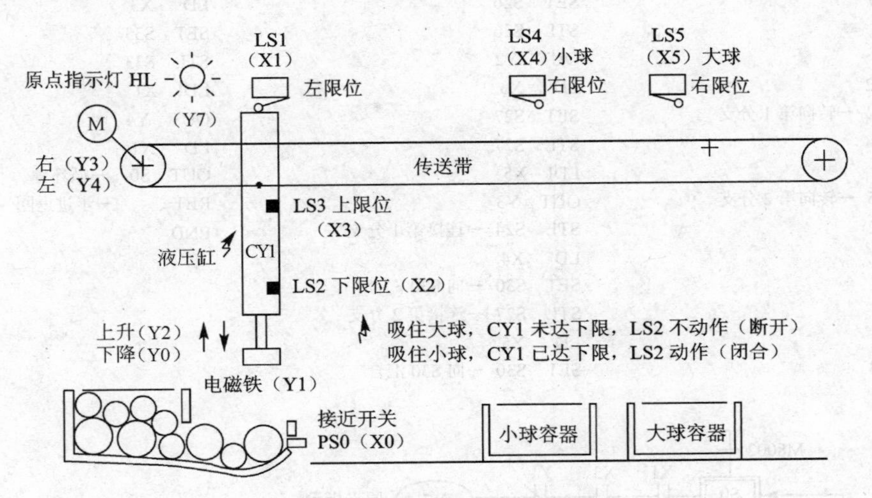


图 4-11　自动分类传送系统示意图

（2）PLC 选型及 I/O 信号分配

本案例可选 16 点 $FX_{2N}$-16MR 型 PLC，它的控制输入、输出信号均为 6 个，其 I/O 信号分配如表 4-3 所示。

表 4-3　自动分类传送系统 I/O 信号分配

| 输 入 元 件 | 输入端子（信号） | 输 出 元 件 | 输出端子（信号） |
|---|---|---|---|
| 接近开关 PS0 | X0 | 下降电磁阀 YV1 | Y0 |
| 左限位开关 LS1 | X1 | 电磁铁 YA | Y1 |
| 下限位开关 LS2 | X2 | 上升电磁阀 YV2 | Y2 |
| 上限位开关 LS3 | X3 | 右移接触器 KM1 | Y3 |
| 小球右限位开关 LS4 | X4 | 左移接触器 KM2 | Y4 |
| 大球右限位开关 LS5 | X5 | 原点指示灯 HL | Y7 |

（3）程序设计

按工艺要求，该控制流程根据吸持的是大球还是小球应有两个分支，且属于选择性分支。选择执行的条件是下限位开关 LS2 的通与断。若吸持的是小球，机械手已达下限，X2 为 ON，选择第一分支执行，当机械手右移至小球右限位（X4 为 ON）时，就将工件下降释放在小球容器中；若吸持的是大球，机械手未达下限，X2 为 OFF，选择第二分支执行，当机械手右移至大球右限位（X5 为 ON）时，就将工件下降释放在大球容器中。其控制的状态转移图如图 4-12 所示，对应的指令程序如下：

```
LD   M8002
SET  S0
STL  S0
LD   X1
AND  X3
ANI  Y1
OUT  Y7
LD   X0
AND  Y7
SET  S21
STL  S21  ←连接分支状态
STL  S23
OUT  Y2
LD   X3
SET  S24
STL  S24
LDI  X4
OUT  Y3
STL  S25
SET  Y1
OUT  T1
K    10
STL  S30
OUT  Y0
LD   X2
SET  S31
STL  S31
RST  Y1
OUT  T2
K    10
LD   T2
SET  S32
STL  S32
```

```
OUT   Y0
OUT   T0
K     20
LD    T0
AND   X2
SET   S22  ←转向第 1 分支
LD    T0
ANI   X2
SET   S25  ←转向第 2 分支
STL   S22
SET   Y1
OUT   T1
K     10
LD    T1
SET   S23
LD    T1
SET   S26
STL   S26
OUT   Y2
LD    X3
SET   S27
STL   S27
LDI   X5
OUT   Y3
STL   S24  ←连接第 1 分支
LD    X4
SET   S30  ←向 S30 汇合
STL   S27  ←连接第 2 分支
LD    X5
SET   S30  ←向 S30 汇合
OUT   Y2
LD    X3
SET   S33
STL   S33
LDI   X1
OUT   Y4
LD    X1
OUT   S0   ←循环
RET        ←步进返回
END
```

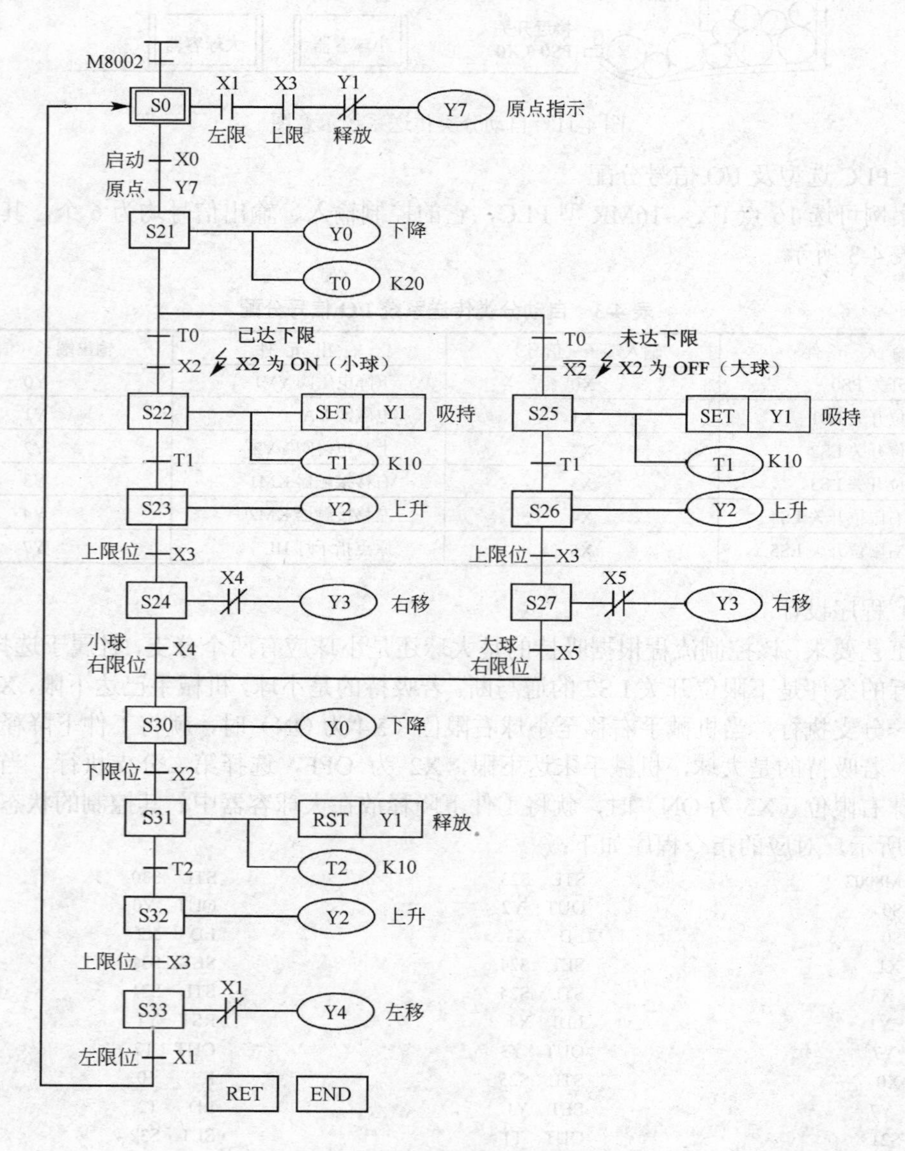


图 4-12　自动分类传送系统的 SFC 图

# 4.5　并行分支状态转移图

多个分支同时执行的流程称为并行分支。如图 4-13 所示，S20 为分支状态，若状态 S20 的转移条件 X1 为 ON，则两个分支流程同时执行；S50 为汇合状态，在两个分支流程的操作全部完成后，一旦转移条件满足（X4 为 ON），就向状态 S50 汇合，若其中一个分支没有执行完毕，S50 就不可能开启，所以并行分支的汇合是“排队汇合”。

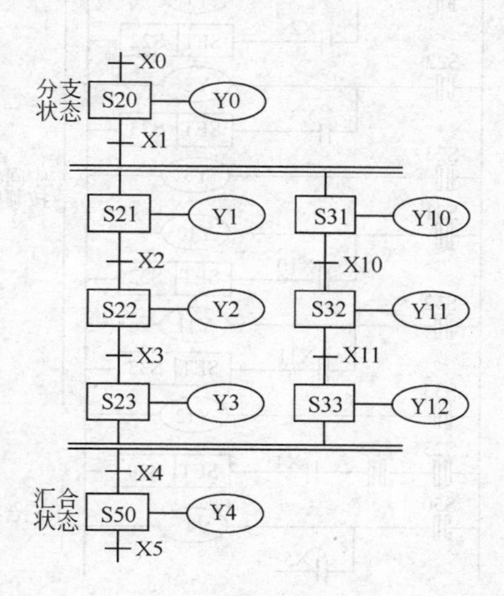


图 4-13　并行分支 SFC 图

## 4.5.1　编程方法

并行分支编程时，也是按分支状态、中间状态、汇合状态三个部分依次进行的，如图 4-14 所示。对分支状态 S20，先进行分支状态的驱动处理（OUT Y0），再根据转移条件 X1，同时按顺序（从左→右）进行转移处理，如图 4-14（a）所示；对中间状态，应从左→右按顺序逐分支进行编程，如图 4-14（b）所示；对汇合状态 S50，根据转移条件 X4，先按 S23、S33 的顺序（从左→右）进行由各分支到汇合状态的转移处理，再进行汇合状态的驱动处理（OUT Y4），如图 4-14（c）所示。

注意，选择性、并行分支的程序中，一个状态下最多只能有 8 条分支，一个程序中最多只能有 16 条分支。

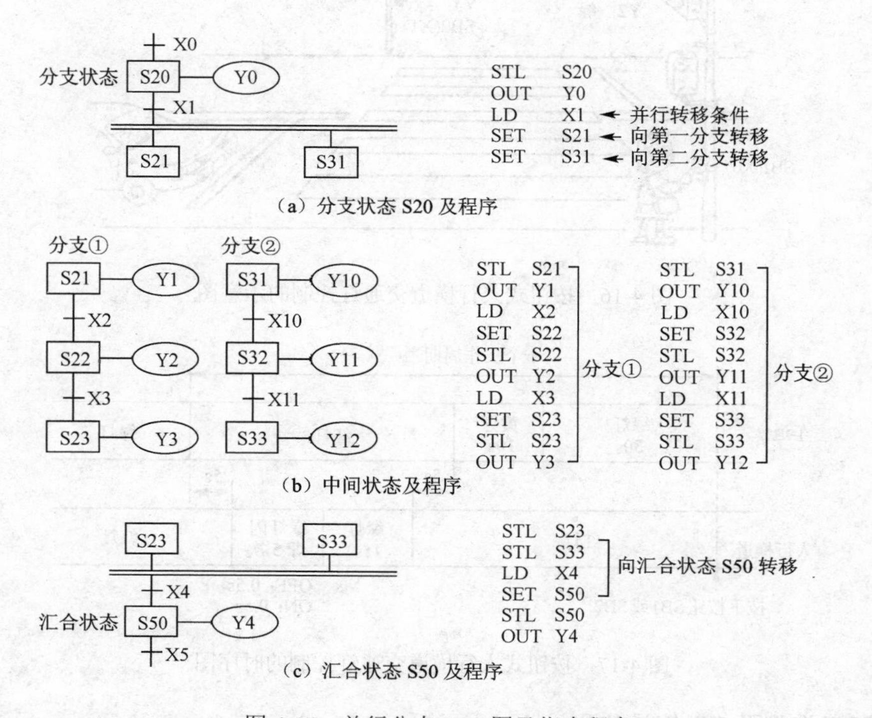


图 4-14　并行分支 SFC 图及指令程序

图 4-13 所示的并行分支状态转移图对应的步进梯形图如图 4-15 所示。

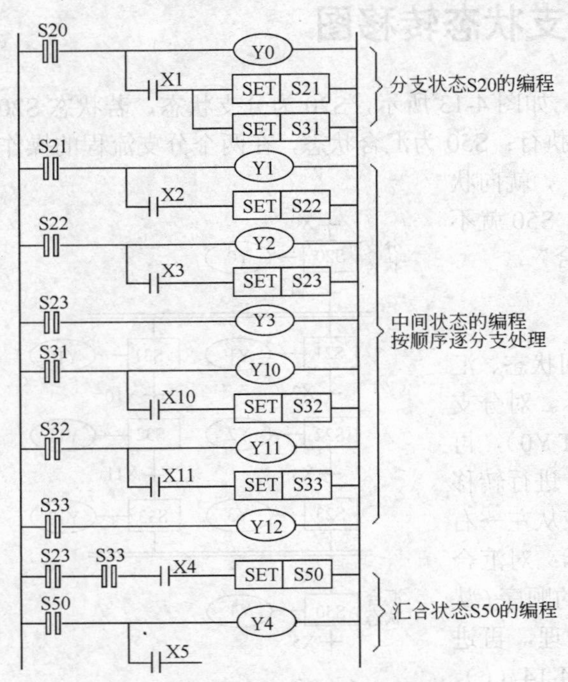


图 4-15　图 4-13 所对应的步进梯形图

### 4.5.2 编程案例

（1）控制要求

图 4-16 为按钮式人行横道交通灯控制的示意图，其控制要求如下。

① 若无人过横道（初始状态），车道为绿灯，人行横道为红灯。

② 若有人要过横道，应先发出过路请求（按下按钮 SB1 或 SB2），30s 后车道响应为黄灯，再经 10s 转为红灯，表明人可以通过横道。但为确保安全，车道红灯信号给出 5s 后才允许人行横道绿灯亮，即人行横道方可通行。

③ 人行横道绿灯亮 15s 后，转为绿灯闪烁（OFF/ON 各 0.5s），以提示人行横道绿灯即将关闭。人行横道绿灯闪烁 5 次后转为红灯，再经 5s 后返回初始状态。按钮式人行横道交通灯控制的时序图如图 4-17 所示。

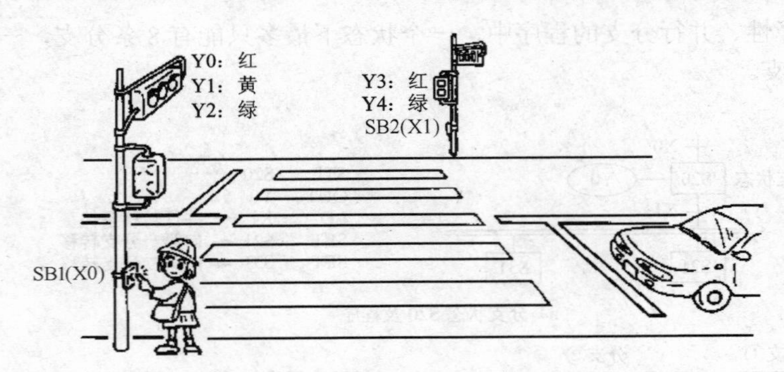


图 4-16　按钮式人行横道交通灯控制的示意图

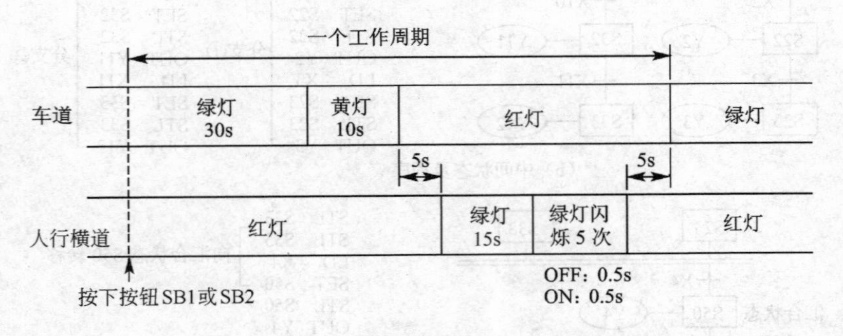


图 4-17　按钮式人行横道交通灯控制的时序图

（2）PLC 选型及 I/O 信号分配

本案例可选 16 点 $FX_{2N}$-16MR 型 PLC，它的控制输入信号有 2 个，输出信号有 5 个，其

I/O 信号分配如表 4-4 所示。

**表 4-4　按钮式人行横道交通灯控制 I/O 信号分配**

| 输入元件 | 输入端子（信号） | 输出元件 | 输出端子（信号） |
|---|---|---|---|
| 按钮 SB1 | X0 | 车道红灯继电器 KA1 | Y0 |
| 按钮 SB2 | X1 | 车道黄灯继电器 KA2 | Y1 |
| | | 车道绿灯继电器 KA3 | Y2 |
| | | 人行横道红灯继电器 KA4 | Y3 |
| | | 人行横道绿灯继电器 KA5 | Y4 |

（3）程序设计

按钮式人行横道交通灯控制的状态转移图（SFC）如图 4-18 所示。若有人要过横道，按下按钮 SB1 或 SB2（X0 或 X1 为 ON），延时 30s 后由状态 S21 控制车道黄灯（Y1）亮，再延时 10s，由状态 S22 控制车道红灯（Y0）亮。此后延时 5s 开启状态 S31 使人行横道绿灯（Y4）点亮，15s 后，人行横道绿灯由状态 S32 和状态 S33 交替控制 0.5s 闪烁，闪烁 5 次（通过 C0 对 S33 的动作次数计数控制）后人行横道红灯（Y3）亮，再延时 5s 返回初始状态，即车道为绿灯（Y2），人行横道为红灯（Y3）。

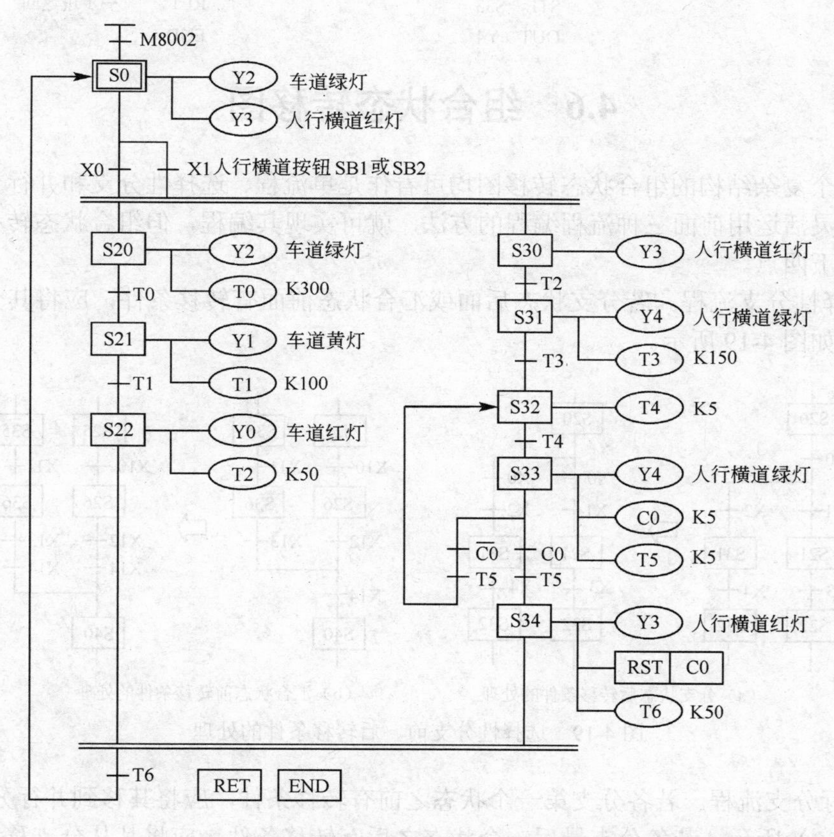


图 4-18　按钮式人行横道交通灯控制的 SFC 图

图中状态 S33 处有一个选择性分支，人行横道绿灯闪烁不到 5 次（C0 为 OFF），选择局部重复动作；闪烁 5 次（C0 为 ON）完成，人行横道红灯点亮。

图 4-18 状态转移图对应的指令程序如下：

```
LD    M8002
SET   S0
STL   S0   ←分支状态
OUT   Y2
OUT   Y3
LD    X0
OR    X1
SET   S20  ←向第 1 分支转移
SET   S30  ←向第 2 分支转移
STL   S20  ←第 1 分支起点
OUT   Y2
OUT   T0
K     300
LD    T0
SET   S21
STL   S21
OUT   Y1
OUT   T1
K     100
LD    T1
SET   S22
STL   S22
OUT   Y0
OUT   T2
K     50
STL   S30  ←第 2 分支起点
OUT   Y3
LD    T2
SET   S31
STL   S31
OUT   Y4
OUT   T3
K     150
LD    T3
SET   S32
STL   S32
OUT   T4
K     5
LD    T4
SET   S33
STL   S33
OUT   Y4
OUT   C0
K     5
OUT   T5
K     5
LDI   C0
AND   T5
OUT   S32  ←重复
LD    C0
AND   T5
SET   S34  ←顺转
STL   S34
OUT   Y3
RST   C0
OUT   T6
K     50
STL   S22  ←连接第 1 分支
STL   S34  ←连接第 2 分支
LD    T6
OUT   S0   ←向 S0 汇合并循环
RET        ←步进返回
END
```

# 4.6　组合状态转移图

任何一个复杂结构的组合状态转移图均可看作是单流程、选择性分支和并行分支流程的组合，只要灵活运用前面三种流程编程的方法，就可实现其编程，但组合状态转移图编程时还应注意以下四点。

① 选择性分支流程。若分支状态后面或汇合状态前面有转移条件，应将其分别移到各分支中去，如图 4-19 所示。

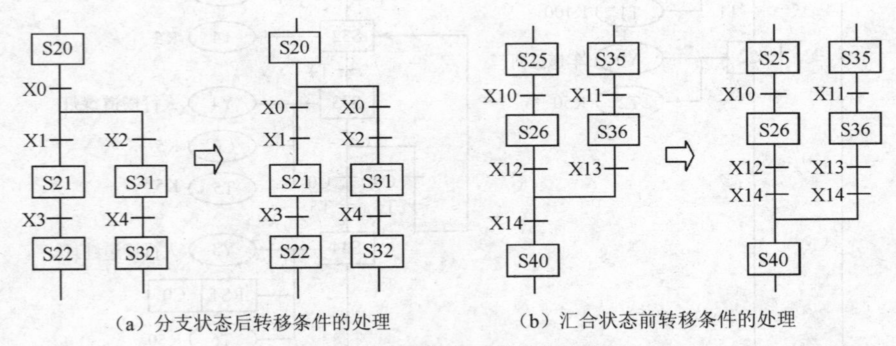


（a）分支状态后转移条件的处理　　（b）汇合状态前转移条件的处理

图 4-19　选择性分支前、后转移条件的处理

② 并行分支流程。若各分支第一个状态之前有转移条件，应将其移到并行分支的外面，如图 4-20（a）所示；若各分支最后一个状态之后有转移条件，应将其从分支移出，设置在汇合状态之前，如图 4-20（b）所示。

③ 从一个流程汇合点转移到另一个流程的分支点，若两点间无中间状态，应在它们之间增设虚拟状态（中间状态），以便编程，如图 4-21 所示。

④ 状态转移图不能出现交叉。若出现交叉应将其进行变换去掉交叉点，如图 4-22 所示。

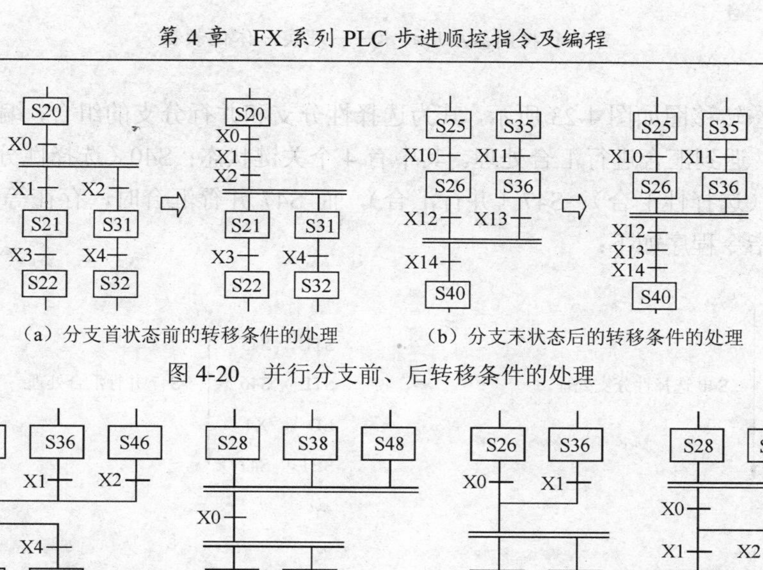

（a）分支首状态前的转移条件的处理　　（b）分支末状态后的转移条件的处理

图 4-20　并行分支前、后转移条件的处理

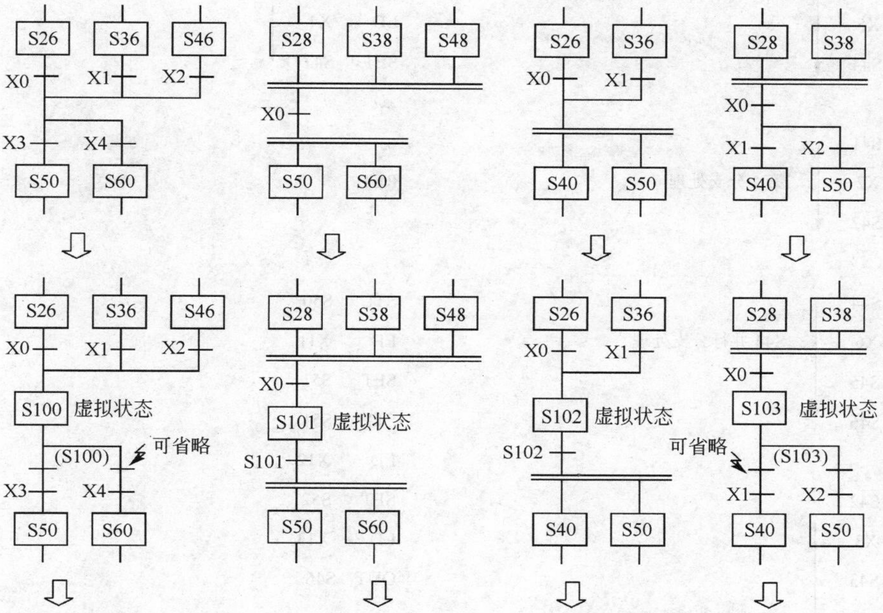

虚拟状态　可省略

(a)

```
STL   S 26
LD    X  0
SET   S100
STL   S 36
LD    X  1
SET   S100
STL   S 46
LD    X  2
SET   S100

STL   S100
LD    S100
AND   X  3
SET   S 50
LD    S100
AND   X  4
SET   S 60
```

(b)

```
STL   S 28
STL   S 38
STL   S 48
LD    X  0
SET   S101
STL   S101
LD    S101
SET   S 50
SET   S 60
```

(c)

```
STL   S 26
LD    X  0
SET   S102
STL   S 36
LD    X  1
SET   S102
STL   S102
LD    S102
SET   S 40
SET   S 50
```

(d)

```
STL   S 28
STL   S 38
LD    X  0
SET   S103
STL   S103
LD    S103
AND   X  1
SET   S 40
LD    S103
AND   X  2
SET   S 50
```

图 4-21　增设虚拟状态编程的处理

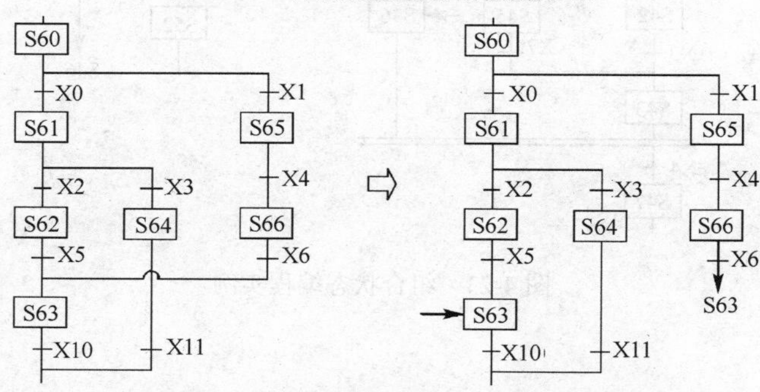

图 4-22　状态转移图出现交叉时的处理

某组合状态转移图如图 4-23 所示，其为选择性分支和并行分支的组合，编程时碰到分支进行分支处理，遇到汇合进行汇合处理。其中有 4 个关键状态：S40（选择性分支）、S44（并行分支）、S43（选择性汇合）、S47（并行汇合），而 S47 并行汇合时，存在等待 S46 动作完成的问题，其指令程序如下：

```
STL  S40
LD   X1
SET  S41      S40 选择性分支处理
LD   X5
SET  S44

STL  S41
LD   X2       第 1 分支处理
SET  S42

STL  S44
LD   X6       S44 并行分支处理
SET  S45
SET  S46

STL  S42
LD   X3
SET  S43
STL  S45      S43 选择性汇合处理
LD   X7
SET  S43

STL  S43
STL  S46      S47 并行汇合处理
LD   X4
SET  S47
…
RET

…
STL  S50
LD   X11
SET  S51
STL  S51
LD   X12
SET  S52
LD   X13
OUT  S46
…
RET
```

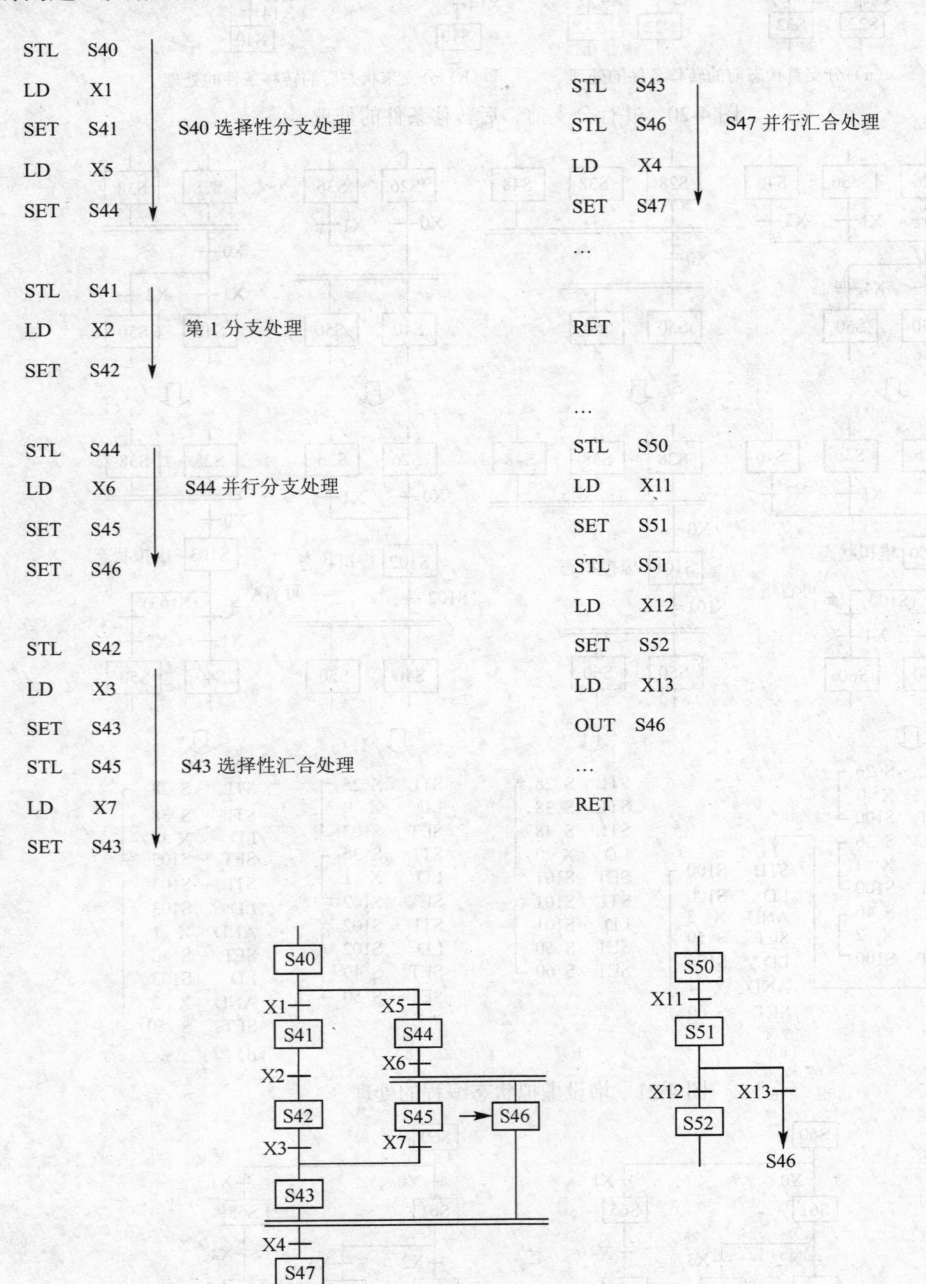


图 4-23　组合状态编程实例

## 思考题与习题

4-1　试说明状态编程的思想及适用场合。

4-2　某小车运行过程如图 4-24 所示。小车原位在左限位开关 SQ1 位置，按启动按钮 SB，小车前进至料斗下方时，右限位开关 SQ2 动作，小车停止。打开料斗给小车加料，延时 10s 后关闭料斗，小车后退返回，到 SQ1 停止，并打开小车底门卸料，6s 后卸料完毕，然后重复上述过程。试设计其控制的状态转移图，并编制程序。

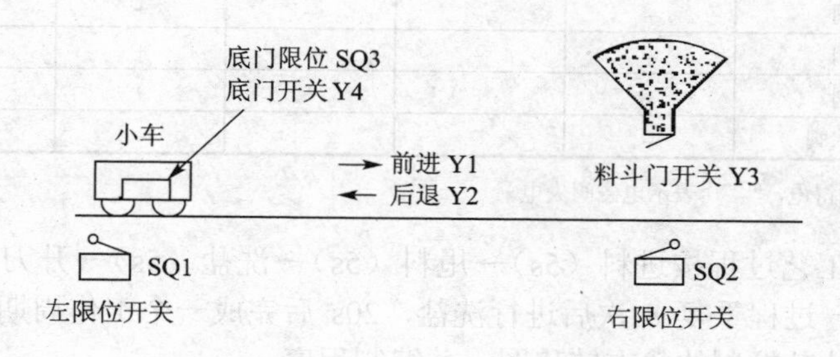


图 4-24　习题 4-2 用图

4-3　现有四台电动机，要求按时间原则（间隔 10s）实现顺序启/停控制，启动顺序为 M1→M2→M3→M4；停止顺序为 M4→M3→M2→M1，并在启动过程中，也要能按此顺序启动与停车。试设计其控制的状态转移图，并编制程序。

4-4　使用状态编程的方法，按习题 3-10 的控制要求，设计小车运行的控制程序。

4-5　某控制系统有六台电动机 M1~M6，分别受 Y0~Y5 控制。按下启动按钮 SB1（X1），M1 启动，延时 5s 后 M2 启动，M2 启动 8s 后 M3 启动。M4 与 M1 同时启动，M4 启动 10s 后 M5 启动，M5 启动 15s 后 M6 启动。按下停车按钮 SB2（X0），M4、M5、M6 同时停车；M4、M5、M6 停车 5s 后，M1、M2、M3 同时停车，然后返回初始状态。试设计其控制的状态转移图，并编制程序。

4-6　某输送带自动控制系统如图 4-25 所示，试设计其控制的程序，控制要求如下。

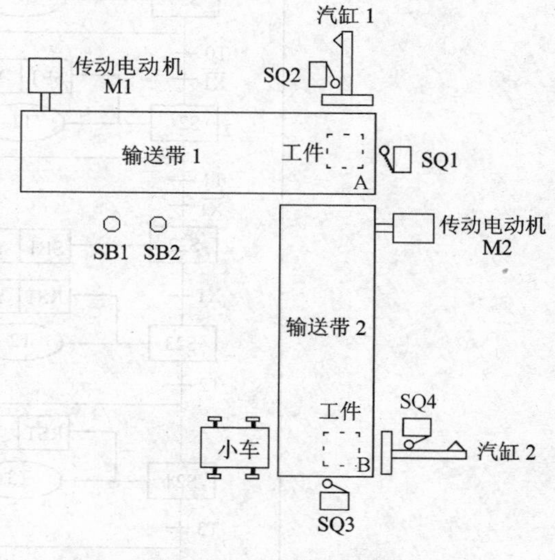


图 4-25　习题 4-6 用图

① 按下启动按钮 SB1，传动电动机 M1、M2 启动，驱动输送带 1、2 工作；按下停止按钮 SB2，输送带停止运行。

② 当工件到达转运点 A 时，SQ1 动作，使输送带 1 停止，同时汽缸 1 动作，将工件推上输送带 2。汽缸采用自动复位型，由电磁阀控制，得电动作，失电自动复位；SQ2 用于检测汽缸 1 动作是否到位，汽缸 1 的复位时间为 5s。

③ 当工件到达搬动点 B 时，SQ3 动作，使输送带 2 停止，同时汽缸 2 动作，将工件推上小车。SQ4 用于检测汽缸 2 动作是否到位，汽缸 2 的复位时间为 5s。

④ 重复上述动作（汽缸 1、2 复位后，输送带 1、2 方可重新启动）。

4-7　在氯碱生产中，碱液的蒸发、浓缩过程往往伴有盐的结晶，因此，要采取措施对盐、碱进行分离。分离过程共分 6 个工序，由进料阀、洗盐阀、化盐阀、升刀阀、母液阀、熟盐水阀等 6 个电磁阀控制。氯碱生产工艺过程及电磁阀动作如表 4-5 所示。

**表 4-5　氯碱生产工艺过程及电磁阀动作**

| 工序 | 电磁阀动作 | 进料 | 甩料 | 洗盐 | 升刀 | 间歇 | 洗盐 |
|---|---|---|---|---|---|---|---|
| 1 | 进料阀 | + | – | – | – | – | – |
| 2 | 洗盐阀 | – | – | + | – | – | + |
| 3 | 化盐阀 | – | – | – | + | – | – |
| 4 | 升刀阀 | – | – | – | + | – | – |
| 5 | 母液阀 | + | + | + | + | + | – |
| 6 | 熟盐水阀 | – | – | – | – | – | + |

注："+"表示电磁阀得电，"–"　表示电磁阀失电。

系统启动后，工艺过程按进料（5s）→甩料（5s）→洗盐（5s）→升刀（5s）→间歇（5s）五个工序进行，这一过程重复 8 次后进行洗盐，20s 后完成一个工作周期。然后循环重复上述工艺过程。试设计其控制的状态转移图，并编制程序。

4-8　一选择性分支状态转移图如图 4-26 所示，试对其进行编程。

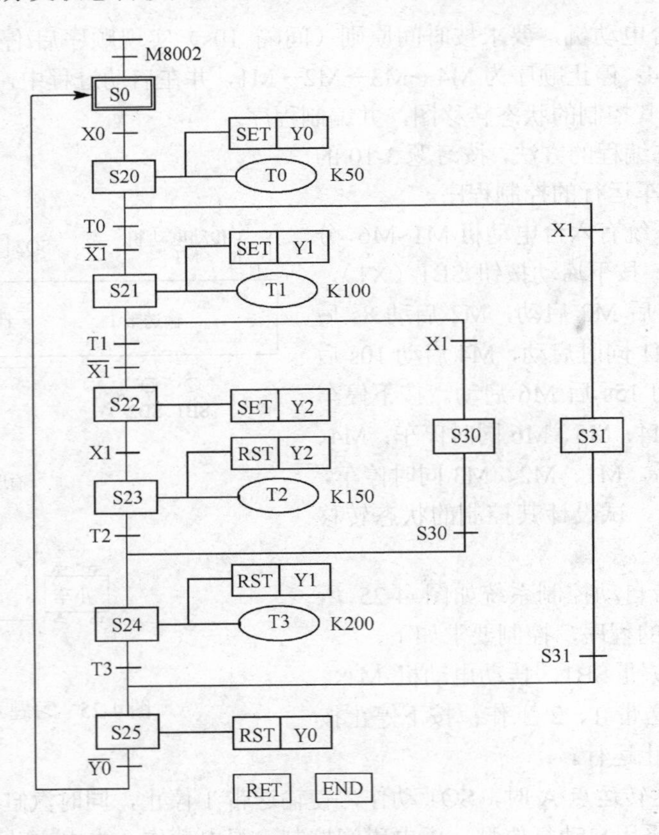


图 4-26　习题 4-8 用图

4-9　某注塑机用于热塑性塑料的成型加工，它借助 8 个电磁阀 YV1~YV8 完成注塑各工序。若注塑模在原点，SQ1 动作，按下启动按钮 SB，通过 YV1、YV3 将模关闭，限位开关 SQ2 动作后表示模关闭完成，此时由 YV2、YV8 控制射台前进，准备射入热塑料，限位开关

SQ3 动作后表示射台到位，YV3、YV7 动作开始注塑，延时 10s 后 YV7、YV8 动作进行保压，保压 5s 后，由 YV1、YV7 执行预塑，等加料限位开关 SQ4 动作后由 YV6 执行射台的后退，由 YV2、YV4 执行开模，限位开关 SQ6 动作后开模完成，YV3、YV5 动作使顶针前进，将塑料件顶出，顶针终止限位开关 SQ7 动作后，YV4、YV5 使顶针后退，顶针后退限位开关 SQ8 动作后，动作结束，完成一个工作循环，等待下一次启动。试编制其控制程序。

4-10　一并行分支状态转移图如图 4-27 所示，试对其进行编程。

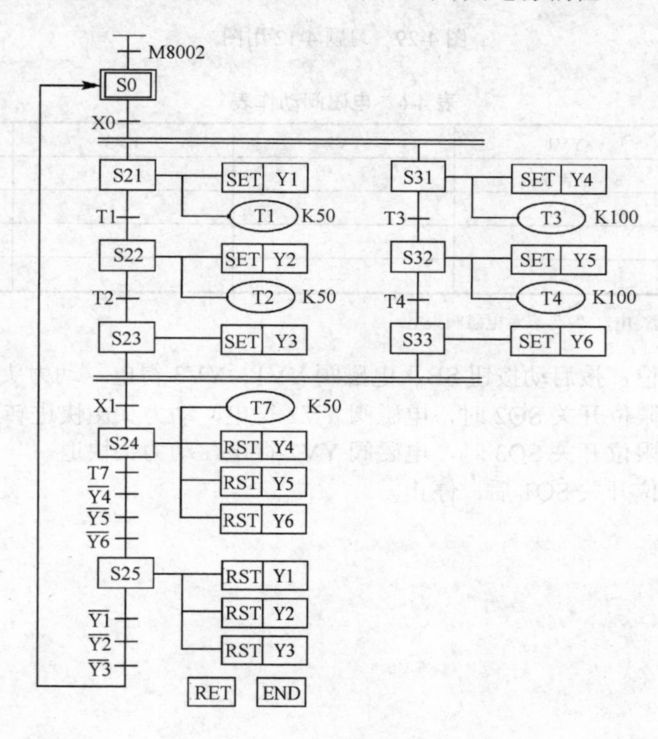


图 4-27　习题 4-10 用图

4-11　一组合状态转移图如图 4-28 所示，试对其进行编程。

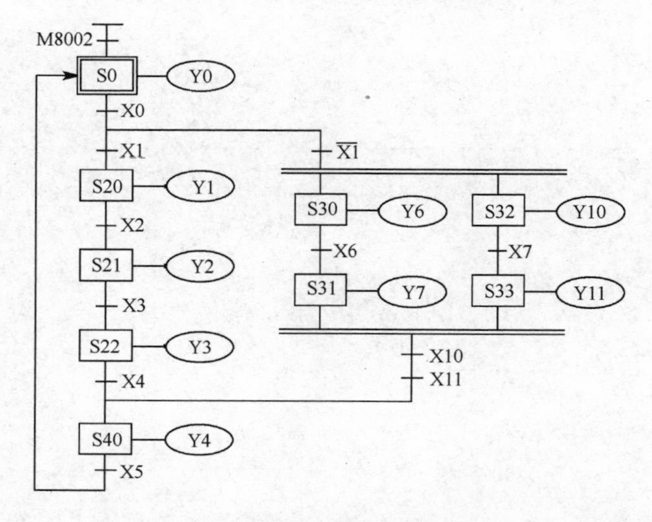


图 4-28　习题 4-11 用图

4-12　某钻孔动力头，其加工的工艺过程如图 4-29 所示，控制电磁阀的动作如表 4-6 所示。试编制其控制程序。

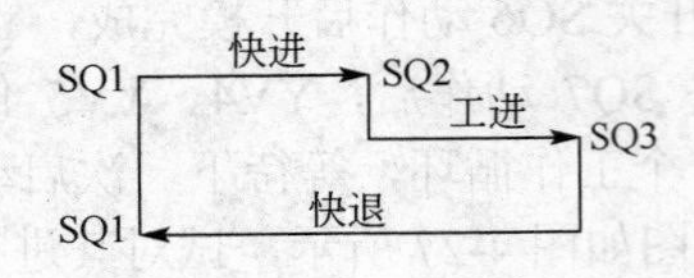


图 4-29　习题 4-12 用图

**表 4-6　电磁阀动作表**

| 电磁阀 | | YV1 | YV2 | YV3 | 转换主令 |
|---|---|---|---|---|---|
| 动力头工序 | 快进 | + | – | + | SB |
| | 工进 | + | – | – | SQ2 |
| | 快退 | – | + | – | SQ3 |
| | 停止 | – | – | – | SQ1 |

注：“+”表示电磁阀得电，“–”表示电磁阀失电。

① 动力头在原位，按启动按钮 SB，电磁阀 YV1、YV3 得电，动力头快进。

② 动力头碰到限位开关 SQ2 时，电磁阀 YV1 得电，动力头由快进转为工进。

③ 动力头碰到限位开关 SQ3 时，电磁阀 YV2 得电，动力头快退。

④ 快退碰到限位开关 SQ1 后，停止。

# 第 5 章　FX 系列 PLC 功能指令及编程

$FX_{2N}$系列 PLC 除了基本指令、步进顺控指令外，还有 200 多条功能指令。功能指令实际上是许多功能不同的子程序，所以又称应用指令。

功能指令和基本指令不同，它不表达梯形图符号间的逻辑关系，而是直接表达该指令要做什么，如程序流向控制、数据传送与比较、算术与逻辑运算、移位与循环移位、数据处理、高速处理、方便指令、外部输入输出处理、外部设备通信、实数处理、点位控制、时钟运算与触点比较等。对于现代工业过程控制，应用合适的功能指令，可以使编程更为快捷方便。

## 5.1　功能指令的形式及要素

### 5.1.1　功能指令的形式

功能指令采用梯形图和指令助记符相结合的功能框形式，功能框主要由功能指令助记符和操作数（元件）两大部分组成。图 5-1 示出的是以加法指令为例所表示的功能指令的框图形式，这种表达方式直观，程序可读性好。如当 X1 为 ON 时，D1、D0 中数据加上 D3、D2 中数据，然后送到 D5、D4 中。

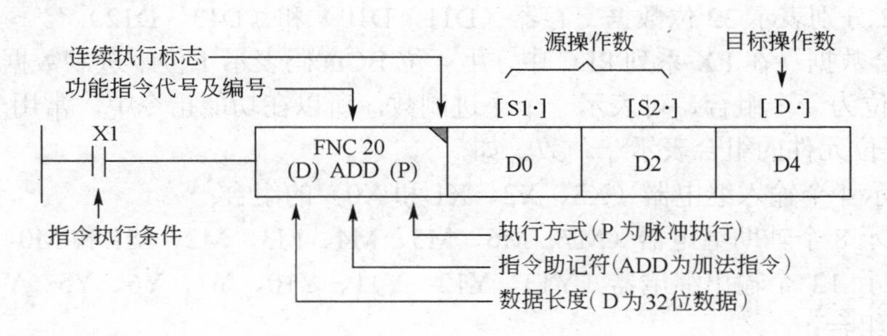


图 5-1　功能指令的框图形式

### 5.1.2　功能指令要素

（1）功能指令代号（FNC）

$FX_{2N}$系列 PLC 功能指令代号为 FNC，编号为 FNC00～FNC246（详见附录）。使用简易编程器输入功能指令代号及编号即可输入对应的功能指令。

（2）指令助记符

功能指令的助记符是该指令功能的英文缩写，如加法（ADDITION）指令为 ADD。

（3）数据长度

功能指令依处理数据的长度分为 16 位和 32 位指令，其中 32 位指令用“（D）”表示，无“（D）”的为 16 位指令，如图 5-2 所示。

① 16 位数据　数据寄存器 D、定时器 T 和计数器 C 的当前值寄存器等都是 16 位（最高位为符号位），可处理的数据范围为–32768～+32767，16 位数据结构如图 5-3 所示。

② 32 位数据　两个相邻的 16 位数据寄存器可组成 32 位数据寄存器(最高位为符号位)，

可处理的数据范围为–2147483648～+2147483647，如图 5-4 所示。

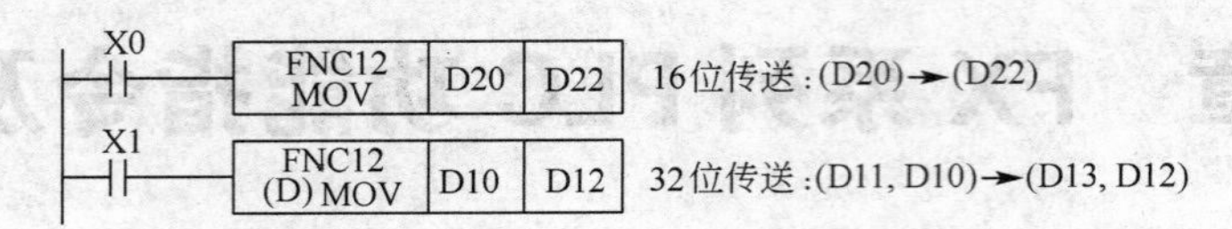


图 5-2　16 位数据与 32 位数据的处理

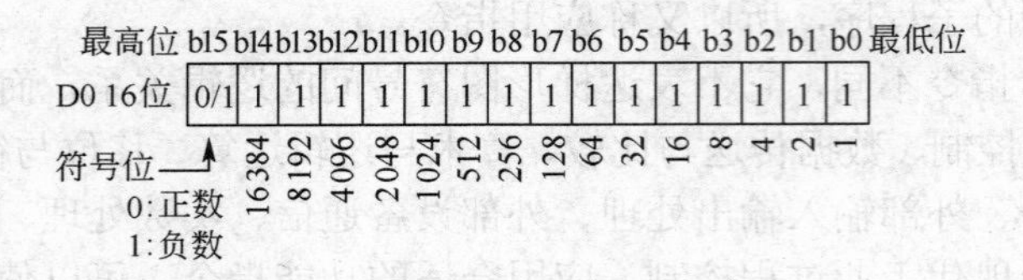


图 5-3　16 位数据结构图

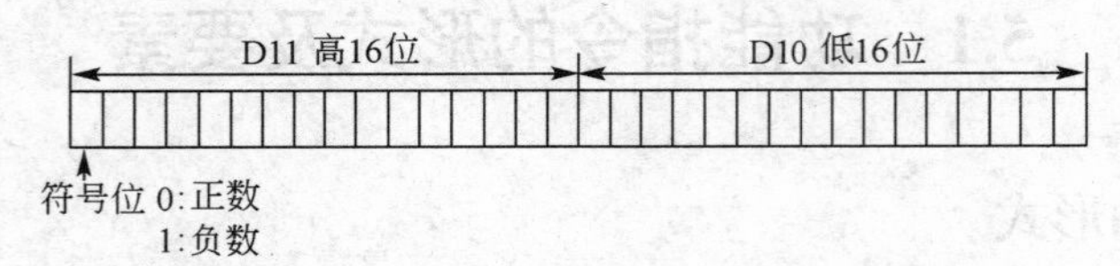


图 5-4　32 位数据结构图

在进行 32 位操作时，只要指定低 16 位数据寄存器的编号即可（如 D10），高 16 位自动占有相邻的编号（如 D11）。考虑到外围设备的监视功能，建议低位元件统一用偶数编号，如用 D10 和 D12 分别表示 32 位数据寄存器（D11，D10）和（D13，D12）。

③ 位组合数据　在 FX 系列 PLC 中，用 4 位 BCD 码表示 1 位十进制数据。这样对于位元件来讲，4 位为一个组合，可表示一个十进制数，所以在功能指令中，常用 K*n*X、K*n*Y、K*n*M、K*n*S 等位元件的组合表示一个数。如

K1X0 表示 4 个输入继电器（X3、X2、X1 和 X0）的组合；

K2M0 表示 8 个辅助继电器（M7、M6、M5、M4、M3、M2、M1 和 M0）的组合；

K3Y0 表示 12 个输出继电器（Y13、Y12、Y11、Y10、Y7、Y6、Y5、Y4、Y3、Y2、Y1 和 Y0）的组合；

K4Y0 表示 16 个输出继电器（Y17～Y14、Y13～Y10、Y7～Y4、Y3～Y0）的组合。

在做 16 位数据操作时，参与操作的位元件的位数由 K*n* 中的 *n* 指定，*n*=1～4。如果 *n*=1，参与操作的位元件为 4 位；如果 *n*=2，则参与操作的位元件为 8 位，这时，不足部分的高位均做零处理，这意味着只能处理正数。同样，在做 32 位数据操作时，K*n* 中的 *n*=1～8，不足部分的高位均做零处理。

被组合的位元件的首元件编号可以任选，但为避免混乱，建议采用以 0 为编号结尾的元件。

（4）执行方式

功能指令分脉冲执行和连续执行两种方式。指令中标有（P）的为脉冲执行，在执行条件满足时、仅执行一个扫描周期，如图 5-5（a）所示常数 K100 只给 D10 传送一次；对连续执行方式，见图 5-5（b）在执行条件满足时，每一个扫描周期，D10 中数据都要给 D0 传送一次。

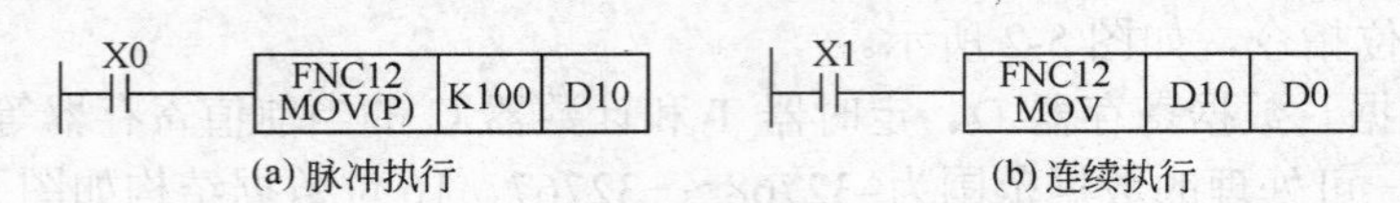


(a) 脉冲执行　　(b) 连续执行

图 5-5　脉冲执行与连续执行

某些指令，如 INC、DEC 等，当执行条件为 ON 时，每一个扫描周期都要执行一次，在指令标示栏或功能框中用"◥"警示，使用时应特别注意。

对不需要每个扫描周期都执行的指令，用脉冲执行方式可缩短程序处理的时间。

（5）操作数

操作数是执行功能指令所用的参数或产生的数据。

① 源操作数［S］ 源操作数是指令执行后其内容不改变的操作数。

② 目标操作数［D］ 目标操作数是指令执行后其内容改变的操作数。

③ 其他操作数（m、n） 其他操作数用以表示常数或对源操作数和目标操作数进行补充说明。表示常数时，K 为十进制数，H 为十六进制数。

如图 5-6 所示，MEAN 是取平均值指令，图中［S·］指定取值首元件为 D0；n 指定取值个数为 3；［D·］指定计算结果存放地址为 D4Z，即当 X0 为 ON 时，将（D0+D1+D2）/3 的计算结果送到 D4Z。

在一条指令中，源操作数、目标操作数及其他操作数可能不止一个，也可以一个都没有。当操作数有多个时，可加序号以区别，如［S1］、［S2］、［Dl］、［D2］、m1、m2、n1、n2 等。

④ 有变址功能的操作数　操作数可具有变址功能。操作数旁加"·"的即为具有变址功能的操作数，如［S1·］、［S2·］、［D·］等。

变址寄存器（V、Z）是 16 位数据寄存器，与其他数据寄存器一样可进行数据的读/写操作，在功能指令操作中，常用来修改操作对象的元件号。如图 5-7 所示的变址寄存器的梯形图中，如果 V=20、Z=25，则 D6V=D（6+20）=D26，D10Z=D（10+25）=D35，该功能指令执行的操作是将 D26 中的数据传送到 D35 中。

图 5-6　操作数　　图 5-7　变址寄存器的梯形图

可以进行变址操作的有 X、Y、M、S 元件，分支用指针 P 和由位元件组合而成的字元件首地址，如 KnM0Z，但常数 n 不能用变址寄存器改变其值，即不允许出现 K2ZM0。

某些情况下，使用变址寄存器 V 和 Z 可使程序简化，编程灵活。

（6）程序步数

程序步数为执行该指令所需的步数。功能指令代号和指令助记符占一个程序步；每个操作数占 2 个或 4 个程序步（16 位为 2 步，32 位为 4 步）；一般 16 位指令为 7 个程序步，32 位指令为 13 个程序步。

在明确以上要素以后，通过查阅相关手册，就可以了解功能指令的用法。

# 5.2　常用功能指令及应用

## 5.2.1　程序控制指令

程序控制指令（FNC00～FNC09）用于程序执行流程的控制，对合理安排程序的结构、提高程序的功能、实现某些技巧性运算都有重要的意义。

（1）条件跳转指令（CJ）

① 指令要素　该指令的要素如表 5-1 所示。

表 5-1　条件跳转指令要素

| 指令名称 | 助记符 | 指令代号 | 操作数范围 [D·] | 程序步 |
|---|---|---|---|---|
| 条件跳转 | CJ<br>CJ（P） | FNC00<br>（16） | P0～P63<br>P63 即 END，无需标记<br>指针标号允许用变址寄存器修改 | CJ、CJP，3 步；<br>标号 P，1 步 |

② 指令功能　CJ 指令主要用于跳过顺序程序的某一部分，以改变程序执行的流向及内容，如图 5-8 所示，如果 X1 为 ON，则执行 CJ 指令，程序跳转到标号 P0 处，跳过程序 B 而执行程序 C；如果 X1 为 OFF，则不执行 CJ 指令，程序 A 执行完后，按顺序执行程序 B 和程序 C。

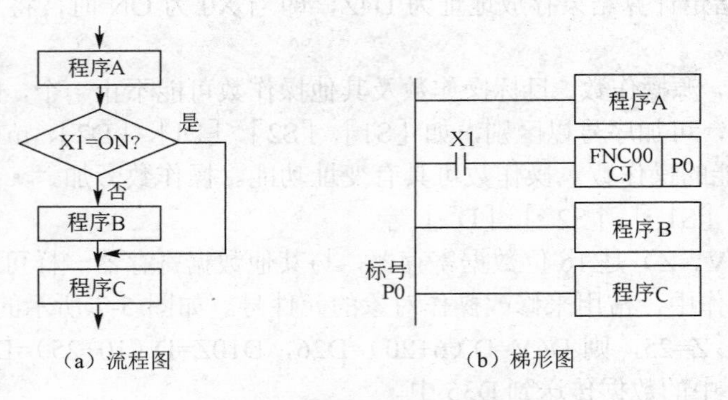


图 5-8　CJ 指令功能

CJ 指令指针标号范围为 P0～P63，共 64 个，每个标号只能使用一次，否则将会出错。

程序中两条或两条以上 CJ 指令可以使用相同的标号，如图 5-9 所示，如果 X0 为 ON，第一条 CJ 指令生效，程序将跳过程序 A 和程序 B，直接执行标号 P8 以后的程序；如果 X0 为 OFF，而 X1 为 ON，则执行完程序 A 后，第二条 CJ 指令生效，将跳过程序 B，程序从标号 P8 处开始往下执行。

CJ 指令可以成为无条件跳转指令。图 5-10 所示梯形图中，由于 M8000 在 PLC 工作时，其常开触点总为 ON，故跳转指令 CJ P8 总是执行的，所以此时的 CJ 指令就成了无条件跳转指令，程序 A 将会永远不被执行。

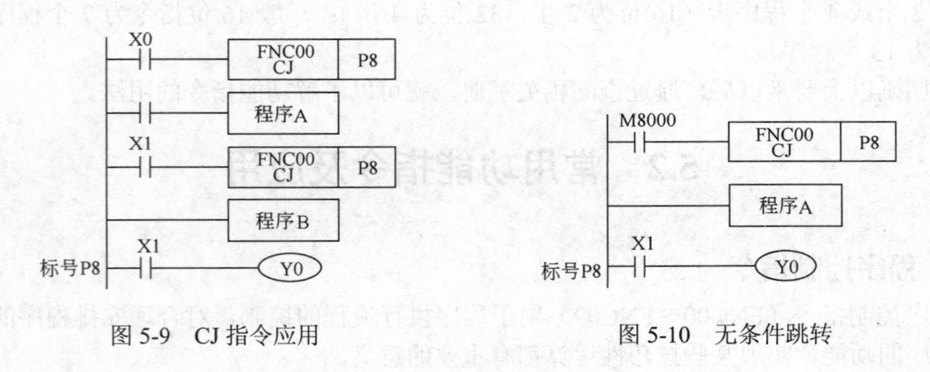


图 5-9　CJ 指令应用　　　　图 5-10　无条件跳转

（2）子程序指令（CALL、SRET）

① 指令要素　子程序指令的要素如表 5-2 所示。

表 5-2 子程序指令要素

| 指令名称 | 助记符 | 指令代号 | 操作数范围 [D•] | 程序步 |
|---|---|---|---|---|
| 子程序调用 | CALL<br>CALL（P） | FNC01<br>（16） | P0～P62，P64～P127；嵌套 5 级；<br>指针标号允许用变址寄存器修改 | CALL、CALLP，3 步；<br>标号 P，1 步 |
| 子程序返回 | SRET | FNC02 | 无 | |

② 指令功能 子程序是为一些特定控制目的编制的相对独立的程序。为了区别于主程序，在程序编排时，规定将主程序排在前边，子程序排在后边，并用主程序结束（FEND）指令（FNC06）将这两部分隔开。

如图 5-11 所示，当 X1 为 ON 时，CALL 指令使程序转移到标号 P10 处，子程序被执行；遇 SRET 指令，程序返回到第 14 步处。

注意，转移标号不能重复，也不可与 CJ 指令的标号重复；不同的 CALL 指令可调用同一标号的子程序。

（3）中断指令（IRET、EI 和 DI）

① 指令要素 中断指令的要素如表 5-3 所示。

表 5-3 中断指令要素

| 指令名称 | 助记符 | 指令代号 | 操作数范围 [D•] | 程序步 |
|---|---|---|---|---|
| 中断返回 | IRET | FNC03 | 无 | 1 步 |
| 允许中断 | EI | FNC04 | 无 | 1 步 |
| 禁止中断 | DI | FNC05 | 无 | 1 步 |

② 指令功能 中断指令功能如图 5-12 所示，中断服务程序作为一种子程序，安排在主程序结束指令 FEND 之后。主程序中 EI 与 DI 之间的内容，是允许中断的程序段。

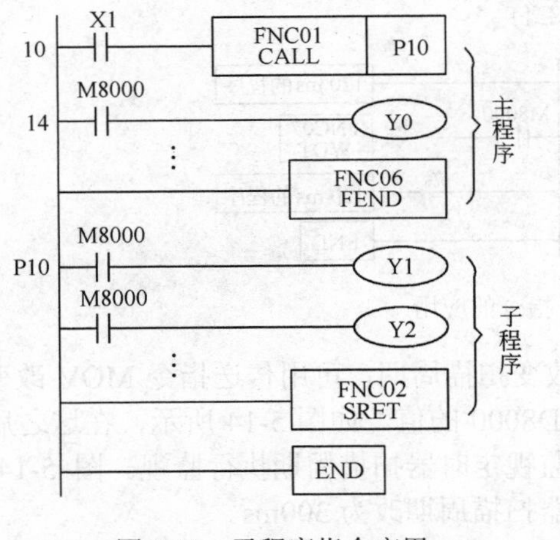


图 5-11 子程序指令应用

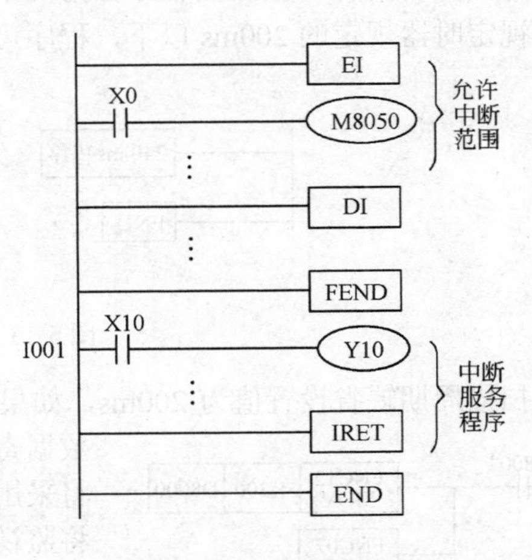


图 5-12 中断指令功能

如果多个中断依次发生，则以发生先后为序；如果多个中断源同时发出信号，则中断指针标号越小优先级越高。

当 M8050～M8058 为 ON 时，禁止执行相应 I0□□～I8□□的中断；当 M8059 为 ON 时，则禁止 I010～I060 的高速计数器中断。

无需中断禁止时，可只用 EI 指令，不必用 DI 指令。

执行一个中断服务程序时，如果在中断服务程序中有 EI 和 DI 指令，可实现两级中断嵌套，否则禁止其他中断。

（4）主程序结束指令（FEND）

① 指令要素　该指令的要素如表 5-4 所示。

表 5-4　主程序结束指令要素

| 指令名称 | 助记符 | 指令代号 | 操作数范围 | 程序步 |
|---|---|---|---|---|
| | | | [D•] | |
| 主程序结束 | FEND | FNC06 | 无 | 1 步 |

② 指令功能　FEND 指令用于表示主程序结束，当程序执行到 FEND 指令时，PLC 进行输入/输出处理，监视定时器刷新，并返回起始步。

（5）监视定时器刷新指令（WDT）

① 指令要素　该指令的要素如表 5-5 所示。

表 5-5　监视定时器指令要素

| 指令名称 | 助记符 | 指令代号 | 操作数范围 | 程序步 |
|---|---|---|---|---|
| | | | [D•] | |
| 监视定时器刷新 | WDT<br>WDT（P） | FNC07 | 无 | 1 步 |

② 指令功能　WDT 指令是 PLC 监视定时器刷新指令。当 PLC 的程序运算周期超过监视定时器规定的某一值（如 $FX_2$ 为 100ms、$FX_{2N}$ 为 200ms）时，PLC 的 CPU-E 指示灯亮，PLC 将停止工作。

如果程序运算周期较长，可在程序中插入 WDT 指令，如图 5-13 所示，利用 WDT 指令，可以将运算周期为 240ms 的程序分为两个 120ms 的程序，这样，前后两个部分的运算周期都在监视定时器规定的 200ms 以下，程序可正常运行。

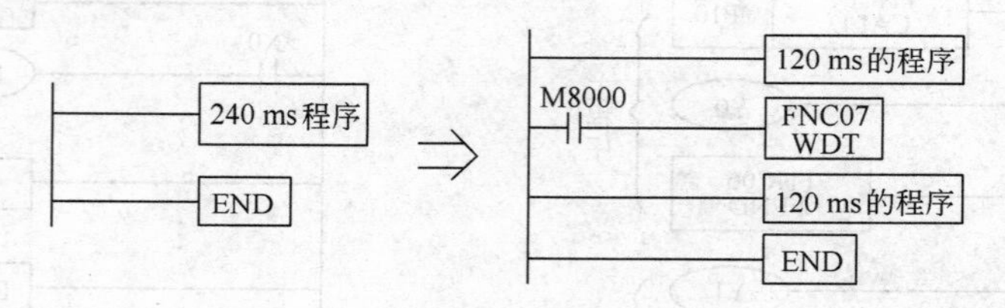


图 5-13　WDT 指令的应用

扫描周期缺省设置值为 200ms，如果希望改变扫描周期，可用传送指令 MOV 改变特殊数据寄存器 D8000 的值，如图 5-14 所示，在这之后 PLC 将采用新的监视定时器扫描周期执行监视。图 5-14 中，将监视定时器扫描周期改为 300ms。

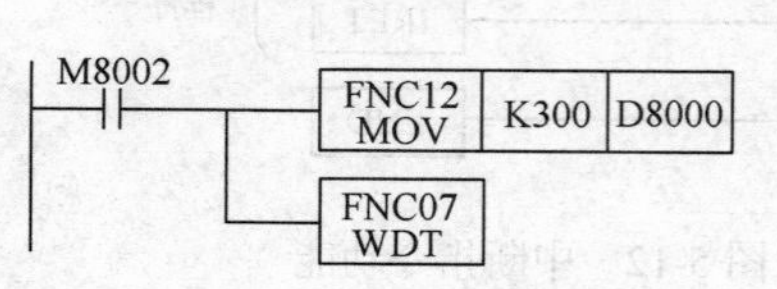


图 5-14　修改监视定时器时间

对 FOR-NEXT 循环，执行时间可能超过监视定时器扫描周期，可将 WDT 插入循环程序中。

若 CJ 跳转指令指针的标号比 CJ 指令的标号小时（即向前跳转），可在指针后插入 WDT 指令。

（6）循环指令（FOR、NEXT）

① 指令要素　循环指令的要素如表 5-6 所示。

表 5-6　循环指令要素

| 指令名称 | 助记符 | 指令代号 | 操作数范围 [S•] | 程序步 | 备注 |
|---|---|---|---|---|---|
| 循环开始 | FOR | FNC08（16） | K、H<br>KnX、KnY、KnM、KnS<br>T、C、D、V、Z | 3 步 | 可嵌套 5 级 |
| 循环结束 | NEXT | FNC09 | 无 | 1 步 | |

② 指令功能　FOR 为循环开始指令，NEXT 为循环结束指令，这两条指令必须成对使用。这两条指令的源操作数表示循环次数 n，可以取任意的数据格式，如 K4、D0Z、K1X0 等。在程序运行时，位于 FOR 和 NEXT 间的程序重复执行 n 次后，再执行 NEXT 指令后的程序。

循环次数 n 在 1～32767 之间有效；若 n 为–32767～0，将当作 1 处理，如图 5-15 所示的外循环，因 n=K4=4，循环①执行 4 次；中间循环 n=D0Z=8，循环②执行 8 次；内循环 n=K1X0=6，循环③执行 6 次，则程序一共循环执行 6×8×4=192 次。这样，加 1 指令 INC 在一个扫描周期中就要向数据单元 D100 中累加 192 个 1。

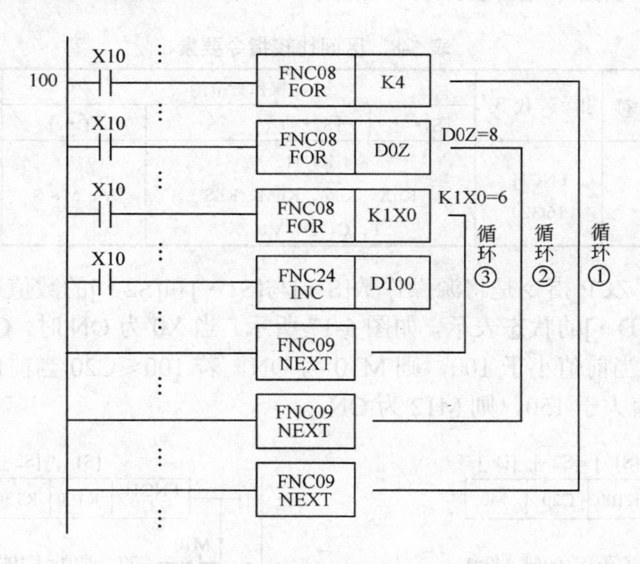

图 5-15　循环指令应用

FOR 到 NEXT 的循环次数一共可以嵌套 5 级。

循环次数多，PLC 的程序运算周期会延长，有可能大于监视定时器设定的扫描周期，编程时要注意这一点。

## 5.2.2　传送与比较指令

传送与比较指令的代号为 FNC10～FNC19。比较指令包括比较（CMP）和区间比较（ZCP）；传送指令包括传送（MOV）、移位传送（SMOV）、取反传送（CML）、数据块传送（BMOV）、多点传送（FMOV）、数据交换（XCH）、二进制数转换成 BCD 码并传送（BCD）和 BCD 码转换为二进制数并传送（BIN）等。

（1）比较指令（CMP）

① 指令要素　该指令的要素如表 5-7 所示。

表 5-7 比较指令要素

| 指令名称 | 助记符 | 指令代号 | 操作数范围 | | | 程序步 |
|---|---|---|---|---|---|---|
| | | | [S1·] | [S2·] | [D·] | |
| 比较 | CMP<br>CMP（P） | FNC10<br>（16/32） | K、H<br>KnX、KnY、KnM、KnS<br>T、C、D、V、Z | | Y、M、S | 16 位指令，7 步；<br>32 位指令，13 步 |

② 指令功能 CMP 指令将源操作数[S1·]和[S2·]的数据进行比较，比较结果用目标操作数[D·]的状态表示，如图 5-16 所示。当 X1 为 OFF 时，不执行 CMP 指令，M0、M1、M2 的状态保持不变；当 X1 为 ON 时，[S1·]与[S2·]进行比较，若 C20 当前值小于 K100，则 M0 为 ON，若 C20 当前值等于 K100，则 M1 为 ON，若 C20 当前值大于 K100，则 M2 为 ON。

数据比较是数值大小的比较，如–2<1。若要清除比较结果，可用 RST 或 ZRST 复位指令。若比较指令（CMP）的操作数不完整，或指定的操作数不符合要求，则会出错。

（2）区间比较指令（ZCP）

① 指令要素 该指令的要素如表 5-8 所示。

表 5-8 区间比较指令要素

| 指令名称 | 助记符 | 指令代号 | 操作数范围 | | | | 程序步 |
|---|---|---|---|---|---|---|---|
| | | | [S1·] | [S2·] | [S·] | [D·] | |
| 区间比较 | ZCP<br>ZCP（P） | FNC11<br>（16/32） | K、H<br>KnX、KnY、KnM、KnS<br>T、C、D、V、Z | | | Y、M、S | 16 位指令，9 步；<br>32 位指令，17 步 |

② 指令功能 ZCP 指令是将源操作数[S·]与[S1·]和[S2·]的数值进行比较，并将比较结果用目标操作数[D·]的状态表示，如图 5-17 所示。当 X0 为 ON 时，C20 与 K100 和 K150 进行比较，若 C20 当前值小于 100，则 M10 为 ON，若 100≤C20 当前值≤150，则 M11 为 ON；若 C20 当前值大于 150，则 M12 为 ON。

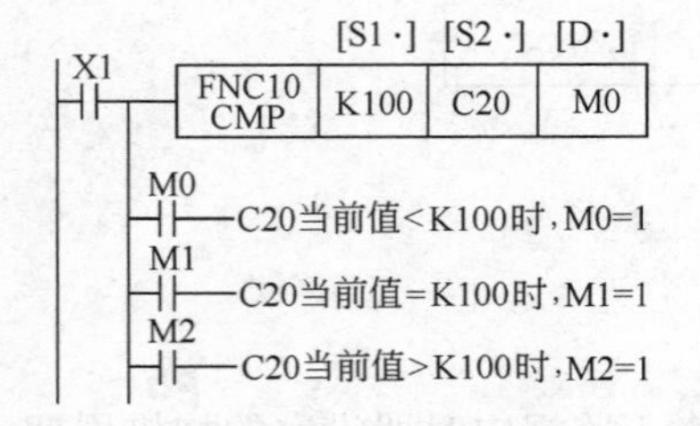


图 5-16 比较指令（CMP）的应用

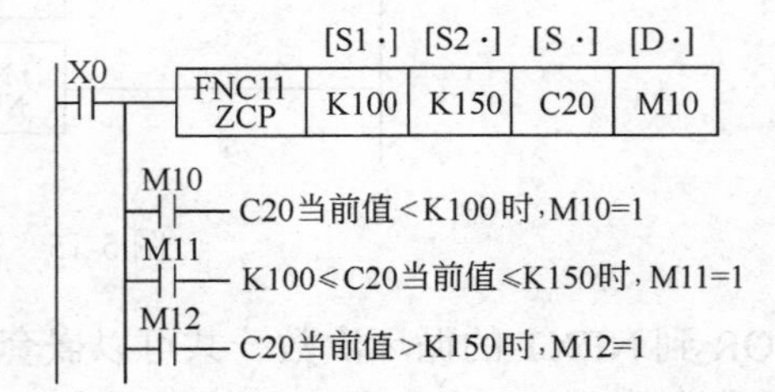


图 5-17 区间比较指令（ZCP）的应用

注意，使用 ZCP 指令时，[S1·]的数值必须小于[S2·]的数值。

**【案例 1】** 在图 5-18 中，计数器 C1 对 M8013 内部秒脉冲进行计数，当计数个数 C1=30 时，C1 清零，计数重新开始。X1 为 ON 时执行 ZCP 指令，当 C1<10 时，Y1 为 ON；当 10≤C1≤20 时，Y2 为 ON；当 C1>20 时，Y3 为 ON。不难看出，Y1、Y2、Y3 输出均为 10s，而 Y0 为秒脉冲输出指示。

（3）传送指令（MOV）

① 指令要素 该指令的要素如表 5-9 所示。

表 5-9　传送指令要素

| 指令名称 | 助记符 | 指令代号 | 操作数范围 | | 程序步 |
|---|---|---|---|---|---|
| | | | [S·] | [D·] | |
| 传送 | MOV<br>MOV（P） | FNC12<br>（16/32） | K、H<br>KnX、KnY、KnM、KnS<br>T、C、D、V、Z | KnY、KnM、KnS<br>T、C、D、V、Z | 16 位指令，5 步；<br>32 位指令，9 步 |

② 指令功能　MOV 指令的功能是将源操作数［S·］中的数据传送到指定的目标操作数［D·］中。

MOV 指令的应用如图 5-19 所示，当 X0 为 ON 时，MOV 指令将 K10 传送到数据寄存器 D30 中，在传送过程中，十进制数自动转换成二进制数；当 X1 为 ON 时，MOV 指令将 D30 中数据传送到位组合元件 K2Y0，并输出；当 X2 为 ON 时，MOV 指令将位组合元件 K2X0 的数据传送到 K2Y0，此时 Y2 必定有输出。如果改变［S·］中的数据，PLC 的输出将随之发生变化。

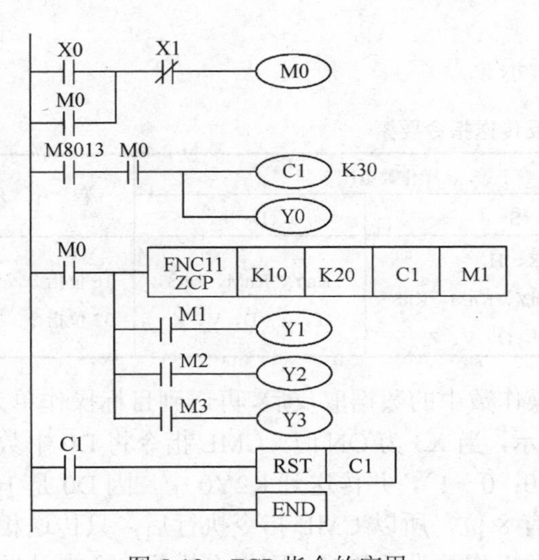


图 5-18　ZCP 指令的应用

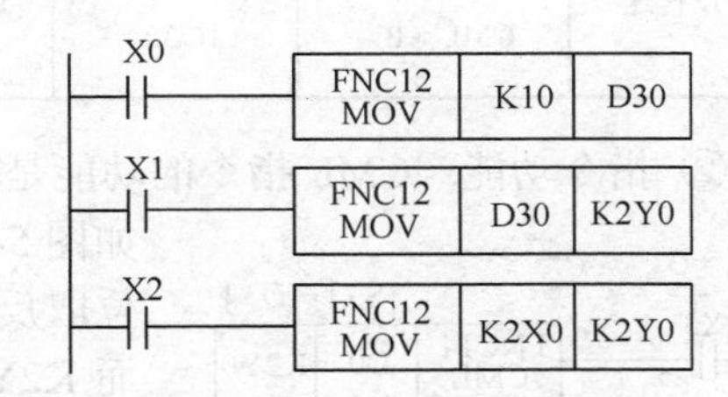


图 5-19　MOV 指令的应用

（4）移位传送指令（SMOV）

① 指令要素　该指令的要素如表 5-10 所示。

表 5-10　移位传送指令要素

| 指令名称 | 助记符 | 指令代号 | 操作数范围 | | | | | 程序步 |
|---|---|---|---|---|---|---|---|---|
| | | | [S·] | [D·] | m1 | m2 | n | |
| 移位传送 | SMOV<br>SMOV（P） | FNC13<br>（16） | K、H、KnX<br>KnY、KnM、KnS<br>T、C、D、V、Z | KnY、KnM、KnS<br>T、C、D、V、Z | K、H | | | 16 位指令，<br>11 步 |

② 指令功能　SMOV 指令的功能如图 5-20 所示，当 X0 为 ON 时，源操作数［S·］（16 位二进制码）转换成 4 位 BCD 码，然后将它移位传送到［D·］中，传送时，首先将 D1 中右起第 4 位（m1=4）开始的两位（m2=2）BCD 码移送到目标操作单元（D2）右起的第 3 位（n＝3）和第 2 位，然后 D2 中的 BCD 码自动转换为二进制码。

注意，D2 中的第 1 位和第 4 位（BCD 码）不受 SMOV 指令的影响，仍为原来数据。

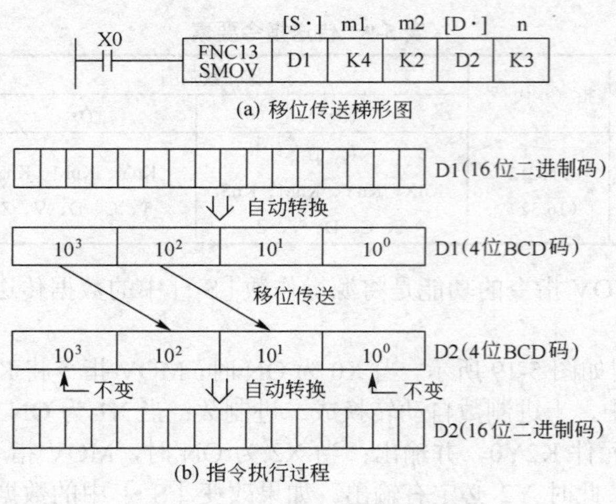


图 5-20 SMOV 指令的功能

（5）取反传送指令（CML）

① 指令要素 该指令的要素如表 5-11 所示。

**表 5-11 取反传送指令要素**

| 指令名称 | 助记符 | 指令代号 | 操作数范围 | | 程序步 |
|---|---|---|---|---|---|
| | | | [S•] | [D•] | |
| 取反传送 | CML<br>CML（P） | FNC14<br>（16/32） | K、H、<br>KnX、KnY、KnM、KnS<br>T、C、D、V、Z | KnY、KnM、KnS<br>T、C、D、V、Z | 16 位指令，5 步<br>32 位指令，9 步 |

② 指令功能 CML 指令的功能是将源操作数中的数据取反后，再送到目标操作单元中，如图 5-21 所示，当 X3 为 ON 时，CML 指令将 D0 中数据逐位取反（1→0；0→1），并传送到 K2Y0 中，因 D0 是 16 位，而 K2Y0 只有 8 位，所以 CML 指令执行后，只传送相应的低 8 位。若源操作数为常数 K，则指令执行时会自动转换为二进制数。CML 指令在反逻辑输出时应用非常方便。

图 5-21 CML 指令

（6）数据块传送指令（BMOV）

① 指令要素 该指令的要素如表 5-12 所示。

**表 5-12 数据块传送指令要素**

| 指令名称 | 助记符 | 指令代号 | 操作数范围 | | | 程序步 |
|---|---|---|---|---|---|---|
| | | | [S•] | [D•] | n | |
| 数据块传送 | BMOV<br>BMOV（P） | FNC15<br>（16） | KnX、KnY、KnM、KnS<br>T、C、D<br>文件寄存器 | KnY、KnM、KnS<br>T、C、D | K、H | 16 位指令，7 步 |

② 指令功能 数据块传送用于成批将源操作数［S •］传送到指定的目标操作数［D •］中，传送数据的长度由 n 指定，传送顺序是智能的，当传送的源操作数与目标操作数范围重叠时，为了防止源操作数在未传送前被改写，PLC 将自动地确定传送顺序，如图 5-22 所示。

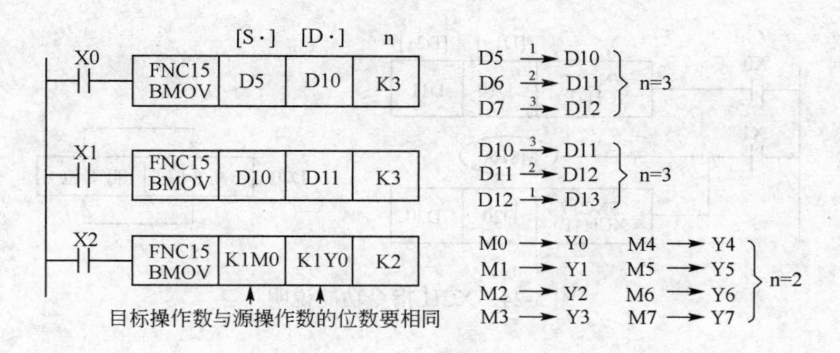


图 5-22 BMOV 指令功能说明

（7）多点传送指令（FMOV）

① 指令要素 该指令的要素如表 5-13 所示。

表 5-13 多点传送指令要素

| 指令名称 | 助记符 | 指令代号 | 操作数范围 | | | 程序步 |
|---|---|---|---|---|---|---|
| | | | [S·] | [D·] | n | |
| 多点传送 | FMOV<br>FMOV（P） | FNC16<br>（16/32） | K、H、KnX、KnY<br>KnM、KnS<br>T、C、D、V、Z | KnY、KnM、KnS<br>T、C、D、V、Z | K、H<br>n≤512 | 16 位指令，7 步；<br>32 位指令，13 步 |

② 指令功能 FMOV 指令的功能是将源操作数分别传送到指定目标操作数开始的 n 个目标操作数中（传送后这 n 个目标操作数完全相同）。如果目标操作数超出允许的范围，数据仅传送到允许的范围内。如图 5-23 所示，当 X0 为 ON 时，将常数 0 分别送到 D0～D9 这 10 个（n=10）数据寄存器中。

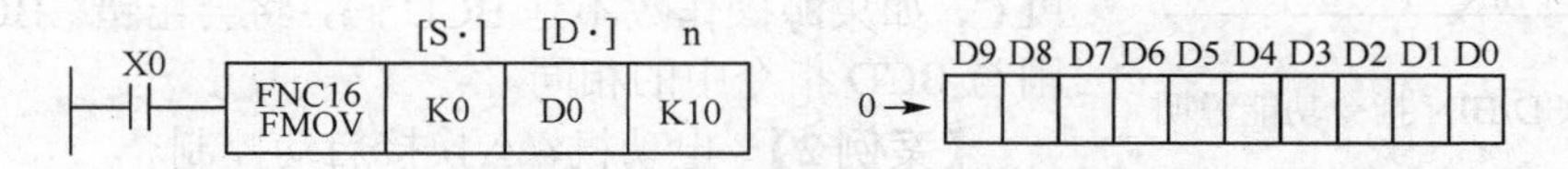


图 5-23 FMOV 指令功能说明

（8）数据交换指令（XCH）

① 指令要素 该指令的要素如表 5-14 所示。

表 5-14 数据交换指令要素

| 指令名称 | 助记符 | 指令代号 | 操作数范围 | | 程序步 |
|---|---|---|---|---|---|
| | | | [D1·] | [D2·] | |
| 数据交换 | XCH<br>XCH（P） | FNC17<br>（16/32） | KnY、KnM、KnS<br>T、C、D、V、Z | KnY、KnM、KnS<br>T、C、D、V、Z | 16 位指令，7 步；<br>32 位指令，13 步 |

② 指令功能 XCH 指令的功能是将两个指定的目标操作数进行相互交换。交换指令一般采用脉冲执行方式，否则每一个扫描周期都要交换一次。

特殊辅助继电器 M8160 为 ON，当[D1·]与[D2·]为同一地址号时，其低 8 位与高 8 位进行交换，如图 5-24 所示，32 位指令亦相同。

（9）BCD/BIN 变换指令

① 指令要素 BCD/BIN 指令的要素如表 5-15 所示。

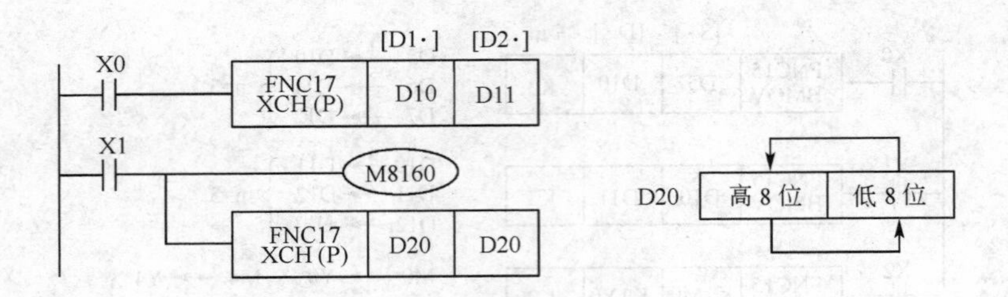


图 5-24　XCH 指令功能说明

**表 5-15　BCD/BIN 指令要素**

| 指令名称 | 助记符 | 指令代号 | 操作数范围 | | 程序步 |
|---|---|---|---|---|---|
| | | | [S·] | [D·] | |
| BIN→BCD | BCD<br>BCD（P） | FNC18<br>（16/32） | KnX、KnY<br>KnM、KnS<br>T、C、D、V、Z | KnY、KnM、KnS<br>T、C、D、V、Z | 16 位指令，5 步；<br>32 位指令，9 步 |
| BCD→BIN | BIN<br>BIN（P） | FNC19<br>（16/32） | | | |

② BCD 指令功能　BCD 指令的功能是将源操作数中的二进制数变换成 BCD 码送到目标操作数中。如图 5-25 所示，当 X0 为 ON 时，D10 中的二进制数变换成 BCD 码，送到 Y7～Y0 输出。如果 16 位 BCD 指令执行的结果超出 0～9999 的范围，会出错；如果 32 位 BCD 指令执行的结果超出 0～99999999 的范围，也会出错。

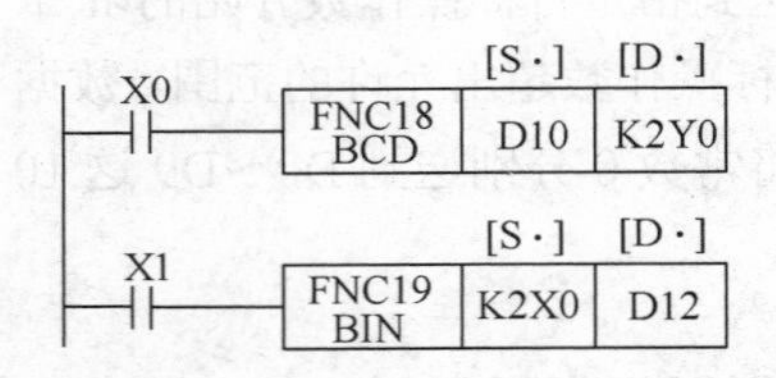


图 5-25　BCD/BIN 指令功能说明

③ BIN 指令功能　BIN 指令的功能是将源操作数中的 BCD 码变换成二进制数送到目标操作数中。在图 5-25 中，当 X1 为 ON 时，K2X0 中 BCD 码转换成二进制数送到目标单元 D12 中。

可以用 BIN 指令将 BCD 数字开关提供的设定值输入 PLC，如果源操作数不是 BCD 码，将会出错。BCD 码的范围与 BCD 指令中的相同。

**【案例 2】** 电动机Y/△换接启动控制。

本案例采用向 PLC 输出端口送数的方式实现电动机Y/△换接启动控制，其输入/输出信号分配如表 5-16 所示，控制的梯形图如图 5-26 所示。

**表 5-16　电动机Y/△换接启动控制输入/输出信号分配**

| 输入（I） | | | 输出（O） | | |
|---|---|---|---|---|---|
| 元　件 | 功　能 | 信号地址 | 元　件 | 功　能 | 信号地址 |
| 按钮 SB1 | 启动 | X0 | 接触器 KM1 | 电源控制 | Y0 |
| 按钮 SB2 | 停止 | X1 | 接触器 KM2 | Y接控制 | Y1 |
| | | | 接触器 KM3 | △接控制 | Y2 |

**【案例 3】** PLC 在送料车运行方向自动控制上的应用。

某车间有 6 个工作台，送料车往返于工作台之间送料，如图 5-27 所示。每个工作台设有一个到位检测开关（SQ）和一个呼叫按钮（SB）。送料车开始时应能停留在 6 个工作台中任意一个到位检测开关的位置上，设送料车暂停于 *m* 号工作台 $SQ_m$ 上（$SQ_m$ 为 ON）处，*n* 号工作台呼叫（$SB_n$ 为 ON），若：

① $m>n$ 时，送料车左行，直至 $SQ_n$ 动作，到位停车，即送料车所停位置 SQ 的编号大

于呼叫按钮 SB 的编号 *n* 时，送料车往左运行至呼叫位置后停止。

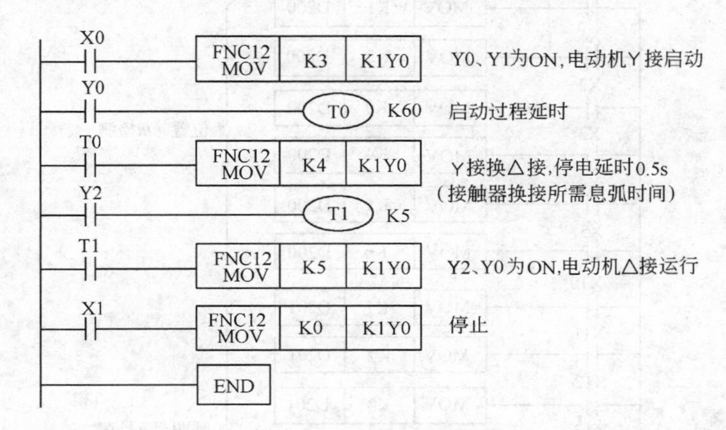


图 5-26　电动机Y/△换接启动控制的梯形图

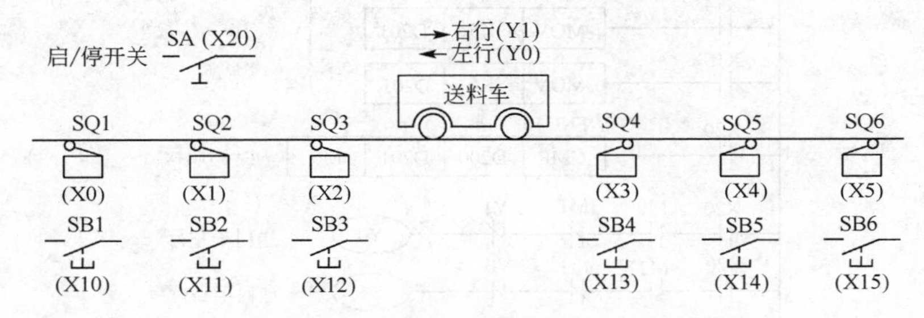


图 5-27　送料车运行方向控制示意图

② $m<n$ 时，送料车右行，直至 $SQ_n$ 动作，到位停车，即送料车所停位置 SQ 的编号小于呼叫按钮 SB 的编号时，送料车往右运行至呼叫位置后停止。

③ $m=n$ 时，送料车停在原位不动，即送料车所停位置 SQ 的编号与呼叫按钮 SB 的编号相同时，送料车不动。

根据控制要求，系统的 I/O 信号分配如表 5-17 所示。

**表 5-17　送料车控制输入/输出信号分配**

| 输入（I） | | | | 输出（O） | |
|---|---|---|---|---|---|
| 元件及功能 | 信号地址 | 元件及功能 | 信号地址 | 元件及功能 | 信号地址 |
| 启/停开关 SA | X20 | 1 号工作台呼叫 SB1 | X10 | 左行接触器 KM1 | Y0 |
| 1 号工作台位置 SQ1 | X0 | 2 号工作台呼叫 SB2 | X11 | 右行接触器 KM2 | Y1 |
| 2 号工作台位置 SQ2 | X1 | 3 号工作台呼叫 SB3 | X12 | | |
| 3 号工作台位置 SQ3 | X2 | 4 号工作台呼叫 SB4 | X13 | | |
| 4 号工作台位置 SQ4 | X3 | 5 号工作台呼叫 SB5 | X14 | | |
| 5 号工作台位置 SQ5 | X4 | 6 号工作台呼叫 SB6 | X15 | | |
| 6 号工作台位置 SQ6 | X5 | | | | |

送料车运行方向控制的程序可用传送与比较指令编制，如图 5-28 所示。图中将送料车当前位置送到数据寄存器 D200 中，呼叫工作台号送到数据寄存器 D201 中，然后通过 D200 与 D201 中数据的比较，决定送料车的运行方向和到达的目标位置。由于 D200、D201 是断电保持型数据寄存器，所以系统重新启动后，能自动恢复断电前的状态。

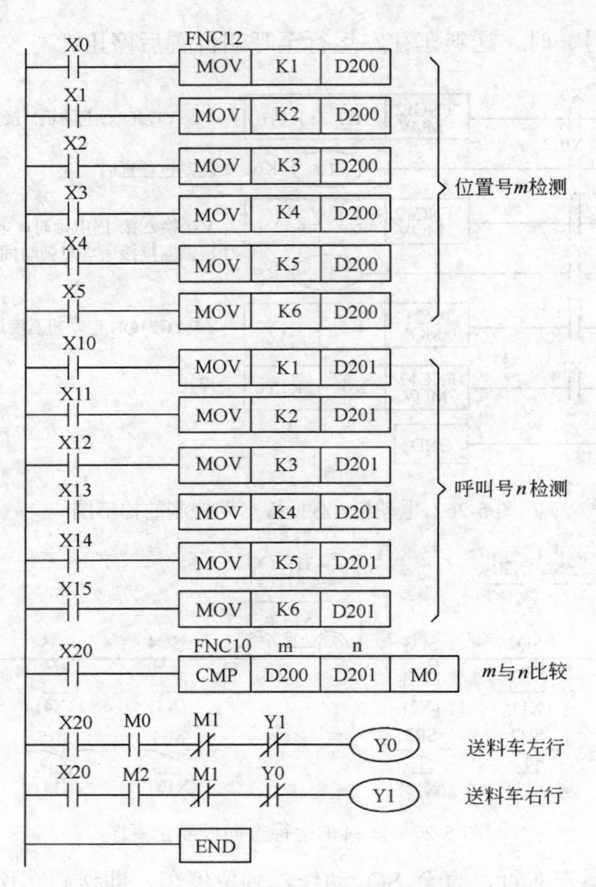


图 5-28　送料车运行方向控制的梯形图

### 5.2.3　算术及逻辑运算指令

算术及逻辑运算指令的编号为 FNC20～FNC29。算术运算包括加法（ADD）、减法（SUB）、乘法（MUL）、除法（DIV）、加 1（INC）和减 1（DEC）指令，逻辑运算包括字逻辑与（WAND）、字逻辑或（WOR）、字逻辑异或（WXOR）和求补（NEG）指令。

（1）算术运算指令（ADD、SUB、MUL 和 DIV）

① 指令要素　算术运算指令的要素如表 5-18 所示。

表 5-18　算术运算指令要素

| 指令名称 | 助记符 | 指令代号 | 操作数范围 | | | 程序步 |
|---|---|---|---|---|---|---|
| | | | [S1•] | [S2•] | [D•] | |
| 加法 | ADD<br>ADD（P） | FNC20<br>（16/32） | K、H<br>KnX、KnY<br>KnM、KnS<br>T、C、D<br>V、Z | | KnY、KnM<br>KnS<br>T、C、D<br>V、Z | 16 位指令，7 步<br>32 位指令，13 步 |
| 减法 | SUB<br>SUB（P） | FNC21<br>（16/32） | | | | |
| 乘法 | MUL<br>MUL（P） | FNC22<br>（16/32） | | | KnY、KnM<br>KnS<br>T、C、D<br>（Z） | |
| 除法 | DIV<br>DIV（P） | FNC23<br>（16/32） | | | | |

② 指令功能　16 位算术运算指令的功能如图 5-29 所示；对 32 位算术运算，被指定的目标元件为低 16 位，而下一个元件则为高 16 位，为了避免错误，建议目标元件采用偶数元件号。

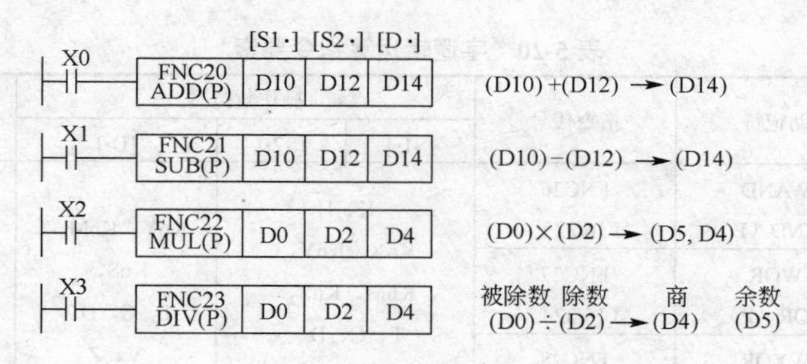


图 5-29　16 位算术运算指令功能

加减运算为代数运算，如果运算结果为 0，零标志 M8020 置 1；运算结果超过 32767（16 位运算）或 2147483647（32 位运算），进位标志 M8022 置 1；运算结果小于–32768（16 位运算）或–2147483648（32 位运算），借位标志 M8021 置 1。

16 位乘法，运算结果为 32 位，如（D0）×（D2）→（D5，D4）是将乘积的低 16 位送到 D4，高 16 位送到 D5；32 位乘法的运算结果为 64 位，如用位元件作目标元件，只能得到乘积的低 32 位，高 32 位丢失，在这种情况下，建议采用浮点运算。

对 DIV 指令，若除数为 0，则出错，不执行该指令；若位元件被指定为目标元件，则不能获得余数。商和余数的最高位为符号位。

对乘、除运算，Z 元件只能用于 16 位指令。

（2）加 1/减 1 指令（INC、DEC）

① 指令要素　加 1/减 1 指令的要素如表 5-19 所示。

**表 5-19　加 1/减 1 指令要素**

| 指令名称 | 助记符 | 指令代号 | 操作数范围 [D•] | 程序步 |
|---|---|---|---|---|
| 加 1 | INC<br>INC（P） | FNC24 ◥<br>（16/32） | KnY、KnM、KnS<br>T、C、D、V、Z | 16 位指令，3 步；<br>32 位指令，5 步 |
| 减 1 | DEC<br>DEC（P） | FNC25 ◥<br>（16/32） | | |

② 指令功能　加 1/减 1 指令的功能如图 5-30 所示。当 X0 由 OFF 变为 ON 时，（D0）+1→D0，即 D0 中的数加 1，用连续执行方式时，每个扫描周期都加 1，16 位运算时，+32767 再加 1 就变为–32768，但标志不置位，32 位运算时，+2147483647 再加 1 就变为–2147483648，标志也不置位。

图 5-30　加 1/减 1 指令功能

当 X1 由 OFF 变为 ON 时，D11D10–1→D11D10，即 D10 中的数减 1，用连续执行方式时，每个扫描周期都减 1，16 位运算时，–32768 再减 1 就变为+32767，但标志不置位，32

位运算时，–2147483648 再减1就变为+2147483647，标志也不置位。

（3）字逻辑运算指令（WAND、WOR 和 WXOR）

① 指令要素 字逻辑运算指令的要素如表 5-20 所示。

表 5-20 字逻辑运算指令要素

| 指令名称 | 助记符 | 指令代号 | 操作数范围 | | | 程序步 |
|---|---|---|---|---|---|---|
| | | | [S1•] | [S2•] | [D•] | |
| 字逻辑与 | WAND<br>WAND（P） | FNC26<br>（16/32） | K、H<br>KnX、KnY、<br>KnM、KnS、<br>T、C、D、<br>V、Z | | KnY、KnM、<br>KnS、<br>T、C、D、<br>V、Z | 16 位指令，7 步；<br>32 位指令，13 步 |
| 字逻辑或 | WOR<br>WOR（P） | FNC27<br>（16/32） | | | | |
| 字逻辑异或 | WXOR<br>WXOR（P） | FNC28<br>（16/32） | | | | |

② 指令功能 WAND、WOR、WXOR 指令以 bit（位）为单位做相应的运算，如图 5-31 所示，WXOR 指令与取反传送指令 CML 配合使用可以实现“异或非”运算。

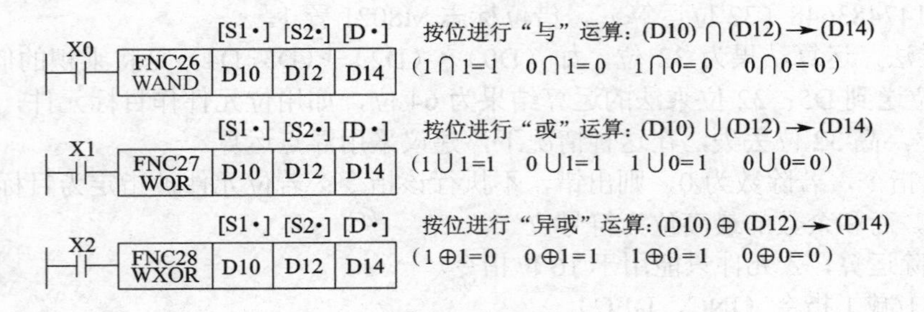


图 5-31 字逻辑运算指令功能

（4）求补指令（NEG）

① 指令要素 该指令的要素如表 5-21 所示。

表 5-21 求补指令要素

| 指令名称 | 助记符 | 指令代号 | 操作数范围 | 程序步 |
|---|---|---|---|---|
| | | | [D•] | |
| 求补 | NEG<br>NEG（P） | FNC29<br>（16/32） | KnY、KnM、KnS<br>T、C、D、V、Z | 16 位指令，3 步；<br>32 位指令，5 步 |

② 指令功能 NEG 指令的功能是将指定数据元件的每一位取反，然后再加 1，并将结果存于同一元件中，如图 5-32 所示。执行本指令可实现绝对值不变的变号操作。

**【案例 4】** 数学表达式的计算

某控制程序中要对算式 $\frac{38X}{255}+2$ 进行运算，式中 X 表示输入端口 K2X0 送入的二进制数，运算结果需送 K2Y0 输出，X0 为运算启/停开关，其计算程序如图 5-33 所示。

**【案例 5】** 流水灯光的 PLC 控制

某流水灯光有 16 组灯，通过 PLC 的 Y0～Y17 端口进行输出控制，要求按正序亮至全亮，然后按反序灭至全灭，并循环动作。

控制程序应用加 1/减 1 指令及变址寄存器设计；灯组状态变化的间隔时间为 1s，用 M8013 秒脉冲实现，控制的梯形图及程序如图 5-34 所示。

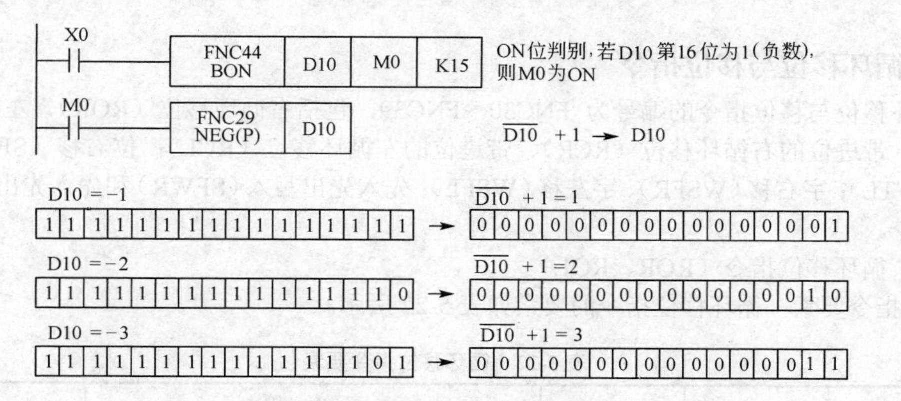


图 5-32　NEG 指令功能说明

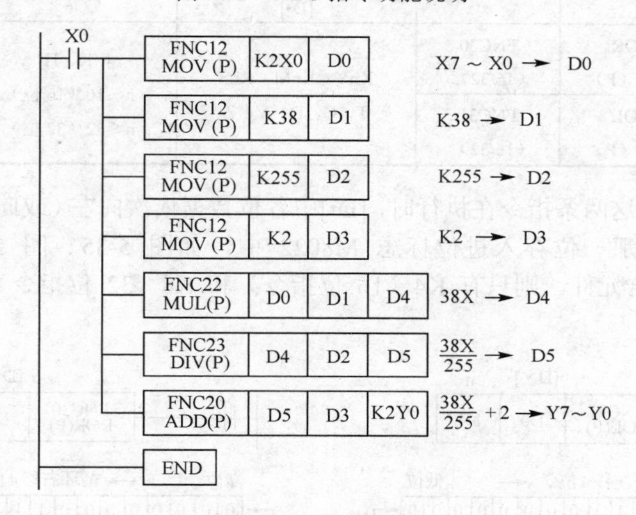


图 5-33　计算程序

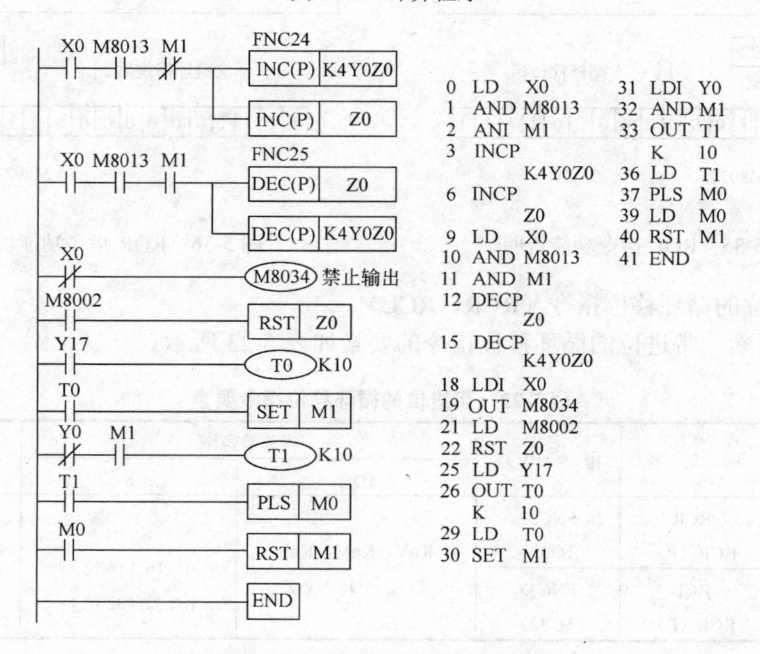


图 5-34　流水灯光控制的梯形图及程序

### 5.2.4 循环移位与移位指令

循环移位与移位指令的编号为 FNC30～FNC39，包括右循环移位（ROR）、左循环移位（ROL）；带进位的右循环移位（RCR）、带进位的左循环移位（RCL）；位右移（SFTR）、位左移（SFTL）；字右移（WSFR）、字左移（WSFL）；先入先出写入（SFWR）和先入先出（SFRD）读出指令。

（1）循环移位指令（ROR、ROL）

① 指令要素 循环移位指令的要素如表 5-22 所示。

表 5-22 循环移位指令要素

| 指令名称 | 助记符 | 指令代号 | 操作数范围 | | 程序步 |
|---|---|---|---|---|---|
| | | | [D•] | n | |
| 循环右移 | ROR<br>ROR（P） | FNC30<br>（16/32） | KnY、KnM、KnS<br>T、C、D、V、Z | K、H<br>n≤16（16 位）<br>n≤32（32 位） | 16 位指令，5 步；<br>32 位指令，9 步 |
| 循环左移 | ROL<br>ROL（P） | FNC31<br>（16/32） | | | |

② 指令功能 这两条指令在执行时，[D•]中各位数据依次向左（或向右）循环移动 n 位，最后一次移出来的那一位存入进位标志 M8022 中，如图 5-35、图 5-36 所示。若在目标元件中指定位组合元件，则只有 K4（16 位指令）和 K8（32 位指令）有效，如 K4Y0、K8M0 等。

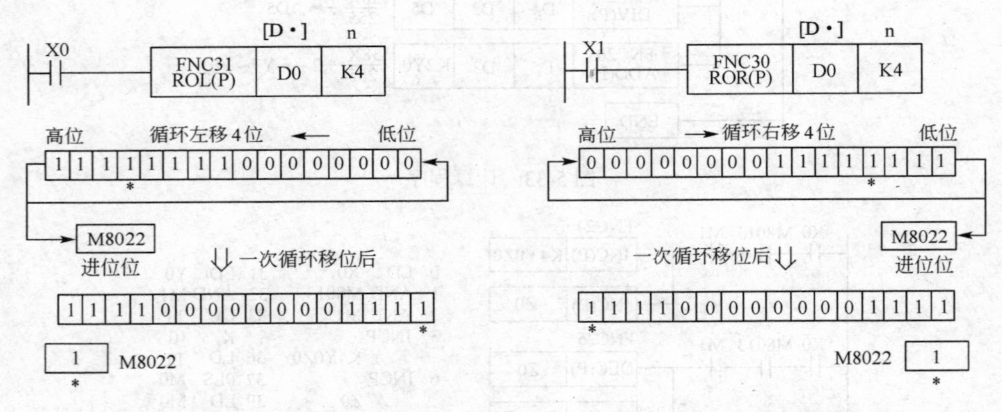


图 5-35 ROL 指令功能说明　　图 5-36 ROR 指令功能说明

（2）带进位的循环移位指令（RCR、RCL）

① 指令要素 带进位的循环移位指令的要素如表 5-23 所示。

表 5-23 带进位的循环移位指令要素

| 指令名称 | 助记符 | 指令代号 | 操作数范围 | | 程序步 |
|---|---|---|---|---|---|
| | | | [D•] | n | |
| 带进位的<br>右循环移位 | RCR<br>RCR（P） | FNC32<br>（16/32） | KnY、KnM、KnS<br>T、C、D、V、Z | K、H<br>n≤16（16 位）<br>n≤32（32 位） | 16 位指令，5 步；<br>32 位指令，9 步 |
| 带进位的<br>左循环移位 | RCL<br>RCL（P） | FNC33<br>（16/32） | | | |

② 指令功能　这两条指令执行时，[D•]中各位数据与进位标志 M8022 中数据一起依次向左（或向右）循环移动 n 位，在循环中进位标志被送到目标操作数中，如图 5-37、图 5-38 所示。若目标元件为位组合元件，则只有 K4（16 位指令）和 K8（32 位指令）有效。

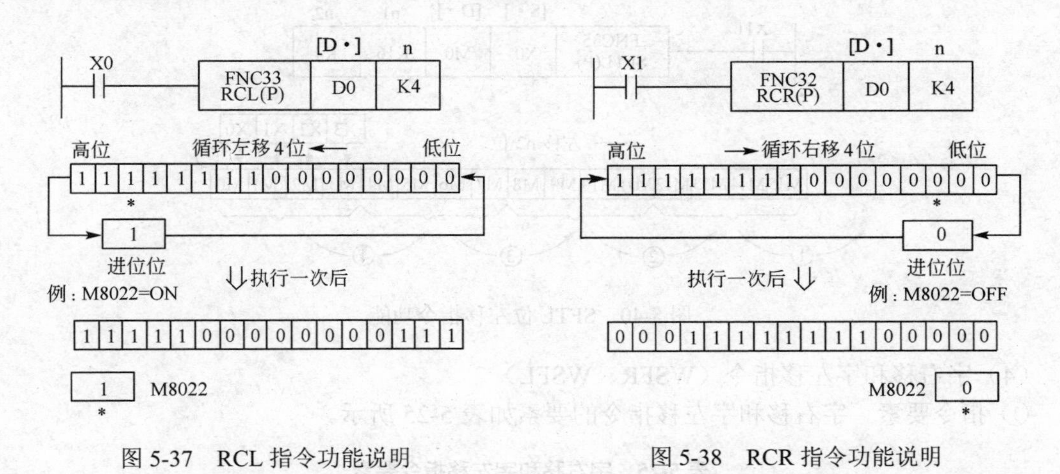


图 5-37　RCL 指令功能说明　　图 5-38　RCR 指令功能说明

（3）位右移和位左移指令（SFTR、SFTL）

① 指令要素　位右移和位左移指令的要素如表 5-24 所示。

**表 5-24　位右移和位左移指令要素**

| 指令名称 | 助记符 | 指令代号 | 操作数范围 | | | | 程序步 |
|---|---|---|---|---|---|---|---|
| | | | [S•] | [D•] | n1 | n2 | |
| 位右移 | SFTR<br>SFTR（P） | FNC34<br>（16） | X、Y<br>M、S | Y、M、S | K、H<br>n2≤n1≤1024 | | 16 位指令，7 步 |
| 位左移 | SFTL<br>SFTL（P） | FNC35<br>（16） | | | | | |

② 指令功能　SFTR 和 SFTL 指令的功能使位元件中的状态向右或向左移位，由 n1 指定位元件的长度，n2 指定移动的位数（n2≤n1≤1024）。

SFTR 指令的功能如图 5-39 所示，当 X10 由 OFF 变为 ON 时，执行 SFTR 指令，数据按以下顺序移位：M3～M0 中的数溢出，M7～M4→M3～M0，M11～M8→M7～M4，M15～M12→M11～M8，X3～X0→M15～M12。

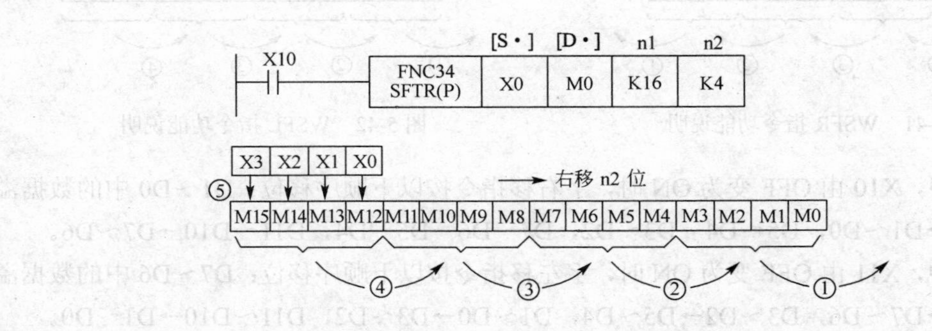


图 5-39　SFTR 位右移指令功能

SFTL 指令的功能如图 5-40 所示，当 X11 由 OFF 变为 ON 时，执行 SFTL 指令，数据按以下顺序移位：M15～M12 中的数溢出，M11～M8→M15～M12，M7～M4→M11～M8，M3～M0→M7～M4，X3～X0→M3～M0。

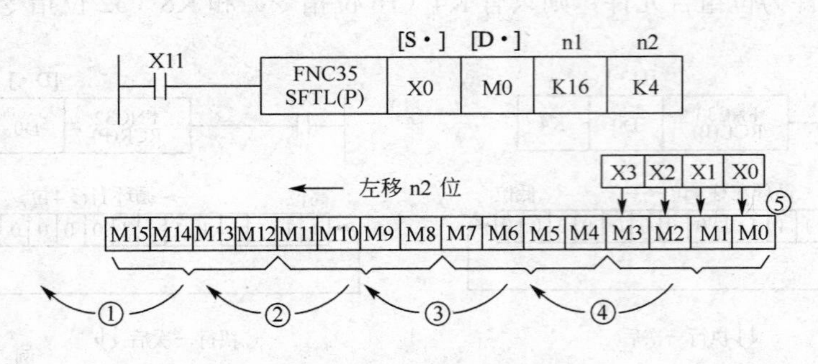


图 5-40　SFTL 位左移指令功能

（4）字右移和字左移指令（WSFR、WSFL）

① 指令要素　字右移和字左移指令的要素如表 5-25 所示。

表 5-25　字右移和字左移指令要素

| 指令名称 | 助记符 | 指令代码 | 操作数范围 | | | | 程序步 |
|---|---|---|---|---|---|---|---|
| | | | [S•] | [D•] | n1 | n2 | |
| 字右移 | WSFR<br>WSFR（P） | FNC36<br>（16） | KnX、KnY<br>KnM、KnS<br>T、C、D | KnY、KnM、KnS<br>T、C、D | K、H<br>n2≤n1≤512 | | 16 位指令，9 步 |
| 字左移 | WSFL<br>WSFL（P） | FNC37<br>（16） | | | | | |

② 指令功能　WSFR 和 WSFL 指令以字为单位，将 n1 个字右移或左移 n2 个字（n2≤n1≤512），如图 5-41、图 5-42 所示。

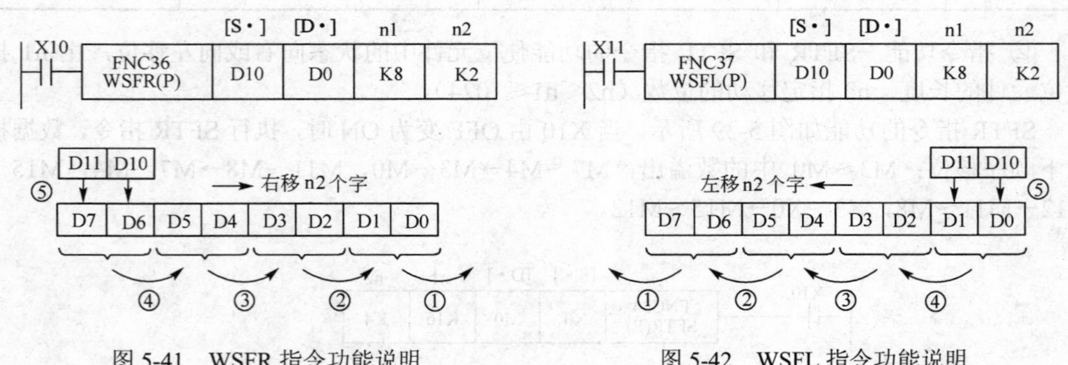


图 5-41　WSFR 指令功能说明　　　　图 5-42　WSFL 指令功能说明

图 5-41 中，X10 由 OFF 变为 ON 时，字右移指令按以下顺序移位：D1～D0 中的数据溢出，D3～D2→D1～D0，D5～D4→D3～D2，D7～D6→D5～D4，D11～D10→D7～D6。

图 5-42 中，X11 由 OFF 变为 ON 时，字左移指令按以下顺序移位：D7～D6 中的数据溢出，D5～D4→D7～D6，D3～D2→D5～D4，D1～D0→D3～D2，D11～D10→D1～D0。

（5）FIFO（先入先出）写入/读出指令（SFWR、SFRD）

① 指令要素　先入先出指令的要素如表 5-26 所示。

表 5-26　FIFO 写入/读出指令要素

| 指令名称 | 助记符 | 指令代号 | 操作数范围 | | | 程序步 |
|---|---|---|---|---|---|---|
| | | | [S•] | [D•] | n | |
| FIFO 写入 | SFWR<br>SFWR（P） | FNC38<br>（16） | K、H、KnX<br>KnY、KnM、KnS<br>T、C、D、V、Z | KnY、KnM、KnS<br>T、C、D | K、H<br>2≤n≤512 | 16 位指令，7 步 |
| FIFO 读出 | SFRD<br>SFRD（P） | FNC39<br>（16） | KnY、KnM、KnS<br>T、C、D | KnY、KnM、KnS、T、<br>C、D、V、Z | | |

② 指令功能　SFWR 写入指令的功能如图 5-43 所示，当 X0 由 OFF 变为 ON 时，源操作数 D10 中的数据写入 D1，而 D0 被置 1（D0 必须先清零）；以后如 X0 再次由 OFF 变为 ON 时，D10 中的数据写入 D2，D0 中的数变为 2，以此类推，D10 中的数据依次写入 D3，D4，…中。源数据写入的次数存入 D0 中，当 D0 中的数达到 n–l 后不再执行上述处理，进位标志 M8022 置 1。

SFRD 读出指令的功能如图 5-44 所示，当 X1 由 OFF 变为 ON 时，D1 中的数据写入 D20，同时指针 D0 的值减 1，D7～D2 的数据向右移一个字。若用连续执行方式，每一扫描周期数据都要右移一个字，数据总是从 D1 读出。指针 D0 为 0 时，不再执行上述指令，零标志 M8020 置 1。

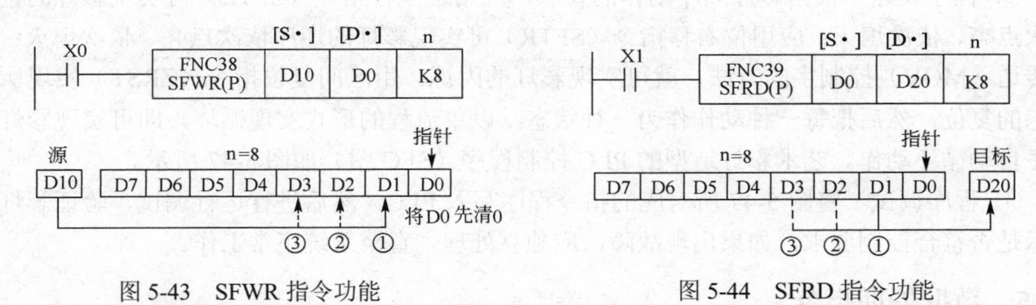


图 5-43　SFWR 指令功能　　　　图 5-44　SFRD 指令功能

【案例 6】 艺术彩灯造型的 PLC 控制。

艺术彩灯造型模拟演示板如图 5-45 所示。图中 a～h 为 8 组灯，模拟彩灯显示，上面 8 组形成一个环形，下面 8 组形成一字形，上下同时动作，形成交辉相映的效果。

艺术彩灯由一个开关控制，分别由字元件 K2Y0（Y7～Y0）驱动，通过改变 K2Y0 中的数值，可以显示不同的花样：

- 快速正序点亮，然后正序熄灭；
- 快速逆序点亮，然后全部熄灭；
- 慢速正序点亮，然后逆序熄灭；
- 快速闪烁；
- 慢速闪烁；
- 自动循环。

艺术彩灯造型的 PLC 控制系统设计如下。

① 输入/输出信号分配　输入/输出信号分配如表 5-27 所示。

表 5-27　输入/输出信号分配

| 输入（I） | | 输出（O） | | | |
|---|---|---|---|---|---|
| 输入元件 | 信号地址 | 输出元件 | 信号地址 | 输出元件 | 信号地址 |
| 启/停开关 S1 | X0 | 灯组 a | Y0 | 灯组 e | Y4 |
| | | 灯组 b | Y1 | 灯组 f | Y5 |
| | | 灯组 c | Y2 | 灯组 g | Y6 |
| | | 灯组 d | Y3 | 灯组 h | Y7 |

② 硬件接线 系统硬件接线如图5-46所示。

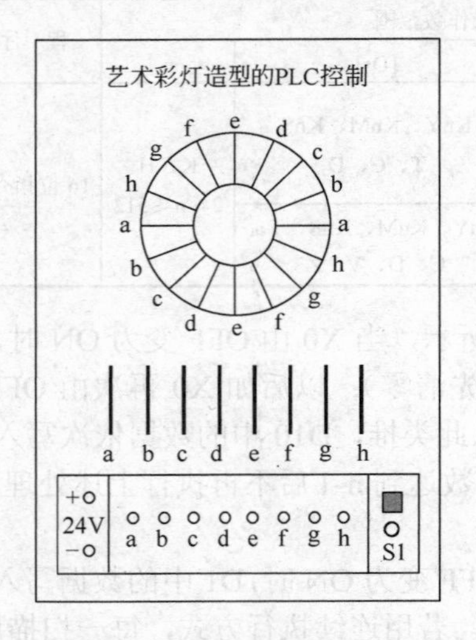

图5-45 艺术彩灯造型模拟演示板

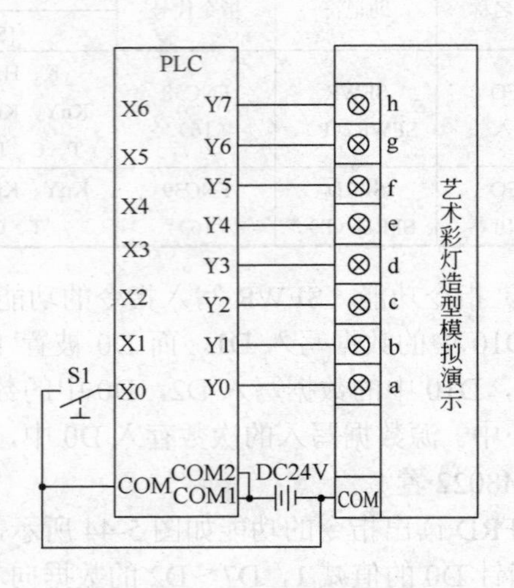

图5-46 系统硬件接线图

③ 程序设计 根据彩灯顺序动作的要求，应用位左移指令（SFTL）可实现彩灯的正序依次点亮、依次熄灭；应用位右移指令（SFTR）可实现彩灯的逆序依次点亮、依次熄灭；通过传送（MOV）控制字的方法，就可实现彩灯的闪烁；用区间复位指令（ZRST）实现所有状态的复位，然后把每一种动作作为一种状态，以单流程的形式实现循环，即可实现彩灯的顺序自动循环动作。艺术彩灯造型的PLC控制程序（SFC图）如图5-47所示。

④ 程序调试 将图5-47所对应的指令程序写入PLC，然后进行运行调试，验证彩灯的显示是否符合控制要求，如果出现故障，应独立处理，直至系统正常工作。

### 5.2.5 数据处理指令

数据处理指令的编号为FNC40～FNC49。包括区间复位（ZRST）、解码（DECO）、编码（ENCO）、ON位数求和（SUM）、ON位数判断（BON）、取平均值（MEAN）、信号报警器置位（ANS）、信号报警器复位（ANR）、BIN开方（SQR）和BIN整数→二进制浮点数转换（FLT）指令等，现择要介绍如下。

（1）区间复位指令

① 指令要素 该指令的要素如表5-28所示。

表5-28 区间复位指令要素

| 指令名称 | 助记符 | 指令代号 | 操作数范围 | | 程序步 |
|---|---|---|---|---|---|
| | | | [D1·] | [D2·] | |
| 区间复位 | ZRST<br>ZRST（P） | FNC40<br>（16） | Y、M、S、T、C、D<br>（[D1·]地址号≤[D2·]地址号） | | 16位指令，5步 |

② 指令功能 ZRST区间复位（批复位）指令可用于数据区的初始化，如图5-48所示，当PLC由OFF→ON时，执行ZRST指令，使位元件Y0～Y7、字元件D0～D100及状态元件S0～S127成批复位（清零）。

注意，目标操作数［D1·］和［D2·］指定的元件应为同类元件。

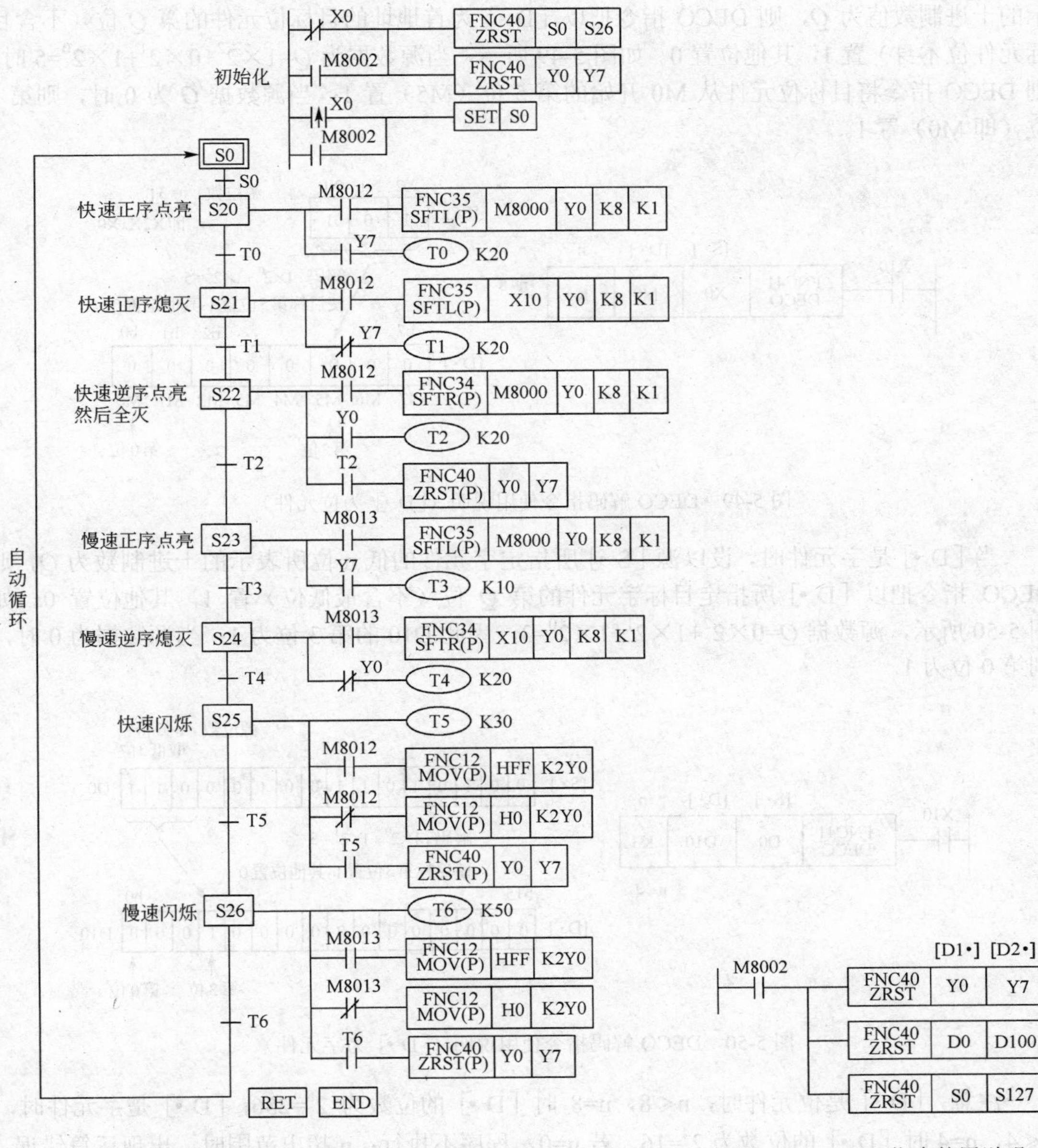


图 5-47　艺术彩灯造型的 PLC 控制程序（SFC 图）　　图 5-48　ZRST 指令使用说明

（2）解码指令

① 指令要素　该指令的要素如表 5-29 所示。

**表 5-29　解码指令要素**

| 指令名称 | 助记符 | 指令代号 | 操作数范围 | | | 程 序 步 |
|---|---|---|---|---|---|---|
| | | | [S•] | [D•] | n | |
| 解 码 | DECO<br>DECO（P） | FNC41<br>（16） | K、H<br>X、Y、M、S<br>T、C、D、V、Z | Y、M、S<br>T、C、D | K、H<br>1≤n≤8 | 16 位指令，7 步 |

② 指令功能　当［D •］是位元件时，设以源［S •］为首地址的 n 位连续的位元件所表

示的十进制数值为 $Q$，则 DECO 指令把以［D·］为首地址的目标位元件的第 $Q$ 位（不含目标元件位本身）置 1，其他位置 0。如图 5-49 所示，当源数据为 $Q=1\times2^2+0\times2^1+1\times2^0=5$ 时，则 DECO 指令将目标位元件从 M0 开始的第 5 位（M5）置 1；当源数据 $Q$ 为 0 时，则第 0 位（即 M0）置 1。

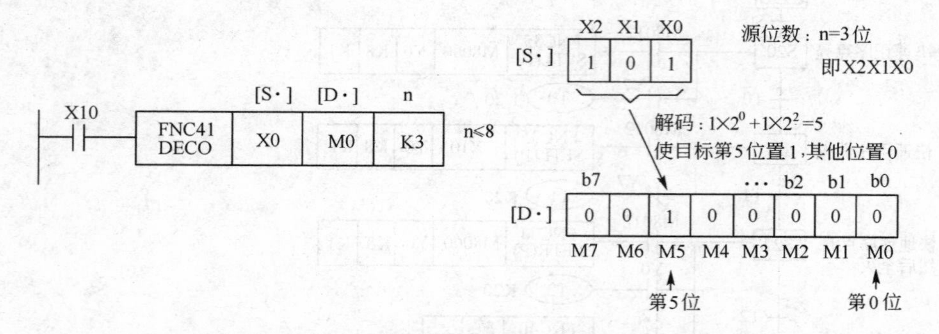


图 5-49 DECO 解码指令使用说明（［D·］为位元件）

当［D·］是字元件时，设以源［S·］所指定字元件的低 n 位所表示的十进制数为 $Q$，则 DECO 指令把以［D·］所指定目标字元件的第 $Q$ 位（不含最低位）置 1，其他位置 0。如图 5-50 所示，源数据 $Q=0\times2^2+1\times2^1+1\times2^0=3$，因此 D10 的第 3 位为 1；当源数据为 0 时，则第 0 位为 1。

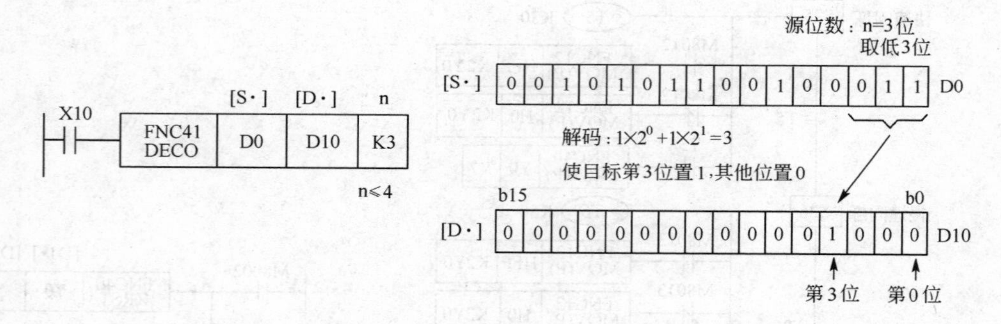


图 5-50 DECO 解码指令使用说明（［D·］为字元件）

注意，［D·］是位元件时，n≤8，n=8 时［D·］的位数为 $2^8=256$；［D·］是字元件时，n≤4，n=4 时［D·］的位数为 $2^4=16$。若 n=0，程序不执行；n 超出范围时，出现运算错误。驱动输入为 OFF 时，不执行 DECO 指令，上一次解码输出置 1 保持不变。若指令采用连续执行方式，则在各个扫描周期都执行。

（3）编码指令

① 指令要素 该指令的要素如表 5-30 所示。

表 5-30 编码指令要素

| 指令名称 | 助记符 | 指令代号 | 操作数范围 | | | 程 序 步 |
|---|---|---|---|---|---|---|
| | | | [S•] | [D•] | n | |
| 编 码 | ENCO<br>ENCO（P） | FNC42<br>（16） | X、Y、M、S<br>T、C、D、V、Z | T、C、D<br>V、Z | K、H<br>1≤n≤8 | 16 位指令，7 步 |

② 指令功能　当［S·］是位元件时，以源［S·］为首地址、长度为 $2^n$ 的位元件中，最高置 1 的位被存放到目标［D·］所指定字元件中去，［D·］中数值的范围由 $n$ 来确定。如图 5-51（a）所示，源元件的长度为 $2^n=2^3=8$ 位（M7～ M0），其中最高置 1 位是第 5 位，故将“5”存放到 D0 的低 3 位（二进制数）。

当［S·］是字元件时，在其可读长度 $2^n$ 位中，最高置 1 的位被存放到目标［D·］所指定字元件中，［D·］中数值的范围由 n 来确定。如图 5-51（b）所示，源元件的可读长度为 $2^n=2^3=8$ 位，其中最高置 1 位是第 6 位，故将“6”存放到 D0 的低 3 位（二进制数）。

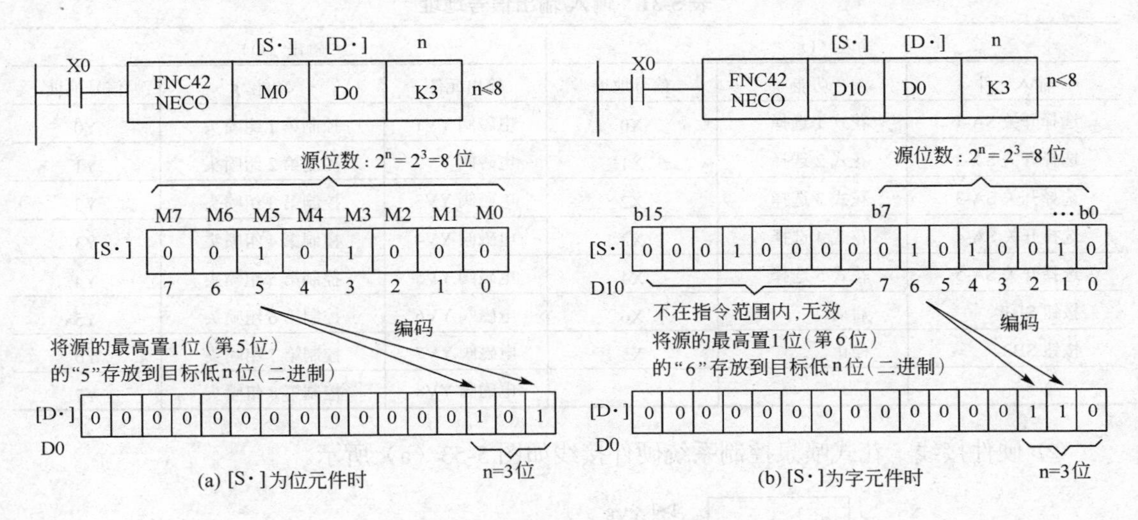


图 5-51　编码指令使用说明

注意，若 n=0 时，程序不执行；n=8 时，［D·］位数为 $2^8=256$；$n\neq 1\sim 8$ 时，出现运算错误；若驱动输入为 OFF 时，不执行指令，上一次编码输出保持不变；若指令采用连续执行方式，则各个扫描周期都执行。

当源操作数的第一个（即第 0 位）位元件为 1，则［D·］中存放 0；当源操作数中无 1，出现运算错误。

**【案例 7】** 用编码指令编程，实现案例 3 送料车的控制。

应用编码指令 ENCO 编程取代图 5-28 梯形图中的传送指令 MOV 编程，可使程序得以简化，如图 5-52 所示。

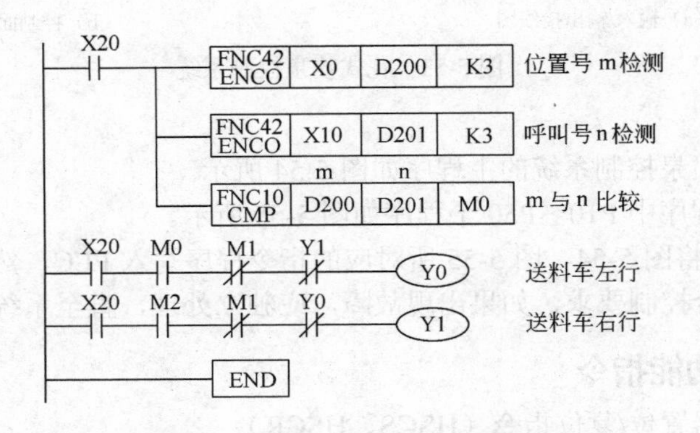


图 5-52　送料车运行方向控制程序

【案例8】花式喷泉的PLC控制

某喷泉由8组喷头组成，分别由Y0～Y7通过电磁阀控制，改变K2Y0中的数值，可以喷射出不同的花样。花式喷泉共有正序依次喷射、逆序依次喷射、正序双数喷射、逆序单数喷射、全喷全停5种喷射花样，用5个子程序实现，循环调用子程序可显示不同的喷射花样。

花式喷泉的PLC控制系统设计如下。

① 输入/输出信号　输入/输出信号地址如表5-31所示。

表5-31　输入/输出信号地址

| 输入（I） | | | 输出（O） | | |
|---|---|---|---|---|---|
| 输入元件 | 功能 | 信号地址 | 输出元件 | 功能 | 信号地址 |
| 选择开关SA-1 | 花式1选择 | X0 | 电磁阀YV1 | 控制第1组喷头 | Y0 |
| 选择开关SA-2 | 花式2选择 | X1 | 电磁阀YV2 | 控制第2组喷头 | Y1 |
| 选择开关SA-3 | 花式3选择 | X2 | 电磁阀YV3 | 控制第3组喷头 | Y2 |
| 选择开关SA-4 | 花式4选择 | X3 | 电磁阀YV4 | 控制第4组喷头 | Y3 |
| 选择开关SA-5 | 花式5选择 | X4 | 电磁阀YV5 | 控制第5组喷头 | Y4 |
| 按钮SB1 | 启动 | X6 | 电磁阀YV6 | 控制第6组喷头 | Y5 |
| 按钮SB2 | 停止 | X5 | 电磁阀YV7 | 控制第7组喷头 | Y6 |
| | | | 电磁阀YV8 | 控制第8组喷头 | Y7 |

② 硬件接线　花式喷泉控制系统硬件接线如图5-53（a）所示。

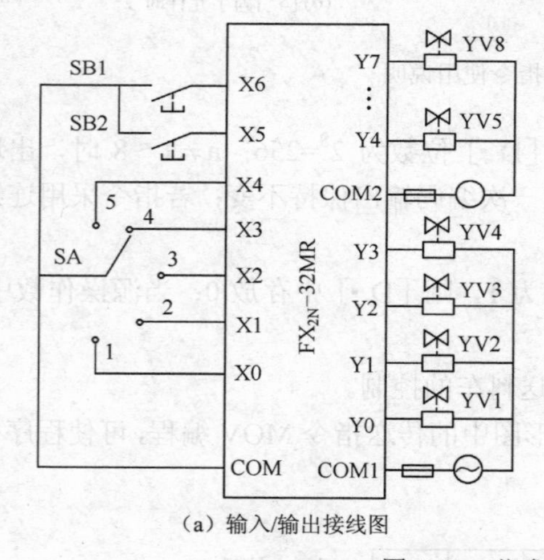


（a）输入/输出接线图

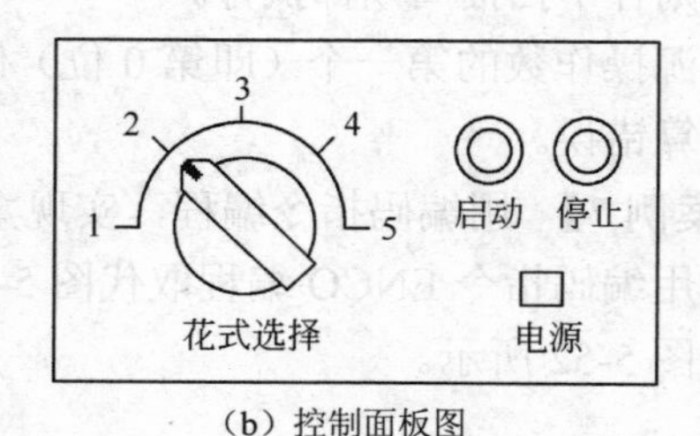


（b）控制面板图

图5-53　花式喷泉控制系统

③ 程序设计

主程序：花式喷泉控制系统的主程序如图5-54所示。

子程序：控制程序中P10～P50子程序如图5-55所示。

④ 程序调试　将图5-54、图5-55所对应的指令程序写入PLC，然后进行运行调试，验证系统功能是否符合控制要求，如果出现故障，应独立处理，直至系统正常工作。

### 5.2.6 其他常用功能指令

（1）高速计数器置位/复位指令（HSCS、HSCR）

① 指令要素　高速计数器置位/复位指令的要素如表5-32所示。

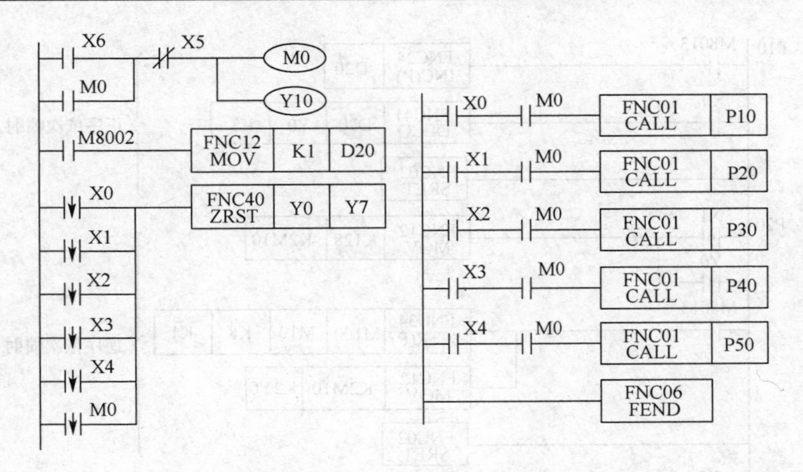


图 5-54　花式喷泉控制系统主程序

**表 5-32　高速计数器置位/复位指令要素**

| 指令名称 | 助记符 | 指令代号 | 操作数范围 | | | 程序步 |
|---|---|---|---|---|---|---|
| | | | [S1•] | [S2•] | [D•] | |
| 高速计数器置位 | HSCS | FNC53（32） | K、H<br>KnX、KnY、KnM、KnS<br>T、C、D、V、Z | C<br>（C235～C255） | Y、M、S | 32 位指令，13 步 |
| 高速计数器复位 | HSCR | FNC54（32） | | | | |

② 指令功能　HSCS 指令的功能是使高速计数器置位，如图 5-56（a）所示，当 X10 为 ON，高速计数器 C255 的当前值由 99 变为 100 或由 101 变为 100 时，Y10 置 1。

HSCR 指令的功能是使高速计数器复位，如图 5-56（b）所示，当 M8000 为 ON，C255 的当前值由 199 变为 200 或由 201 变为 200 时，Y10 置 0。HSCR 指令用于脉冲输出的应用如图 5-56（c）所示。

（2）速度（脉冲）检测指令（SPD）

① 指令要素　该指令的要素如表 5-33 所示。

**表 5-33　速度（脉冲）检测指令要素**

| 指令名称 | 助记符 | 指令代号 | 操作数范围 | | | 程序步 |
|---|---|---|---|---|---|---|
| | | | [S1•] | [S2•] | [D•] | |
| 速度（脉冲）检测 | SPD | FNC56（16） | X0～X5 | K、H<br>KnX、KnY、KnM、KnS<br>T、C、D、V、Z | T、C、D、V、Z | 16 位指令，7 步 |

② 指令功能　SPD 指令用于检测在给定时间内编码器输出的脉冲个数，以计算速度，如图 5-57 所示。

[S1•]指定输入；[S2•]指定计数时间（ms）；[D•]用三个数据单元指定计数结果，其中 D0 存放计数结果，D1 存放计数当前值，D2 存放剩余时间，D0 的值正比于转速。

$$N=\frac{60(\mathrm{D0})}{nt}\times 10^{3}\quad (\mathrm{r/min})$$

式中，$t$ 是[S2•]指定的计数时间，ms；$n$ 为脉冲/转。

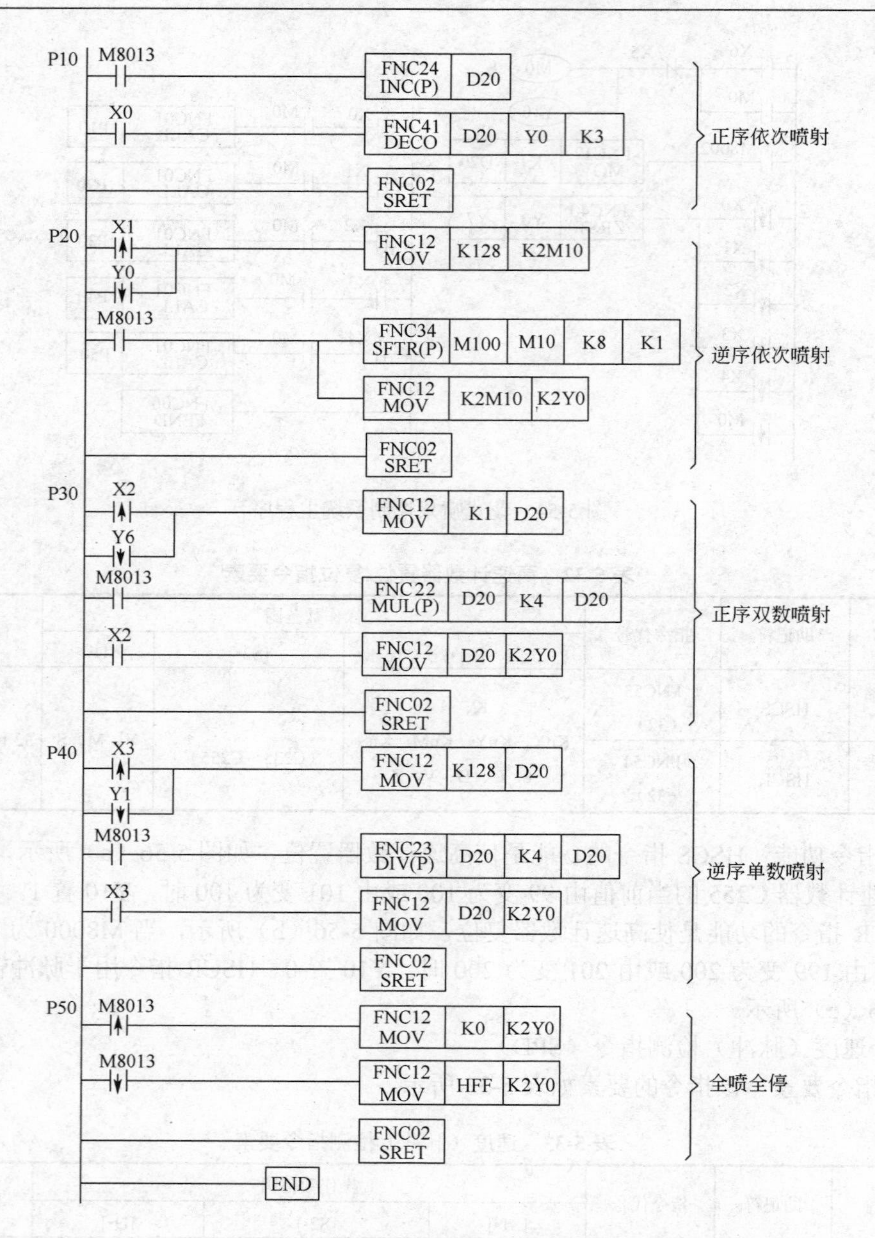

图 5-55 花式喷泉控制系统子程序

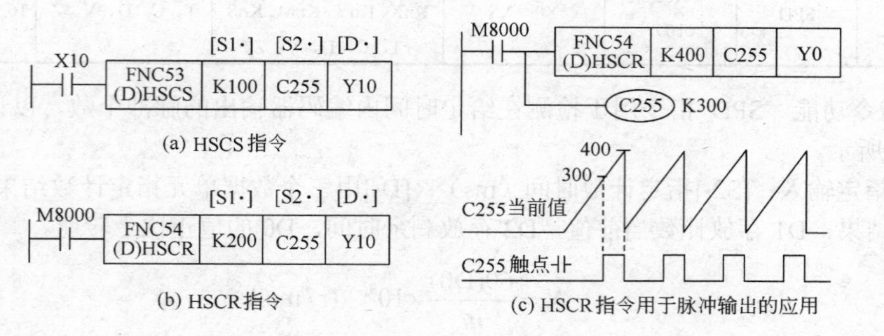

图 5-56 HSCS/HSCR 指令及应用

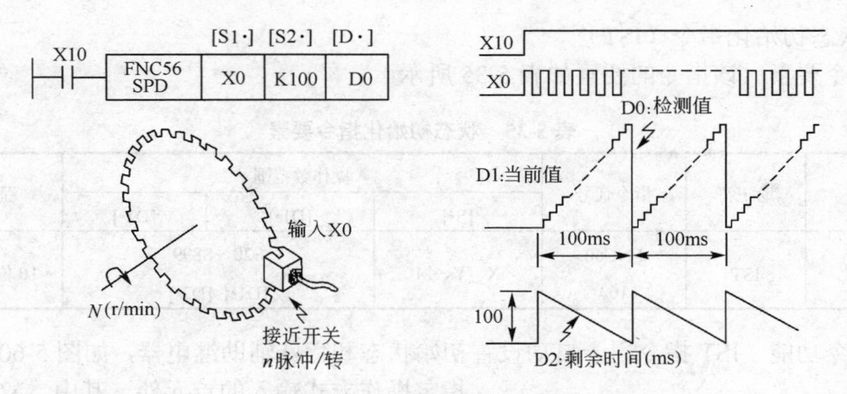


图 5-57　SPD 指令用于速度检测

注意，当 X0 使用后，不能再将 X0 作为其他高速计数的输入端。

（3）脉宽调制指令（PWM）

① 指令要素　该指令的要素如表 5-34 所示。

表 5-34　脉宽调制指令要素

| 指令名称 | 助记符 | 指令代号 | 操作数范围 | | | 程序步 |
|---|---|---|---|---|---|---|
| | | | [S1•] | [S2•] | [D•] | |
| 脉宽调制 | PWM | FNC58（16） | K、H<br>KnX、KnY、KnM、KnS<br>T、C、D、V、Z | | Y0、Y1 | 16 位指令，7 步 |

② 指令功能　PWM 指令用于产生脉冲宽度和周期可以控制的脉冲，如图 5-58 所示。[S1•]指定脉冲宽度 $t$，$t$=0～32767ms；[S2•]指定周期 $T0$，$T0$=1～32767ms；[D•]指定脉冲输出的元件号。

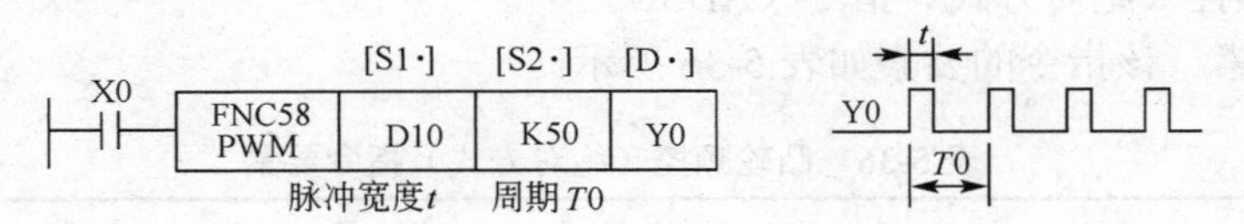


图 5-58　PWM 指令功能说明

PWM 指令仅适用于晶体管输出方式的 PLC，输出的 ON/OFF 状态用中断方式控制。

通过 PWM 指令编程可以控制变频器，从而控制电动机的速度，但在 PLC 与变频器之间需加一个滤波电路，如图 5-59 所示。

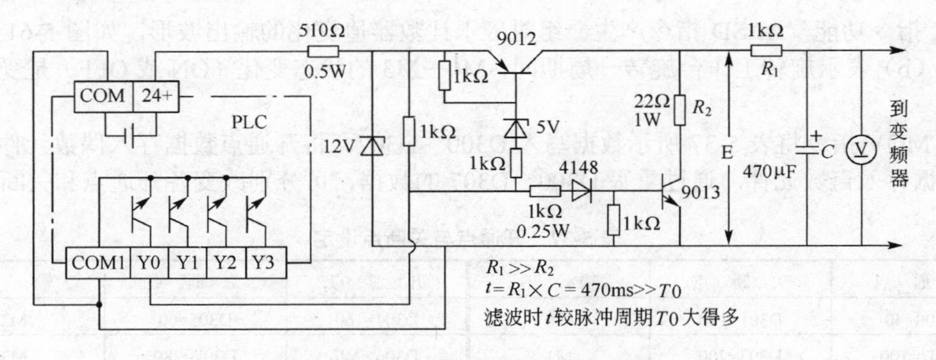


图 5-59　PLC 与滤波电路的连接图

（4）状态初始化指令（IST）

① 指令要素　该指令的要素如表5-35所示。

表5-35　状态初始化指令要素

| 指令名称 | 助记符 | 指令代号 | 操作数范围 | | | 程序步 |
|---|---|---|---|---|---|---|
| | | | [S•] | [D1•] | [D2•] | |
| 状态初始化 | IST | FNC60<br>（16） | X、Y、M | S20～S899<br>[D1•]<[D2•] | | 16位指令，7步 |

② 指令功能　IST指令用于自动设置初始状态和特殊辅助继电器，如图5-60所示，[S•]指定操作方式输入的首元件，其中，X20：手动；X21：回原点；X22：单步运行；X23：单周期运行（半自动）；X24：全自动运行；X25：回原点启动；X26：自动操作启动；X27：停止；[D1•]、[D2•]分别指定在自动操作中实际用到的最小、最大状态号。

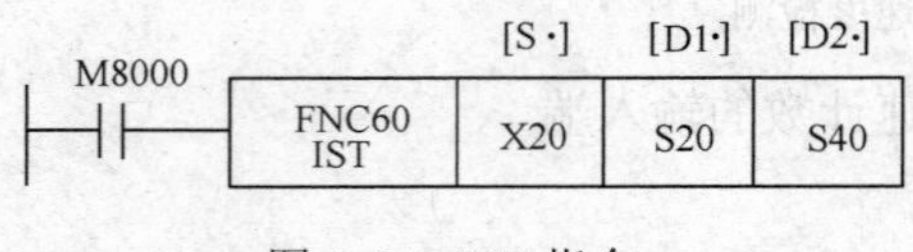


图5-60　IST指令

IST指令被驱动后，下列元件自动受控（其后若执行条件变为OFF，这些元件的状态仍保持不变）。

M8040：禁止转移；S0：手动操作初始状态；

M8041：转移开始；S1：回原点初始状态；

M8042：启动脉冲；S2：自动操作初始状态；M8047：STL（步控指令）监控有效。

本指令只能使用一次。编程时，IST指令必须写在STL指令之前。若在回原点完成标志M8043置1之前改变操作方式，则所有输出将变为OFF。

输入X20～X24必须用选择开关，以保证这组输入中不可能有两个同时为ON。

（5）凸轮顺控（绝对方式）指令（ABSD）

① 指令要素　该指令的要素如表5-36所示。

表5-36　凸轮顺控（绝对方式）指令要素

| 指令名称 | 助记符 | 指令代号 | 操作数范围 | | | | 程序步 |
|---|---|---|---|---|---|---|---|
| | | | [S1•] | [S2•] | [D•] | n | |
| 凸轮顺控（绝对方式） | ABSD | FNC62<br>（16/32） | KnX、KnY<br>KnM、KnS<br>T、C、D | C | Y、M、S | K、H<br>1≤n≤64 | 16位指令，9步；<br>32位指令，17步 |

② 指令功能　ABSD指令产生一组对应于计数器值变化的输出波形，如图5-61所示。图5-61（b）表示旋转工作台旋转一周期间，M0～M3的状态变化（ON或OFF）是受程序控制的。

用MOV指令将表5-37所示数据写入D300～D307，将开通点数据存入偶数元件，将关断点数据存入奇数元件。通过重写D300～D307的数据，可分别改变各开通点和关断点。

表5-37　开通点与关断点设定

| 开通点 | 关断点 | 输出 | 开通点 | 关断点 | 输出 |
|---|---|---|---|---|---|
| D300=40 | D301=140 | M0 | D304=160 | D305=60 | M2 |
| D302=100 | D303=200 | M1 | D306=240 | D307=280 | M3 |

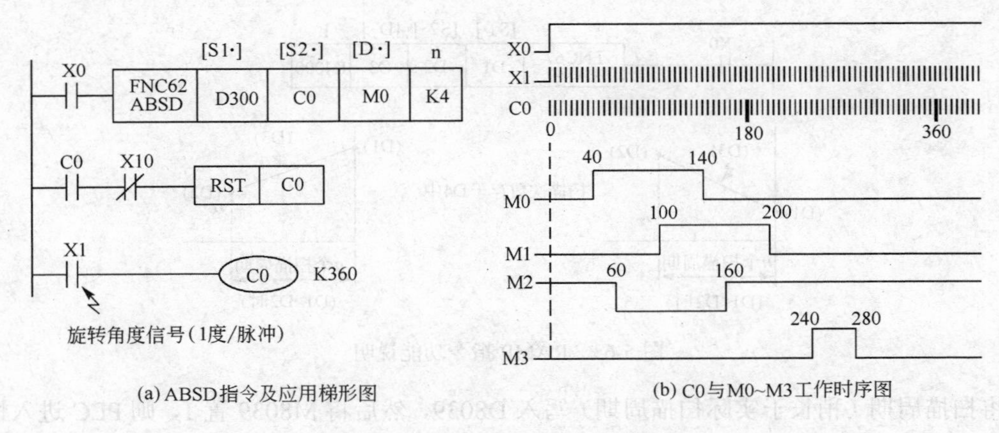


(a) ABSD指令及应用梯形图　　(b) C0与M0~M3工作时序图

图 5-61　ABSD 指令应用说明

输出点的数目由 n 决定。本指令只能使用一次。

（6）交替输出指令（ALT）

① 指令要素　该指令的要素如表 5-38 所示。

表 5-38　交替输出指令要素

| 指令名称 | 助记符 | 指令代号 | 操作数范围 [D•] | 程 序 步 |
|---|---|---|---|---|
| 交替输出 | ALT<br>ALT（P） | FNC66<br>（16） | Y、M、S | 16 位指令，3 步 |

② 指令功能　ALT 指令的功能及应用如图 5-62 所示。

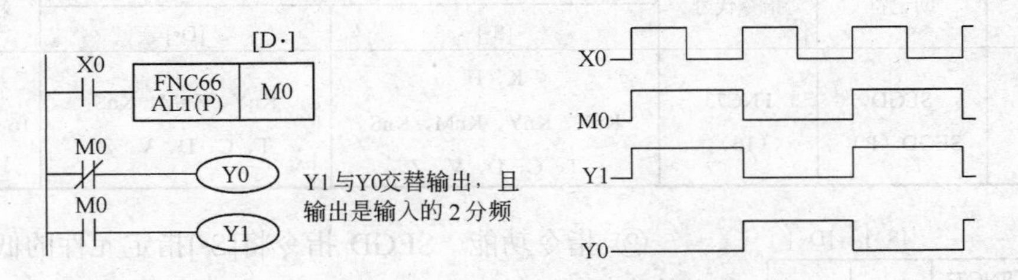


图 5-62　ALT 指令功能及应用

（7）斜坡信号输出指令（RAMP）

① 指令要素　该指令的要素如表 5-39 所示。

表 5-39　斜坡信号输出指令要素

| 指 令 名 称 | 助 记 符 | 指 令 代 号 | 操作数范围 [S1•] | [S2•] | [D•] | n | 程 序 步 |
|---|---|---|---|---|---|---|---|
| 斜坡信号输出 | RAMP | FNC67<br>（16） | D（2 个连号元件）<br>完成标志：M8029 | | | K、H<br>n=1～32767 | 16 位指令，9 步 |

② 指令功能　RAMP 指令用于产生斜坡输出信号，如图 5-63 所示。预先将初始值和终点值存入 D1 和 D2，当 X0 为 ON 时，D3 中的数据即从初始值逐渐地变成终点值，变化过程所需时间为 *n* 个扫描周期。

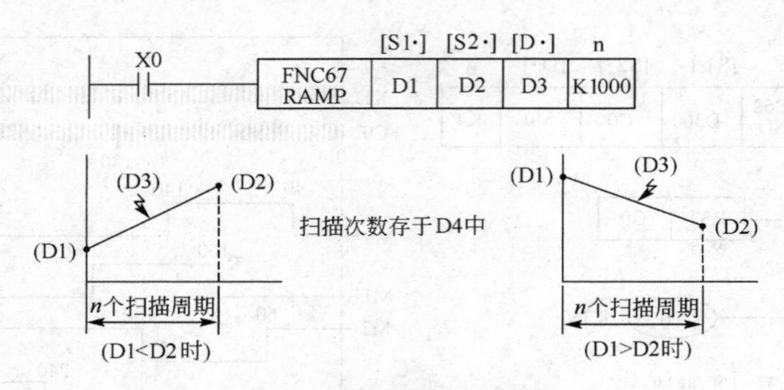


图 5-63　RAMP 指令功能说明

将扫描周期（稍长于实际扫描周期）写入 D8039，然后将 M8039 置 1，则 PLC 进入恒扫描周期运行方式，如扫描周期设定 20ms，则 D3 中的值从 D1 的值变到 D2 的值所需时间为 20s。

若在斜坡输出中 X0 为 OFF，则斜坡信号输出中止；若 X0 再次为 ON，则 D4 清 0，斜坡信号输出重新从 D1 开始。

输出结束（达到 D2 值）时，完成标志 M8029 置 1，同时 D3 的值回复到 D1 的值。

RAMP 指令与模拟量输出配合可实现软启动、软停止，例如通过变频器控制电动机，用于电梯的启/停控制。

（8）7 段解码指令（SEGD）

① 指令要素　该指令的要素如表 5-40 所示。

表 5-40　7 段解码指令要素

| 指令名称 | 助记符 | 指令代号 | 操作数范围 | | 程 序 步 |
|---|---|---|---|---|---|
| | | | [S•] | [D•] | |
| 7 段解码 | SEGD<br>SEGD（P） | FNC73<br>（16） | K、H<br>KnX、KnY、KnM、KnS<br>T、C、D、V、Z | KnY、KnM、KnS<br>T、C、D、V、Z | 16 位指令，5 步 |

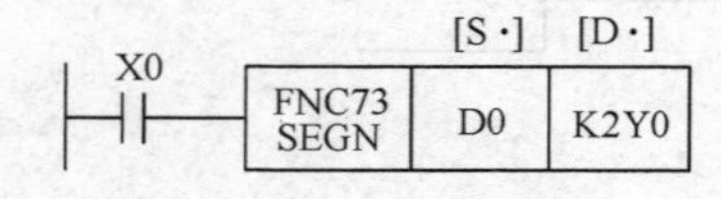


图 5-64　7 段解码指令

② 指令功能　SEGD 指令将[S•]指定元件的低 4 位所确定的十六进制数（0～F）进行解码，解码信号存于[D•]指定元件（如 K2Y0）中，并驱动 7 段显示器，如图 5-64 所示。解码结果如表 5-41 所示。

表 5-41　7 段解码表

| [S•] | | 7 段码构成 | [D•] | | | | | | | | 显示数据 |
|---|---|---|---|---|---|---|---|---|---|---|---|
| 十六进制 | 二进制 | | B7 | B6 | B5 | B4 | B3 | B2 | B1 | B0 | |
| 0 | 0000 | B0<br>B5 B6 B1<br>B4 B2<br>B3 B7 | 0 | 0 | 1 | 1 | 1 | 1 | 1 | 1 | 0 |
| 1 | 0001 | | 0 | 0 | 0 | 0 | 0 | 1 | 1 | 0 | 1 |
| 2 | 0010 | | 0 | 1 | 0 | 1 | 1 | 0 | 1 | 1 | 2 |
| 3 | 0011 | | 0 | 1 | 0 | 0 | 1 | 1 | 1 | 1 | 3 |
| 4 | 0100 | | 0 | 1 | 1 | 0 | 0 | 1 | 1 | 0 | 4 |

续表

| [S•] | | 7 段码构成 | [D•] | | | | | | | | 显示数据 |
|---|---|---|---|---|---|---|---|---|---|---|---|
| 十六进制 | 二进制 | | B7 | B6 | B5 | B4 | B3 | B2 | B1 | B0 | |
| 5 | 0101 | | 0 | 1 | 1 | 0 | 1 | 1 | 0 | 1 | 5 |
| 6 | 0110 | | 0 | 1 | 1 | 1 | 1 | 1 | 0 | 1 | 6 |
| 7 | 0111 | | 0 | 0 | 0 | 0 | 0 | 1 | 1 | 1 | 7 |
| 8 | 1000 | | 0 | 1 | 1 | 1 | 1 | 1 | 1 | 1 | 8 |
| 9 | 1001 | 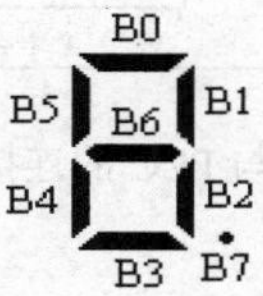 B0 B5 B6 B1 B4 B2 B3 B7 | 0 | 1 | 1 | 0 | 1 | 1 | 1 | 1 | 9 |
| A | 1010 | | 0 | 1 | 1 | 1 | 0 | 1 | 1 | 1 | A |
| B | 1011 | | 0 | 1 | 1 | 1 | 1 | 1 | 0 | 0 | b |
| C | 1100 | | 0 | 0 | 1 | 1 | 1 | 0 | 0 | 1 | C |
| D | 1101 | | 0 | 1 | 0 | 1 | 1 | 1 | 1 | 0 | d |
| E | 1110 | | 0 | 1 | 1 | 1 | 1 | 0 | 0 | 1 | E |
| F | 1111 | | 0 | 1 | 1 | 1 | 0 | 0 | 0 | 1 | F |

注：B0 代表位元件的首位（本例中为 Y0）和字元件的最低位。

（9）带锁存的 7 段显示指令（SEGL）

① 指令要素　该指令的要素如表 5-42 所示。

表 5-42　带锁存的 7 段显示指令要素

| 指令名称 | 助记符 | 指令代号 | 操作数范围 | | | 程序步 |
|---|---|---|---|---|---|---|
| | | | [S•] | [D•] | n | |
| 带锁存的 7 段显示 | SEGL | FNC74 （16） | K、H KnX、KnY、KnM、KnS T、C、D、V、Z | D | K、H | 16 位指令，7 步 |

② 指令功能　SEGL 指令用于控制一组或两组带锁存的 7 段解码的显示，如图 5-65 所示。

SEGL 指令用 12 个扫描周期显示 4 位数据（一组或两组），完成 4 位显示后标志位 M8029 置 1，SEGL 指令只能用一次。

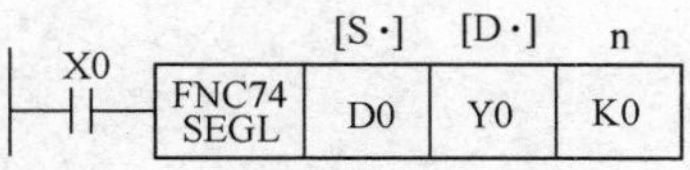

| X0 | FNC74 SEGL | [S•] D0 | [D•] Y0 | n K0 |
|---|---|---|---|---|

图 5-65　SEGL 指令功能说明

要显示的数据放在 D0（一组）或 D1、D0（两组）中。数据的传送和选通在一组或两组的情况下不同。

一组（n=0～3）时，D0 中的二进制数转换成 BCD 码（0～9999），顺次送到 Y0～Y3；Y4～Y7 为选通信号。

两组（n=4～7）时，与一组时类似，D0 的数据送到 Y0～Y3，D1 的数据送到 Y10～Y13，（D1、D0 中的数据范围为 0～9999）；选通信号仍为 Y4～Y7。

带锁存的 7 段显示器与 PLC 的连接如图 5-66 所示。

参数 n 的选择与 PLC 的逻辑性质、7 段显示逻辑以及显示组数有关。

（10）读特殊功能模块指令（FROM）

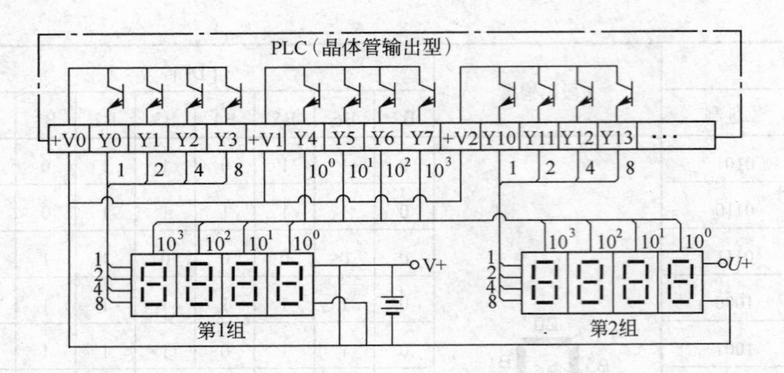


图 5-66 带锁存的 7 段显示器与 PLC 的连接

① 指令要素 该指令的要素如表 5-43 所示。

表 5-43 读特殊功能模块指令要素

| 指令名称 | 助记符 | 指令代号 | 操作数范围 | | | | 程序步 |
|---|---|---|---|---|---|---|---|
| | | | [S•] | | [D•] | n | |
| | | | m1 | m2 | | | |
| 读特殊功能模块 | FROM FORM（P） | FNC78（16/32） | K、H m1=0～7 | K、H m2=0～31 | KnY、KnM、KnS T、C、D V、Z | K、H n=1～32 | 16 位指令，9 步；32 位指令，17 步 |

② 指令功能 FROM 指令用于读取特殊功能模块缓冲寄存器（BFM）中的数据，如图 5-67 所示，当 X0 为 ON 时，执行 FROM 指令，将编号为 m1 的模块内从 BFM 编号为 m2 开始的 n 个数据读入 PLC 基本单元，并存入从[D•]开始的 n 个数据寄存器中。

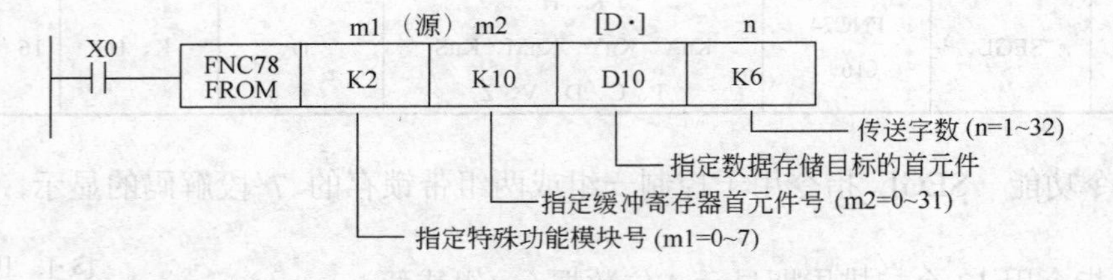


图 5-67 FROM 指令功能说明

接在 PLC 基本单元右边扩展总线上的特殊功能模块（如模拟量输入单元、模拟量输出单元、高速计数单元等），从最靠近基本单元的开始，顺次编号为 0～7，如图 5-68 所示。

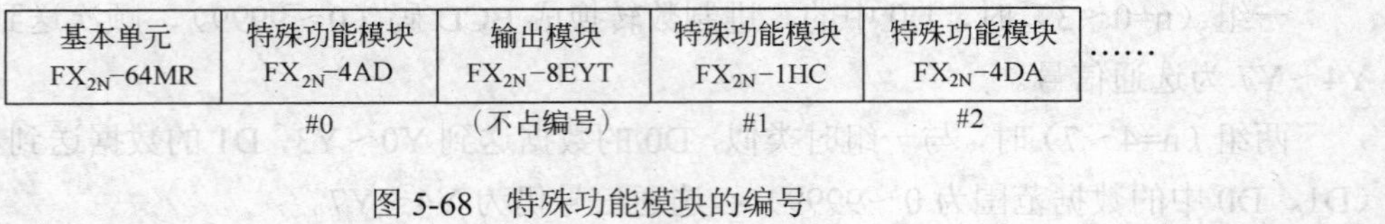

| 基本单元 $FX_{2N}$-64MR | 特殊功能模块 $FX_{2N}$-4AD | 输出模块 $FX_{2N}$-8EYT | 特殊功能模块 $FX_{2N}$-1HC | 特殊功能模块 $FX_{2N}$-4DA | …… |
|---|---|---|---|---|---|
| | #0 | （不占编号） | #1 | #2 | |

图 5-68 特殊功能模块的编号

特殊功能模块的缓冲寄存器与 PLC 基本单元之间的数据传送如图 5-69 所示。

（11）写特殊功能模块指令（TO）

① 指令要素 该指令的要素如表 5-44 所示。

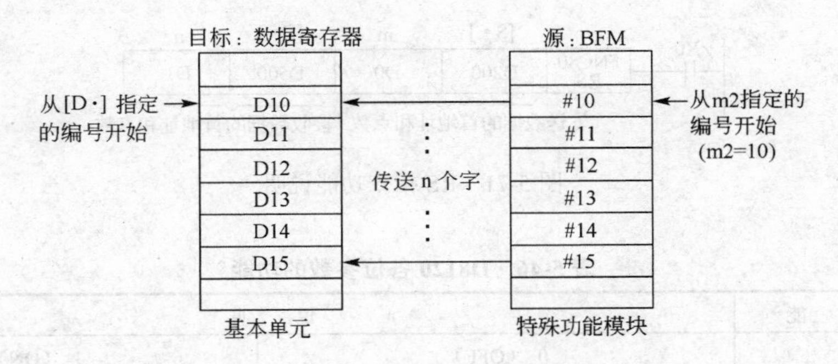


图 5-69　特殊功能模块数据读操作

**表 5-44　写特殊功能模块指令要素**

| 指令名称 | 助记符 | 指令代号 | 操作数范围 | | | | 程序步 |
|---|---|---|---|---|---|---|---|
| | | | [D•] | | [S•] | n | |
| | | | m1 | m2 | | | |
| 写特殊功能模块 | TO<br>TO（P） | FNC79<br>（16/32） | K、H<br>0≤m1≤7 | K、H<br>0≤m2≤31 | KnY、KnM、KnS<br>T、C、D<br>V、Z | K、H<br>1≤n≤32 | 16 位指令，9 步；<br>32 位指令，17 步 |

② 指令功能　TO 指令用于 PLC 向特殊功能模块缓冲寄存器 BFM 写入数据，如图 5-70 所示，如当 X0 为 ON 时，PLC 将基本单元的数据 K4M0 传送至 1 号特殊功能模块缓冲寄存器的 29 号单元（BFM29）中，传送字数为 1 个。

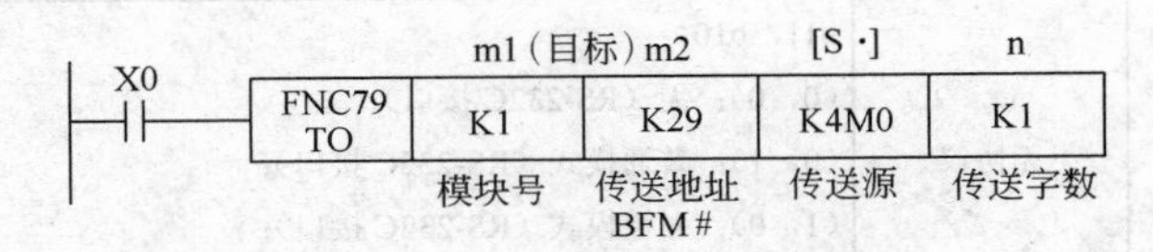


图 5-70　TO 指令功能说明

m1 是特殊功能模块号（m1=0～7）；m2 是数据传送目标地址的首元件号（m2=0～31）；n 是传送数据的字数，对 16 位，n=1～32，对 32 位，n=1～16。

（12）串行数据传送指令（RS）

① 指令要素　该指令的要素如表 5-45 所示。

**表 5-45　串行数据传送指令要素**

| 指令名称 | 助记符 | 指令代号 | 操作数范围 | | | | 程序步 |
|---|---|---|---|---|---|---|---|
| | | | [S•] | m | [D•] | n | |
| 串行数据传送 | RS | FNC80<br>（16） | D | K、H<br>D | D | K、H<br>D | 16 位指令，9 步 |

② 指令功能　RS 指令是使用 RS-232C（或 RS-485）特殊功能扩展板或适配器进行数据通信的指令，如图 5-71 所示。

[S•]指定发送数据的首地址；m 指定发送数据的长度（点数）；[D•]指定接收数据的首地址；n 指定接收数据的长度（点数）。

③ 通信参数设置　在使用 RS 指令之前，先要通过特殊数据寄存器 D8120 对某些通信参数进行设置，然后才能进行数据传送。D8120 各位参数的功能如表 5-46 所示。

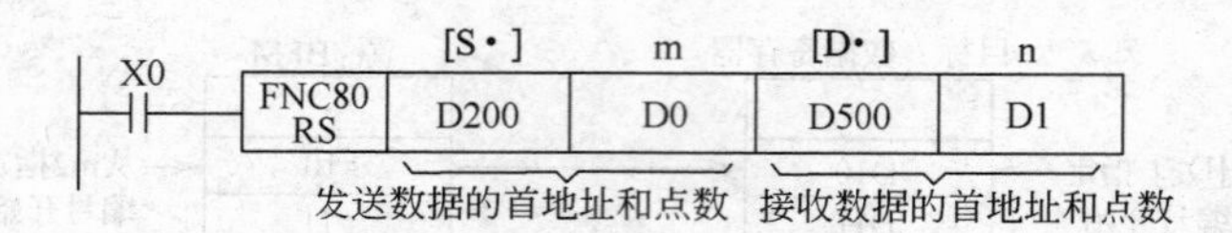


图 5-71 RS 指令功能说明

**表 5-46 D8120 各位参数的功能**

| 位号 | 功能 | 说明 | |
|---|---|---|---|
| b0 | 数据长度 | 0（OFF） | 1（ON） |
| | | 7 位 | 8 位 |
| b1<br>b2 | 奇偶校验 | b2，b1<br>(0，0)：无；<br>(0，1)：奇校验；<br>(1，1)：偶校验 | |
| b3 | 停止位 | 1 位（b3=0） | 2 位（b3=1） |
| b4<br>b5<br>b6<br>b7 | 传送速率（bps） | b7，b6，b5，b4<br>(0，0，1，1)：300；<br>(0，1，0，0)：600；(0，1，1，1)：4 800；<br>(0，1，0，1)：1 200；(1，0，0，0)：9 600；<br>(0，1，1，0)：2 400；(1，0，0，1)：19 200 | |
| b8① | 起始符 | 无 | 有（D8124），初始值：STX（02H） |
| b9① | 终止符 | 无 | 有（D8125），初始值：ETX（03H） |
| b10<br>b11 | 控制线 | 无协议 | b11，b10<br>(0，0)：无（RS-232C 接口）；<br>(0，1)：普通模式（RS-232C 接口）；<br>(1，0)：互锁模式（RS-232C 接口）；<br>(1，1)：调制解调器模式（RS-232C 接口，RS-485 接口）③ |
| | | 计算机链接通信④ | b11，b10<br>(0，0)：RS-485（422）接口；<br>(1，0)：RS-232C 接口 |
| b12 | | 不可使用 | |
| b13② | 和校验 | 不附加 | 附加（自动添加） |
| b14② | 协　议 | 不使用 | 使用（专用协议） |
| b15② | 控制顺序 | 方式 1 | 方式 4 |

① 当使用计算机与 PLC 通信时，该位置 0。

② b13～b15 是 PLC 与计算机通信的设定项目，使用 RS 指令时，必须置 0。

③ RS-485 未考虑设置控制线的方法，使用 $FX_{2N}$-485-BD、$FX_{0N}$-485ADP 时，请设定（b11，b10）=（1，1）。

④ 在计算机链接通信连接时设定，与 RS 指令无关。

D8120 设置示例如图 5-72 所示。D8120 设置除适用于 RS 指令外，还适用于与计算机连接通信，但在使用 RS 指令时，关于计算机连接通信的设定无效。

④ 收发信息的程序　用 RS 指令收发信息的程序如图 5-73 所示，当 X10 为 ON 时，执行 RS 指令，PLC 进入数据传送等待状态，然后用脉冲指令置位 M8122，就开始发送从 D200 开始的数据块（数据长度由 D0 指定）；发送结束，M8122 自动复位。接收完成标志 M8123 为 ON 后，先将接收到的数据传送到其他存储地址后再对 M8123 复位。

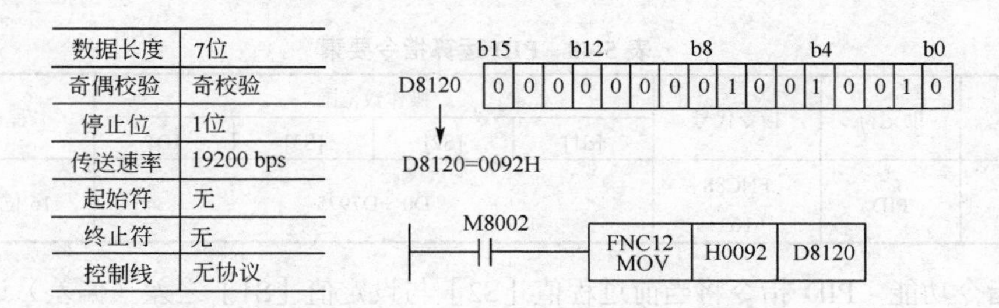


图 5-72　D8120 设置示例

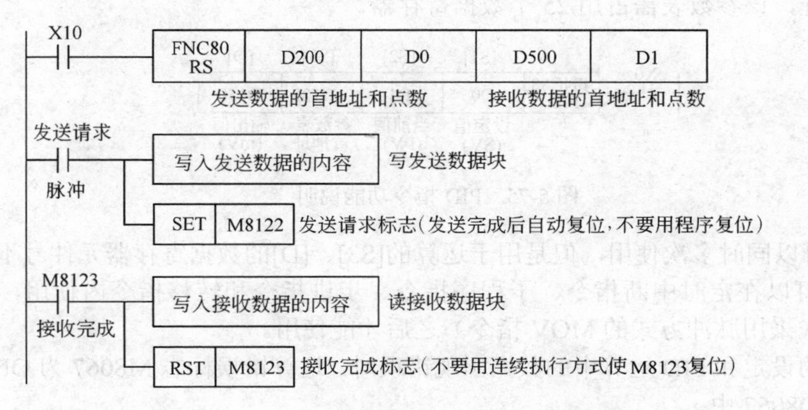


图 5-73　用 RS 指令收发信息的程序

（13）并行数据传送指令（PRUN）

① 指令要素　该指令的要素如表 5-47 所示。

**表 5-47　并行数据传送指令要素**

| 指令名称 | 助记符 | 指令代号 | 操作数范围 | | 程　序　步 |
|---|---|---|---|---|---|
| | | | [S•] | [D•] | |
| 并行数据传送 | PRUN<br>PRUN（P） | FNC81<br>（16/32） | KnX、KnM<br>1≤*n*≤8<br>指定元件最低位为 0 | KnM、KnY<br>1≤*n*≤8<br>指定元件最低位为 0 | 16 位指令，5 步；<br>32 位指令，9 步 |

② 指令功能　PRUN 指令用于两台 FX 系列 PLC 并联运行时的数据交换（并行通信），如图 5-74 所示，当 X20 为 ON 时，将 K4X0 送到 K4M0（注意，数据的传送按八进制形式进行）。

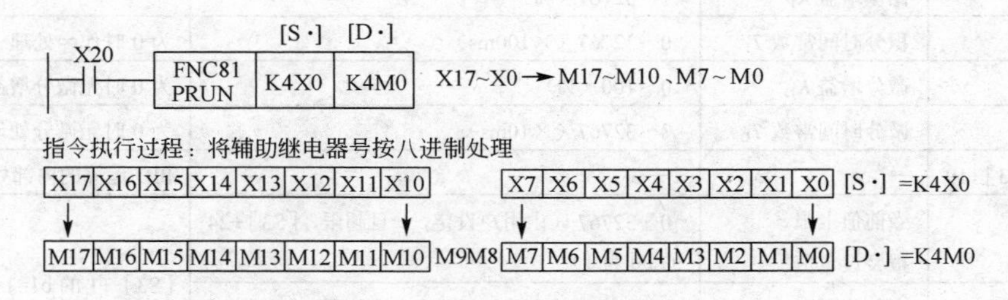


图 5-74　PRUN 指令功能说明

（14）PID 运算指令（PID）

① 指令要素　该指令的要素如表 5-48 所示。

**表 5-48　PID 运算指令要素**

| 指令名称 | 助记符 | 指令代号 | 操作数范围 | | | | 程序步 |
|---|---|---|---|---|---|---|---|
| | | | [S1] | [S2] | [S3] | [D] | |
| PID 运算 | PID | FNC88（16） | D0～D7975 | | | | 16 位指令，9 步 |

② 指令功能　PID 指令将当前过程值［S2］与设定值［S1］之差（偏差）送到 PID 环中计算，得到当前输出控制值，并将其送到目标［D］中，如图 5-75 所示。［S3］指定 PID 参数表的首地址，该参数表需占用 25 个数据寄存器。

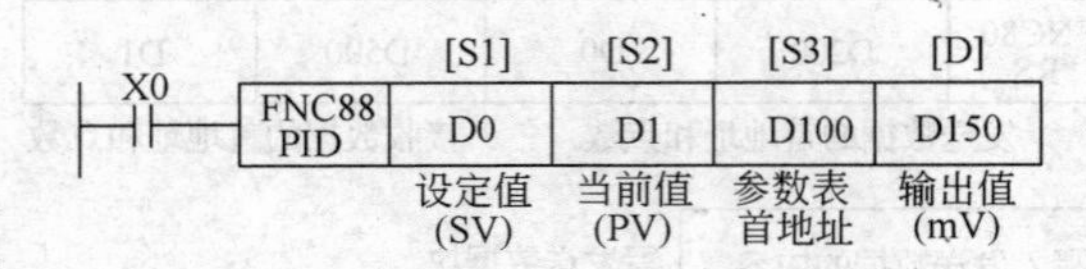


图 5-75　PID 指令功能说明

PID 指令可以同时多次使用，但是用于运算的[S3]、[D]的数据寄存器元件号不能重复。

PID 指令可以在定时中断指令、子程序指令、步进指令和转移指令内使用，但只有在［S3］+7 清零（采用脉冲方式的 MOV 指令）之后才能使用。

控制参数的设定和 PID 运算中的数据出现错误时，运算错误标志 M8067 为 ON，相应的错误代码放在 D8067 中。

③ PID 参数表　PID 参数表，如表 5-49 所示，它占用从［S3］指定的首元件开始的连续 25 个数据寄存器。

**表 5-49　PID 参数表**

| 源操作数［S3］ | 参数及功能 | 设定范围及说明 | | 备　注 |
|---|---|---|---|---|
| ［S3］+0 | 采样周期 $T_S$ | 1～32767ms（读取当前值的时间间隔） | | 不能小于扫描周期 |
| ［S3］+1 | 动作方向（ACT） | b0 | 0：正作用；<br>1：反作用 | b3～b15 不用 |
| | | b1 | 0：输入量报警 OFF；<br>1：输入量报警 ON | |
| | | b2 | 0：输出量报警 OFF；<br>1：输出量报警 ON | |
| ［S3］+2 | 输入滤波常数 $\alpha$ | 0～99（%） | | 为 0 时无输入滤波 |
| ［S3］+3 | 比例增益 $K_P$ | 1～32767（%） | | |
| ［S3］+4 | 积分时间常数 $T_I$ | 0～32767（×100ms） | | 为 0 时作∞处理（无积分） |
| ［S3］+5 | 微分增益 $K_D$ | 0～100（%） | | 为 0 时无微分增益 |
| ［S3］+6 | 微分时间常数 $T_D$ | 3～32767（×10ms） | | 为 0 时无微分处理 |
| ［S3］+7～［S3］+19 | — | — | | PID 运算的内部处理占用 |
| ［S3］+20 | 当前值上限报警设定值 | 0～32767（由用户设定，一旦超限，［S3］+24 的 b0 为 1） | | ［S3］+1 的 b1=1 时有效 |
| ［S3］+21 | 当前值下限报警设定值 | 0～32767（由用户设定，一旦超限，［S3］+24 的 b1 为 1） | | |
| ［S3］+22 | 输出增量报警设定值 | 0～32767（由用户设定，一旦超限，［S3］+24 的 b2 为 1） | | ［S3］+1 的 b2=1 时有效 |

续表

| 源操作数［S3］ | 参数及功能 | 设定范围及说明 | | 备　注 |
|---|---|---|---|---|
| ［S3］+23 | 输出减量报警设定值 | 0~32767（由用户设定，一旦超限，［S3］+24 的 b3 为 1） | | ［S3］+1 的 b2=1 时有效 |
| ［S3］+24 | 警报输出 | b0=1 | 当前值超上限 | ［S3］+1 的 b1=1 或 b2=1 时有效 |
| | | b1=1 | 当前值超下限 | |
| | | b2=1 | 输出值超上限 | |
| | | b3=1 | 输出值超下限 | |
| | | b4~b15 | 保留 | |

④ PID 参数的设定　PID 指令用来调用 PID 运算程序，在 PID 运算之前，应使用 MOV 指令将参数设定值写入对应的数据寄存器。PID 控制主要有 4 个参数（$T_S$、$K_P$、$T_I$ 和 $T_D$）需要设定，无论哪一个参数选择得不合适都会影响控制效果。在设定参数时应把握住 PID 参数与系统动态、静态性能之间的关系。

在 P（比例）、I（积分）、D（微分）这三种控制作用中，比例系数 $K_P$ 越大，比例调节作用越强，系统的稳态精度越高，但是对于大多数系统，$K_P$ 过大会使系统的输出量振荡加剧，稳定性降低；积分时间常数 $T_I$ 增大时，积分作用减弱，系统的动态性能（稳定性）可能有所改善，但是消除稳态误差的速度减慢；微分时间常数 $T_D$ 增大时，超调量减小，动态性能得到改善，但是抑制高频干扰的能力下降。为使采样值（当前值）能及时反映模拟量的变化，$T_S$ 越小越好，但是 $T_S$ 太小会增加 CPU 的运算工作量，相邻两次采样的差值几乎没有什么变化，所以也不宜将 $T_S$ 取得过小。

（15）触点式比较指令

触点式比较指令的编号为 FNC224~FNC246，共 18 条指令（详见附表 1）。触点式比较指令本身就像触点一样，只要比较条件成立，触点就接通，反之则断开。加上比较条件，这些触点的使用与普通触点串、并联的逻辑关系是类似的。

① 指令要素　该类指令的要素如表 5-50 所示。

**表 5-50　触点式比较指令要素**

| 指令名称 | 助记符 | 指令代号 | 操作数范围 [S1•] | 操作数范围 [S2•] | 程序步 |
|---|---|---|---|---|---|
| LD□比较触点 | LD□ | FNC224~FNC246（16/32） | K、H<br>KnX、KnY、KnM、KnS<br>T、C、D、V、Z | | 16 位指令，5 步；<br>32 位指令，9 步 |
| AND□比较触点 | AND□ | | | | |
| OR□比较触点 | OR□ | | | | |

② 指令功能　触点式比较指令的功能及应用如图 5-76 所示。

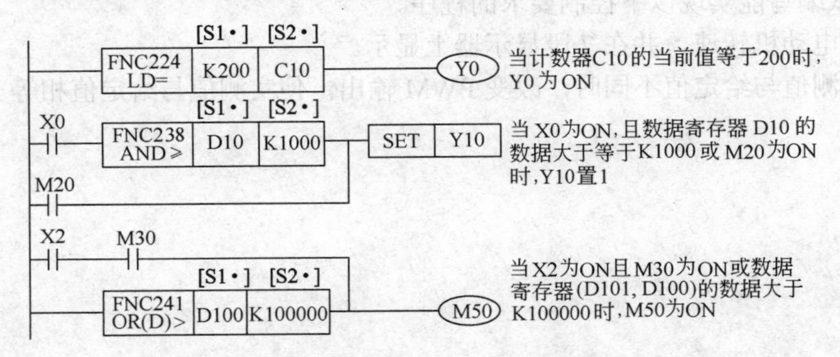


图 5-76　触点式比较指令的功能及应用

## 思考题与习题

5-1　什么是功能指令？功能指令共有几大类？其用途与基本逻辑指令有什么区别？

5-2　什么是“位”软元件？什么是“字”软元件？它们有何区别？

5-3　功能指令有哪些要素？在梯形图中如何表示？

5-4　说明变址寄存器 V 和 Z 的作用。当 V=10、Z=2 时，符号 K20V、D5V、Y10Z 和 K4X0Z 的含义是什么？

5-5　应用 CJ 指令设计使电动机既能点动控制，又能连续控制的控制程序。设 X0=ON 时，电动机实现点动控制；X0=OFF 时，电动机实现连续运行。

5-6　三台电动机相隔 3s 启动，各运行 30s 停止，循环往复。试使用 MOV 传送和 CMP 比较指令编程，实现这一控制要求。

5-7　设计一控制程序，改变计数器常数设定值。设 C0 常数的定值为 K10，当 X1=ON 时，C0 常数设定值改为 K20；当 X2=ON 时，C0 常数设定值改为 K50。X1 和 X2 都为脉冲信号。

5-8　设计一控制程序，当输入条件 X1=ON 时，依次将计数器 C0～C9 的当前值转换成 BCD 码后传送到输出元件 K4Y0 输出。

5-9　某广告牌用 HL1～HL6 六个灯分别照亮“欢迎光临指导”六个字，其控制流程如表 5-51 所示，每步间隔 1s，反复循环。试用 SMOV 移位指令构成移位寄存器，实现其灯光的闪烁控制。

**表 5-51　广告牌字闪烁控制流程**

| 灯＼步序 | 1 | 2 | 3 | 4 | 5 | 6 | 7 | 8 | 9 | 10 |
|---|---|---|---|---|---|---|---|---|---|---|
| HL1 | × |  |  |  |  |  | × |  | × |  |
| HL2 |  | × |  |  |  |  | × |  | × |  |
| HL3 |  |  | × |  |  |  | × |  | × |  |
| HL4 |  |  |  | × |  |  | × |  | × |  |
| HL5 |  |  |  |  | × |  | × |  | × |  |
| HL6 |  |  |  |  |  | × | × |  | × |  |

5-10　试用 DECO 指令实现某喷水池的花式喷水控制：第一组喷水 4s→第二组喷水 3s→第三组喷水 2s→三组同时喷水 1s→三组同时停止 5s→重复上述过程。

5-11　某电动机装有一转速检测装置（每转输出 10 个脉冲），电动机转速由 PWM 指令输出控制。试编写能实现以下控制要求的程序。

① 检测电动机转速，并在 7 段显示器上显示。

② 当实测值与给定值不同时，改变 PWM 输出，使实测值与给定值相等。

# 第 6 章　FX 系列 PLC 特殊功能模块

PLC 虽然是在开关量控制的基础上发展起来的工业自控设备，但为了适应现代工业控制的需要，PLC 生产厂家开发出了许多具有特殊功能的模块，如模拟量输入模块、模拟量输出模块、高速计数模块、PID 过程控制模块、运动控制模块和通信模块等，这些模块与 PLC 基本单元配合使用，可满足工业控制对硬件的不同要求。

## 6.1　模拟量输入模块 $FX_{2N}$-4AD

### 6.1.1　概述

（1）$FX_{2N}$-4AD 的功能

$FX_{2N}$-4AD 是 FX 系列 PLC 的模拟量输入模块，有 4 个输入通道（CH1～CH4），每个通道都可进行 A/D 转换，即将模拟量信号（温度、压力、流量、液位等）转换成数字信号送给 PLC，以实现对过程参数的控制。

（2）$FX_{2N}$-4AD 的性能指标

$FX_{2N}$-4AD 的性能指标如表 6-1 所示，其转换特性如图 6-1 所示。

表 6-1　$FX_{2N}$-4AD 模拟量输入模块性能指标

| 项　目 | 电 压 输 入 | 电 流 输 入 |
|---|---|---|
| | 4 通道模拟量输入，通过输入端子接线，可选电压或电流输入 | |
| 模拟量<br>输入范围 | DC：–10～+10V（输入电阻 200kΩ）<br>最大输入±15V | DC：–20～+20mA（输入电阻 250Ω）<br>最大输入±32mA |
| 数字输出 | 12 位，以 16 位二进制补码方式存储，数值范围为–2048～+2047 | |
| 分辨率 | 5mV（10V/2000） | 20μA（20mA /1000） |
| 综合精度 | ±1%（–10～+10V） | ±1%（–20～+20mA） |
| 转换速度 | 15ms/通道（常速），6ms/通道（高速） | |
| 占用 I/O 点数 | 模块占用 8 个输入或输出点（可为输入或输出） | |
| 隔离 | 模拟电路与数字电路间用光电隔离；基本单元来的电源用 DC/DC 转换器隔离；模拟通道之间不隔离 | |
| 功率消耗 | 5V、30mA（由 PLC 或有源扩展单元提供） | |
| 外接电源 | DC 24V±10%，55mA | |

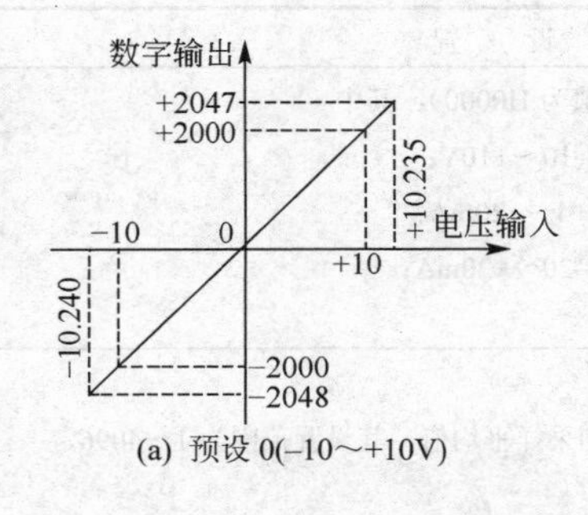

(a) 预设 0(–10～+10V)

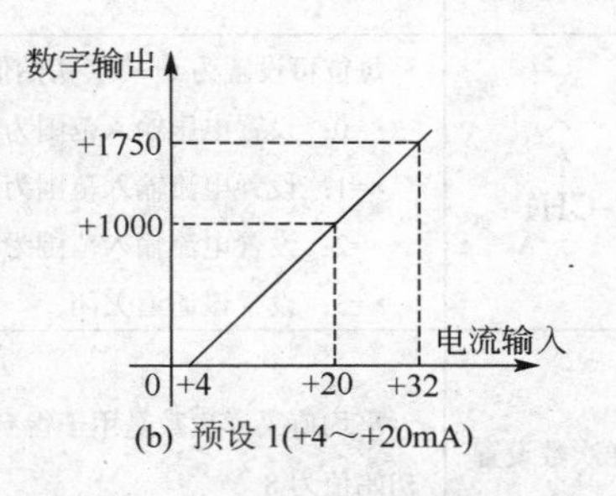

(b) 预设 1(+4～+20mA)

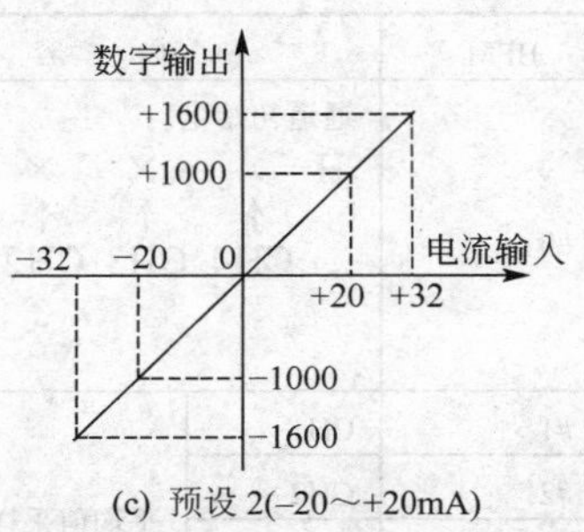

(c) 预设 2(–20～+20mA)

图 6-1　$FX_{2N}$-4AD 的转换特性

（3）$FX_{2N}$-4AD 的外部接线

$FX_{2N}$-4AD 的外部接线如图 6-2 所示。图中模拟量信号采用双绞屏蔽电缆输入 $FX_{2N}$-4AD 中，电缆应远离电源线或其他可能产生电气干扰的导线。如果输入电压有波动，或在外部接线中有电气干扰，可以接一个 0.1～0.47μF（25V）的平滑电容。

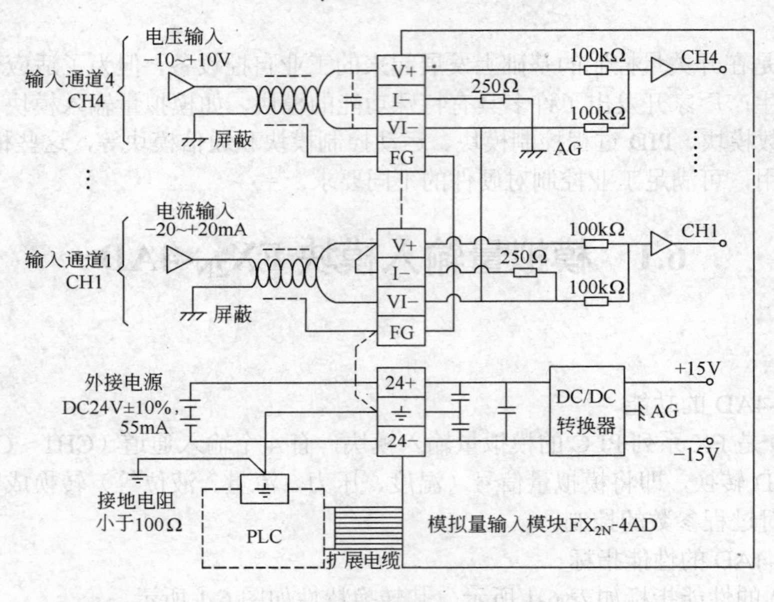


图 6-2　$FX_{2N}$-4AD 外部接线

$FX_{2N}$-4AD 的 4 个输入通道（CH1～CH4）通过输入端子接线，可以选择为电压输入或电流输入。如果是电流输入，应将端子 V+和 I−连接。

$FX_{2N}$-4AD 接地端应与 PLC 主单元接地端连接，如果存在过多的电气干扰，还应将外壳地端 FG 和 $FX_{2N}$ -4AD 接地端连接。

## 6.1.2　$FX_{2N}$-4AD 的设置

（1）缓冲寄存器（BFM）

$FX_{2N}$-4AD 的缓冲寄存器（BFM）由 32 个 16 位寄存器组成，编号为 BFM＃0～BFM＃31，其内容与设置如表 6-2 所示。BFM 是特殊功能模块工作设定及与基本单元交换数据的中介单元，是 FROM/TO 指令读/写的操作目标。

（2）$FX_{2N}$-4AD 设置

表 6-2　$FX_{2N}$-4AD 缓冲寄存器（BFM）的分配及设置

| BFM | 内　容 | | 设　置 |
|---|---|---|---|
| * #0 | 通道初始化<br>H　×　×　×　×<br>CH4 CH3 CH2 CH1 | | 每位可设置为 0～3（初始值为 H0000），其中<br>×=0：设置电压输入范围为−10～+10V；<br>×=1：设置电流输入范围为+4～+20mA；<br>×=2：设置电流输入范围为−20～+20mA；<br>×=3：设置该通道关闭 |
| * #1 | CH1 | 平均值采样次数设置 | 平均值采样次数是用于得到采样平均值，其设置范围为 1～4096，初始值为 8 |
| * #2 | CH2 | | |
| * #3 | CH3 | | |
| * #4 | CH4 | | |

续表

| BFM | 内　容 | | 设　置 |
|---|---|---|---|
| #5 | CH1 | 平均值存放单元 | 存放采样平均值 |
| #6 | CH2 | | |
| #7 | CH3 | | |
| #8 | CH4 | | |
| #9 | CH1 | 当前值存放单元 | 存放采样当前值 |
| #10 | CH2 | | |
| #11 | CH3 | | |
| #12 | CH4 | | |
| #13、#14 | 保留 | | |
| * #15 | A/D 转换速度 | | 设为 0 时：15ms（初始值）正常速度<br>设为 1 时：6ms 高速度 |
| #16～#19 | 保留 | | |
| * #20 | 复位 | | 设为 1 时，所有设置均复位到初始值（初始值为 0） |
| * #21 | 零点和增益值调整（允许/禁止） | | b1、b0 位设为 0、1 时，允许（初始值）；<br>b1、b0 位设为 1、0 时，禁止 |
| * #22 | 零点（偏移值）、通道增益设置 | | 将（b7，b6）或（b5，b4）或（b3，b2）或（b1，b0）置 1，表示调整通道 CH4 或 CH3 或 CH2 或 CH1 的增益与零点偏移值 |
| * #23 | 零点（偏移值）设置 | | 按需要设置，初始值为 0000，单位为 mV 或 μA |
| * #24 | 增益值设置 | | 按需要设置，初始值为 5000，单位为 mV 或 μA |
| #25～#28 | 保留 | | |
| #29 | 错误信息 | | 存放错误状态 |
| #30 | 识别码 | | 识别码为 K2010，可用 FROM 读出此码来确认该模块 |
| #31 | 不能使用 | | |

注：带“*”号的缓冲寄存器可用 TO 指令写入设定值，其他可用 FROM 指令读出其值或信息。

使用 $FX_{2N}$-4AD 模块时，需要根据使用要求进行一定的设置，才能保证其正常工作及与基本单元的数据交换。$FX_{2N}$-4AD　缓冲寄存器（BFM）的分配及设置详见表 6-2。

① 模块编号　接在 $FX_{2N}$ 基本单元右边扩展总线上的功能模块，从最靠近基本单元的开始，顺次编号为 0～7。如图 5-68 中，$FX_{2N}$-4AD 模块的编号为 0 号。

② 模块确认　$FX_{2N}$-4AD 的识别码为 K2010，存放在其 BFM#30 中。编制程序时，可使用 FROM 指令读取该识别码，通过 PLC 的比较确认才有效。

③ 通道初始化　通道初始化用 4 位十六进制数 H×××× 表示，最低位数字控制通道 CH1，最高位控制通道 CH4。H×××× 中每位数字取值范围为 0～3，初始值为 H0000，详见表 6-2 中 BFM#0 单元的设置，例如，BFM#0=3310，则设定通道 CH1 为电压输入（-10～+10V）；通道 CH2 为电流输入（+4～+20mA）；CH3 和 CH4 通道关闭。程序中可应用 TO 指令将通道初始化字 H3310 写入的 BFM#0 单元。

④ 平均值采样次数　平均值采样次数的范围为 1～4096，初始值为 8。程序中可使用 TO 指令将设置的平均值采样次数写入缓冲寄存器对应单元（BFM#1～BFM#4）。

⑤ 零点和增益调整　需要调整零点（偏移值）和增益的输入通道，由 BFM#22 的（b7，b6）、（b5，b4）、（b3，b2）或（b1，b0）位的状态来设定，如 BFM#22 的（b1，b0）位置 1，

则 BFM#23 和 BFM#24 的设置值即可送入通道 CH1 的零点寄存器和增益寄存器；若设置 BFM#21 中（b1，b0）为（1，0），则禁止该通道零点和增益的调整。

⑥ 工作状态　$FX_{2N}$-4AD 模块当前工作状态的信息存放在其缓冲寄存器的 BFM#29，如表 6-3 所示。程序中可使用 FROM 指令将模块 BFM#29 中的信息（16 位）读到 PLC 的位组合元件（如 K4M0），若 b0 位（M0）和 b10 位（M10）为 0，表明通道设置及采样值正常，即可读取当前采样值。

表 6-3　BFM#29 状态位信息表

| 位 | 意　义 | ON（=1） | OFF（=0） |
|---|---|---|---|
| b0 | 错误 | 当 b1～b3 任一位为 ON 时，b0=ON | 无错误 |
| b1 | 零点/增益值错误 | 零点/增益值调整错误 | 零点/增益值正常 |
| b2 | 电源错误 | DC 24V 不正常 | 电源正常 |
| b3 | 硬件错误 | A/D 或其他硬件错误 | 硬件正常 |
| b10 | 数字范围错误 | 数字输出值超出范围–2048～+2047 | 数字输出值正常 |
| b11 | 平均值错误 | 平均值采样次数超出范围 1～4096 | 平均值采样次数正常 |
| b12 | 增益/零点调整禁止 | 调整状态，BFM #21 的设置不为 1 | 调整状态，BFM #21 为 1 |

注：b4～b9、b13～b15 未定义；BFM #21 的设置不为 1。

若 $FX_{2N}$-4AD 工作状态正常，程序中可使用 FROM 指令，将模块缓冲寄存器 BFM#5～BFM#8 中存放的采样平均值读到 PLC 基本单元指定的数据寄存器中。

### 6.1.3　应用案例

**【案例 1】**　$FX_{2N}$-4AD 模拟量输入模块连接在最靠近基本单元 $FX_{2N}$-48MR 的地方。现要求仅开通 CH1 和 CH2 作为电压量输入通道，计算 4 次采样平均值，结果存入 PLC 的数据寄存器 D0 和 D1 中。

根据 $FX_{2N}$-4AD 与基本单元的连接位置，其编号应为 0 号；CH1 和 CH2 为电压量输入通道；平均值采样次数取 4 次；不需零点和增益调整，故 PLC 控制的程序如图 6-3 所示。

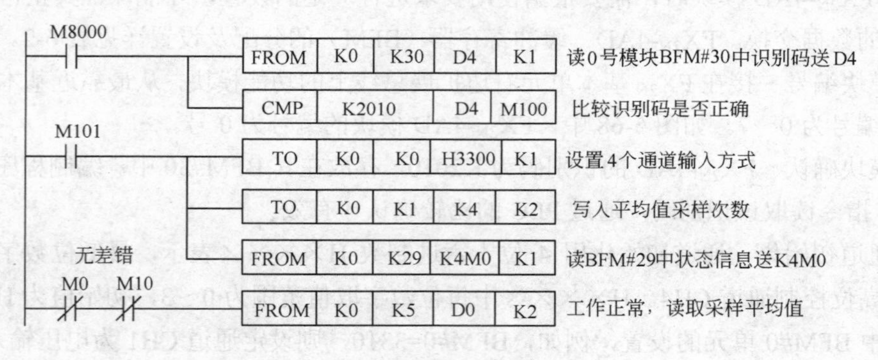


图 6-3　案例 1 控制程序

**【案例 2】** $FX_{2N}$-4AD 模块编号为 0 号，要求通道 CH1 为电压输入，并将通道 CH1 的零点值调整为 0V，增益调整值设为 2.5V。试通过程序对 $FX_{2N}$-4AD 的 CH1 进行零点和增益的调整。

模拟量输入模块零点和增益的调整可以通过手动或程序进行。在工业自动控制系统的应用中，采用程序控制调整是非常有效的，相关的程序及说明如图 6-4 所示。

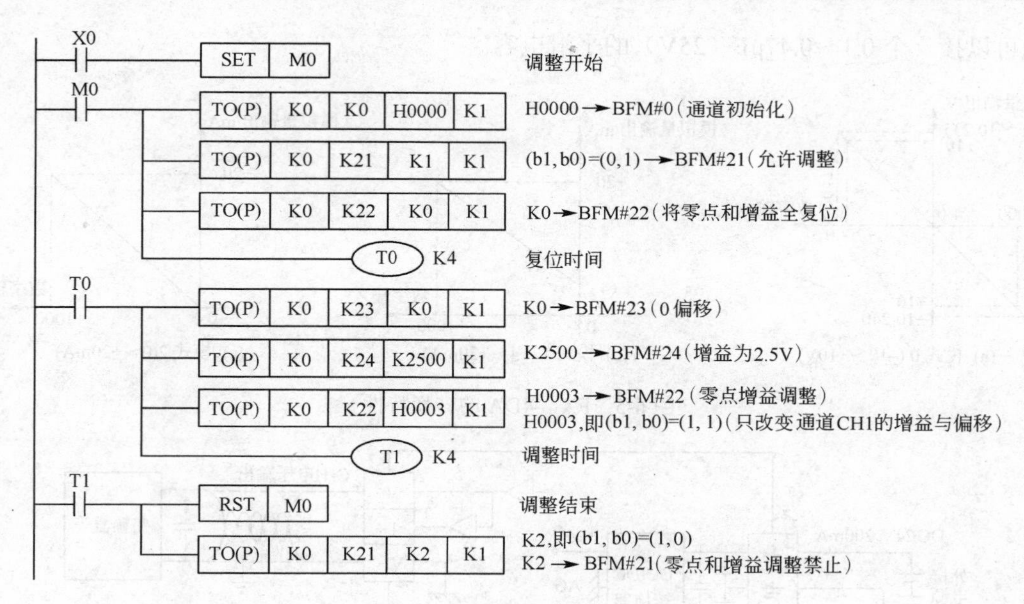


图 6-4　案例 2 控制程序

# 6.2　模拟量输出模块 $FX_{2N}$-4DA

## 6.2.1　概述

（1）$FX_{2N}$-4DA 的功能

$FX_{2N}$-4DA 是 FX 系列 PLC 的模拟量输出模块，有 4 个输出通道（CH1～CH4）每一通道都可进行 D/A 转换，即将 PLC 处理后的数字信号转换成模拟量信号输出，以实现对现场过程参数的控制。

（2）$FX_{2N}$-4DA 的性能指标

$FX_{2N}$-4DA 的性能指标如表 6-4 所示，其转换特性如图 6-5 所示。

表 6-4　$FX_{2N}$-4DA 的性能指标

| 项　目 | 电 压 输 出 | 电 流 输 出 |
|---|---|---|
| | 4 通道模拟量输出，通过输出端子接线，可选电压或电流输出 | |
| 模拟量输出范围 | DC：−10～+10V（外部负载电阻 2kΩ～1MΩ） | DC：−20～+20mA（外部负载电阻 500Ω以下） |
| 数字输入 | 12 位，电压范围：−2048～+2047 | 12 位，电流范围：0～+1024 |
| 分辨率 | 5mV（10V/2000） | 20μA（20mA /1000） |
| 综合精度 | ±1%（对+10V 全范围） | ±1%（对+20mA 全范围） |
| 转换速度 | 2.1ms（4 通道） | |
| 占用 I/O 点数 | 模块占用 8 个输入或输出点（可为输入或输出） | |
| 隔离 | 模拟电路与数字电路间用光电隔离；用 DC/DC 转换器隔离电源和基本单元；模拟通道之间不隔离 | |
| 功率消耗 | 5V、30mA（由 PLC 或有源扩展单元提供） | |
| 外接电源 | DC 24V±10%，200mA | |

（3）$FX_{2N}$-4DA 的外部接线

$FX_{2N}$-4DA 的外部接线如图 6-6 所示。图中模拟量输出信号采用双绞屏蔽电缆传输，电缆应远离电源线或其他可能产生电气干扰的导线。如果输出电压波动或在外部接线中有电气干扰，可以接一个 0.1～0.47μF（25V）的平滑电容。

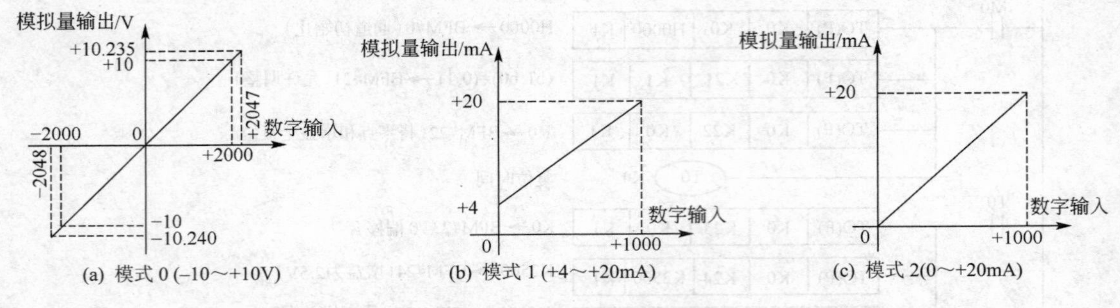


图 6-5　$FX_{2N}$-4DA 的转换特性

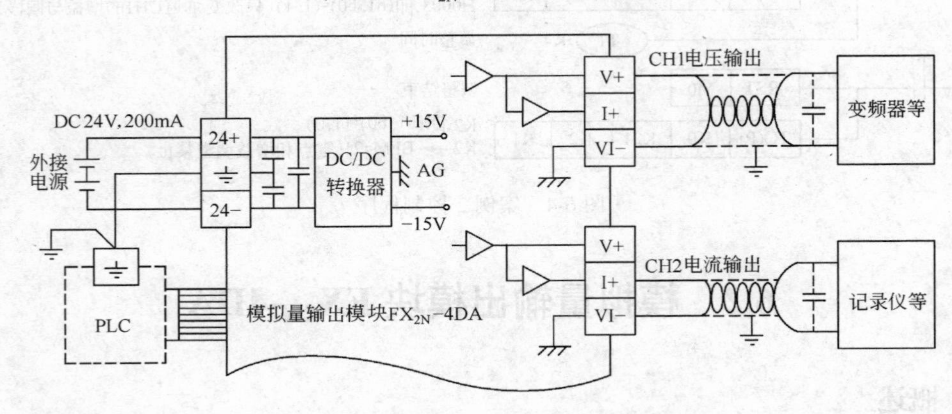


图 6-6　$FX_{2N}$-4DA 的外部接线

$FX_{2N}$-4DA 的 4 个输出通道（CH1～CH4）通过输出端子接线，可以独立的选择为电压输出或电流输出。电压输出端子为 V+和 VI−；电流输出端子 I+和 VI−。

$FX_{2N}$-4DA 接地端应与 PLC 主单元接地端连接；双绞屏蔽电缆应在负载端使用单点接地（注意，不要将任何单元连接到有 · 标记的端子上）。

## 6.2.2　$FX_{2N}$-4DA 的设置

（1）缓冲寄存器（BFM）

$FX_{2N}$-4DA 的缓冲寄存器（BFM）由 32 个 16 位寄存器组成，编号为 BFM＃0～BFM＃31，其内容与作用如表 6-5 所示。BFM 的内容可以通过 FROM/TO 指令来读/写。

（2）$FX_{2N}$-4DA 设置

使用 $FX_{2N}$-4DA 模块时，也需要根据使用要求进行一定的设置，才能保证其正常工作及与基本单元的数据交换。$FX_{2N}$-4DA 缓冲寄存器（BFM）的分配及设置详见表 6-5。

**表 6-5　$FX_{2N}$-4DA 缓冲寄存器（BFM）的分配及设置**

| BFM | 内　容 | 设　置 |
|---|---|---|
| * #0（E） | 通道初始化<br>H　×　×　×　×<br>↑　↑　↑　↑<br>CH4　CH3　CH2　CH1 | 每位可设置为 0～2（初始值为 H0000），其中<br>×=0：设置电压输出范围为−10～+10V（模式 0）；<br>×=1：设置电流输出范围为+4～+20mA（模式 1）；<br>×=2：设置电流输出范围为 0～+20mA（模式 2） |

续表

| BFM | 内　容 | | 设　置 |
|---|---|---|---|
| * #1 | CH1 | 存放输出数据 | 按图 6-5 示出的转换特性输出 |
| * #2 | CH2 | | |
| * #3 | CH3 | | |
| * #4 | CH4 | | |
| * #5（E） | 输出保持或回零（复位），初始值为 H0000 | | H × × × ×<br>CH4 CH3 CH2 CH1<br>×=0：保持输出<br>×=1：复位到 0 或偏移值 |
| #6、#7 | 保留 | | |
| * #8（E） | CH2、CH1 零点/增益调整 | | BFM#8: H × × × ×<br>G2 O2 G1 O1<br>BFM#9: H × × × ×<br>G4 O4 G3 O3<br>×=0：不允许调整；×=1：允许调整（初始值为 H0000）<br>其中，O1、O2、O3 和 O4 位设置对应通道的零点调整；G1、G2、G3 和 G4 位设置对应通道的增益调整 |
| * #9（E） | CH4、CH3 零点/增益调整 | | |
| * #10 | CH1 的零点值 | | 单位为 mV 或 μA；<br>初始零点值为 0；<br>初始增益值为+5000（当 BFM#8 和 BFM#9 设定允许增益/零点调整时，可通过指令 TO 将要调整的数据写入 BFM#10～BFM#17 中） |
| * #11 | CH1 的增益值 | | |
| * #12 | CH2 的零点值 | | |
| * #13 | CH2 的增益值 | | |
| * #14 | CH3 的零点值 | | |
| * #15 | CH3 的增益值 | | |
| * #16 | CH4 的零点值 | | |
| * #17 | CH4 的增益值 | | |
| #18、#19 | 保留 | | |
| * #20（E） | 初始化（复位到初始值） | | 初始值为 0；设为 1 时，所有设置将复位到初始值 |
| * #21（E） | 禁止调整 I/O 特性 | | 初始值为 1，即（b1，b0）=（0，1），允许调整；若设为 2，即（b1，b0）=（1，0）时，禁止调整 |
| #22～#28 | 保留 | | |
| #29 | 错误信息 | | 存放错误状态 |
| #30 | 识别码 | | 识别码为 K3020，可用 FROM 指令读出此码来确认此模块 |
| #31 | 保留 | | |

注：带“*”号的 BFM 可用 TO 指令写入设定值或数据；带“（E）”的 BFM 可以写入 EEPROM，当电源关闭后可以保持 BFM 中的数据。

① 模块编号　模块编号请参照图 5-68 设置（图中，$FX_{2N}$-4DA 编号为 2 号）。

② 模块确认　$FX_{2N}$-4DA 的识别码为 K3020，存放在其 BFM#30 中。编制程序时，可使用 FROM 指令读取该识别码，通过 PLC 的比较确认才能使用。

③ 通道初始化　通道初始化，用 4 位十六进制数 H××××表示，最低位数字控制 CH1，最高位控制 CH4。H××××中每位数字取值范围为 0～2，初始值为 H0000，详见表 6-5 中 BFM#0 单元的设置，例如，BFM#0=H2110，则设定通道 CH1 为电压输出（–10～+10V）；通道 CH2 和 CH3 为电流输出（+4～+20mA）；通道 CH4 为电流输出（0～+20mA）。

④ 模拟量输出　输出数据存放在 BFM#1～BFM#4 中。BFM#1 为 CH1 输出数据；BFM#2 为 CH2 输出数据；BFM#3 为 CH3 输出数据；BFM#4 为 CH4 输出数据。

⑤ 输出保持或回零　PLC 由 RUN 转为 STOP 状态后，$FX_{2N}$-4DA 的输出是保持最后的

输出值还是回零（复位到初始值），取决于 BFM#5 中的 4 位十六进制数，其中 0 设置保持输出值；1 设置恢复到 0 或偏移值，如 H1010，设定 CH4 回零；CH3 保持输出；CH2 回零；CH1 保持输出。

⑥ 零点（偏移）和增益调整　零点和增益是否允许调整，通过 BFM#8 和 BFM#9 中的 4 位十六进制数设置。其中 BFM#8 中 H××××设置 CH2 和 CH1；BFM#9 中 H××××设置 CH4 和 CH3（×=0 时设定不允许调整，×=1 时设定允许调整），详见表 6-5。

⑦ 零点和增益值　当 BFM#8 和 BFM#9 设置为允许零点和增益调整时，可通过指令 TO 将要调整的数据写入 BFM#10～BFM#17 中（单位为 mV 或 μA）。

⑧ 复位　BFM#20 为初始化设置，其初始值为 0，若将 1 写入 BFM#20，则 BFM 中的所有数据，将恢复到出厂时的初始设置，且优先权大于 BFM#21 的设置。

⑨ I/O 特性调整禁止　BFM#21 中初始值为 1（初始值）时，允许调整；当 BFM#21 中值初始不为 1 时，则用户调整 I/O 特性被禁止。

⑩ 工作状态　$FX_{2N}$-4DA 运行正常与否的信息存放在其缓冲寄存器的 BFM#29 中，如表 6-6 所示。程序中可使用 FROM 指令将 BFM#29 中的信息（16 位）读到 PLC 的位组合元件（如 K4M10），若 b0 位（M10）和 b10 位（M20）为 0，表明通道设置及输入/输出值正常。

**表 6-6　BFM#29 状态位信息**

| 位 | 意　义 | ON（=1） | OFF（=0） |
|---|---|---|---|
| b0 | 错误 | 当 b1～b3 任一位为 ON 时，b0=ON | 无错误 |
| b1 | 零点/增益值错误 | 零点/增益值不正常或设置错误 | 零点/增益值正常 |
| b2 | 电源错误 | DC 24V 不正常 | 电源正常 |
| b3 | 硬件错误 | A/D 或其他硬件错误 | 硬件正常 |
| b10 | 范围错误 | 数字输入后模拟输出超出正常范围 | 输入/输出值正常 |
| b12 | 增益/零点调整禁止 | 调整状态，BFM #21 的设置不为 1 | 调整状态，BFM #21 为 1 |

注：b4～b9、b13～b15 未定义。

## 6.2.3　应用案例

**【案例 3】**　$FX_{2N}$-4DA 模拟量输出模块的编号为 2 号（见图 5-68）。现要将 PLC 基本单元 D10、D11、D12 和 D13 中数据分别通过 $FX_{2N}$-4DA 的 4 个通道输出，要求 CH1、CH2 设置为电压输出（–10～+10V），CH3、CH4 设置为电流输出（0～+20mA）；当 PLC 由 RUN 转为 STOP 状态后，设置 CH4、CH3 回零，CH2、CH1 输出值保持不变。

满足以上控制要求的程序如图 6-7 所示。

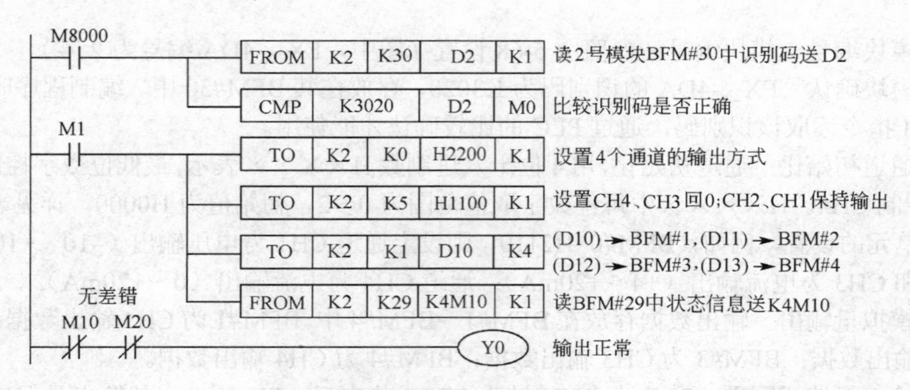


图 6-7　案例 3 控制程序

**【案例 4】**　$FX_{2N}$-4DA 模块的编号为 2 号（见图 5-68），现要将其 CH2 的零点值（偏移值）变为 7mA，增益值变为 20mA；CH4、CH3 和 CH1 设置为标准的电压输出方式，则控制其 I/O 特性调整的程序如图 6-8 所示。

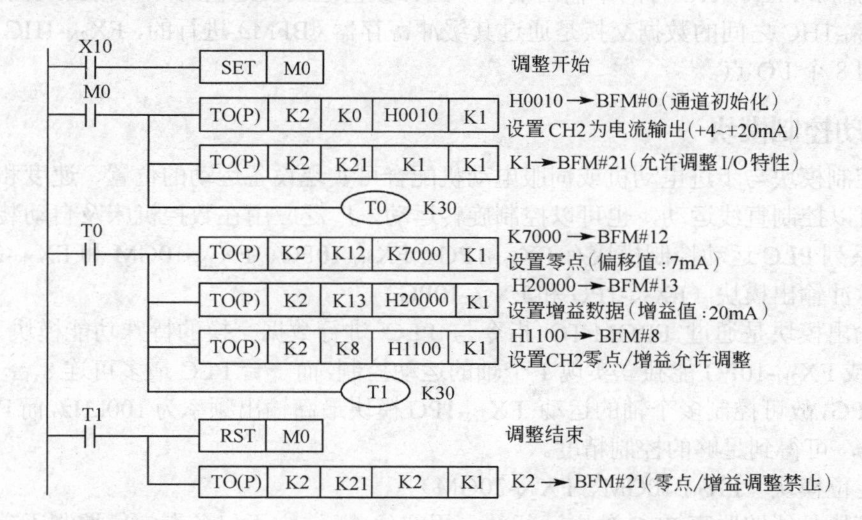


图 6-8　案例 4 控制程序

# 6.3 其他特殊功能模块简介

## 6.3.1 PID 过程控制模块（$FX_{2N}$-2LC）

PID 过程控制是指对连续变化的模拟量的闭环控制。使用 $FX_{2N}$-2LC 过程控制模块，可实现过程参数的 PID 控制。

PID 控制是通过设置 PID 调节的有关常数 P（比例系数）、I（积分时间）和 D（微分时间）来获得稳定输出控制的有效方法。$FX_{2N}$-2LC 模块的 PID 控制程序由 PLC 生产厂家设计并存储在模块中，用户使用时只需设置其缓冲寄存器（BFM）中的一些参数，使用起来非常方便，一块模块可以控制几路甚至几十路闭环回路。但是这种模块的价格昂贵，一般在大型控制系统中使用。

现在很多中小型 PLC 都提供 PID 控制用的功能指令，如 $FX_{2N}$ 系列 PLC 的 PID 指令，它实际上是用于 PID 控制的子程序，与 A/D、D/A 模块一起使用，可以得到类似于使用 PID 过程控制模块的效果，价格却便宜得多。用 PLC 实现模拟量 PID 控制的系统结构框图如图 6-9 所示，其工程应用请参考第 9 章的相关内容。

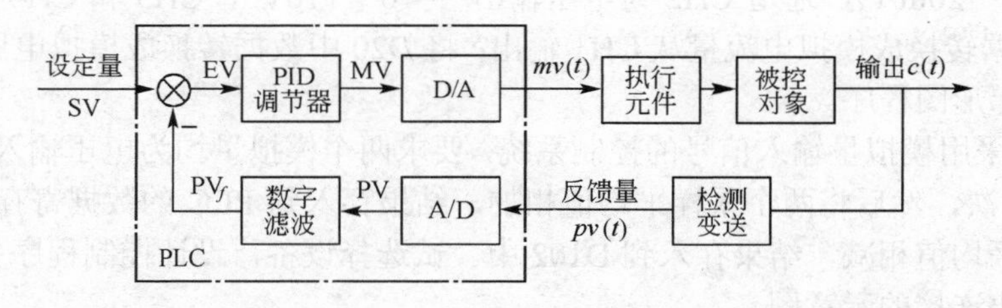


图 6-9　用 PLC 实现模拟量 PID 控制的系统框图

### 6.3.2 高速计数模块（$FX_{2N}$-1HC）

$FX_{2N}$-1HC 是高速计数模块，可对两相 50kHz 的脉冲计数，它的输入信号来自一相或两相旋转编码器。$FX_{2N}$-1HC 有两个输出端口，当计数值达到设定值时，其输出设置位为 ON。PLC 与 $FX_{2N}$-1HC 之间的数据交换是通过其缓冲寄存器（BFM）进行的，$FX_{2N}$-1HC 占用 PLC 扩展总线的 8 个 I/O 点。

### 6.3.3 运动控制模块

运动控制模块与步进电动机或伺服电动机配合可实现设备运动的位置、速度和加速度的控制，既可以控制直线运动，也可以控制旋转运动，广泛应用在数控机床及自动装配生产线上。$FX_{2N}$ 系列 PLC 运动控制模块有 $FX_{2N}$-1PG、$FX_{2N}$-10PG、$FX_{2N}$-10GM 和 $FX_{2N}$-20GM 等。

（1）脉冲输出模块（$FX_{2N}$-1PG 和 $FX_{2N}$-10PG）

脉冲输出模块是通过 FROM/TO 指令与 PLC 进行数据交换的特殊功能模块。用 1 台 $FX_{2N}$-1PG 或 $FX_{2N}$-10PG 能独立实现 1 个轴的运动控制，而一台 PLC 最多可连 8 台 $FX_{2N}$-1PG 或 $FX_{2N}$-10PG，故可控制多个轴的运动。$FX_{2N}$-1PG 模块最高输出频率为 100kHz，而 $FX_{2N}$-10PG 可达 1MHz，可得到足够的控制精度。

（2）定位模块（$FX_{2N}$-10GM、$FX_{2N}$-20GM）

定位模块是能够脱离 PLC 独立运行的专用定位单元，它不仅备有定位控制语言和编程语言，还有可进行数据处理的功能指令，因此可独立实现更高级的定位控制。$FX_{2N}$-10GM 是 1 轴定位模块，最大输出脉冲为 200kHz；$FX_{2N}$-20GM 是 2 轴定位模块，最大输出脉冲为 200kHz（插补时为 100kHz），具有直线和圆弧插补控制功能，可实现两轴联动控制。

（3）可编程凸轮开关（$FX_{2N}$-1RM-SET）

可编程凸轮开关 $FX_{2N}$-1RM-SET 集 CPU、电源、输入、输出和编程器于一体，使用专用分解器（角度传感器）检测转动角度，可实现精确传动位置的控制，分辨率为 415rpm/0.5°（每 0.5° 可产生 415 个控制脉冲）或 830rpm/1°。

以上模块使用时，可参考有关操作手册，限于篇幅，此处不再赘述。

## 思考题与习题

6-1 FX 系列 PLC 有哪些特殊功能模块？它们的功能和用途是什么？

6-2 $FX_{2N}$-4AD 和 $FX_{2N}$-4DA 的识别码分别是多少？存放在何处？如何判别？

6-3 使用 $FX_{2N}$-4AD 和 $FX_{2N}$-4DA 模块时，应做哪些设置？如何设置？

6-4 某 $FX_{2N}$ 系列 PLC 控制系统其 $FX_{2N}$-4AD 模块的位置为 No.3，要求通道 CH1 为电流输入（+4～+20mA），通道 CH2 为电压输入（–10～+10V），CH3 和 CH4 通道关闭。采样 10 次的采样平均值分别存放在 PLC 数据寄存器的 D30 和 D40 中。试编写其梯形图程序。

6-5 某 $FX_{2N}$ 系列 PLC 控制系统，其 $FX_{2N}$-4DA 模块的位置为 No.2，要求通道 CH1 为电流输出（+4～+20mA），通道 CH2 为电压输出（–10～+10V），CH3 和 CH4 通道关闭。要求将 D10 中数据转换成模拟电流量从 CH1 输出；将 D20 中数据转换成模拟电压量从 CH2 输出。试编写其梯形图程序。

6-6 设计采用模拟量输入信号的控制系统，要求两个模拟量均为电压输入方式，平均值采样次数为 20 次，然后将两个采样平均值相加，结果存入到 PLC 的数据寄存器 D100 中；再将两个采样平均值相减，结果存入到 D102 中。试选择设备，设计控制程序并画出 PLC 与模拟量输入模块连接的示意图。

# 第 7 章　FX 系列 PLC 通信技术

PLC 通信是指 PLC 与 PLC、PLC 与计算机、PLC 与现场设备或远程 I/O 设备之间的信息交换。PLC 通信的任务就是将不同位置的 PLC、计算机及各种现场设备通过通信介质连接起来，以某种特定的通信方式高效率地完成数据的传送、交换和处理。本章主要介绍 PLC 与计算机、PLC 与 PLC 之间的通信技术。

## 7.1　PLC 通信的基本知识

### 7.1.1　通信系统组成

（1）通信网络的结构

PLC 构成的控制网络分总线型网络、环形网络和星形网络三种结构，如图 7-1 所示。工业控制网络多采用总线型结构。

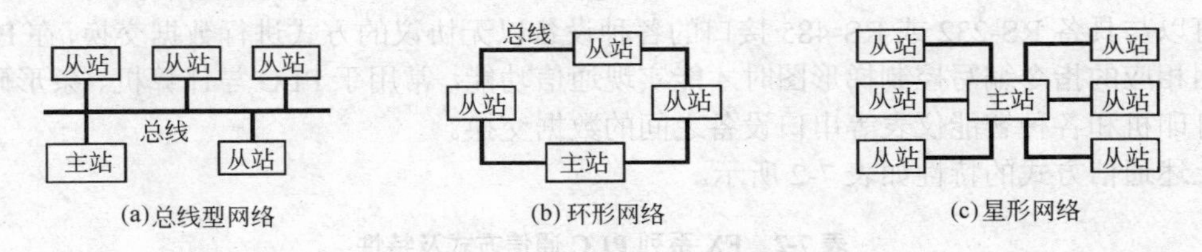


图 7-1　PLC 网络结构示意图

连接在网络中的通信站点根据功能可分为主站与从站。主站可以对网络中的其他设备发出初始化请求；从站只能响应主站的初始化请求，而不能对网络中的其他设备发出初始化请求。网络既可采用单主站连接方式，也可采用多主站连接方式。

（2）通信介质

通信介质是信息传输的通道，是 PLC 与计算机及外部设备之间相互联系的桥梁。

PLC 对通信介质的基本要求是必须具有传输效率高，能量损耗小，抗干扰能力强，性价比高等特性。PLC 通信普遍使用的通信介质有双绞线（传送速率为 1～4Mbps）、同轴电缆（传送速率为 1～450Mbps）和光缆（传送速率为 10～500Mbps）。

（3）通信设备

FX 系列 PLC 可以采用 RS-232、RS-422 和 RS-485 等串行通信标准进行数据交换。为了实现多种标准的通信，三菱公司为 FX 系列 PLC 配套提供了通信格式转换器、功能扩展板、特殊适配器和通信模块等通信设备，如表 7-1 表示。

表 7-1　三菱 $FX_{2N}$ 系列 PLC 的通信设备

| 名　称 | 型　号 | 功　能 |
|---|---|---|
| 通信转换器 | FX-485PC-IF | 与计算机连接，实现 RS-232 与 RS-485 通信格式转换 |
| 功能扩展板 | $FX_{2N}$-232-BD | 置于 PLC 中，实现相应格式的通信 |
| | $FX_{2N}$-422-BD | |
| | $FX_{2N}$-485-BD | |
| | $FX_{2N}$-CNV-BD | 置于 PLC 中，用于连接特殊适配器，实现相应格式的通信 |

续表

| 名　称 | 型　号 | 功　能 |
| --- | --- | --- |
| 特殊适配器 | $FX_{0N}$-232ADP | 与接有 $FX_{2N}$-CNV-BD 的 PLC 相连，实现相应格式的通信 |
| | $FX_{0N}$-485ADP | |
| | $FX_{2NC}$-232ADP | |
| | $FX_{2NC}$-485ADP | |
| 通信模块 | $FX_{2N}$-232-IF | 接于 PLC 端，用于与 RS-232 通信 |

### 7.1.2　通信方式

FX 系列 PLC 根据使用的通信设备与协议不同可分为以下四种通信方式。

① N∶N 网络通信方式　N∶N 网络通过 RS-485 接口在 FX 系列 PLC 之间进行简单的数据连接，实现多机通信互联，常用于生产线的分散控制与集中管理等。

② 双机并行通信方式　通过 RS-485 接口，在 FX 系列 PLC 之间进行简单的数据连接，实现两台 PLC 间的通信互联与数据交换。

③ 计算机连接（专用协议通信，无需梯形图，直接读写操作 PLC）　计算机作为主站，PLC 作为从站，通过 RS-232、RS-485 等接口实现计算机与单台 PLC 或计算机与多台 PLC 间的通信互联，可用于系统的数据采集与集中管理等。

④ 无协议通信方式（使用 RS 指令或 $FX_{2N}$-232-IF 模块，可自定义通信协议）　无协议通信可以与具备 RS-232 或 RS-485 接口的各种设备以无协议的方式进行数据交换，在 PLC 需要使用相应的指令编写控制梯形图时才能实现通信功能，常用于 PLC 与计算机、条形码阅读器、打印机和各种智能仪表等串口设备之间的数据交换。

上述通信方式的特性如表 7-2 所示。

表 7-2　FX 系列 PLC 通信方式及特性

<table>
<tr><th rowspan="2">项　目</th><th colspan="2">PLC 与 PLC</th><th>计算机与 PLC</th><th>PLC 与串口设备</th></tr>
<tr><th>N∶N</th><th>PLC 并联</th><th>专用协议</th><th>无协议</th></tr>
<tr><td>传输标准</td><td colspan="2">RS-485</td><td colspan="2">RS-485 或 RS-232</td></tr>
<tr><td>传输距离</td><td colspan="2">500m</td><td colspan="2">500m（RS-485）<br>15m（RS-232）</td></tr>
<tr><td>连接数量</td><td>8</td><td>1∶1</td><td>1∶N（N≤16、RS-485）<br>1∶1（RS-232）</td><td>1∶N（RS-485）<br>1∶1（RS-232）</td></tr>
<tr><td>数据传送方式</td><td colspan="3">半双工</td><td>半双工<br>全双工</td></tr>
<tr><td>数据长度</td><td colspan="2" rowspan="3">固定</td><td colspan="2">7bit / 8bit</td></tr>
<tr><td>校验</td><td colspan="2">无/奇/偶</td></tr>
<tr><td>停止位</td><td colspan="2">1bit / 2bit</td></tr>
<tr><td>波特率/bps</td><td>38400</td><td>19200</td><td colspan="2">300/600/1200/2400/4800/9600/19200</td></tr>
<tr><td>头字符</td><td colspan="3" rowspan="3">固定</td><td rowspan="3">无/有效</td></tr>
<tr><td>尾字符</td></tr>
<tr><td>控制线</td></tr>
<tr><td>协议</td><td colspan="2">—</td><td>格式 1 或格式 4</td><td rowspan="2">无</td></tr>
<tr><td>和校验</td><td colspan="2">固定</td><td>无/有效</td></tr>
</table>

## 7.2　PLC 与计算机的通信

### 7.2.1　概述

工业控制计算机具有良好的人机界面及控制决策能力，而直接面向生产现场、面向设备进行实时控制却是 PLC 的特长，把 PLC 与计算机连接起来，实现数据通信，可以更有效地发挥各自的优势，实现整个生产过程的综合控制。PLC 与计算机之间的通信主要有以下两种形式。

① 编程口通信　使用 PLC 编程软件，通过编程口及编程电缆与计算机连接通信。由于 PLC 的编程口为 RS-485 或 RS-422，而计算机的串行口为 RS-232C，因此计算机与 PLC 交换信息时需要配接专用的编程电缆（SC-09）或通信转换器（FX-485PC-IF）。

② 专用协议通信　计算机与一台或多台 PLC 进行通信时，使用专用通信协议（格式 1 或格式 4），采用 RS-485 或 RS-232C 接口实现通信。计算机向 PLC 发出读写数据的命令帧，PLC 收到后返回响应帧。用户不需要对 PLC 编程，响应帧由 PLC 自动生成，但用户需要编写上位机的通信程序。

### 7.2.2 通信连接

PLC 与计算机的连接（1∶1 连接）如下。

PLC 与计算机可通过 RS-232C 或 RS-485 接口进行通信。计算机上的通信接口是标准的 RS-232C 接口，根据 PLC 与计算机接口的异同可分以下两种连接方式。

① 若 PLC 上的通信接口是 RS-232C 或 RS-232-BD，与计算机的通信接口相同，直接使用适配电缆连接即可，如图 7-2 所示。

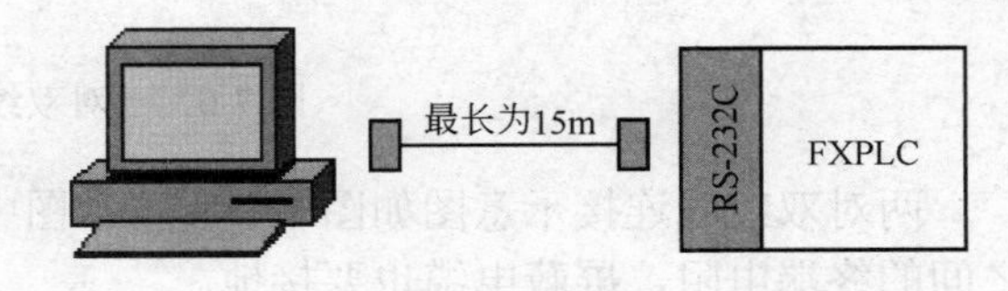

图 7-2　PLC 直接与计算机通信连接示意图

② 若 PLC 上的通信接口是 RS-485，需要在 PLC 与计算机之间加一个 RS-232C 与 RS-485 的通信转换器 FX-485PC-IF，再用适配电缆连接，才能实现通信，如图 7-3 所示。

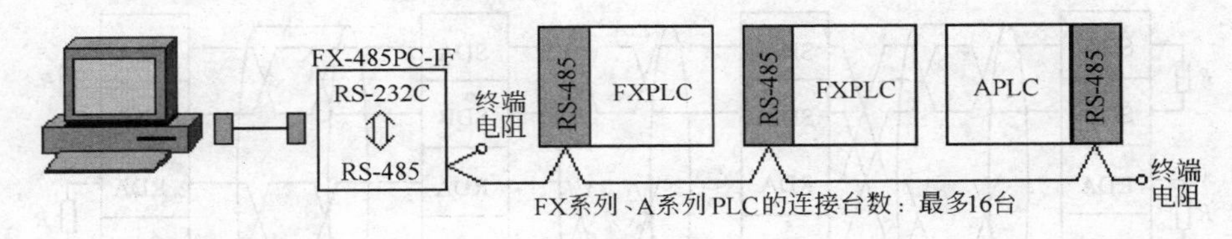

图 7-3　PLC 通过通信转换器与计算机通信连接示意图

PLC 与计算机通过编程电缆（SC-09）或通信转换器（FX-485PC-IF）进行通信时，其接口引线连接如图 7-4 和图 7-5 所示。

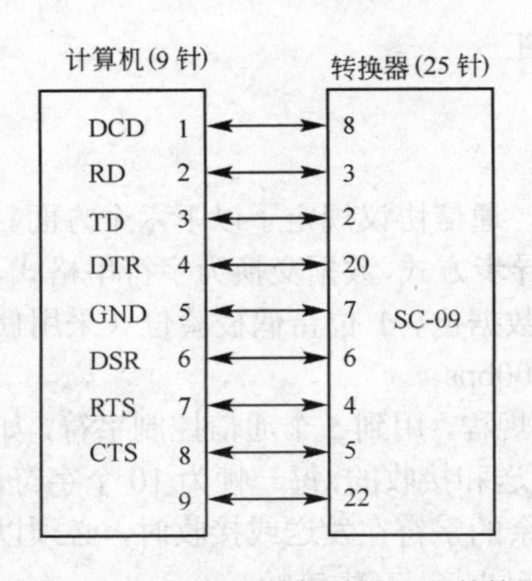

图 7-4　SC-09 与计算机的接口硬件接线

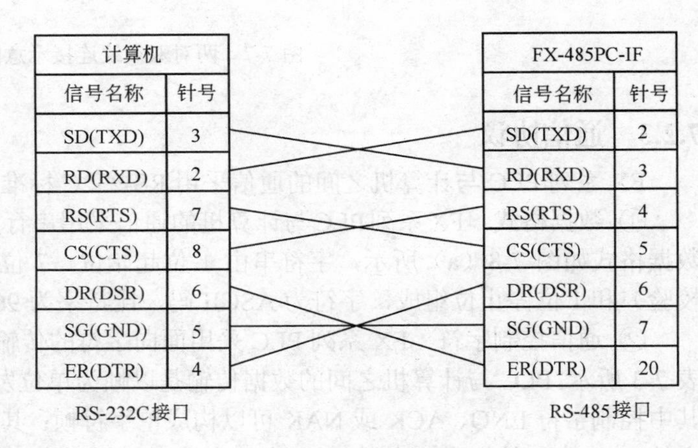

图 7-5　FX-485PC-IF 与计算机的硬件接线

一对双绞线连接示意图如图 7-6 所示。图中 *R*（110 Ω）是 RDA 与 RDB 之间的终端电阻，屏蔽双绞线的屏蔽层必须接地。

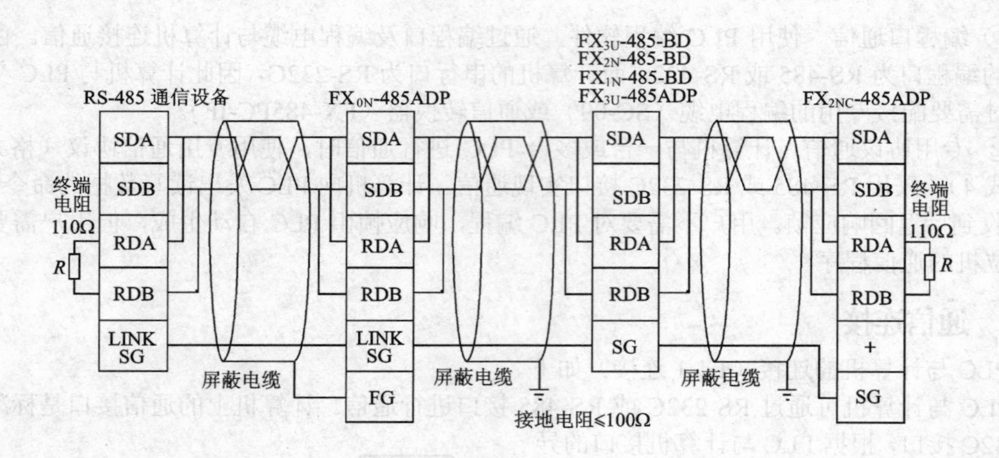


图 7-6　一对双绞线连接示意图

两对双绞线连接示意图如图 7-7 所示。图中 *R*（330Ω）是 SDA 与 SDB 或 RDA 与 RDB 之间的终端电阻，屏蔽电缆也要接地。

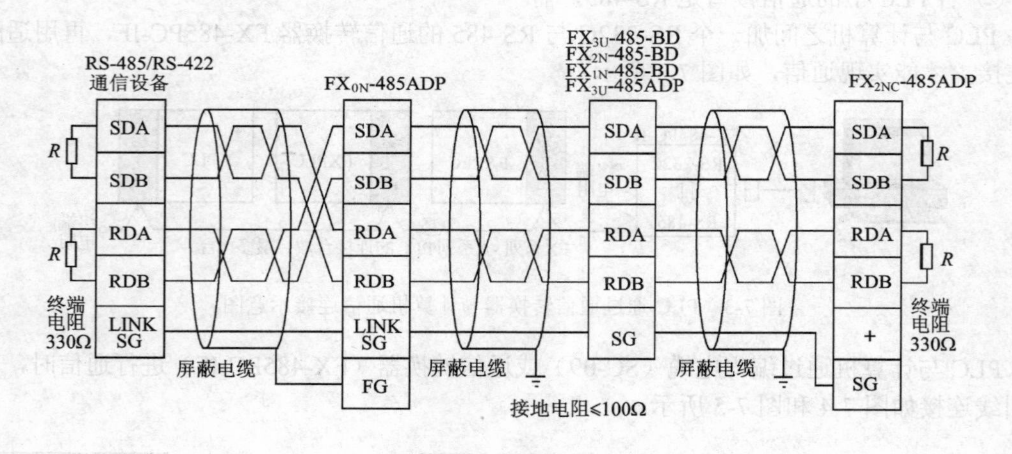


图 7-7　两对双绞线连接示意图

### 7.2.3　通信协议

FX 系列 PLC 与计算机之间的通信采用 RS-232C 标准，通信协议规定了以下六个方面。

① 数据格式　FX 系列 PLC 与计算机的通信采用串行异步方式，数据交换为字符串格式，数据格式如图 7-8（a）所示，字符串由 1 位起始位、7 位数据位、1 位奇偶校验位（采用偶校验）和 1 位停止位组成，字符为 ASCII 码，比特率为 9600bps。

② 通信控制字符　FX 系列 PLC 采用面向字符的传输规程，用到 5 个通信控制字符，如表 7-3 所示。PLC 与计算机之间的数据传输是以帧为单位发送和接收的，每一帧为 10 个字符，其中控制字符 ENQ、ACK 或 NAK 可以构成单字符帧；其余的字符在发送或接收时，必须以字符 STX 为起始标志，字符 ETX 为结束标志，否则将不能同步，产生错帧。

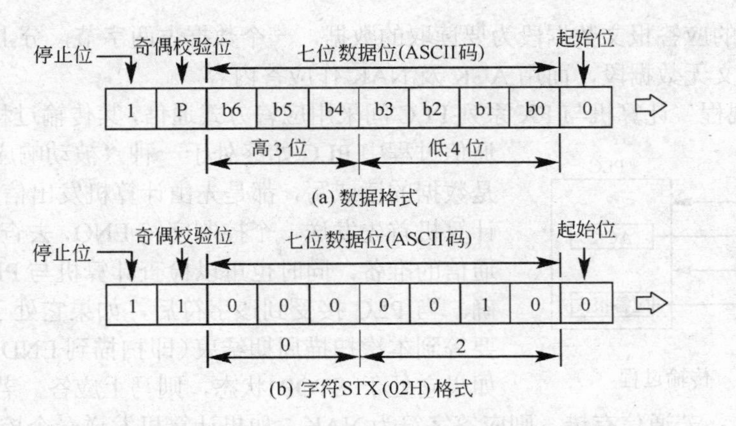


图 7-8　FX 系列 PLC 与计算机通信的数据格式

**表 7-3　FX 系列 PLC 与计算机的通信控制字符**

| 字　符 | ASCII 码 | 数 据 格 式 | 注　释 |
|---|---|---|---|
| ENQ | 05H | 1100001010 | 来自计算机的查询信号 |
| ACK | 06H | 1100001100 | 无校验错误时，PLC 对 ENQ 的确认应答信号 |
| NAK | 15H | 1100101010 | 检测到错误时，PLC 对 ENQ 的否认应答信号 |
| STX | 02H | 1100000100 | 数据块（信息帧）的起始标志 |
| ETX | 03H | 1100000110 | 数据块（信息帧）的结束标志 |

注：当 PLC 对计算机发来的 ENQ 不理解时，用 NAK 回答；数字下面的横线代表有效数字位。

③ 通信命令　FX 系列 PLC 有 4 条通信命令，分别是读命令、写命令、强制 ON 命令和强制 OFF 命令，如表 7-4 所示。

**表 7-4　FX 系列 PLC 的通信命令**

| 命　令 | 命 令 代 码 | 目标软继电器 | 功　能 |
|---|---|---|---|
| 读命令 | “0”即 ASCII 码 30H | X、Y、M、S、T、C、D | 读取软继电器状态、数据 |
| 写命令 | “1”即 ASCII 码 31H | X、Y、M、S、T、C、D | 将数据写入软继电器 |
| 强制 ON 命令 | “7”即 ASCII 码 37H | X、Y、M、S、T、C | 强制某位为 ON |
| 强制 OFF 命令 | “8”即 ASCII 码 38H | X、Y、M、S、T、C | 强制某位为 OFF |

④ 报文格式　多字符传送时构成多字符帧，一个多字符帧由字符 STX、命令码（详见表 7-4）、数据段、字符 ETX 与和校验五部分组成，其中和校验值是命令码到 ETX 之间的所有字符的 ASCII 码（十六进制数）之和（溢出不计）的最低二位数。

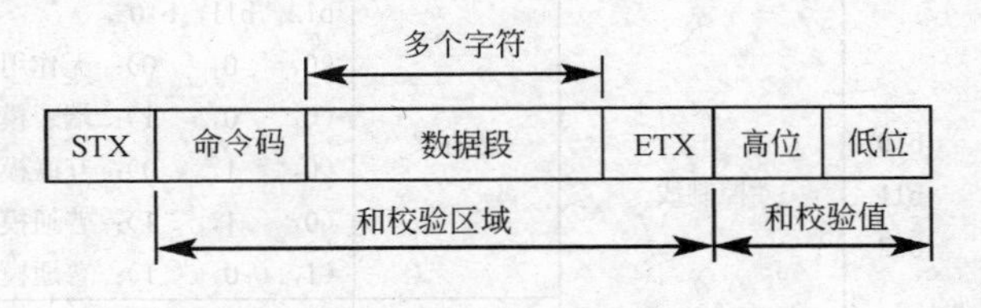


图 7-9　报文格式（多字符帧的组成）

计算机向 PLC 发送的报文格式如图 7-9 所示。其中数据段格式与含义如下：

| 字节 1～字节 4 | 字节 5/字节 6 | 第 1 数据 | | 第 2 数据 | | 第 3 数据 | | … | 第 $N$ 数据 | |
|---|---|---|---|---|---|---|---|---|---|---|
| 软继电器首地址 | 读/写字节数 | 上位 | 下位 | 上位 | 下位 | 上位 | 下位 | … | 上位 | 下位 |

注：写命令的数据段有数据，读命令的数据段则无数据。

PLC 向计算机发送的应答报文格式如下：

| STX | 数据段 | ETX | 和校验高位 | 和校验低位 |
|---|---|---|---|---|

对读命令的应答报文数据段为要读取的数据，一个数据占两字节，分上位和下位；对写命令的应答报文无数据段，而用 ACK 及 NAK 作应答内容。

⑤ 传输规程　计算机与 FX 系列 PLC 间采用应答方式通信，其传输过程如图 7-10 所示。

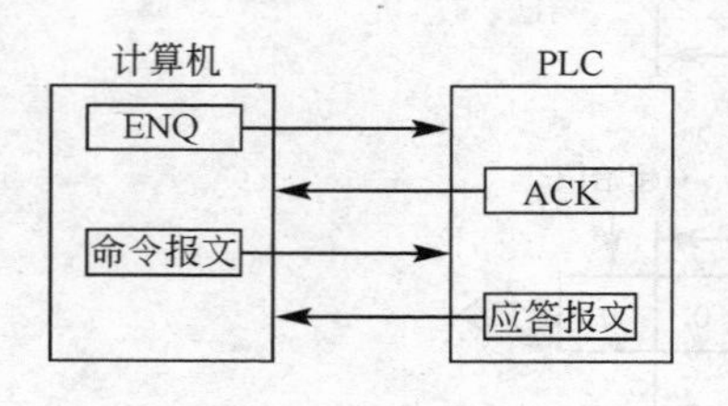


图 7-10　传输过程

通信过程中 PLC 始终处于一种“被动响应”的地位，无论是数据的读或写，都是先由计算机发出信号。开始通信时，计算机首先发送一个控制字符 ENQ，去查询 PLC 是否做好通信的准备，同时也可以检查计算机与 PLC 的连接是否正确。当 PLC 接受到该字符后，如果它处于 RUN 状态，则要等到本次扫描周期结束（即扫描到 END 指令）时才应答；如果它处于 STOP 状态，则马上应答。若通信正常，则应答字符为 ACK；若通信有错，则应答字符为 NAK。如果计算机发送一个控制字符 ENQ，经过 5s 后，什么信号也没有收到，此时计算机应再发送二次控制字符 ENQ，如果还是没有收到，则说明连接有错。当计算机收到来自 PLC 的应答字符 ACK 后，就可以进行数据通信了。

⑥ 通信格式　通信格式通过 PLC 特殊数据寄存器 D8120 进行设置，D8120 中通信格式定义如表 7-5 所示。

**表 7-5　D8120 中通信格式定义**

<table>
<tr><th>位号</th><th colspan="2">意　义</th><th colspan="2">功 能 说 明</th></tr>
<tr><td>b0</td><td colspan="2">数据长度</td><td>0 （OFF）<br>7 位</td><td>1 （ON）<br>8 位</td></tr>
<tr><td>b1<br>b2</td><td colspan="2">奇偶校验</td><td colspan="2">b2，b1<br>（0，0）：无；<br>（0，1）：奇；<br>（1，1）：偶</td></tr>
<tr><td>b3</td><td colspan="2">停止位</td><td>1 位（b3=0）</td><td>2 位（b3=1）</td></tr>
<tr><td>b4<br>b5<br>b6<br>b7</td><td colspan="2">波特率<br>/bps</td><td colspan="2">b7，b6，b5，b4<br>（0，0，1，1）：300；<br>（0，1，0，0）：600；　（0，1，1，1）：4 800；<br>（0，1，0，1）：1 200；　（1，0，0，0）：9 600；<br>（0，1，1，0）：2 400；　（1，0，0，1）：19 200</td></tr>
<tr><td>b8①</td><td colspan="2">起始符</td><td>无</td><td>有效（D8124），默认：STX（02H）</td></tr>
<tr><td>b9①</td><td colspan="2">终结符</td><td>无</td><td>有效（D8125），默认：ETX（03H）</td></tr>
<tr><td rowspan="2">b10<br>b11<br>b12</td><td rowspan="2">控制线</td><td>无协议</td><td colspan="2">b12，b11，b10<br>（0，0，0）：无作用，RS-232C 接口；<br>（0，0，1）：端子模式，RS-232C 接口；<br>（0，1，0）：互联模式，RS-232C 接口；<br>（0，1，1）：普通模式 1，RS-232C 接口，RS-485/422 接口③；<br>（1，0，1）：普通模式 2，RS-232C 接口</td></tr>
<tr><td>计算机<br>连接</td><td colspan="2">b12，b11，b10=（0，0，0）时 RS-485/422 接口；<br>b12，b11，b10=（0，1，0）时 RS-232C 接口</td></tr>
<tr><td>b13②</td><td colspan="2">和校验</td><td>没有添加和校验码</td><td>自动添加和校验码</td></tr>
<tr><td>b14②</td><td colspan="2">协　议</td><td>无协议</td><td>专用协议</td></tr>
<tr><td>b15②</td><td colspan="2">传输控制协议</td><td>协议格式 1</td><td>协议格式 4</td></tr>
</table>

① 当使用计算机与 PLC 连接时，置“0”。

② 当使用无协议通信时，置“0”。

③ 当使用 RS-485/422 接口时，控制线就如此设置。而当不使用控制线操作时，控制线通信是一样的。$FX_{0S}$、$FX_{1S}$、$FX_{1N}$、$FX_{2N}$ 系列 PLC 均支持此 RS-485 连接。

D8120 是一个 16 位的特殊数据寄存器，通过对其设置来确定 PLC 与计算机通信的详细协议，具体可设置通信的数据长度、校验形式、传送速率和协议方式等。如果采用模式 1 标准：无协议通信、传送数据长度为 7 位、偶校验、1 位停止位和数据通信速率为 9600bps，则 D8120 的设置如图 7-11 所示。多台 PLC 连接时，还要由 D8121 设置 PLC 的站点号。

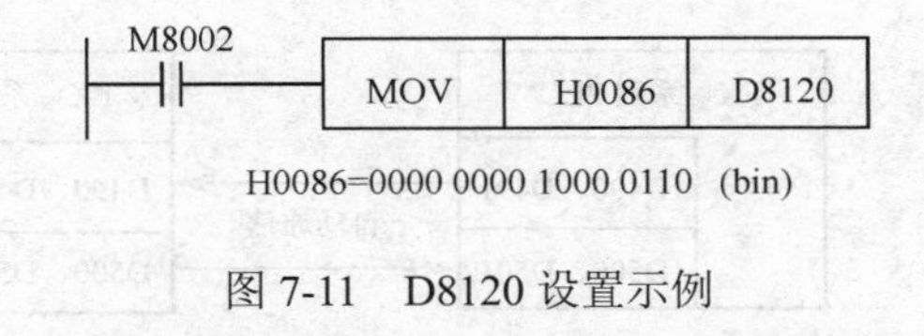


图 7-11　D8120 设置示例

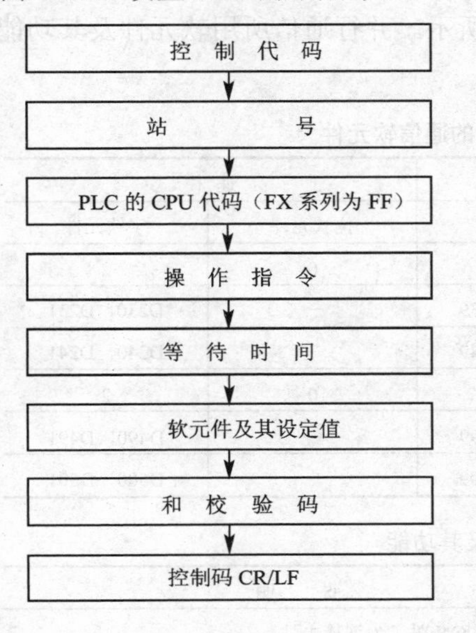


图 7-12　字符串传送过程

为了和计算机通信要求一致，还必须在 PLC 程序中设置 D8121 和 D8129 的值。D8121 用来设置站号，站号由链接中的各台 PLC 设置，便于计算机访问各台 PLC，站号的设置范围为 00～07H。

D8129 设置检验时间。检验时间指计算机向 PLC 传送数据失败时，从传送开始至接收完最后一个字符所等待的时间，其单位为 10ms。

计算机向 PLC 传送字符串的过程如图 7-12 所示。在字符串信息中，是否需要和校验码及字符串末尾是否需要添加 CR / LF 码可由 D8120 特殊数据寄存器设置。计算机与 PLC 之间的通信数据均以 ASCII 码进行。

操作指令 BR 和 WR 为读出 PLC 中软元件的状态；BW 和 WW 为计算机向 PLC 写入软元件的状态；RR 和 RS 分别控制远程 PLC 的运行和停止；TT 为回馈检测。计算机将数据送往 PLC，再从 PLC 接收数据，以验证通信是否正确。

# 7.3　PLC 与 PLC 之间的通信

## 7.3.1　并行通信

$FX_{2N}$ 系列 PLC 通过 $FX_{2N}$-485-BD 内置通信板（或 $FX_{2N}$-CNV-BD/$FX_{0N}$-485ADP）和专用的通信电缆（双绞线电缆 AWG26～AWG16），可以实现两台 PLC 之间的并行通信，如图 7-13 所示。

（1）通信设置

PLC 之间的并行通信需要设置主/从站和通信模式。

① 主/从站设定　置 M8070 为 ON，设为主站；置 M8071 为 ON，设为从站，如图 7-14 所示。

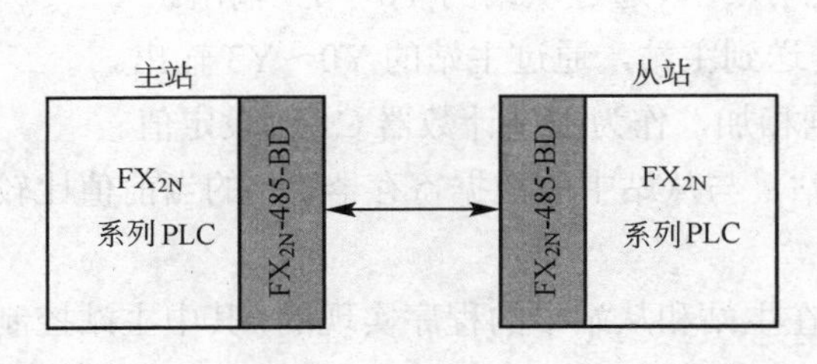


图 7-13　并行通信连接示意图

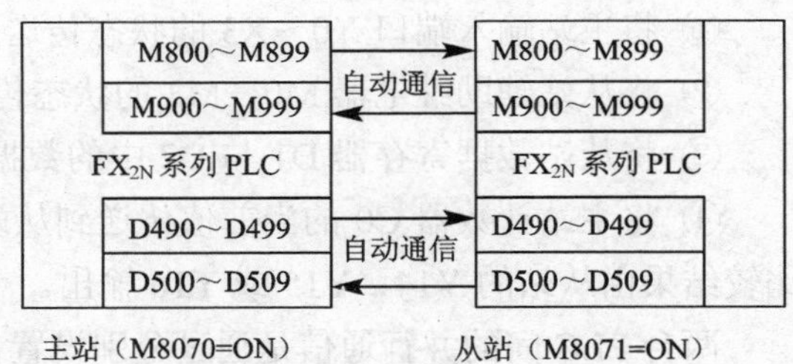


图 7-14　普通并行通信模式设置

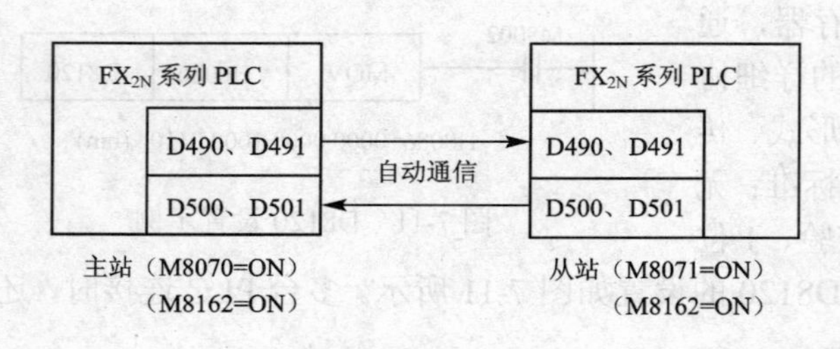


图 7-15 高速并行通信模式设置

② 通信模式 置 M8162 为 OFF，设为普通并行通信模式；置 M8162 为 ON，设为高速并行通信模式，如图 7-15 所示。

（2）通信软元件

FX 系列 PLC 普通与高速并行通信模式下所用的通信软元件如表 7-6 所示。并行通信所用软元件及其功能如表 7-7 所示。

表 7-6 普通与高速并行通信模式下的通信软元件

| PLC 类型 | 模式 | 普通模式 | | 高速模式 | |
|---|---|---|---|---|---|
| | | 位软元件 | 字软元件 | 位软元件 | 字软元件 |
| $FX_{0N}$ / $FX_{1S}$ | 点数 | 50 | 10 | 0 | 2 |
| | 主站 | M400～M449 | D230～D239 | — | D230，D231 |
| | 从站 | M450～M499 | D240～D249 | — | D240，D241 |
| $FX_2$ / $FX_{2C}$ / $FX_{1N}$ / $FX_{2N}$ / $FX_{2NC}$ | 点数 | 100 | 10 | 0 | 2 |
| | 主站 | M800～M899 | D490～D499 | — | D490，D491 |
| | 从站 | M900～M999 | D500～D509 | — | D500，D501 |

表 7-7 并行通信相关软元件及其功能

| 种类 | 软元件 | 功能 | 说明 |
|---|---|---|---|
| 设定用 | M8070 | 设定主站 | 置 ON 时，为连接主站 |
| | M8071 | 设定从站 | 置 ON 时，为连接从站 |
| | M8178 | 通道设定 | 设定所使用的通信口的通道（$FX_{3U}$ 时使用）<br>OFF：通道 1；ON：通道 2 |
| | D8070 | 并行通信警戒时钟 | 判断并行通信出错的时间（初始值：500ms） |
| 出错用 | M8072 | 并行通信方式 | 置 ON 时，为并行通信方式 |
| | M8073 | 主/从站设置错误 | 普通模式下，主站或从站的设定有误时置 ON |
| | M8063 | 连接出错 | 通信出错时置 ON |

注意：不同系列的 PLC 之间不能进行并行通信。

（3）通信案例

**【案例 1】** 如图 7-13 所示，两台 PLC 间采用普通并行通信模式通信，试将 $FX_{2N}$-48MT 设为主站，$FX_{2N}$-32MR 设为从站，使其实现以下控制要求。

① 将主站输入端口 X0～X3 的状态传送到从站，通过从站的 Y0～Y3 输出。

② 将从站辅助继电器 M0～M3 的状态传送到主站，通过主站的 Y0～Y3 输出。

③ 将从站数据寄存器 D1 与 D2 中的数据相加，作为主站计数器 C1 的设定值。

④ 将主站计数器 C0 的当前值传送到从站，与从站中的数据寄存器 D5 的当前值比较，比较结果由从站的 Y14、Y15 或 Y16 输出。

两台 PLC 间的并行通信是通过分别设置在主站和从站中的程序实现的，其中主站控制程序如图 7-16 所示，从站控制程序如图 7-17 所示。

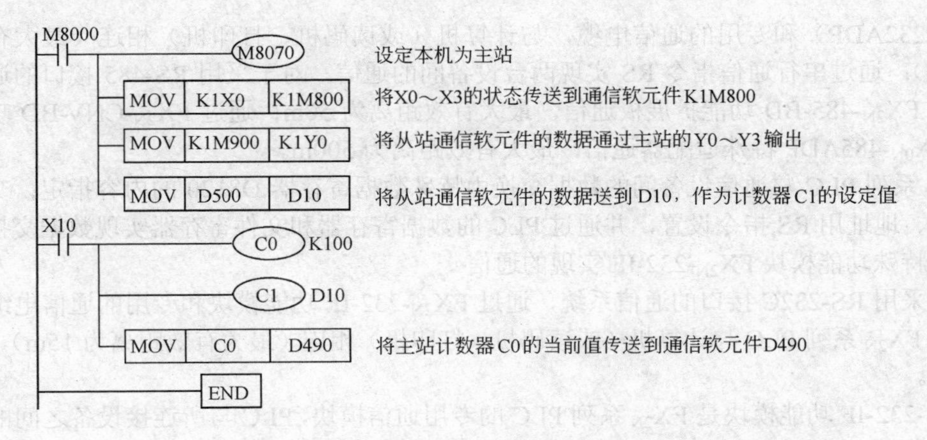


图 7-16　主站控制程序

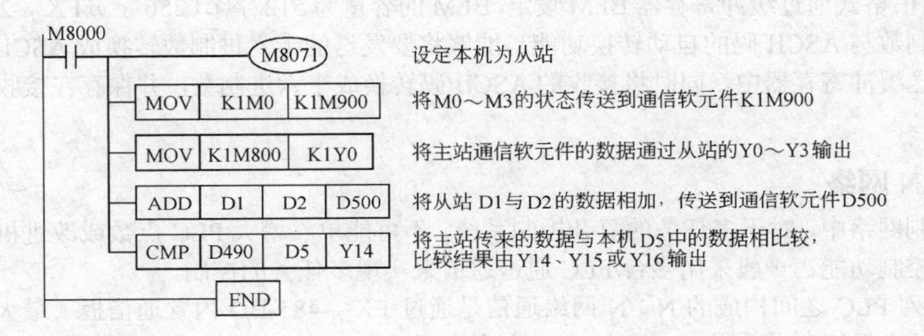


图 7-17　从站控制程序

**【案例 2】** 如图 7-15 所示，当两台 PLC 间采用高速并行通信模式时，要求两台 PLC 之间能够实现以下控制。

① 当主站的计算值（D10+D12）≤100 时，从站的 Y0 输出为 ON。

② 将从站数据寄存器 D100 的值传送到主站，作为主站计数器 T0 的设定值。

两台 PLC 之间的高速并行通信，主站控制程序如图 7-18 所示，从站控制程序如图 7-19 所示。

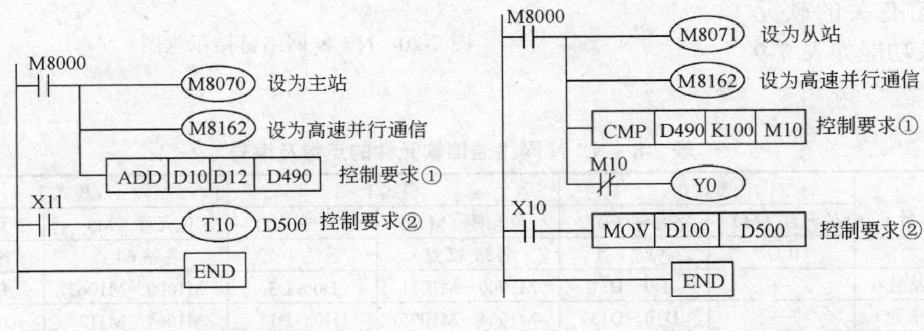


图 7-18　主站控制程序　　　图 7-19　从站控制程序

### 7.3.2　串行通信（无协议）

（1）RS 指令实现的通信

对于采用 RS-232C 接口的通信系统，通过 $FX_{2N}$-232-BD 功能扩展板（或 $FX_{2N}$-CNV-

BD/$FX_{0N}$-232ADP）和专用的通信电缆，与计算机（或读码机、打印机）相连（最大有效距离为15m）；通过串行通信指令RS实现两台设备间的通信。对于采用RS-485接口的通信系统，通过$FX_{2N}$-485-BD功能扩展板通信，最大有效距离为50m；通过$FX_{2N}$-CNV-BD功能扩展板和$FX_{0N}$-485ADP特殊适配器通信，最大有效距离为500m。

$FX_{2N}$系列PLC与通信设备间的数据交换由特殊数据寄存器D8120的内容指定；交换数据的点数、地址用RS指令设置，并通过PLC的数据寄存器和文件寄存器实现数据交换。

（2）特殊功能模块$FX_{2N}$-232-IF实现的通信

对于采用RS-232C接口的通信系统，通过$FX_{2N}$-232-IF功能模块和专用的通信电缆，直接将一台$FX_{2N}$系列PLC与计算机（或读码机、打印机）相连（最大有效距离为15m），实现串行通信。

$FX_{2N}$-232-IF功能模块是$FX_{2N}$系列PLC的专用通信模块，PLC与所连接设备之间的数据接收、传送以及通信的控制全部通过FROM / TO指令完成。通信方式采用无协议，全双工同步控制，通信格式通过缓冲寄存器BFM设定，BFM的容量为512字节（256字）。$FX_{2N}$-232-IF具有十六进制数与ASCII码的自动转换功能，能够将要发送的十六进制数转换成ASCII码，并保存在发送缓冲寄存器中，同时将接收的ASCII码转换成十六进制数，并保存在接收的缓冲寄存器中。

### 7.3.3 N：N网络

工业控制网络中，对于多任务的复杂控制系统，不可能单靠增大PLC点数或改进机型来实现复杂的控制功能，一般采用多台PLC通过通信来实现多任务的控制。

$FX_{2N}$系列PLC之间构成的N：N网络通信是通过$FX_{2N}$-485-BD内置通信板（最大有效距离为50m）实现的，或采用$FX_{2N}$-CNV-BD转换接口和$FX_{0N}$-485ADP特殊适配器进行连接（最大有效距离为500m），如图7-20所示，这种连接又称并联连接，连接单元最多为8个。第0号PLC称为主站，其余称为从站。

（1）通信软元件

N：N网络通信软元件的点数及编号如表7-8所示。与N：N网络通信有关的软元件编号及功能如表7-9所示。

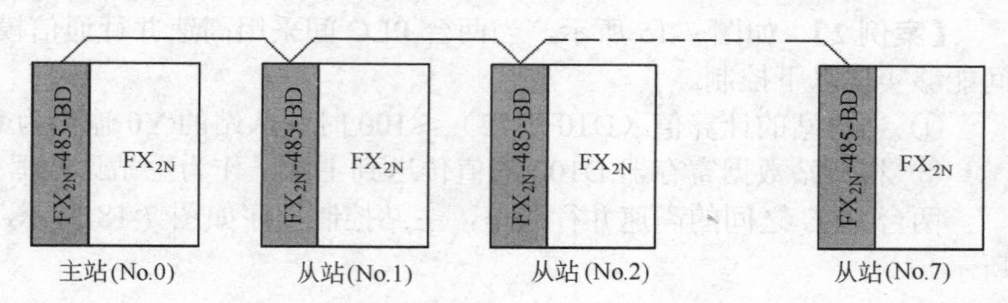


图7-20 N：N网络链接示意图

**表7-8 N：N网络通信软元件的点数及编号**

| 站号 | | 模式0 位元件（M） | 模式0 字元件（D） | 模式1 位元件（M） | 模式1 字元件（D） | 模式2 位元件（M） | 模式2 字元件（D） |
|---|---|---|---|---|---|---|---|
| | | 0点 | 各站4点 | 各站32点 | 各站4点 | 各站64点 | 各站8点 |
| 主站 | 站号0 | — | D0～D3 | M1000～M1031 | D0～D3 | M1000～M1063 | D0～D7 |
| 从站 | 站号1 | — | D10～D13 | M1064～M1095 | D10～D13 | M1064～M1127 | D10～D17 |
| | 站号2 | — | D20～D23 | M1128～M1159 | D20～D23 | M1128～M1191 | D20～D27 |
| | 站号3 | — | D30～D33 | M1192～M1223 | D30～D33 | M1192～M1255 | D30～D37 |
| | 站号4 | — | D40～D43 | M1256～M1287 | D40～D43 | M1256～M1319 | D40～D47 |
| | 站号5 | — | D50～D53 | M1320～M1351 | D50～D53 | M1320～M1383 | D50～D57 |
| | 站号6 | — | D60～D63 | M1384～M1415 | D60～D63 | M1384～M1447 | D60～D67 |
| | 站号7 | — | D70～D73 | M1448～M1479 | D70～D73 | M1448～M1511 | D70～D77 |

表 7-9　与 N：N 网络通信有关的软元件编号及功能

| 种　类 | 软元件 | 功　能 | 说　明 |
|---|---|---|---|
| 设定用 | M8038 | 设置网络参数 | 为 ON 时进行 N:N 网络的参数设置 |
| | D8176 | 设置站号 | 0 为主站；1～7 为从站 |
| | D8177 | 设置从站数量 | 设定值为 1～7 |
| | D8178 | 设置数据刷新范围 | 0 为模式 0（默认值）；1 为模式 1；2 为模式 2 |
| | D8179 | 设置通信重试次数 | 设定值 0～10 |
| | D8180 | 主站与从站间通信驻留时间 | 设定值为 5～255，对应时间为 50～2550ms |
| 出错用 | M8183 | 主站通信错误 | 为 ON 时，主站通信发生错误 |
| | M8184～M8190 | 从站通信错误 | M8184～M8190（对应从站 1～7）为 ON 时，对应从站通信发生错误 |
| | M8191 | 通信指示 | 与其他站通信时为 ON |

（2）N：N 网络设置

通信软元件对网络的正常工作起到了非常重要的作用，只有对这些数据元件进行正确的设置，才能保证网络的正常运行。

① 站号的设置　将 0～7 中的某一数写入对应 PLC 的数据寄存器 D8176 中，其中 0 设定主站号，1～7 设定从站号。

② 从站数的设置　将 1～7 中的某一数写入主站的数据寄存器 D8177 中，每一个数值对应从站的数量，默认值为 7（7 个从站）。该设置不需要从站的参与。

③ 设置数据刷新范围　将 0、1 或 2 写入主站的数据寄存器 D8178 中，每一个数值对应一种刷新范围（详见表 7-8），默认值为 0。该设置不需要从站的参与。

④ 设置通信重试次数　将 0～10 中的某一数值写入主站的数据寄存器 D8179 中，每一数值对应一种通信重试次数，默认值为 3。该设置不需要从站的参与。

主站向从站发出通信信号，如果在规定的重试次数内没有完成连接，则网络发出通信错误信号。

⑤ 设置通信驻留时间　将 5～255 中的某一数值写入主站的数据寄存器 D8180 中，每一数值对应一种通信驻留时间（公共暂停时间），默认值为 5（单位为 10ms），例如数值 10 对应通信驻留时间为 100ms。该驻留时间是主站和从站通信时的延迟等待引起的。

（3）通信案例

**【案例 3】**　如图 7-21 所示，3 台 $FX_{2N}$ 系列 PLC 采用 $FX_{2N}$-485-BD 内置通信板连接，构成 3：3 网络。要求将 $FX_{2N}$-80MT 设置为主站，从站数为 2，数据刷新范围采用模式 1，通信重试次数为 3，通信驻留时间为 50ms。试设计满足下列控制要求的主站和从站程序。

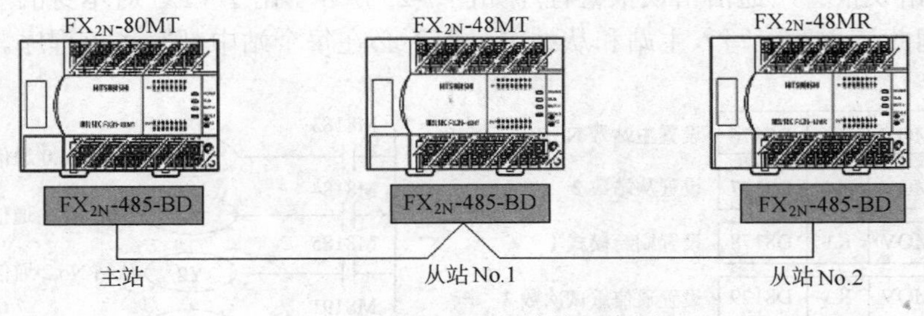


图 7-21　案例 3 网络连接示意图

① 主站 No.0 控制要求

a．将主站的输入信号 X0～X3 作为网络共享资源。

b．将从站 No.1 的输入信号 X0～X3 通过主站的输出端 Y14～Y17 输出。

c．将从站 No.2 的输入信号 X0～X3 通过主站的输出端 Y20～Y23 输出。

d．将数据寄存器 D1 的值作为网络共享资源，当从站 No.1 的计数器 C1 触点闭合时，主站的输出端 Y5 为 ON。

e．将数据寄存器 D2 的值作为网络共享资源，当从站 No.2 的计数器 C2 触点闭合时，主站的输出端 Y6 为 ON。

f．将数值 10 送入数据寄存器 D3 和 D0 中，作为网络共享资源。

② 从站 No.1 控制要求　首先进行站号的设置，然后完成以下控制任务。

a．将主站 No.0 的输入信号 X0～X3 通过从站 No.1 的输出端 Y10～Y13 输出。

b．将从站 No.1 的输入信号 X0～X3 作为网络共享资源。

c．将从站 No.2 的输入信号 X0～X3 通过从站 No.1 的输出端 Y20～Y23 输出。

d．将主站 No.0 数据寄存器 D1 的值作为从站 No.1 计数器 C1 的设定值；当从站 No.1 的计数器 C1 触点闭合时，从站 No.1 的 Y5 输出，并将 C1 触点的状态作为网络共享资源。

e．当从站 No.2 的计数器 C2 触点闭合时，从站 No.1 的输出端 Y6 为 ON。

f．将数值 10 送入数据寄存器 D10 中，作为网络共享资源。

g．将主站 No.0 数据寄存器 D0 的值和从站 No.2 数据寄存器 D20 的值相加，结果存入从站 No.1 的数据寄存器 D11 中。

③ 从站 No.2 控制要求　首先进行站号的设置，然后完成以下控制任务。

a．将主站 No.0 的输入信号 X0～X3 通过从站 No.2 的输出端 Y10～Y13 输出。

b．将从站 No.1 的输入信号 X0～X3 通过从站 No.2 的输出端 Y14～Y17 输出。

c．将从站 No.2 的输入信号 X0～X3 作为网络共享资源。

d．当从站 No.1 的计数器 C1 触点闭合时，从站 No.2 的输出端 Y5 为 ON。

e．将主站 No.0 数据寄存器 D2 的值作为从站 No.2 计数器 C2 的设定值；当从站 No.2 的计数器 C2 触点闭合时，从站 No.2 的 Y6 输出，并将 C1 触点的状态作为网络共享资源。

f．将数值 10 送入数据寄存器 D20 中，作为网络共享资源。

g．将主站 No.0 数据寄存器 D3 的值和从站 No.1 数据寄存器 D10 的值相加，结果存入从站 No.2 的数据寄存器 D21 中。

案例 3 通信参数设置及控制程序设计如下。

① N∶N 网络通信参数设置　通信参数设置主要由主站完成，不需要从站参与，但从站应设置各自的站号。案例 3 通信参数的设置如表 7-10 所示，对应的通信参数设置程序如图 7-22 所示（写入 $FX_{2N}$-80MT 主站）。

② 通信错误报警　通信错误报警程序如图 7-23 所示。由于 PLC 对本身的一些通信错误不能记录，因此该程序应写入主站和从站中，但不必在每个站中都写入该程序。

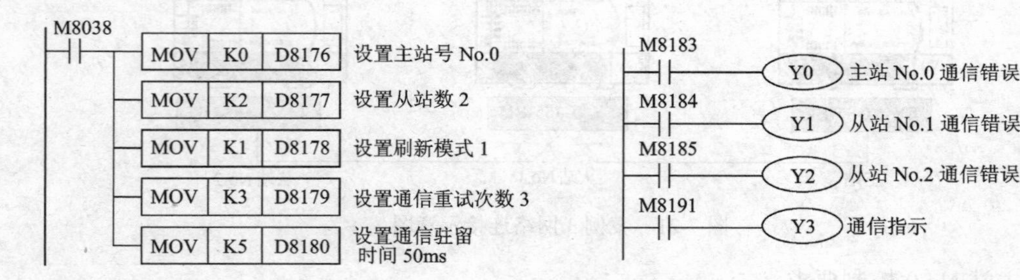


图 7-22　案例 3 网络通信参数设置程序　　图 7-23　案例 3 网络通信错误报警程序

表 7-10　通信参数的设置

| 特殊寄存器号 | 主站 No.0 | 从站 No.1 | 从站 No.2 | 说　明 |
|---|---|---|---|---|
| D8176 | K0 | K1 | K2 | PLC 站号的设置 |
| D8177 | K2 | | | 从站数的设置 |
| D8178 | K1 | | | 数据刷新范围设置 |
| D8179 | K3 | | | 网络通信重试次数设置 |
| D8180 | K5 | | | 网络通信驻留时间设置 |

③ 主站 No.0 的控制程序　如图 7-24 所示。

④ 从站 No.1 的控制程序　如图 7-25 所示。

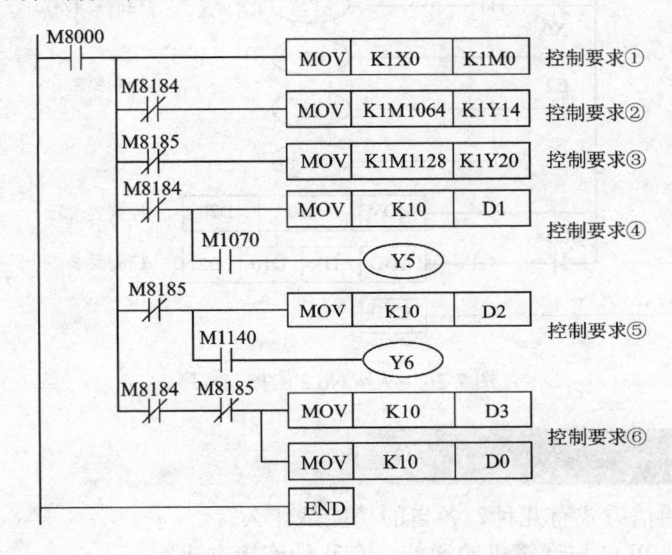


图 7-24　主站 No.0 的控制程序

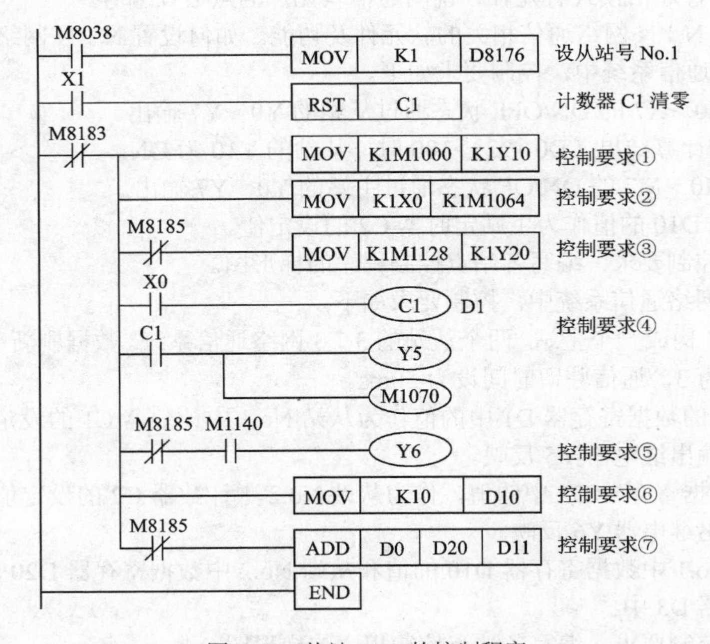


图 7-25　从站 No.1 的控制程序

⑤ 从站 No.2 的控制程序　如图 7-26 所示。

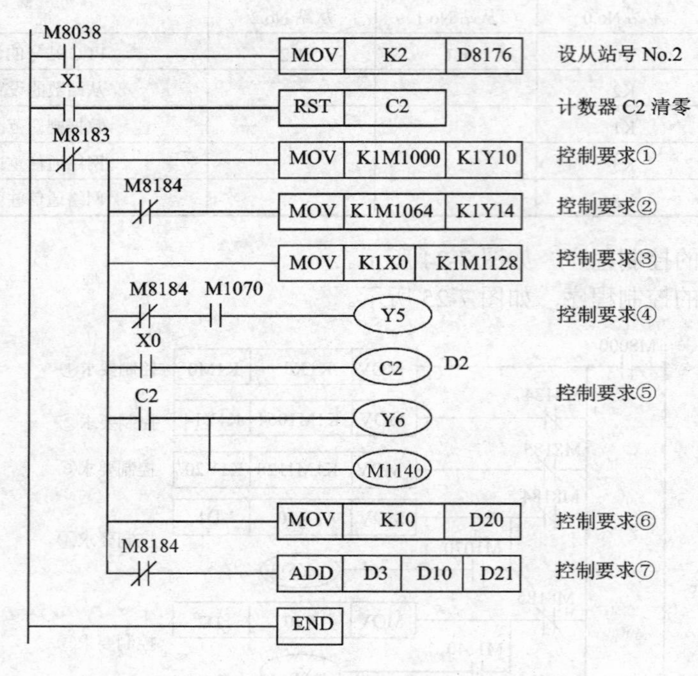


图 7-26　从站 No.2 的控制程序

## 思考题与习题

7-1　PLC 的通信方式有几种？各自的功能是什么？

7-2　如何实现 PLC 与计算机的通信？有几种连接方式？

7-3　PLC 并行通信模式有几种？说明通信软元件的点数及编号。

7-4　说明与 N∶N 网络通信相关的软元件及功能。如何设置 N∶N 网络的参数？

7-5　在并行通信系统中，控制要求如下。

① 将主站 X0～X7 的 ON/OFF 状态通过从站的 Y0～Y7 输出。

② 当主站的计算结果（D0+D2)>100 时，从站的 Y10 为 ON。

③ 将从站 M0～M7 的 ON/OF 状态通过主站的 Y0～Y7 输出。

④ 将从站中 D10 的值作为主站定时器 C2 的设定值。

试根据上述控制要求，编写各站点控制程序的梯形图。

7-6　N∶N 网络通信系统中，控制要求如下。

① 三台 PLC 构成一个主站、两个从站的 3∶3 网络通信系统。数据刷新范围选择模式 1，通信重试次数设为 3，通信驻留时间设为 50ms。

② 将主站中的数据寄存器 D1 中的值作为从站 No.1 中计数器 C1 的设定值，且 C1 触点的状态通过主站输出继电器 Y5 反映。

③ 将主站数据寄存器 D2 中的值，作为从站 No.2 中计数器 C2 的设定值，且 C2 触点的状态通过主站输出继电器 Y6 反映。

④ 将从站 No.1 中数据寄存器 D10 的值和从站 No.2 中数据寄存器 D20 的值相加，存入主站点数据寄存器 D3 中。

试根据上述控制要求，编写各站点控制程序的梯形图。

# 第 8 章　PLC 控制系统的设计

## 8.1　PLC 控制系统设计的基本原则

任何一种电气控制系统的设计都要以满足生产设备或生产过程的工艺要求、提高生产效率和产品质量为目的，并保证系统安全、稳定、可靠的运行。因此设计 PLC 控制系统时，应遵循以下原则。

① 实现生产设备、生产过程、生产工艺的全部动作及功能。

② 满足生产设备和生产过程对产品加工质量以及生产效率的要求。

③ 确保系统安全、稳定、可靠的工作。

④ 尽可能地简化控制系统的结构，降低生产、制造成本。

⑤ 改善操作性能，便于维修。

⑥ 考虑生产规模的扩大，适当留有余量。

## 8.2　PLC 控制系统设计的步骤

PLC 控制系统设计的一般步骤，主要可分为控制系统总体设计、硬件设计、软件设计、系统调试以及编制技术文件等环节，如图 8-1 所示。

（1）明确控制要求

在进行控制系统总体设计前，设计者必须深入生产现场，会同现场技术与操作人员，认真研究控制对象的工作原理，充分了解设备、工艺过程需要实现的动作和应具备的功能，掌握设备中各种执行元件的性能与参数，以便有效地开展设计工作。

在熟悉控制对象的结构、原理及工艺过程的基础上，根据工艺过程的特点和要求分析控制要求，拟定控制系统设计的技术条件。技术条件一般以设计任务书的形式给出，它是系统设计的依据。

（2）选择控制方案

继电接触器控制系统、PLC 控制系统和微机控制系统是现代机电设备及生产过程常用的控制方式。究竟选择哪一种控制方式更合适，这就需要通过对系统的可靠性、技术的适用性、经济的合理性等方面进行比较论证，最后确定系统控制方案。如果选择 PLC 控制系统，应从以下方面进行考虑。

① 输入输出信号较多，且以开关量为主，也可有少量模拟量。

② 控制对象工艺过程比较复杂，逻辑设计部分用继电接触器控制难度较大。

③ 有工艺变化或控制系统扩充的可能性。

④ 现场处于工业环境，又要求控制系统具有较高的可靠性。

⑤ 系统调试比较方便，能在现场进行。

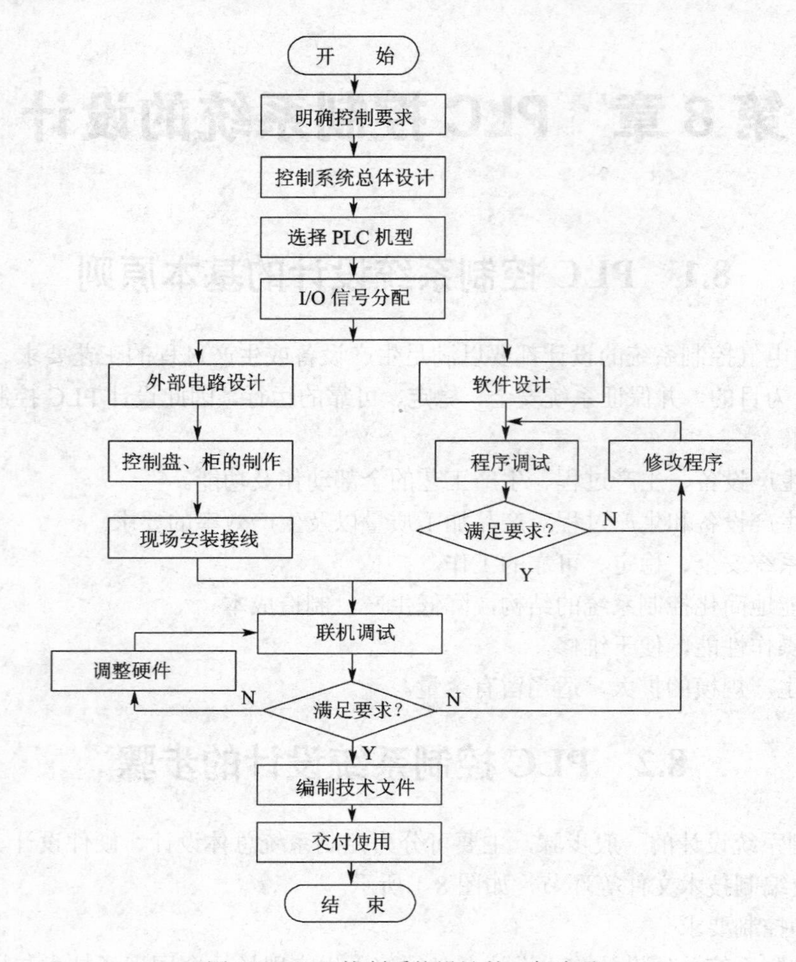


图 8-1 PLC 控制系统设计的一般步骤

（3）控制系统总体设计

控制系统总体设计应先根据控制的要求与功能确定系统实现的具体措施，再由此确定系统的总体结构与组成，选定关键性组成部件，如选择 PLC 的机型、人机界面、伺服驱动器、变频器和调速装置等。

总体方案确定后，设计者应会同相关技术人员、用户和供应商等，对总体方案进行评审，以取得项目管理部门、技术人员和操作者的认可。在充分听取各方面意见的基础上，设计者决定是否需要对总体设计方案进行修改。当方案有重大更改时，在修改方案完成后，还应再次进行总体方案的评审。

（4）选择 PLC 机型

PLC 机型的选择包括 PLC 的结构、I/O 点数、内存容量、响应时间、输入输出模块及特殊功能模块的选择等。

对于以开关量控制为主的系统，无需考虑 PLC 的响应时间，一般的机型都能满足要求；对于有模拟量控制的系统，特别是闭环控制系统，则要注意 PLC 响应时间，根据控制的实时性要求，可选择高速 PLC，也可选用快速响应模块或中断输入模块来提高响应速度。

若控制对象不仅有逻辑运算处理，同时还有算术运算，如 A/D、D/A、BCD 码、PID、中断等控制，应选择指令功能丰富的 PLC。

若控制系统需要进行数据传输通信，则应选用具有联网通信功能的 PLC。一般 PLC 都带有通信接口，但有些 PLC 的通信接口仅支持手持式编程器。

根据估算的内存容量进行 PLC 机型的选择。根据运行经验，内存容量的计算公式为：

内存容量（总字数）= 开关量 I/O 总点数×10＋ 模拟量总点数×150

为可靠起见，在此基础上再增加 25%的裕量，就可确定 PLC 所需的内存容量。

（5）选择输入输出设备，分配 I/O 信号

根据被控对象确定用户所需的输入、输出设备，如控制按钮、行程开关、传感器、接触器、电磁阀、信号灯等的型号、规格及数量；根据所选 PLC 的型号列出输入、输出设备与 PLC 的 I/O 地址分配表，以便绘制 PLC 外部 I/O 接线图和编制程序。

确定 I/O 点数时，要按实际 I/O 点数再增加 20%～30%的备用量；I/O 类型主要根据 I/O 信号选择，如数字量、模拟量、电流容量、电压等级、工作速度等。

（6）硬件设计

硬件设计是在系统总体设计完成后的技术设计，包括对 PLC 的 I/O 电路、负载回路、显示电路、故障保护电路、电源的引入及控制等的设计。在这一阶段，设计人员应根据总体设计方案完成电气控制原理图、电器安装布置图和安装接线图等的设计工作。

在完成上述工作的基础上，应汇编完整的电气元件目录与明细表，并将其提供给生产、供应部门组织生产与采购。同时，根据 PLC 的安装要求与现场的环境条件，结合所设计的电气控制原理图、电器安装布置图和安装接线图完成控制盘、柜的制作。

（7）软件设计

软件设计就是编制用户应用程序、确定 PLC 及功能模块的设定参数等。为了方便系统调试与维修，在软件设计阶段，还应同时编写程序说明书、注释表等辅助文件。

软件设计应在硬件设计的基础上，充分利用 PLC 强大的指令系统，编制符合设备控制要求的用户应用程序，并使软件与硬件有机结合，以获得较高的可靠性和性价比。

程序设计完成后，应通过 PLC 编程软件所具备的自诊断功能对程序进行调试和修改，以确保满足控制要求。有条件时，可通过必要的模拟与仿真对程序进行测试。

对于初次使用的伺服驱动器、变频器等器件，可以通过检查与运行的方法预先进行离线调整与测试，以缩短现场调试的周期。

（8）联机调试

待控制盘、柜及现场安装接线完成后，就可以进行联机调试。如不满足生产工艺控制要求，可修改程序或调整硬件，直到满足控制要求为止。

PLC 的联机调试是检查、优化系统软硬件设计，提高系统可靠性的重要步骤。为了保证调试工作的顺利进行，应按照调试前检查、硬件调试、软件调试、空载运行试验、可靠性试验、实际运行试验等规定的步骤进行。在调试阶段，一切均应以满足控制要求和确保系统安全、可靠运行为准则。它是检验系统硬件、软件设计的唯一标准。任何影响系统安全性、可靠性的设计，都必须予以修改，决不可遗留事故隐患，以免导致严重后果。

（9）编制技术文件，交付使用

在系统安全、可靠性得到确认后，设计人员就可着手进行系统技术文件的编制工作，如修改电气控制原理图、安装接线图，编写设备操作、使用说明书，备份 PLC 用户程序，记录调整、设定参数等。

技术文件的编写应正确、全面，必须保证图与实物一致，电气控制原理图、用户应用程序、设定参数必须是调试完成后的最终版本。

技术文件的编写应规范、系统，尽可能为设备使用者以及日后的维修工作提供方便。

# 8.3　减少 I/O 点数的方法

PLC 每一输入输出点的平均价格高达几十元甚至上百元，因此减少所需 I/O 的点数是降低系统硬件费用的主要措施。

## 8.3.1　减少输入点的方法

（1）分时分组输入

系统中手动程序和自动程序不会同时执行，将手动和自动这两种工作方式的输入信号分组输入，可减少实际所需输入点，如图 8-2 所示。图中 X10 用于选择手动 / 自动方式（X10 为 ON，手动），供手动程序和自动程序切换用；二极管用于切断寄生电路，避免错误信号输入。

（2）合并输入点

如果某些输入信号在梯形图中总是以“与”、“或”关系出现，就可通过外部电路的串、并联，将其“合并”为一个信号，只占用一个输入点，如图 8-3 所示。一些异地启 / 停控制、保护、报警信号可采用这种输入方式。

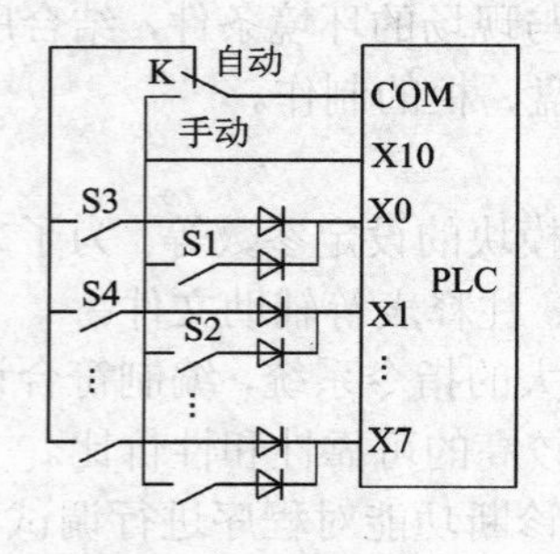

图 8-2　分时分组输入

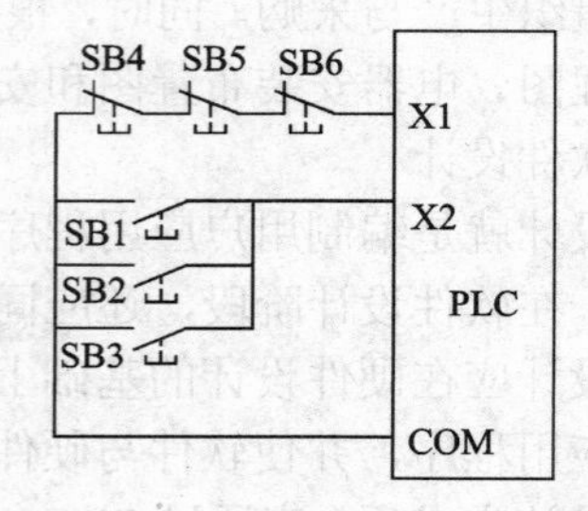

图 8-3　合并输入点

（3）外置输入信号

系统中某些功能单一、涉及面窄的输入信号，如一些手动操作按钮、过载保护的触点就没必要作为 PLC 的输入信号，可直接将其设置在输出驱动回路当中，以免占用输入点，如图 8-4 所示。

（4）矩阵输入

矩阵输入方式之一如图 8-5（a）所示，当选择开关 SA 选择手动操作方式时，可用按钮进行输入操作；当 SA 选择自动操作方式时，可接收由传感器送来的检测信号。

矩阵输入方式之二如图 8-5（b）所示，图中利用输出端口扩展输入点。当 Y0 为 ON 时，S1、S2、S3 输入有效；Y1 为 ON 时，S4、S5、S6 输入有效；Y2 为 ON 时，S7、S8、S9 输入有效。输出端口的状态用软件定义，这种输入方式在 PLC 接入拨盘开关时很有用。

矩阵输入可用于有多种输入操作的场合，此外 FX 系列 PLC 还提供了三种矩阵输入的功能指令 FNC70～FNC72，可满足多种使用要求。

（5）单按钮输入

如图 5-62 所示，应用 ALT 交替输出指令（FNC66），可用一个按钮输入（X0）实现输出（Y1）的启/停控制。

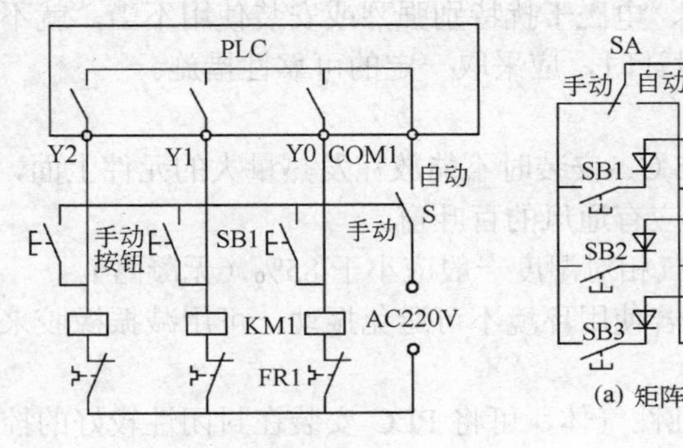


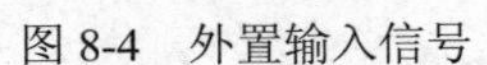
图 8-4　外置输入信号

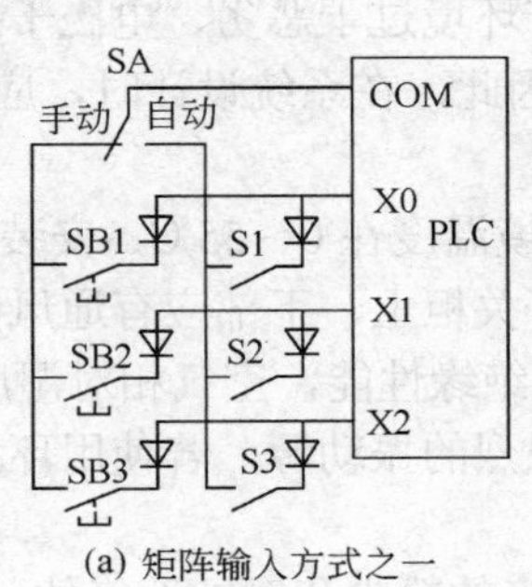

(a) 矩阵输入方式之一

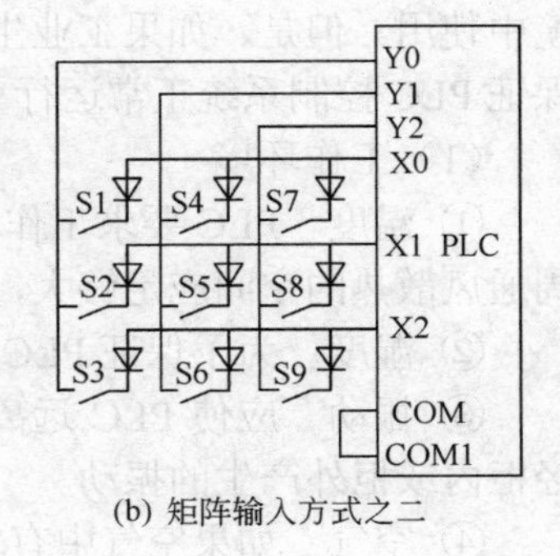

(b) 矩阵输入方式之二

图 8-5　矩阵输入方式

### 8.3.2　减少输出点的方法

（1）减少负载所需输出点数的方法

在输出功率允许的条件下，两个或多个通断状态完全相同的负载并联后，可共用一个输出点。

在需要用指示灯显示 PLC 驱动的负载状态时，可以将指示灯与负载并联。并联时指示灯与负载的额定电压应相同，总电流不应超过允许值。也可以用接触器的辅助触点来控制指示灯或实现 PLC 外部的硬件联锁。

系统中某些相对独立或比较简单的部分，可以不用 PLC，直接用继电器来控制，这样也可以减少所需的输出点。

（2）减少数字显示所需输出点数的方法

PLC 数字显示电路如图 8-6 所示，如果 LED 七段显示器直接连接在输出端子上，将会占用很多的输出点。图中采用具有锁存、译码、驱动功能的芯片 CD4513 驱动共阴极 LED 七段显示器，两只 CD4513 的数据输入端 A～D 共用 PLC 的 4 个输出端，其中 A 为最低位，D 为最高位。LE 是锁存使能输入端，在 LE 信号的上升沿将输入数据（BCD 码）锁存在 CD4513 的寄存器中，并将该数译码后显示出来。如果输入的不是十进制数，显示器熄灭。LE 为高电平时，显示的数不受数据输入信号的影响。显然，$N$ 位显示器所占用的输出点数是 4+$N$ 个。

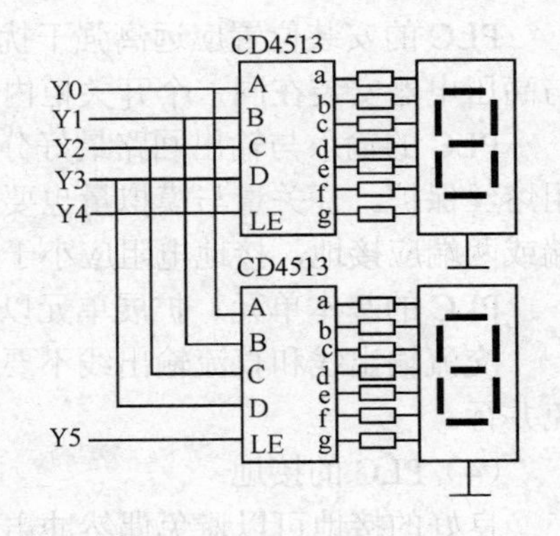

图 8-6　PLC 数字显示电路

应用七段译码指令 SEGD（FNC73），可将十六进制数译为 LED 七段显示器所需的代码，直接控制一只 LED 七段显示器，需要 7 个输出点；带锁存器的七段显示指令 SEGL（FNC74）用 12 个输出点可控制两组（每组 4 位）LED 七段显示器；方向开关指令 ARWS（FNC75），用 8 个输出点可控制 4 个 LED 七段显示器，再加上少量的输出点，可以将输入的 4 位 BCD 数据同时显示出来。

## 8.4　提高 PLC 控制系统可靠性的措施

PLC 是专门为工业环境设计的控制装置，一般不需要采取特殊措施就可以直接在工业环境中使用。但是，如果工业生产环境过于恶劣、电磁干扰特别强烈或安装使用不当，就不能保证PLC控制系统正常运行。因此，在系统设计时，应采取一定的可靠性措施。

（1）工作环境

① 温度　PLC要求工作环境温度在0～55℃。安装时不能放在发热量大的元件上面，四周通风散热的空间应足够大，开关柜上、下部应有通风的百叶窗。

② 湿度　为了保证PLC的绝缘性能，空气相对湿度一般应小于85%（无凝露）。

③ 振动　应使PLC远离强烈的振动源，若使用环境不可避免振动，可用减振橡胶来减轻柜内或柜外产生的振动。

④ 空气　如果空气中有较多的粉尘和腐蚀性气体，可将PLC安装在封闭性较好的控制室或控制柜中，并安装空气净化装置。

（2）工作电源

PLC工作电源为50Hz、220V±10%的交流电。对于来自电源线的干扰，PLC本身具有足够的抵抗能力。但在干扰较强或可靠性要求高的场合，动力部分、控制部分、PLC及I/O回路的电源应分开配线，并通过带屏蔽层的隔离变压器和低通滤波器给PLC供电，隔离变压器与PLC之间采用双绞线连接，如图8-7所示。隔离变压器一次侧应接交流380V电源，可避免地电流的干扰。

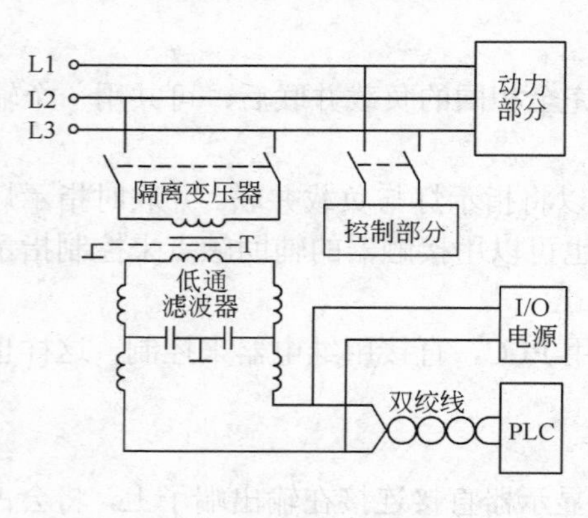


图8-7　PLC电源

PLC提供的直流24V电源，可为传感器（如光电开关或接近开关）等输入元件提供电源。若输入电路外接直流电源，最好采用稳压电源，因为一般的整流滤波电源有较大的纹波，容易使PLC接受到错误信息。

PLC电源线截面应根据容量进行选择，一般不小于2.5 $mm^2$。

（3）安装布线

PLC的安装位置应远离强干扰源，如电焊机、大功率硅整流装置和大型动力设备，不能与高压电器安装在同一个开关柜内。

PLC的输入与输出回路最好分开走线，输入回路接线一般不要超过30m，输出回路应采用熔丝保护。开关量与模拟量也要分开敷设，模拟量信号的传送应采用屏蔽线，屏蔽层的一端或两端应接地，接地电阻应小于屏蔽层电阻的1/10。

PLC的基本单元、扩展单元以及功能模块的连接线缆应单独敷设，以防外界信号干扰。

交流输出线和直流输出线不要用同一根电缆，输出线应尽量远离高压线和动力线，且避免并行。

（4）PLC的接地

良好的接地可以避免偶然冲击电压的危害，是保证PLC可靠工作的重要条件。PLC系统接地的基本原则是单点接地，禁止与其他设备串联接地，最好采用专用接地，接地电阻应小于4 Ω。独立安装的PLC基本单元，至少应使用2.5$mm^2$以上的黄绿线与系统保护接地线（PE）连接。

（5）冗余系统与热备用系统

在石油、化工、冶金等行业的某些系统中，要求控制装置有极高的可靠性。如果控制系统出现故障，将会造成停产、原料大量浪费或设备损坏，给企业造成极大的经济损失。但是仅靠提高控制系统硬件的可靠性来满足上述要求是远远不够的，因为 PLC 本身可靠性的提高是有一定限度的。使用冗余系统或热备用系统就能有效地解决这一问题。

① 冗余系统　冗余控制系统中，整个 PLC 控制系统由两套完全相同的系统组成，如图 8-8（a）所示。两块 CPU 模块使用相同的用户应用程序，主 CPU 工作时，备用 CPU 是被禁止的；主 CPU 故障时，备用 CPU 自动投入使用。这一过程由冗余处理单元 RPU 控制完成，包括 I/O 系统的切换，切换时间只用 1～3 个扫描周期。

② 热备用系统　热备用系统中，两台 CPU 通过通信接口连接在一起，备用 CPU 处于待工作状态，如图 8-8（b）所示。当系统出现故障时，由主 CPU 通知备用 CPU，使备用 CPU 投入运行。这一切换过程一般不是太快，但它的结构要比冗余系统简单。

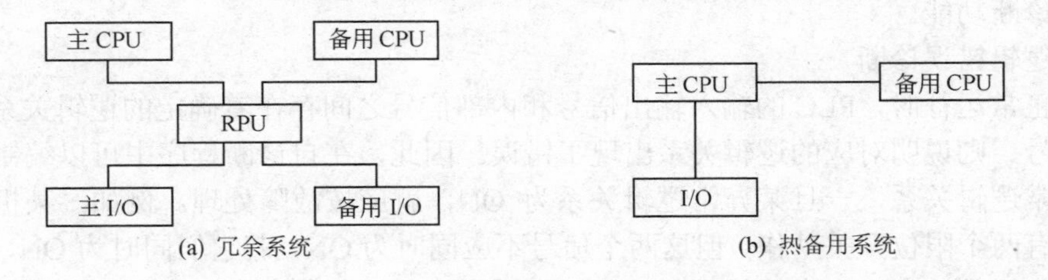


图 8-8　冗余系统与热备用系统

# 8.5 PLC 的维护与故障诊断

## 8.5.1 PLC 的维护

PLC 的维护主要包括以下方面。

① 建立系统设备档案，包括设计图纸、设备明细、程序清单和有关说明等。

② 对大中型 PLC 系统，应制订维护保养制度，做好运行、维护、检修记录。

③ 定期对系统进行检查保养，时间间隔为半年，最长不超过一年。

④ 检查设备安装、接线有无松动现象，焊点、接点有无松动或脱落。

⑤ 除尘去污，清除杂质。

⑥ 检查供电电压是否在允许范围之内。

⑦ 重要器件或模块应有备件。

⑧ 校验输入元件、信号是否正常，有无出现偏差异常现象。

⑨ 定期更换机内后备电池，锂电池寿命通常为 3～5 年。

⑩ 加强对 PLC 使用和维护人员的思想教育及业务素质的提高。

## 8.5.2 故障的诊断

PLC 的可靠性很高，本身有很完善的自诊断功能，如果出现故障，借助自诊断程序可以方便地找到出现故障的部件，更换后就可以恢复正常工作。

大量的工程实践表明，PLC 外部的输入输出元件，如限位开关、电磁阀、接触器等的故障率远远高于 PLC 本身的故障率。这些元件出现故障后，PLC 一般反映不出来，可能使故障扩大，直至强电保护装置动作并停机，有时甚至会造成设备和人身事故。停机后，查找故障也要花费很长时间。为了及时发现故障，在没有酿成事故之前自动停机或报警，应针对系统可能出现的故障设计故障诊断程序以实现故障的自诊断和自动处理。

（1）超时诊断

机械设备各工步动作所需的时间一般是不变的，即使变化，也不会太大。因此，可以以这些时间为参考，在PLC发出输出信号使相应的外部执行机构开始动作时，启动一个定时器计时（定时器的设定值应比正常情况下完成该动作的时间长一些），如果计时到位（超时），就表明该机构出现故障。例如，设某执行机构在正常情况下运行10s后，它所驱动的部件使限位开关动作，发出动作结束信号，在该执行机构开始动作时，启动设定值为12s的定时器计时，若12s后还没有接收到限位开关的动作信号，可由定时器常开触点启动故障显示和报警程序，发出故障信号，使操作和维修人员迅速判断故障的种类、位置，及时排除故障。

可以用PLC的报警器置位ANS（FNC46）和报警器复位ANR（FNC47）指令来方便地实现超时诊断功能。

（2）逻辑错误诊断

系统正常运行时，PLC的输入输出信号和内部信号之间存在着确定的逻辑关系。如果出现异常信号，则说明对应的逻辑关系出现了错误。因此，在自诊断程序中可以编制一些常见故障的异常逻辑关系，一旦某异常逻辑关系为ON，就应按故障处理。例如，某机械运动过程中先后有两个限位开关动作，但这两个信号不应同时为ON，若它们同时为ON，说明至少有一个限位开关被卡死，应停机进行处理。在逻辑错误诊断程序中，可以将这两个限位开关对应的输入继电器的常开触点串联，作为异常逻辑关系来驱动一个辅助继电器报警。

# 8.6 PLC控制系统设计案例

## 8.6.1 工艺过程与控制要求

（1）工艺过程

机械手工作的工艺过程如图8-9所示。机械手的左移/右移、下降/上升运动由汽缸驱动，并由双线圈两位电磁阀控制，当下降电磁阀通电时，机械手下降；当上升电磁阀通电时，机械手上升。同样，左移/右移分别由左移电磁阀和右移电磁阀控制。机械手的夹紧/松开由一个单线圈两位电磁阀控制，当该线圈通电时，机械手夹紧；当该线圈断电时，机械手松开。

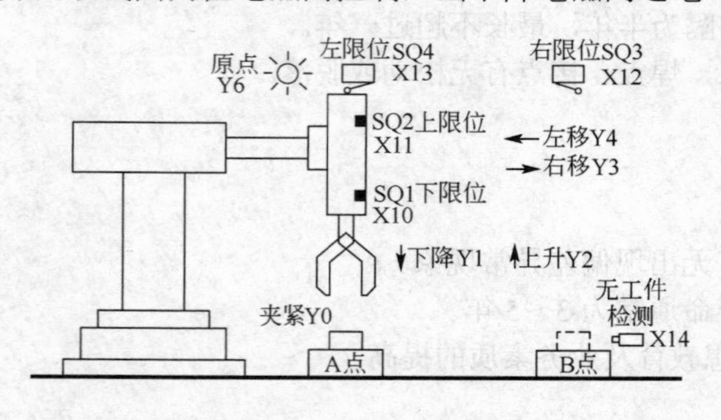

图8-9 机械手工艺过程示意图

机械手的起点（原点）在左上方。机械手的工作是将工件从A点移送到B点的工作台上，其动作过程按下降→夹紧→上升→右移→下降→松开→上升→左移的顺序依次进行。为确保安全，B点工作台上无工件时，才允许机械手下降释放工件。B点工作台上有无工件用光电开关检测。

（2）控制要求

机械手的操作方式分为手动、回原点和自动操作方式。自动操作方式又分为步进、单周期和连续操作方式。

① 手动操作　用按钮对机械手的每一个动作单独进行操作控制，例如，按下降按钮，机械手下降，按上升按钮；机械手上升；按右移按钮，机械手右移；按左移按钮，机械手左移；按夹紧按钮，机械手夹持工件；按放松按钮，机械手释放工件。

② 回原点　当操作方式选择开关置“回原点”位置时，机械手应中止当前动作并返回原点。

③ 步进（单步）操作　每按一次启动按钮，机械手完成一个动作，然后自动停止。

④ 单周期操作　从原点开始，按一下启动按钮，机械手自动完成一个周期的动作，然后停止。

⑤ 自动（连续）操作　机械手从原点开始，按一下启动按钮，机械手的动作将自动、连续不断地周期性循环。在工作中若按一下停止按钮，机械手将在完成一个周期的动作后回到原点自动停止。

### 8.6.2 机械手 PLC 控制系统设计

（1）系统硬件设计

① PLC 选型及 I/O 信号分配　由于机械手 PLC 控制系统输入信号较多，故选 $FX_{2N}$-48MR，其 I/O 信号分配如表 8-1 所示。

**表 8-1　机械手外部信号与 PLC 信号地址对照表**

| 输入信号 | | | 输出信号 | | |
|---|---|---|---|---|---|
| 输入设备 | 功能 | 地址 | 输出设备 | 功能 | 地址 |
| 按钮 SB1 | 启动 | X0 | 电磁阀 YV1 | 夹紧/松开 | Y0 |
| 按钮 SB2 | 停止 | X1 | 电磁阀 YV2 | 下降 | Y1 |
| 按钮 SB3 | 上升 | X2 | 电磁阀 YV3 | 上升 | Y2 |
| 按钮 SB4 | 左移 | X4 | 电磁阀 YV4 | 右移 | Y3 |
| 按钮 SB5 | 松开 | X6 | 电磁阀 YV5 | 左移 | Y4 |
| 按钮 SB6 | 下降 | X3 | 指示灯 HL | 原点指示 | Y6 |
| 按钮 SB7 | 右移 | X5 | | | |
| 按钮 SB8 | 夹紧 | X7 | | | |
| 限位开关 SQ1 | 下限位 | X10 | | | |
| 限位开关 SQ2 | 上限位 | X11 | | | |
| 限位开关 SQ3 | 右限位 | X12 | | | |
| 限位开关 SQ4 | 左限位 | X13 | | | |
| 光电开关 PS | 无工件检测 | X14 | | | |
| 操作方式选择开关 SA | 手动操作 | X20 | | | |
| | 回原点 | X21 | | | |
| | 步进操作 | X22 | | | |
| | 单周期 | X23 | | | |
| | 自动 | X24 | | | |

② I/O 设备选择及接线　机械手 PLC 控制系统输入信号有 18 个，均为开关量，选择 1 个转换开关、4 个限位开关、8 个控制按钮和 1 个光电开关用于输入信号的接入；输出信号有 6 个，选择 3 个电磁阀，用于机械手下降 / 上升、右移 / 左移和夹紧 / 松开等输出信号的驱动；1 个用于原点指示的信号灯，如表 8-1 所示（设备型号选择从略）。I/O 设备与 PLC 的接线如图 8-10 所示。

③ 操作面板　为了便于操作，将机械手控制开关集中安排，设计的机械手操作面板布置图如图 8-11 所示。

（2）系统软件设计

① 机械手总体控制程序　系统要求机械手具有手动操作、回原点、步进操作、单周期、自动（连续）操作等多种功能，为了便于程序设计，将上述不同功能的操作设计为子程序，

再根据系统操作需要（条件）分别调用各子程序就可实现机械手的控制要求。机械手总体控制程序如图 8-12 所示。

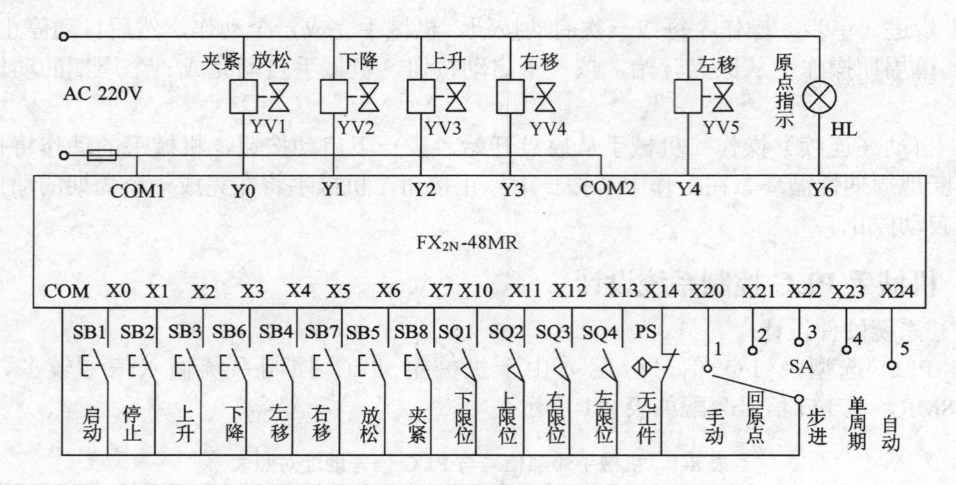


图 8-10 I/O 设备与 PLC 的接线

图 8-12 中，通过操作方式选择开关 SA 的输入信号，可选择不同的子程序以实现不同的操作功能，若 X20 为 ON，选择手动操作方式；若 X21 为 ON，选择回原点；若 X22 为 ON，选择单步操作方式；若 X23 为 ON，选择单周期操作方式；若 X24 为 ON，则为自动（连续）工作方式。

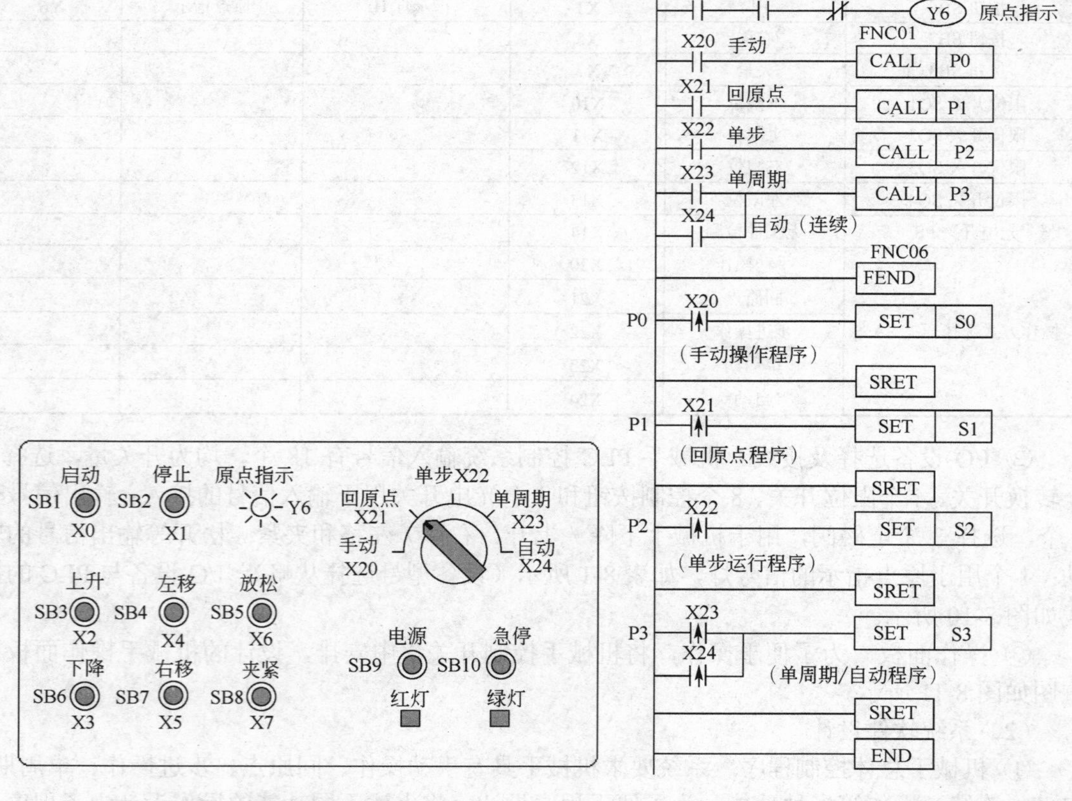


图 8-11 机械手操作面板布置图

图 8-12 机械手总体控制程序

② 机械手手动操作程序　机械手手动操作程序如图 8-13 所示。

③ 机械手回原点程序　机械手回原点程序如图 8-14 所示。

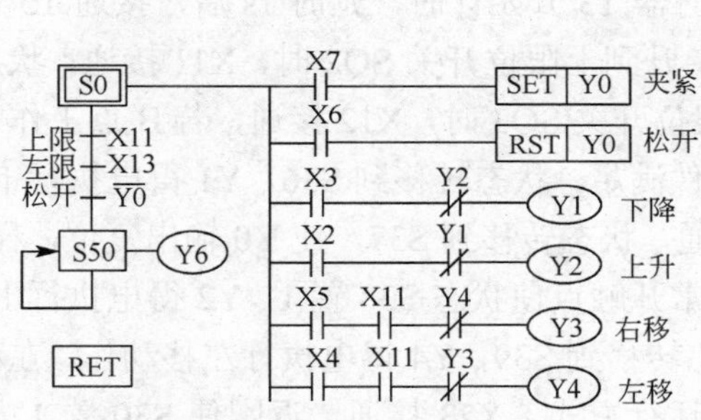


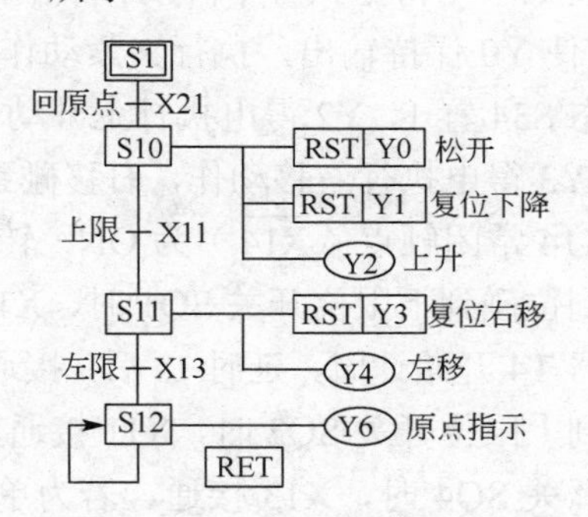


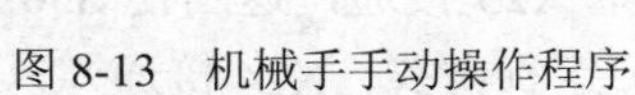

图 8-13　机械手手动操作程序　　图 8-14　机械手回原点程序

④ 机械手单步操作程序　机械手单步（步进）操作程序如图 8-15 所示。当选择开关 SA 接通 X22 时，为步进方式。机械手在原点时，Y6 指示。按启动按钮使 S21 状态置 1，机械手同时下降，碰到下限位开关停止并等待操作命令，再按一下启动按钮，机械手完成夹持工件并等待下一操作命令……顺次操作，每按一次启动按钮，机械手就向前运行一步。下降完成，应该执行夹紧操作，若要在未完成夹紧时上升，程序不会执行，这是由程序的结构决定的，可有效地防止误操作。

⑤ 机械手单周期/自动运行程序　机械手单周期/自动运行程序如图 8-16 所示。

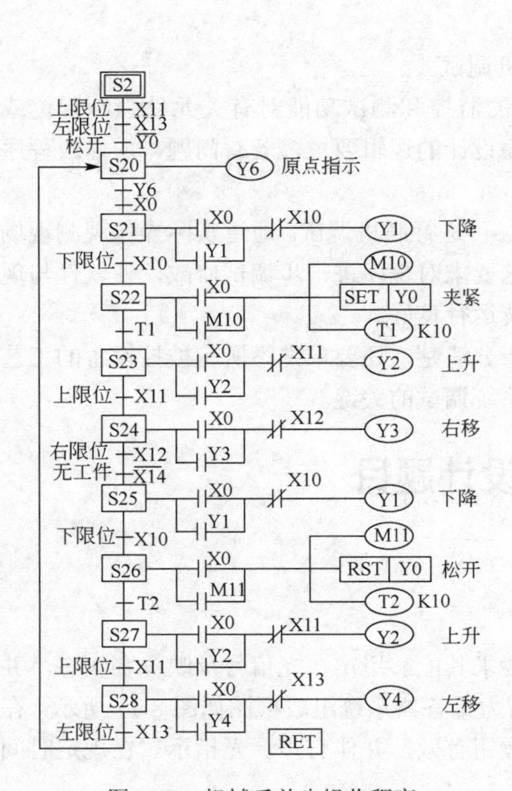


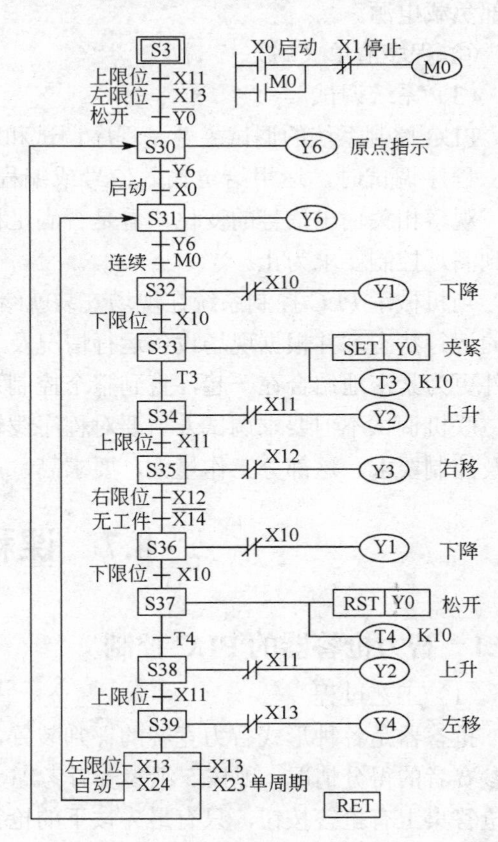


图 8-15　机械手单步操作程序　　图 8-16　机械手单周期/自动（连续）运行程序

机械手在原点时（由原点指示灯 Y6 指示），按启动按钮，X0 为 ON，使状态 S31、S32 相继置 1，Y1 得电执行下降动作，下降到位碰到下限位开关 SQ1 时，X10 接通，状态转移到 S33，使 Y0 保持输出，执行夹紧动作，定时器 T3 开始计时，延时 1s 后，接通 T3 常开触点使状态 S34 置 1，Y2 得电执行上升动作，上升到上限位开关 SQ2 时，X11 接通，状态转移到 S35，Y3 得电执行右移动作，右移碰到右限位开关 SQ3 时，X12 接通，若 B 点工作台上无工件，X14 常闭触点（$\overline{X14}$）为 ON，转移条件满足，状态转移到 S36，Y1 得电执行下降动作，下降到位碰到下限位开关 SQ1 时，X10 接通，状态转移到 S37，使 Y0 输出复位，释放工件，定时器 T4 开始计时，延时 1s 后，接通 T4 常开触点使状态 S38 置 1，Y2 得电执行上升动作，上升到上限位开关 SQ2 时，X11 接通，状态转移到 S39，Y4 得电执行左移动作，左移碰到左限位开关 SQ4 时，X13 接通，若为单周期运行方式，X23 接通，返回使 S30 置 1，Y6 得电指示原点，并等待重新启动信号；若为自动（连续）运行方式，X24 接通，返回使 S31 置 1，重复执行自动（连续）程序。

机械手在自动（连续）运行过程中，如按停止按钮，X1 为 ON，使 M0 自保解除，M0 的常开触点断开，机械手完成当前一个周期的动作后，回到原点自动停止。

若 PLC 掉电，机械手的动作停止，重新启动时，先用回原点操作或手动操作将机械手调回原点，再按启动按钮，重新开始单周期或自动运行。

操作面板上的电源与急停按钮与 PLC 运行程序无关，这两个按钮用于接通和断开 PLC 外部负载电源。

⑥ 程序清单（略）

（3）系统调试

PLC 控制系统的调试主要是程序调试和联机调试。

程序调试时，运用给定输入信号或编程器的监控和测试功能对有关元件强制置位或复位，观察相关输出信号的变化，看是否满足程序设计的逻辑要求，若有问题，应修改程序，直到满足控制要求为止。

当机械手 PLC 控制系统在现场安装就绪后，再进行联机调试。通过实际操作观测现场设备的运行状态，并根据现场设备运行情况及工艺要求对程序进一步调试修改，使软件与现场硬件更为紧密地结合在一起，直到整个控制系统运行良好。

联机调试不但要求调试人员要对程序逻辑十分清楚，还要求熟悉所有被控设备的工艺过程及控制要求。这部分工作量大，要求高，是系统调试的关键。

## 8.7 课程设计题目

### 8.7.1 智力抢答器的 PLC 控制

（1）工艺过程

抢答器是各种形式智力竞赛的评判装置，要求其能够用声、光信号反映竞赛状态，并显示参赛者的得分情况。现按 5 组参赛者考虑，智力抢答器系统组成框图如图 8-17 所示，在每个抢答桌上有抢答按钮，只有最先按下的抢答按钮有效，并伴有声、光指示。在规定时间内答题正确加分，否则减分。

（2）控制要求

① 竞赛开始时，主持人接通启动开关 SA，指示灯 HL6 亮。

② 当主持人按下开始抢答按钮 SB0 后，如果在 10s 内无人抢答，音响 HA 发出持续 1.5s 的声音，指示灯 HL7 亮，表示抢答器自动撤销此次抢答信号。

③ 当主持人按下开始抢答按钮 SB0 后，如果在 10s 内有人抢答（SB1、SB2、SB3、SB4 或 SB5 按下），则最先按下的抢答按钮有效，对应抢答桌上的抢答灯（HL1、HL2、HL3、HL4 或 HL5）点亮，音响 HA 发出间歇（ON/OFF/ON 各 0.2s）声音。

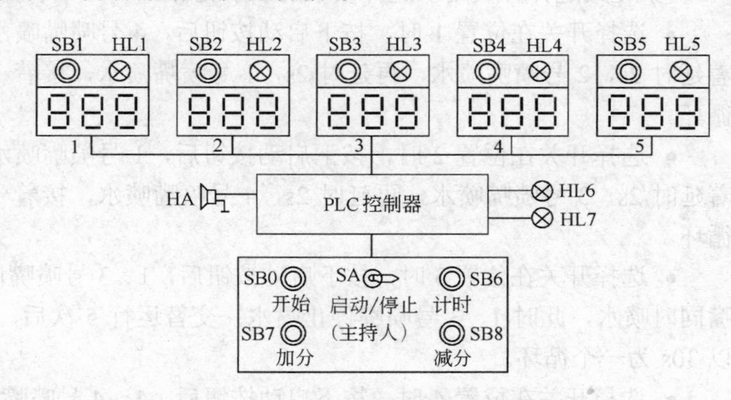


图 8-17　智力抢答器系统组成框图

④ 当主持人确认抢答有效后，按下答题计时按钮 SB6，抢答桌上的抢答灯灭，计时开始，计时到位（假设为 30s）后，音响发出持续 3s 的长音，抢答桌上的抢答灯再次点亮。

⑤ 如果参赛者在规定时间答题正确，主持人按下加分按钮，为该组加分（分数自定），同时抢答桌上的抢答灯闪烁 3s（ON/OFF 各 0.3s）。

⑥ 如果参赛者在规定时间内不能正确答题，主持人按下减分按钮，为该组扣分（分数自定）。

（3）设计方案提示

① 指示抢答灯显示和音响输出可由 PLC 的输出信号直接驱动。

② 参赛者的得分情况可通过数码管显示，得分情况的显示程序是本课题设计的难点，可以利用 PLC 的移位指令及译码组合电路来完成。

## 8.7.2　花式喷泉的 PLC 控制

（1）工艺过程

在公园、广场及一些标志性建筑前，常会建造各式各样的花式喷泉以供人们观赏。喷嘴布局示意图如图 8-18（a）所示，图中 4 号为中心喷嘴，3 号为内环喷嘴，2 号为中环喷嘴，1 号为外环喷嘴。如果这些喷嘴按一定的规律改变喷水顺序，再配以五颜六色的灯光和优雅的音乐，就可起到美化环境的效果。

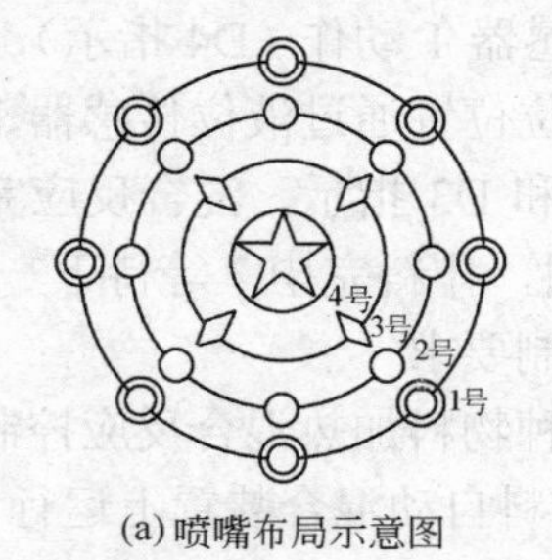


(a) 喷嘴布局示意图

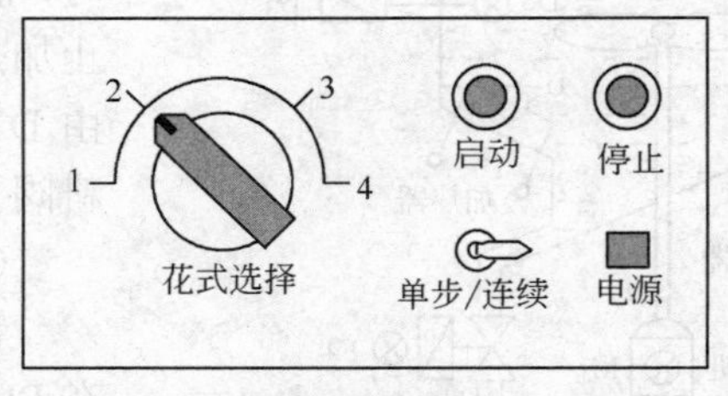


(b) 控制面板图

图 8-18　花式喷泉示意图

（2）控制要求

① 接通电源，按下启动按钮，喷水控制装置开始工作；按下停止按钮，喷水控制装置停止工作。工作方式由花式选择开关和单步/连续开关选择。

② 花式选择开关用以选择喷泉的喷水花样。

- 选择开关在位置 1 时，按下启动按钮后，4 号喷嘴喷水，延时 2s，3 号喷嘴喷水，接着延时 2s，2 号喷嘴喷水，再延时 2s，1 号喷嘴喷水，接着一起喷水。此过程以 18s 为一个循环。
- 选择开关在位置 2 时，按下启动按钮后，1 号喷嘴喷水，延时 2s，2 号喷嘴喷水，接着延时 2s，3 号喷嘴喷水，再延时 2s，4 号喷嘴喷水，接着一起喷水。此过程以 30s 为一个循环。
- 选择开关在位置 3 时，按下启动按钮后，1、3 号喷嘴同时喷水；延时 3s 后 2、4 号喷嘴同时喷水，此时 1、3 号喷嘴停止喷水；交替运行 5 次后，1～4 号喷嘴全部喷水。此过程以 30s 为一个循环。
- 选择开关在位置 4 时，按下启动按钮后，1～4 号喷嘴按照 1→2→3→4 的顺序依次间隔 2s 喷水，然后一起喷水 30s 后停歇 2s，再按照 4→3→2→1 的顺序，依次间隔 2s 喷水，然后再一起喷水 30s 为一个循环。

③ 单步/连续开关在单步位置时，喷泉只能按照花式选择开关选定的方式运行一个循环；在连续位置时，喷泉喷水反复循环进行。

④ 不论在什么工作方式下，只要按下停止按钮，喷泉就立即停止工作，所有存储器复位。

（3）设计方案提示

① 根据花式选择开关输入信号的不同，可采用跳转指令或子程序编程。

② 在不同功能程序段内可采用定时器实现顺序控制。

### 8.7.3 物料自动混合的 PLC 控制

（1）工艺过程

物料自动混合装置如图 8-19 所示，这种装置主要用于化学反应过程中液体物料按比例的混合和加热反应的控制。自动混合装置的进料由电磁阀 F1～F3 控制（电磁阀动作，对应的信号灯点亮指示），而电磁阀的动作又受液位传感器 L1～L3 输入信号的控制。如果物料混合反应需要加热，则启用加热器 H，当温度达到规定要求时，温度传感器 T 动作（D4 指示），加热器 H 停止加热。液位位置通过液位传感器 L1～L3 分别由 D1、D2 和 D3 指示。混合反应完成，开启放料阀 F4 排料，排料完毕，等待下一工艺过程。

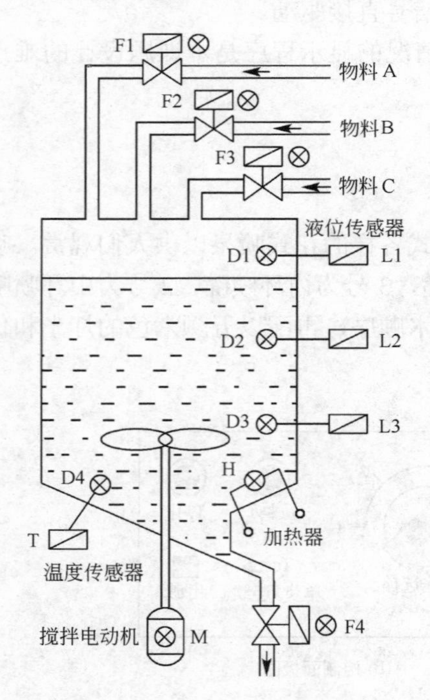

图 8-19　物料自动混合装置示意图

（2）控制要求

设计三种物料加热混合反应控制的程序，并在 PLC 和物料自动混合装置上运行调试成功。

① 初始状态　容器是空的，电磁阀 F1～F4、搅拌电动机 M、液位传感器 L1～L3、加热器 H

和温度传感器 T 均为 OFF。

② 加热混合控制　按启动按钮 SB1，阀 F1 和 F2 同时开启，物料 A、B 同时进入容器；当液位到达 L2（L2 为 ON）时，关闭阀 F1 和 F2，同时开启阀 F3，物料 C 进入容器。

当液位到达 L1（L1 为 ON）时，关闭阀 F3，加热器 H 开始加热，当物料温度达到设定温度（T 为 ON）时，停止加热，搅拌电动机 M 启动，开始搅拌，经 10s 延时后，停止搅拌（M 为 OFF），然后开启阀 F4，放出混合物料。当液位下降至 L3 时，再经 5s 延时后关闭阀 F4。

③ 停止操作　按停止按钮 SB2，在当前工艺过程完成后停止操作，回到初始状态。

（3）设计方案提示

① 物料自动混合过程，即进料→加热→混合反应→放料和液位信号的输入及输出显示实际上是一个顺序操作的控制过程，因此，用步进指令编程比较简便。

② 系统中当前温度的采样与控制是本课题设计的难点，可采用 $FX_{2N}$-4AD-TC 模块采样，通过比较运算实现。

### 8.7.4　送料车的 PLC 控制

（1）工艺过程

在生产车间，尤其是一些自动化生产线上，需要用一台送料车为各工位配料或收集产品。送料车的运行（如电梯运行一样）是根据多地点请求随机运行的过程。

某车间有 6 个工作台，送料车往返于工作台之间送料，如图 8-20 所示。每个工作台设有一个到位开关（SQ）和一个呼叫按钮（SB）。

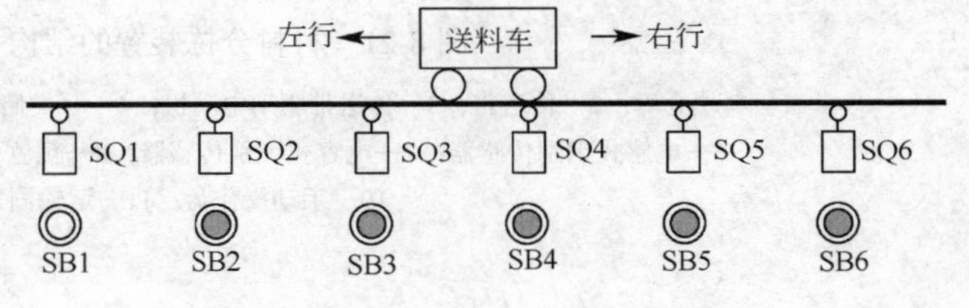


图 8-20　送料车控制系统示意图

（2）控制要求

① 送料车开始时应能停留在 6 个工作台的任意一个到位开关的位置上。

② 设送料车现暂停于 $m$ 号工作台（$SQ_m$ 为 ON）处，这时 $n$ 号工作台呼叫（$SB_n$ 为 ON），根据 $m$ 和 $n$ 的值的不同，送料车应有如下三种运行状态。

- $m>n$，送料车左行，直至 $SQ_n$ 动作，到位停车，即送料车所停位置 SQ 的编号大于呼叫按钮 SB 的编号时，送料车往左运行至呼叫位置后停止。
- $m<n$，送料车右行，直至 $SQ_n$ 动作，到位停车，即送料车所停位置 SQ 的编号小于呼叫按钮 SB 的编号时，送料车往右运行至呼叫位置后停止。
- $m=n$，送料车原位不动，即送料车所停位置 SQ 的编号与呼叫按钮 SB 的编号相同时，送料车不动。

③ 送料车停车位置应有指示灯指示。

（3）设计方案提示

① 本设计需要控制的逻辑关系较多，必须考虑所有的可能，可借助于 I/O 关系表，分别列出送料车左行与右行的条件，以便于程序设计。

② 为确保送料车呼叫到位，应对呼叫信号进行记忆。

③ 实际应用中，如果工位较多，将出现所谓的指令“组合爆炸”现象，可考虑应用传送指令、比较指令、编码指令和译码指令等，使程序得以简化。

## 8.7.5 材料分拣装置的PLC控制

（1）工艺过程

材料分拣装置的结构如图8-21、图8-22所示，它是一个模拟工业自动化生产过程的微缩模型，可用于教学演示、实训、技术培训和课程设计。

该装置采用架式结构，配有控制器（PLC）、传感器（光电式、电感式、电容式、颜色识别、磁感应式）、旋转编码器、电动机、传送带、汽缸、电磁阀、空气减压器和直流电源等，是典型的机电一体化设备，可实现不同材料的自动分拣和归类，并可配置监控软件由上位计算机监控。

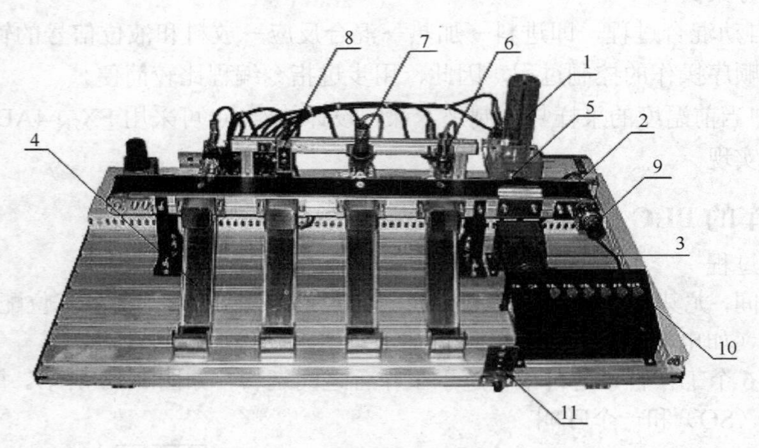


图8-21 材料分拣装置的结构（前面）

1—料块仓库；2—传送带；3—传送带驱动电动机；4—分类储存滑道；5—料仓料块检测传感器；6—电感式识别传感器；7—电容式识别传感器；8—颜色识别传感器；9—旋转编码器；10—手动操作盘；11—运输固定件

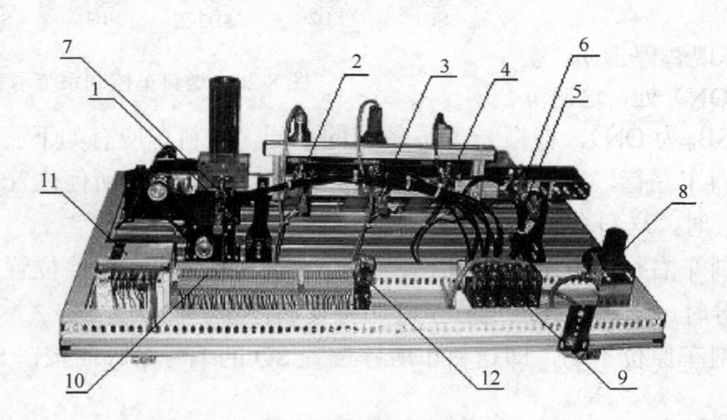


图8-22 材料分拣装置的结构（后面）

1—推出汽缸；2—分拣1汽缸；3—分拣2汽缸；4—分拣3汽缸；5—分拣4汽缸；6—调速阀；7—汽缸位置传感器；8—减压阀；9—电磁阀；10—信号端子排；11—控制器；12—继电器

（2）控制要求

① 将料块放入料块仓库，当料块传感器检测到料块时，系统开始运行，即启动传送带并由出库汽缸将库内最底层料块推上传送带。

② 传送带将料块匀速平稳地送至自动分拣部件。

③ 自动分拣部件由传感器、微型直线汽缸及滑道组成。当传感器检测到相应的料块时，

对应的汽缸将其推入设定的滑道；当料块的材料或颜色不符合分拣要求时，经旋转编码器计量后，对应的汽缸将其推入应去的滑道。

④ 控制器采用 PLC，它接受料块传感器、不同性质料块传感器、旋转编码器、汽缸位置传感器的信号，并根据以上要求，适时控制各传动部件和各电磁换向阀的动作，实现材料自动分拣的工艺过程。

⑤ 手动/自动开关在手动位置时，通过按钮可控制分拣装置的各种动作；在自动位置时，分拣装置将自动进行不同材料、不同颜色料块的分拣和归类。

⑥ 完成一个分拣过程后若仓库中无料块，则自动停机，进入待机状态。

（3）设计要求

本课题设计的重点应放在系统及硬件的设计上，以建立完整的 PLC 控制系统，包括机械、电气、气动和计算机技术的综合应用。通过系统调试，可以提高分析和解决系统调试运行过程中可能出现的各种实际问题的能力。

# 第 9 章　可编程控制器在工业控制中的应用

## 9.1　PLC 在单轴数控中的应用

### 9.1.1　工艺过程及控制要求

（1）工艺过程

如图 9-1 所示，数控机床工作台由直流伺服电动机拖动，通过控制直流伺服电动机的转速，就可得到不同的加工速度。工作台的工作分快进（速度为 $v_1$）→工进（速度为 $v_2$）→慢进（速度为 $v_3$）→快退（速度为 $v_1$）四个过程，这四个过程为一个循环；电动机正转，工作台前进；电动机反转，工作台后退。

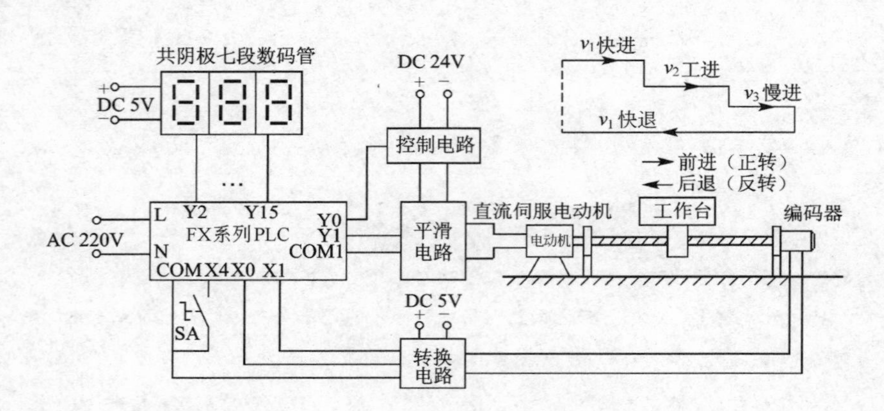


图 9-1　PLC 与直流伺服电动机控制系统示意图

直流伺服电动机的转速为 3000r/min，为了获得电动机的实际转速，图中采用了 100 线的编码器进行转速检测，编码器为圆光栅编码器（YGM-40Φ），控制器采用 FX 系列 PLC，显示部分为共阴极七段数码管。

由于电动机为直流伺服电动机，所以应用 PLC 的脉宽调制（PWM）指令，提供不同脉宽的控制脉冲，并通过平滑电路获得不同输出的电压值，以控制直流伺服电动机转速的大小。电动机的正、反转，通过 PLC 的输出信号 Y0，改变加到直流伺服电动机两端直流电源的正、负极性实现。

（2）控制要求

① 接通启动开关，电动机正转，PLC 输出固定脉冲，工作台以 $v_1$ 速度前进（快进）；运行到位，PLC 改变输出脉冲，转入以 $v_2$ 速度前进（工进）；运行到位，PLC 输出另一固定脉冲，再转入以 $v_3$ 速度前进（慢进）；运行到位后，电动机停转，然后转为以 $v_1$ 速度返回（电动机反转）。退回原位后，再重复上述过程。

② 进行转速检测并显示，显示单位为 r/s（每秒的转速）。

③ 切断启动开关，电动机停转，工作台停止。

## 9.1.2 控制系统设计

（1）PLC 选型及 I/O 信号分配

选 FX 系列 PLC 作为控制器，其 I/O 信号分配如表 9-1 所示。

表 9-1　FX 系列 PLC I/O 信号分配

| 名称 | 器件代号 | 地址号 | 功能 |
| --- | --- | --- | --- |
| 输入 | CP1 | X0 | 高速计数器 C235 输入信号 |
| | CP2 | X1 | 高速计数器 C236 输入信号 |
| | SA | X4 | 启动/停止开关 |
| 输出 | KA1、KA2 | Y0 | 控制继电器，改变直流电源极性 |
| | PWM | Y1 | 输出 PWM 脉冲，产生变频信号 |
| | 8421 三组 BCD 码 | Y2~Y15 | 驱动 LED 显示（3 组 8421 码，共 12 路） |

（2）I/O 电气接线图

PLC 与直流伺服电动机控制系统的 I/O 电气接线图如图 9-2 所示。

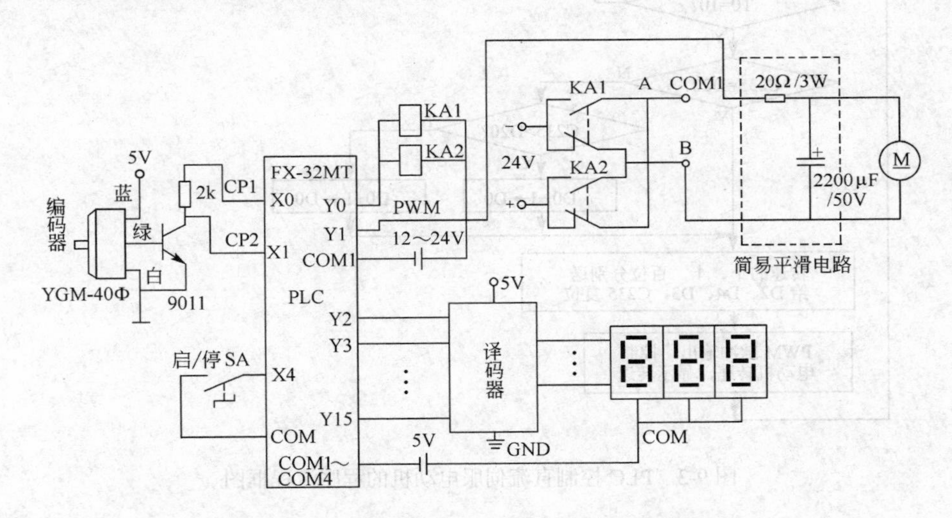


图 9-2　PLC 与直流伺服电动机的 I/O 电气接线图

在图 9-2 中，控制器采用晶体管输出方式的 FX 系列 PLC，其 Y2~Y15 输出信号接至译码器输入端，显示部分为带有 BCD 码的七段数码管。PLC 的 Y0 信号控制直流伺服电动机电源的极性，当 Y0=0 时，继电器 KA1、KA2 失电，其常开触点断开，常闭触点闭合，使电源 A 点为正，B 点为负；当 Y0=1 时，继电器 KA1、KA2 得电，其常开触点闭合，常闭触点断开，使电源 A 点为负，B 点为正。将 Y1 输出信号（PWM）接到直流伺服电动机的两端，即可实现电动机的调速与正、反转控制。

输入开关 SA 接通，系统启动运行；SA 断开，系统停止运行。

编码器产生的信号是一组高速脉冲，电动机每转一圈产生 100 个脉冲信号，该脉冲信号通过 X0、X1 端口送给 PLC 内部高速计数器 C235、C236 计数。

（3）控制程序设计

① 控制程序流程框图　PLC 控制直流伺服电动机的程序流程框图如图 9-3 所示。

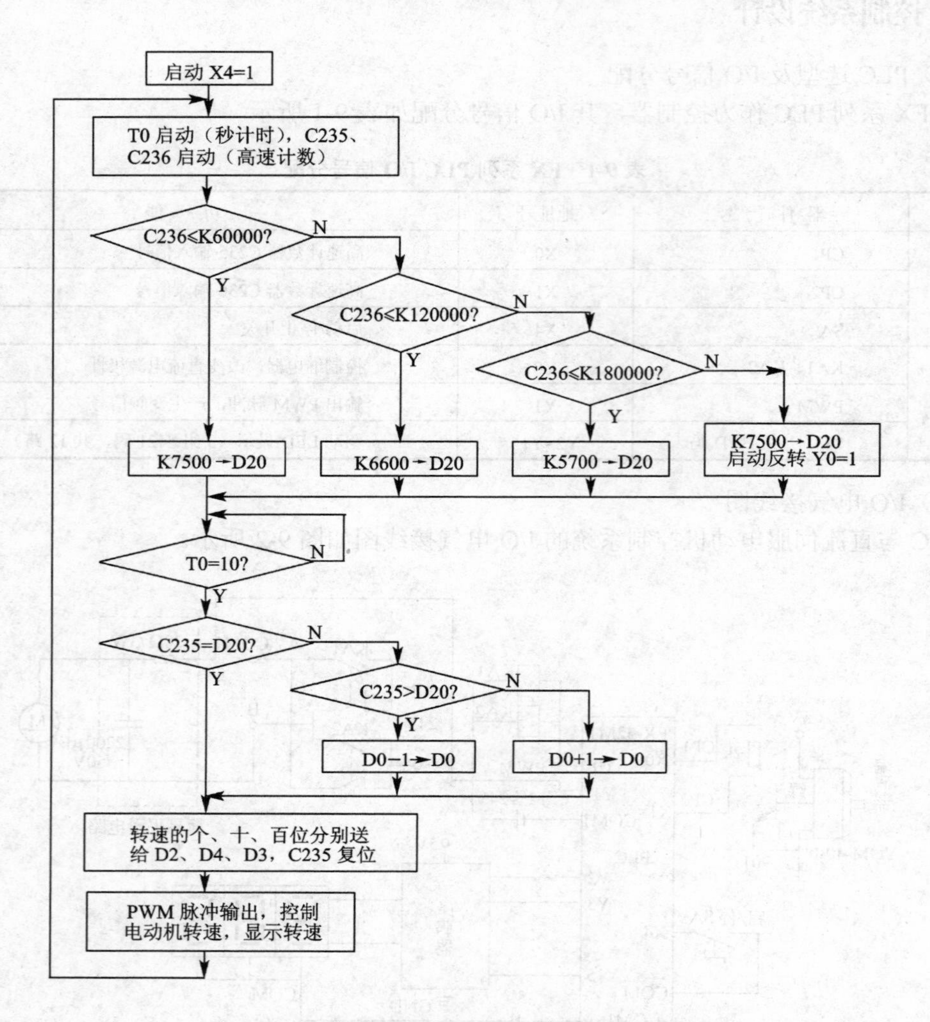


图 9-3　PLC 控制直流伺服电动机的程序流程框图

② 控制程序　根据控制程序流程框图设计的控制程序如图 9-4 所示。程序中用 C236 高速计数器对编码器产生的脉冲计数。系统启动后，在第一阶段（0~60000 个脉冲），电动机快速转动，工作台以 $v_1$ 速度快进，用 C235 控制电动机，每秒输出 7500 个脉冲；在第二阶段，C236 再计 60000 个脉冲，即在 60000~120000 个脉冲内，电动机以中速转动，工作台以 $v_2$ 速度工进，用 C235 控制电动机，每秒输出 6600 个脉冲；在第三阶段，C236 再计 60000 个脉冲，即在 120000～180000 个脉冲内，电动机以慢速转动，工作台以 $v_3$ 速度慢进，用 C235 控制电动机，每秒输出 5700 个脉冲。当 C236 计满 180000 个脉冲时，Y0 输出为 1，使电动机反转，工作台以速度 $v_1$（每秒输出 7500 个脉冲）快退。计数器 C236 计满 180000 个脉冲后，将 C236 清零，再重复上述过程。

转速的个、十、百位分别送给数据寄存器 D2、D4、D3，并分别送至输出口 Y2、Y3、Y4、Y5、Y6、Y7、Y10、Y11、Y12、Y13、Y14、Y15 进行转速显示。

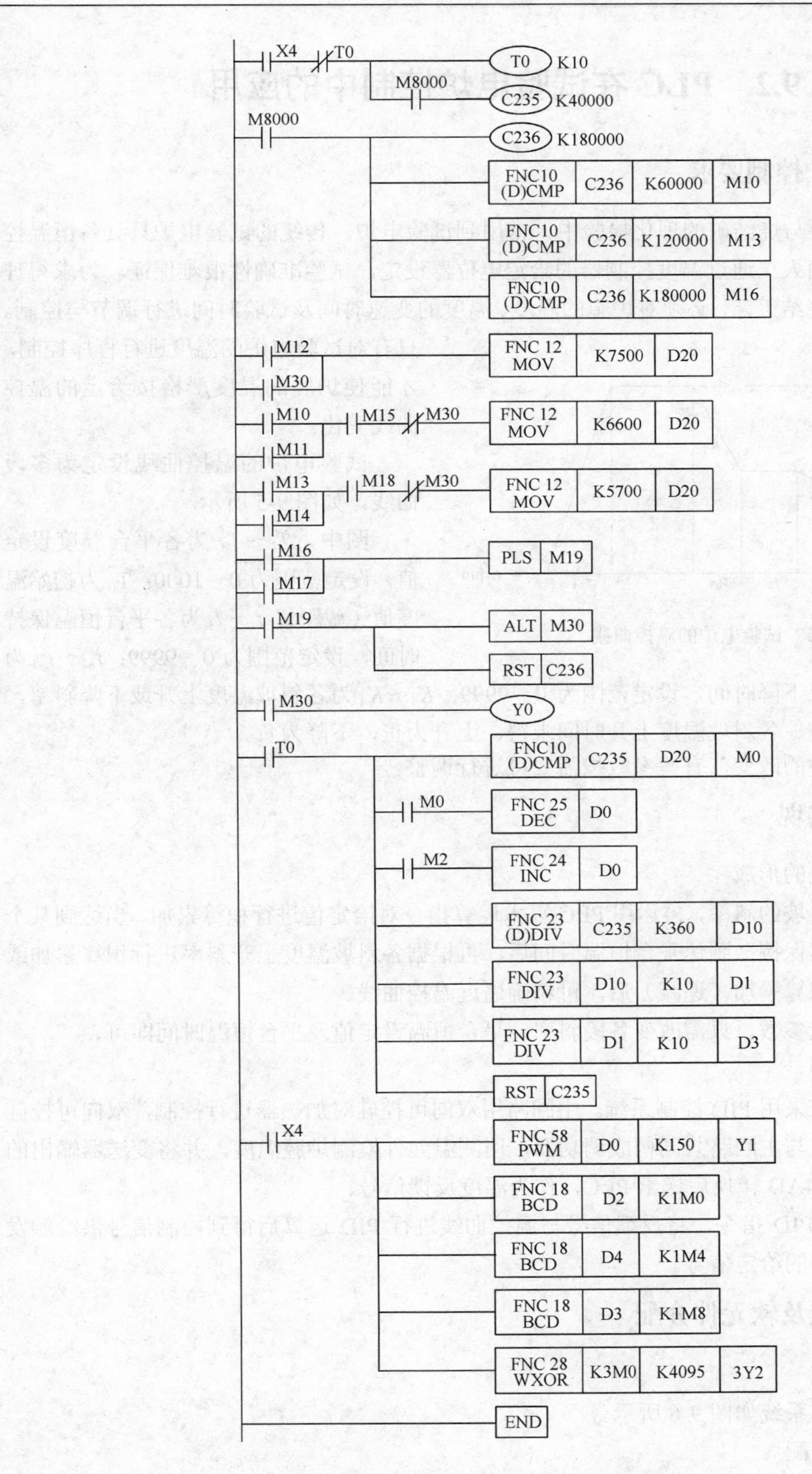


图 9-4　直流伺服电动机控制程序

# 9.2 PLC在试验电炉控制中的应用

## 9.2.1 试验电炉控制要求

在烧结矿试验与烧结矿的理化检验中，常用到试验电炉。传统的试验电炉只具备恒温控制，温度设定值由人工通过温度控制器的给定电位器设定，试验准确性很难保证。为求得理想的配矿结构及烧结工艺，必须对炉膛的温度、温度的变速时间及试验时间进行调节与控制。只有对试验电炉的温度进行程序控制，才能使炉膛的温度严格按给定的温控曲线变化。

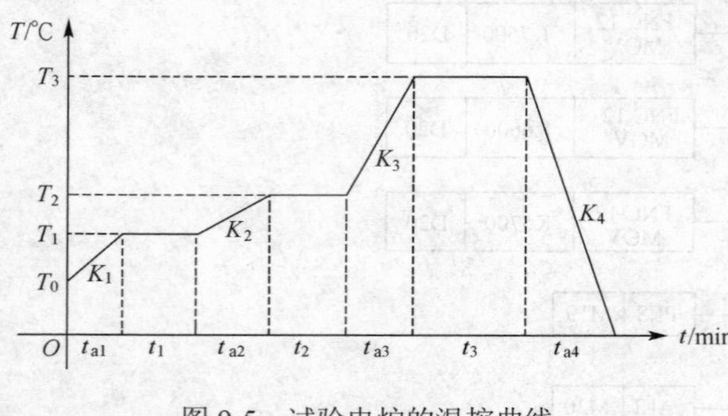

图9-5 试验电炉的温控曲线

试验电炉的温控曲线设定为多段曲线，如图9-5所示。

图中，$T_1$～$T_3$为各平台温度设定值，设定范围为0～1000；$T_0$为初始温度值（截距）；$t_1$～$t_3$为各平台恒温保持时间，设定范围为0～9999；$t_{a1}$～$t_{a4}$为各斜坡温度上升或下降时间，设定范围为0～9999；$K_1$～$K_4$为各斜坡温度上升或下降斜率，可通过各平台温差、各斜坡温度上升时间求得，上升为正，下降为负。

随着试验品种的改变，有些参数按需要可进行调整。

## 9.2.2 系统的实现

（1）温控曲线的形成

先求得每段斜坡的斜率，再运用PLC算术运算指令对给定值进行积算累加，当达到某个平台设定值时将其保持；到达平台恒温时间后，再根据各斜坡温度上升斜率进行积算累加或递减，经过几次积算累加（递减）后，可精确逼近温控曲线。

若要改变给定参数，只需改变各段斜率、平台恒温设定值及平台恒温时间即可。

（2）加热控制

温度控制系统采用PID控制系统。主回路用双向可控硅对加热器进行控制，双向可控硅采用过零触发方式与主回路共同构成调功器，用测温元件检测炉膛温度，并将变送器输出的电信号通过$FX_{2N}$-4AD转换后送给PLC，作为温度反馈信号。

运用PLC的PID指令，将反馈信号与温控曲线进行PID运算后得到控制信号供给触发电路，作为调功器的给定信号。

## 9.2.3 系统构成及软元件分配

（1）系统构成

试验电炉加热系统如图9-6所示。

（2）软元件分配

PLC控制系统软元件分配如表9-2所示。

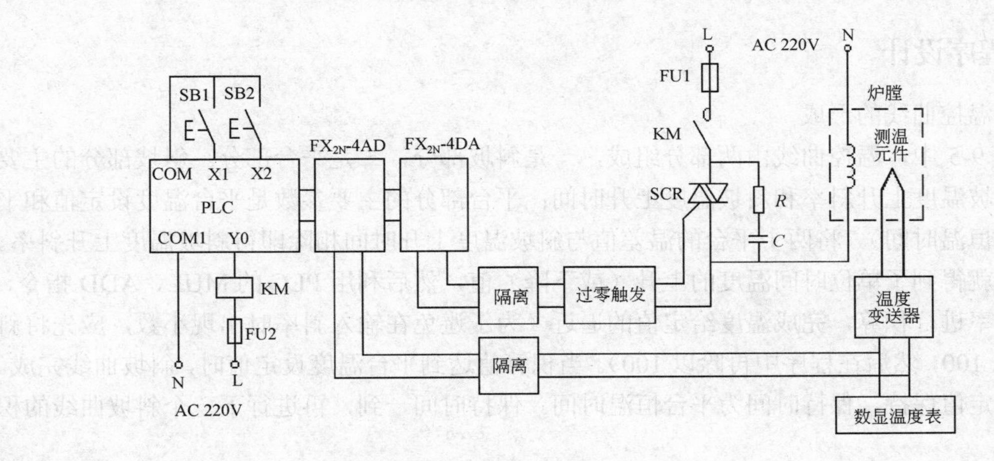


图 9-6　试验电炉加热系统

**表 9-2　PLC 控制系统软元件及功能**

| 序号 | 软元件 | 功　能 |
| --- | --- | --- |
| 1 | X1 | 启动 |
| 2 | X2 | 停止 |
| 3 | Y0 | 主回路接触器 KM |
| 4 | D1 | 第一斜坡温度上升斜率 $K_1\times100=(T_1-T_0)/t_{a1}\times100$（为减少小数、方便输入，应先乘以 100，然后在程序中再除以 100） |
| 5 | D2 | 斜坡段采样（初始值为 $K_0$） |
| 6 | D5 | 第一斜坡累积 |
| 7 | D10 | 第一斜坡累积/100 |
| 8 | D12 | 初始温度值即截距（$T_0$） |
| 9 | D14 | 温控曲线当前值 |
| 10 | D16 | 第一平台温度设定值 |
| 11 | D18 | 第一平台恒温时间 |
| 12 | D21 | 第二斜坡温度上升斜率 $K_2\times100=(T_2-T_1)/t_{a2}\times100$ |
| 13 | D22 | 斜坡段采样（初始值为 $K_0$） |
| 14 | D23 | 第二斜坡累积 |
| 15 | D30 | 第二斜坡累积/100 |
| 16 | D36 | 第二平台温度设定值 |
| 17 | D38 | 第二平台恒温时间 |
| 18 | D41 | 第三斜坡温度上升斜率 $K_3\times100=(T_3-T_2)/t_{a3}\times100$ |
| 19 | D42 | 斜坡段采样（初始值为 $K_0$） |
| 20 | D45 | 第三斜坡累积 |
| 21 | D50 | 第三斜坡累积/100 |
| 22 | D56 | 第三平台温度设定值 |
| 23 | D58 | 第三平台恒温时间 |
| 24 | D61 | 第四斜坡温度上升斜率 $K_4\times100=(T_4-T_3)/t_{a4}\times100$ |
| 25 | D62 | 斜坡段采样（初始值为 $K_0$） |
| 26 | D65 | 第四斜坡累积 |
| 27 | D70 | 第四斜坡累积/100 |
| 28 | D82 | 温度反馈值 |
| 29 | D83 | 经 PID 调节后的控制量 |
| 30 | D90～D114 | PID 参数设定 |

### 9.2.4 程序设计

（1）温控曲线的形成

在图 9-5 中，温控曲线由两部分组成，一是斜坡部分，二是平台部分。斜坡部分的主要参数是斜坡温度上升斜率和斜坡温度上升时间；平台部分的主要参数是平台温度设定值和平台时间（恒温时间）。将两个平台的温差值与斜坡温度上升时间相除即得斜坡温度上升斜率。有了斜率就得到了单位时间温度的上升（或下降）值，然后利用 PLC 的 MUL、ADD 指令，按一定斜率进行积算，完成温度给定值的逼近（为了避免在输入斜率时出现小数，应先将斜率 $K$ 乘以 100，然后在程序中再除以 100）。当积算值达到平台温度设定值时，斜坡曲线完成。此时将给定值保持，保持时间为平台恒温时间。保持时间一到，再进行下一个斜坡曲线的积算逼近。

运用上述方法便可实现预定的温度给定曲线。启 / 停及第一段温控曲线形成的梯形图如图 9-7 所示，第二、三段温控曲线形成的梯形图如图 9-8 所示，第四段温控曲线形成的梯形图如图 9-9 所示。

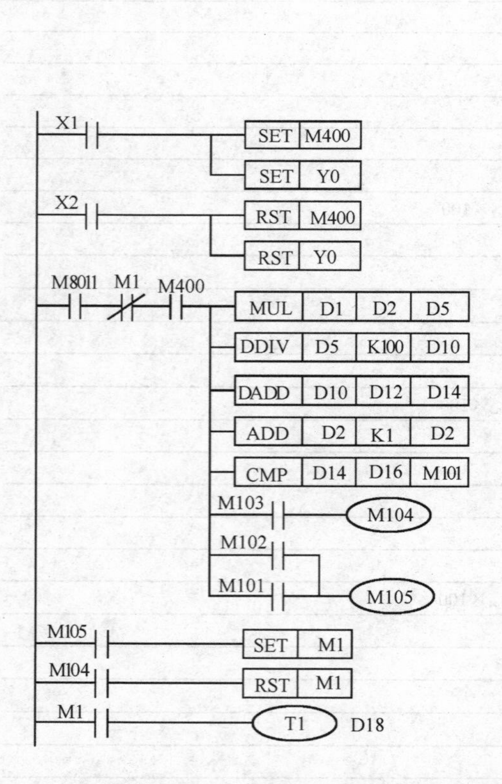


图 9-7 启/停及第一段温控曲线形成的梯形图

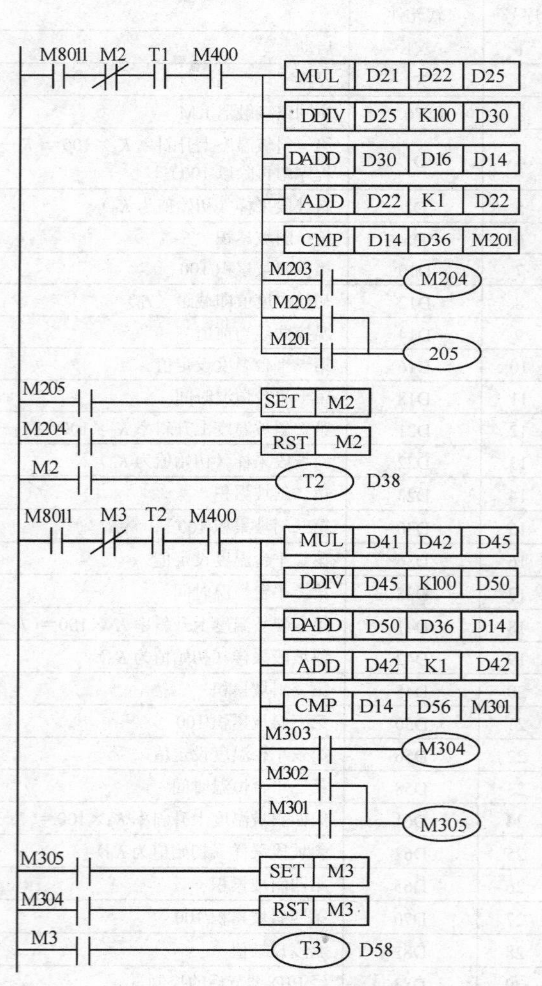


图 9-8 第二、三段温控曲线形成的梯形图

（2）模拟量的处理

系统中模拟量有两个，一是炉膛实际温度测量的反馈值，二是将实际温度与设定温度进行 PID 运算后产生的控制信号。测量的反馈值为模拟量输入，采用 $FX_{2N}$-4AD 实现，将 $FX_{2N}$-4AD 的 CH1 设定为电压输入方式，将温度反馈值进行 A/D 转换，为 PID 运算提供反馈信号。控制信号为模拟量输出，采用 $FX_{2N}$-4DA 完成，将 $FX_{2N}$-4DA 的 CH1 设定为电压输出方式，经 PID 运算后产生的温度控制信号进行 D/A 转换，作为调功器过零触发电路的给定电压。

对 $FX_{2N}$-4AD、$FX_{2N}$-4DA 操作的梯形图如图 9-10 所示。

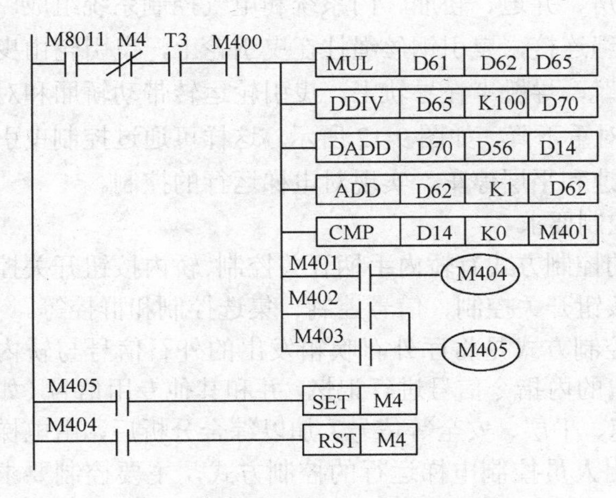


图 9-9　第四段温控曲线形成的梯形图

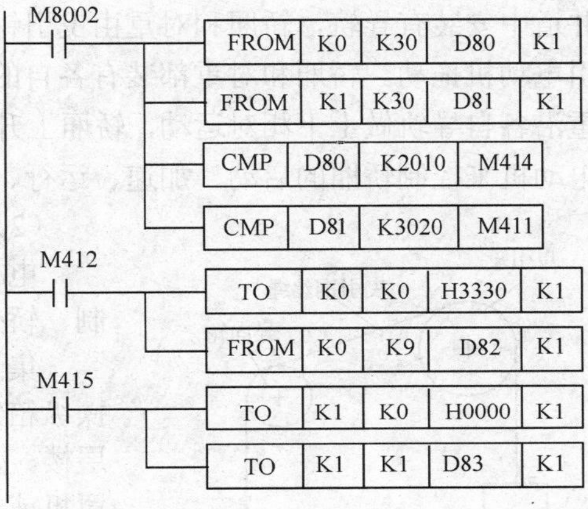

图 9-10　模拟量处理梯形图

（3）PID 调节

在 PID 运算之前，应使用 MOV 指令将参数设定值写入对应的数据寄存器，其中 D82 存放温度设定值，D14 存放温度反馈值（当前值），PID 参数放在从 D90 开始至 D114 为止的 25 个数据寄存器中（详见表 5-49，可根据需要对其进行设定，此处设定从略），D83 存放输出的温度控制值。

当 M400 为 ON 时，执行 PID 指令，温度当前值 D14 与设定值 D82 的偏差通过 PID 运算所产生的调节值送给 D83，并通过模拟量输出模块 $FX_{2N}$-4DA 送给调节器，以实现温度的控制，如图 9-11 所示。

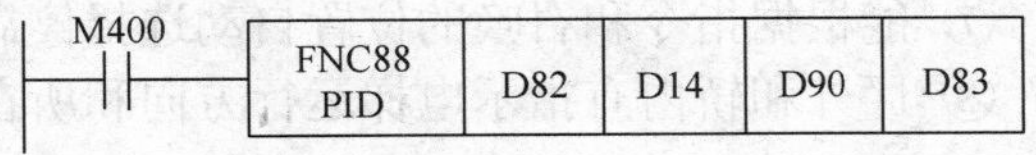


图 9-11　调用 PID 调节梯形图

## 9.2.5　思考题

9-1　随着试验品种的改变，有些参数需要进行调整，如各温度平台的设定值、保持时间和斜坡段的斜率等。若有五组不同的参数需对系统进行设置，如果采用以下两种方案，控制系统将如何实现?

① 在数据寄存器区中设置一个常数区，预先将所需参数存入常数区，通过程序查表的办法，将不同的参数送到对应的参数寄存器 D 中。

② 用数字开关或数码拨盘进行参数设置。

9-2　输入滤波器［S3］+2 的有效利用。为了防止 PID 指令对当前值的任意偏差立即而轻率地做出反应，PID 指令设置了输入滤波器，供 PID 指令对 3 次采样中任意的显著变化进行统计。输入滤波器通常为一阶滞后滤波器，主要用于剔除输入信号中的高频噪声。滤波百分数$\alpha$越大，滞后时间越长，滤波百分数为零时，相当于去掉滤波。试根据被控对象的不同特点，合理调整［S3］+2 参数，以提高系统的控制性能。

# 9.3 PLC 在集选控制电梯中的应用

## 9.3.1 电梯工作原理及控制要求

（1）工作原理

电梯是大型机电一体化设备，主要由机房、井道、轿厢、门系统和电气控制系统组成。井道中安装有导轨，轿厢和对重由曳引钢丝绳连接，曳引钢丝绳挂在曳引轮上，曳引轮由曳引电动机拖动。轿厢和对重都装有各自的导靴，导靴卡在导轨上。曳引轮运转带动轿厢和对重沿各自导轨做上下相对运动，轿厢上升，对重下降，如图 9-12 所示。这样可通过控制曳引电动机来控制轿厢的启动、加速、运行、减速和平层停车，实现对电梯运行的控制。

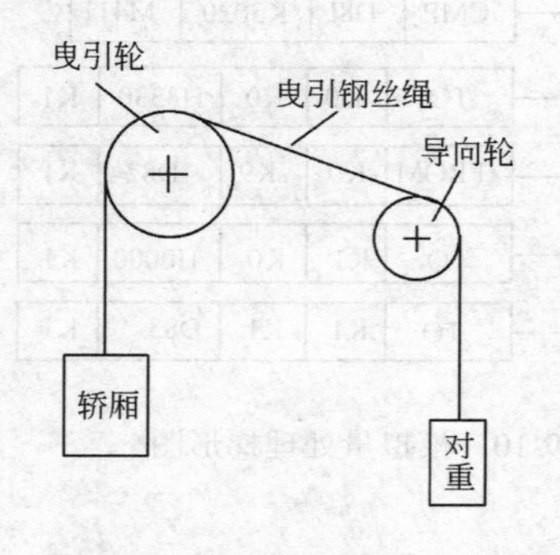


图 9-12 电梯传动原理示意图

（2）控制要求

电梯的控制方式有轿内手柄开关控制、轿内按钮开关控制、轿外按钮开关控制、信号控制、集选控制和群控等。

集选控制方式是将厅外召唤箱发出的外召信号与轿内操纵箱发出的内指令信号进行记忆，并和其他专用信号（如层楼、减速、平层、安全等信号）加以综合分析后，由电梯司机或乘用人员控制电梯运行的控制方式，主要控制要求如下。

① 司机或乘用人员控制。

② 自动开关门控制。

③ 到达预定停靠层站之前减速，平层停车时自动开门。

④ 到达上、下端站之前强迫减速。

⑤ 厅外有召唤装置，轿内有指令装置，能自动记忆召唤和指令，响应之后，能自动将召唤和指令消除（召唤和指令的记忆与消除）。

⑥ 能自动选择运行方向，在司机或乘用人员操纵下，能强迫决定运行方向（选向）。

⑦ 能根据指令和召唤的位置自动选择停靠层站，并自动平层停车（选层、平层）。

⑧ 厅外和轿内有指示电梯运行方向和所在位置的指示信号（层楼检测与指层）。

## 9.3.2 电梯电气控制系统的组成

电梯电气控制系统的组成及相互关系如图 9-13 所示。

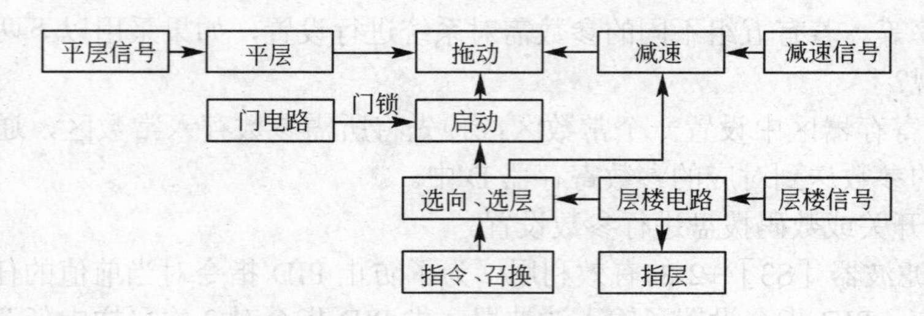


图 9-13 电梯电气控制系统的组成

① 电梯控制的主回路如图 9-14 所示。

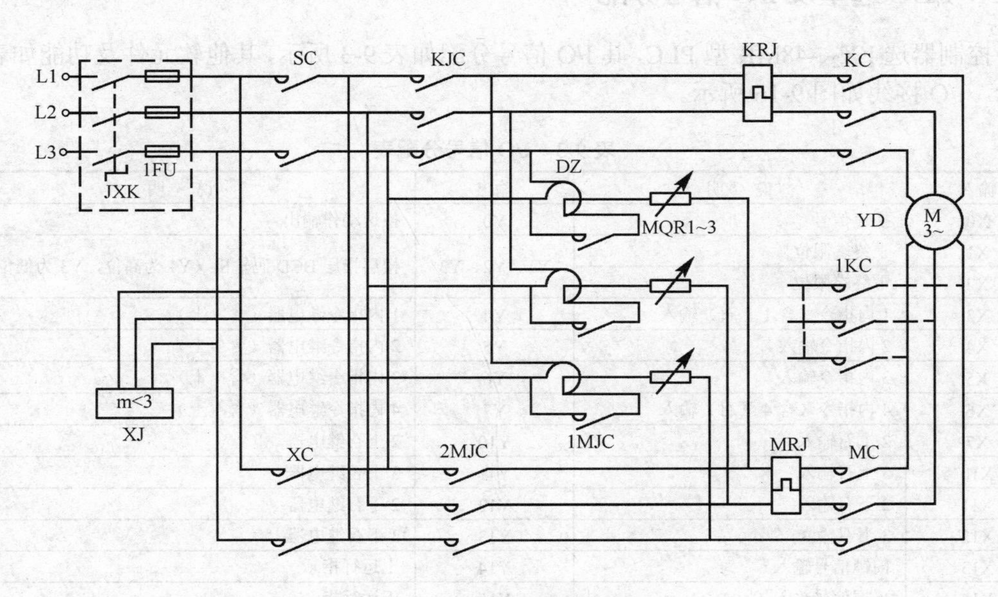


图 9-14　电梯控制的主回路

② 门电路及电气安全回路如图 9-15 所示。

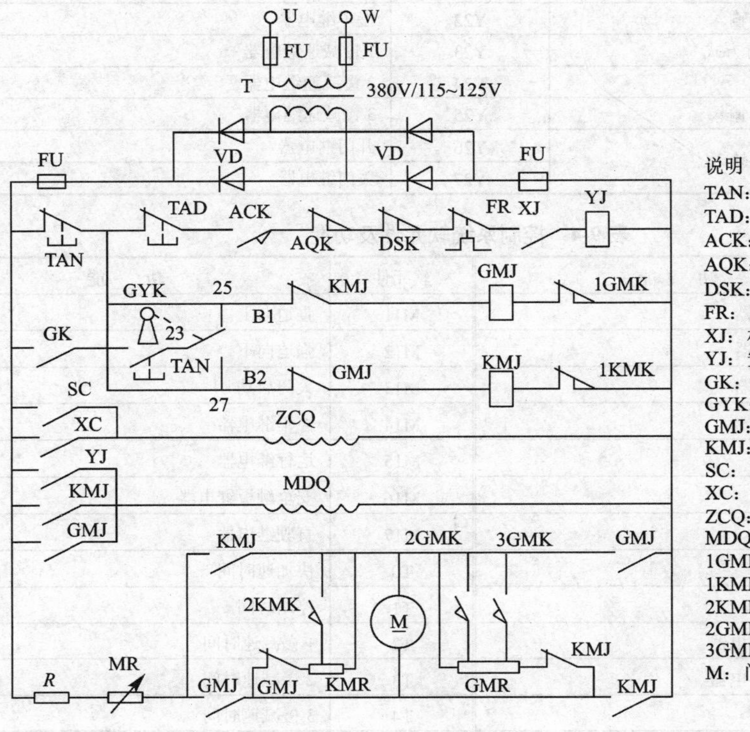


说明

TAN：轿内急停按钮

TAD：轿顶急停按钮；

ACK：安全窗开关；

AQK：安全钳开关；

DSK：限速器断绳开关；

FR：曳引电动机热继电器；

XJ：相序继电器；

YJ：安全继电器；

GK：基站关门开关；

GYK：基站关门钥匙开关；

GMJ：关门继电器；

KMJ：开门继电器；

SC：上运行接触器；

XC：下运行接触器；

ZCQ：曳引机电磁制动器；

MDQ：门电动机励磁线圈；

1GMK：关门限位开关；

1KMK：开门限位开关；

2KMK：开门减速开关；

2GMK：关门一级减速开关；

3GMK：关门二级减速开关；

M：门电动机（直流）

图 9-15　门电路及电气安全回路

### 9.3.3 PLC 选型及 I/O 信号分配

控制器选 $FX_{2N}$-48MR 型 PLC，其 I/O 信号分配如表 9-3 所示，其他软元件及功能如表 9-4 所示。I/O 接线如图 9-16 所示。

表 9-3 I/O 信号分配表

| 输入 | 说 明 | 输出 | 说 明 |
|---|---|---|---|
| X0 | 换速信号 | Y0 | 换速动作输出 |
| X1 | 上终端限位 | Y1、Y2、Y3 | 楼层指层 BCD 码输出（Y1 为高位，Y3 为低位） |
| X2 | 下终端限位 | | |
| X3 | 1 内指令（含 1 上召）输入 | Y4 | 1 内指令继电器（含 1 上） |
| X4 | 2 内指令输入 | Y5 | 2 内指令继电器（含 1 上） |
| X5 | 3 内指令输入 | Y6 | 3 内指令继电器（含 1 上） |
| X6 | 4 内指令（含 4 下召）输入 | Y7 | 4 内指令继电器（含 1 上） |
| X7 | 2 上召输入 | Y10 | 2 上召继电器 |
| X10 | 3 上召输入 | Y11 | 3 上召继电器 |
| X11 | 2 下召输入 | Y12 | 2 下召继电器 |
| X12 | 3 下召输入 | Y13 | 3 下召继电器 |
| X13 | 门锁信号输入 | Y14 | 上运行指示 |
| X14 | 平层信号输入 | Y15 | 下运行指示 |
| X15 | 门区信号输入 | Y16 | 上运行继电器 |
| X16 | 开门信号输入 | Y17 | 下运行继电器 |
| X17 | 关门信号输入 | Y20 | 快车继电器 |
| X20 | 强迫向上按钮输入 | Y21 | 快加速继电器 |
| X21 | 强迫向下按钮输入 | Y22 | 慢车继电器 |
| X22 | 司机/自动运行方式 | Y23 | 1 慢减速继电器 |
| X23 | 检修运行方式 | Y24 | 2 慢减速继电器 |
| X24 | 安全触板信号输入 | Y25 | 3 慢减速继电器 |
| X25 | 直驶按钮信号输入 | Y26 | 开门继电器 |
| | | Y27 | 关门继电器 |

表 9-4 控制系统软元件及功能

| 软元件 | 功 能 | 软元件 | 功 能 |
|---|---|---|---|
| M101 | 1 楼层楼继电器 | M11 | 强迫向上 |
| M102 | 2 楼层楼继电器 | M12 | 强迫向下 |
| M103 | 3 楼层楼继电器 | M13 | 关门启动 |
| M104 | 4 楼层楼继电器 | M14 | 停车继电器 |
| M106 | 换速微分信号 | M15 | 运行继电器 |
| M1 | 向上运行监视 | M16 | 安全触板继电器 |
| M2 | 向下运行监视 | M17 | 直驶继电器 |
| M3 | 上运行选择 | T0 | 快加速时间 |
| M4 | 下运行选择 | T1 | 停站时间 |
| M5 | 上运行控制继电器 | T2 | 1 慢减速时间 |
| M6 | 下运行控制继电器 | T3 | 2 慢减速时间 |
| M7 | 上召换速 | T4 | 3 慢减速时间 |
| M8 | 下召换速 | T5 | 开门执行时间 |
| M9 | 指令换速 | | |

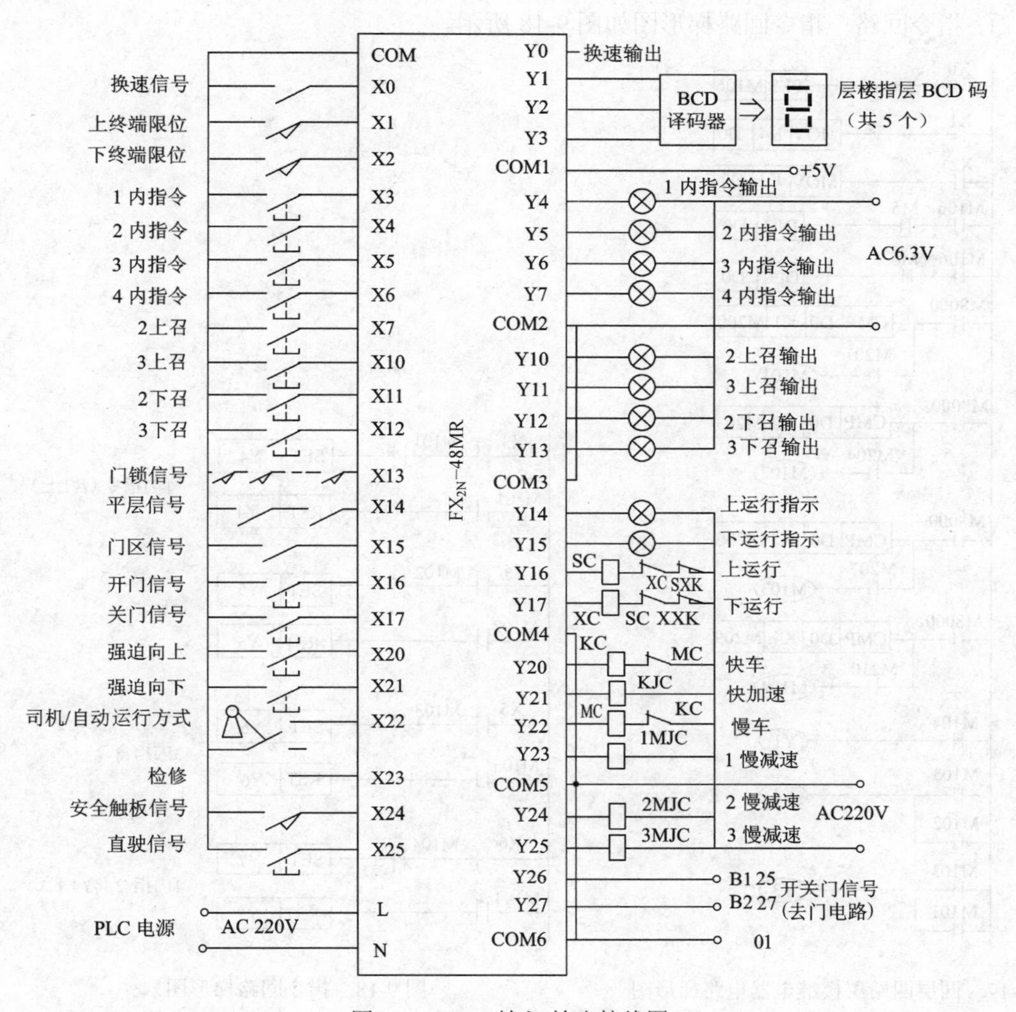

图 9-16 PLC 输入/输出接线图

## 9.3.4 控制环节的实现及程序设计

（1）层楼继电器电路程序

要对电梯进行控制，首要的问题是如何反映电梯实际所在的位置（楼层），层楼继电器电路就是完成这一功能的，每一层对应一个层楼继电器，电梯在哪一层，对应楼层的层楼继电器就会动作。

由于 PLC 具有数据传送、算术计算、数据比较处理等功能，所以很容易实现层楼电路。启用数据寄存器 D0，电梯在最下层端站时可将 1 送入 D0；最上层端站时，将最高层数送入 D0；电梯每上升一层，将 D0 自动加一，电梯每下降一层将 D0 自动减一，这样使 D0 中存放的始终是层数，然后将 D0 分别与 1、2、3…相比较，等于几就说明电梯在几层，这时驱动对应的层楼继电器，实现层楼电路。按上述方法，四层四站的层楼继电器电路梯形图如图 9-17 所示。

（2）指令和召唤回路程序

指令和召唤回路的作用是将轿内指令和厅外召唤信号记忆并指示，当电梯响应后自动将其消除。记忆和消除可用 PLC 的 SET 和 RST 指令实现。

① 指令回路 指令回路梯形图如图 9-18 所示。

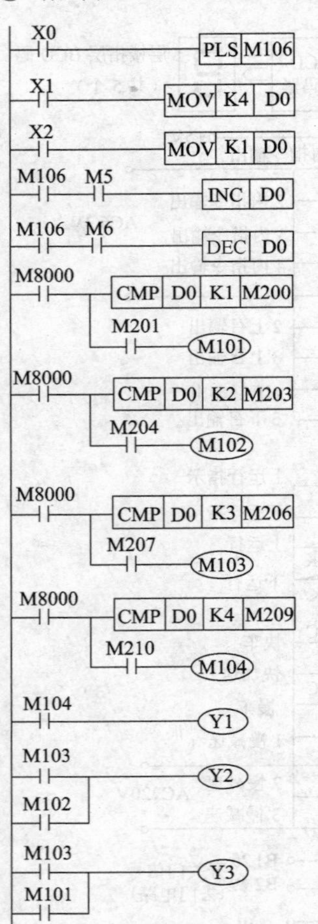


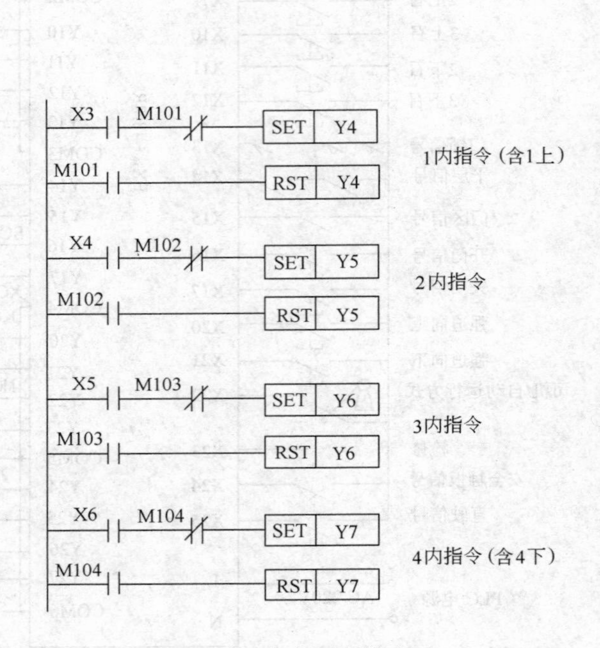


图 9-17 四层四站层楼继电器电路梯形图

图 9-18 指令回路梯形图

② 召唤回路 由于除两个端站外，其他各层均有两个召唤（上召、下召），而且召唤的响应是顺向响应，另外若电梯在直驶运行时不响应召唤，此时召唤应保留，所以召唤回路与电梯的运行方向以及是否直驶密切相关，为此在召唤回路中加入了反映直驶和方向监视的继电器 M17、M1 和 M2。召唤回路梯形图如图 9-19 所示。

（3）选向回路程序

选向回路的作用是根据目前电梯的位置和指令、召唤的情况，决定电梯的运行方向。电梯方向的选择，实际就是将指令和召唤的位置与电梯实际位置相比较，若前者在上（位置的上下）电梯则选择向上，相反则选择向下。运行方向的实现，首先由层楼继电器形成选向链，然后将每层的指令和召唤对应接入。

实际决定电梯的运行方向有以下三种情况。

① 自然选向 如上分析，由电梯判断来选择方向。

② 强迫选向 若电梯工作在司机方式，可通过操纵箱上的向上或向下按钮来干预电梯的运行方向，即强迫使其向上或向下。

③ 检修选向 若电梯工作在检修方式，同样可使用向上或向下按钮使电梯以检修的速度向上或向下运行。

考虑以上因素，电梯选向回路梯形图如图 9-20 所示。

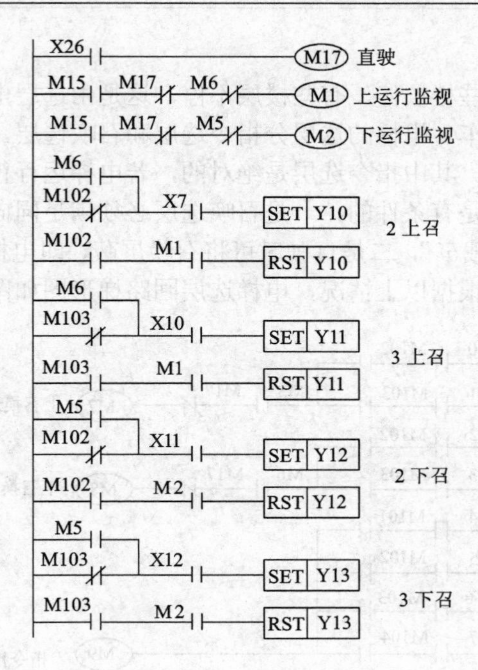


图 9-19　召唤回路梯形图

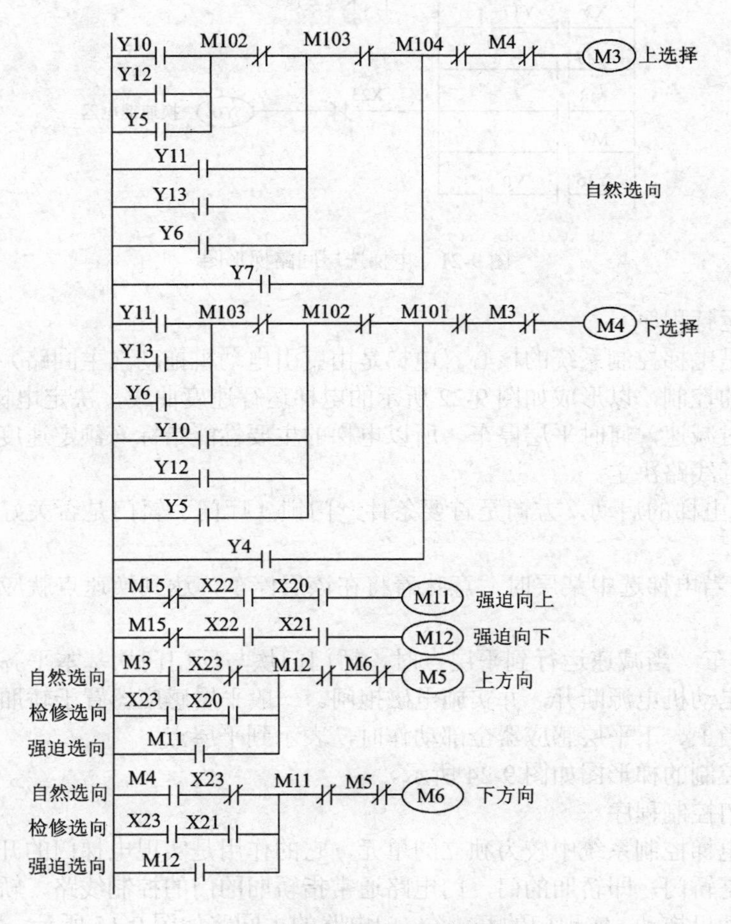


图 9-20　电梯选向回路梯形图

（4）选层电路程序

电梯运行中，会在有些楼层停，有些楼层不停，这是由选层电路决定的。选层意味着要减速（换速）准备平层停车。电梯的选层分指令选层和召唤选层，即因某层有停车指令或有召唤，电梯就在该层停车。其中指令选层是绝对的，若电梯运行正常，指令一定能使电梯在该层减速停车；召唤选层是有条件的，一是召唤选层必须满足同向，即与电梯的运行方向一致，这就是所谓的“顺向截车”，二是直驶时可将召唤屏蔽，即电梯直驶时，即使同向的召唤也不能使电梯减速停车。根据以上情况，电梯选层回路梯形图如图 9-21 所示。

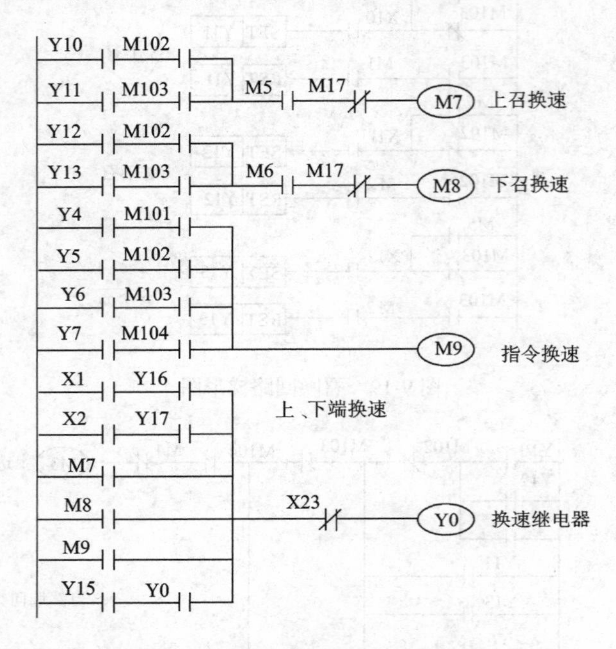


图 9-21 电梯选层回路梯形图

（5）电梯运行程序

运行线路是电梯控制系统的核心。电梯是由曳引电动机拖动（主回路）的，主回路的工作受运行线路的控制，以形成如图 9-22 所示的电梯运行速度曲线，决定电梯何时启动加速，何时运行，何时减速，何时平层停车。所以电梯的主要性能指标（额定速度、舒适感、平层精度等）由运行线路决定。

① 启动 电梯的启动，方向是首要条件，门锁（厅门、轿门是否关好）等安全因素也是必要的。

② 减速 当电梯选中某层时，意味着将在该层停车，达到换速点就应减速，为平层停车做准备。

③ 平层停车 当减速运行到平层点时，轿门门坎与厅门门坎基本平齐，可以停车，这时主回路曳引电动机电源断开，并实施电磁抱闸。一般平层感应器置于轿厢顶上，如图 9-23 所示。注意，当上、下平层感应器全部动作时，表示到平层点。

运行线路控制的梯形图如图 9-24 所示。

（6）电梯门控制程序

门电路是电梯控制系统中较为独立的单元，它的作用是实现电梯门的开和关。电梯的门有两种，一种是轿门，即轿厢的门，门电路通常指轿厢的门的控制线路，轿门是主动的，它由专门的门电动机拖动，实现门的开、关，门电路的主回路如图 9-15 所示；另一种门是厅门，即各层门厅的门，厅门是被动门，不能自行开关，只能由轿门带动实现开关。

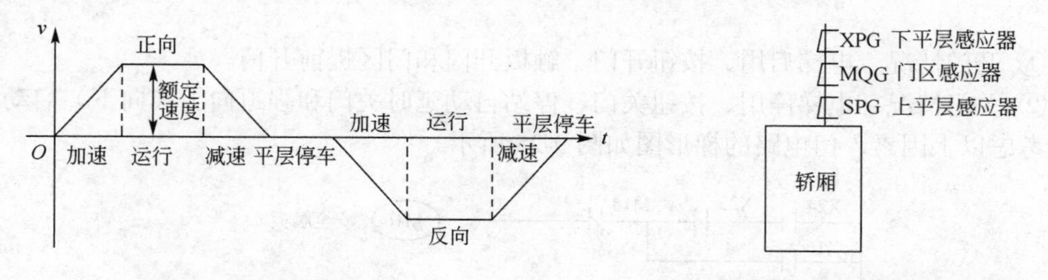


图 9-22　电梯运行速度曲线　　图 9-23　平层感应器位置

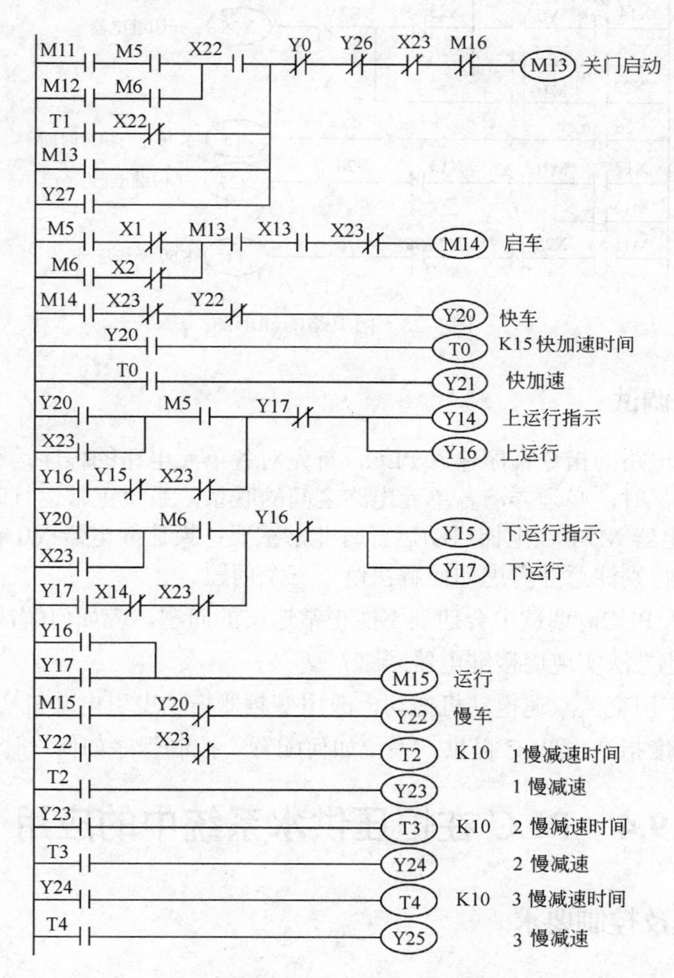


图 9-24　运行线路控制的梯形图

一般情况下，当轿厢到达某层停车后，轿门上的门刀会自动插入厅门的门锁中，使门锁打开，此时厅门在轿门的带动下实现开、关，所以电梯若没到该层，其厅门处于锁闭状态，不能打开，这是安全保障的要求，门电路和控制系统的联系就在于这一点。各厅门和轿门的门锁电气限位开关的常开触点串联后作为门锁信号 X13，X13 为 ON，表示全部门安全关闭，可正常运行，否则不能运行。

开、关门由门电动机驱动，通过开、关门继电器 KMJ、GMJ 控制门电动机 M 的正、反转实现。因此，设计门控电路时只需考虑开门与关门的情况，即开门驱动 KMJ，关门驱动 GMJ。

① 开门情况　电梯启用、按钮开门、触板开门和门区提前开门。

② 关门情况　电梯停用、按钮关门、停站自动延时关门和强迫向上（向下）启动关门。

考虑以上因素，门电路的梯形图如图 9-25 所示。

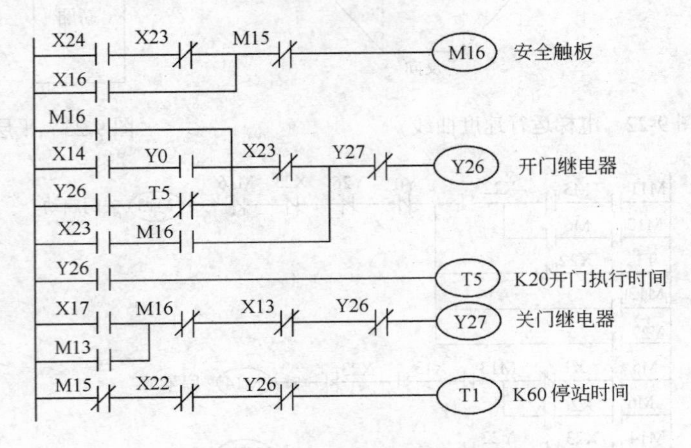


图 9-25　门电路的梯形图

### 9.3.5　系统运行调试

将以上各单元电路的指令程序输入 PLC，首先对各单元电路的程序运行调试，然后再整体调试。在系统调试时，必须弄清各单元电路之间的联系，系统正常运行时，关门启动继电器 M13 和停车继电器 M14 在电梯启动运行时非常重要；换速继电器 Y0 在选层减速时起关键作用。调试时应特别注意并考虑如何解决以下三个问题。

① 将程序输入 PLC，调试中会遇到不能正常选层的问题，应如何解决？

② 能否用其他方法实现层楼继电器回路？

③ 主回路若不用交流双速电动机拖动，改用变频器拖动曳引电动机实现交流变频调速，变频器的方向和速度指令由 PLC 提供，系统如何配置？控制程序如何设计？

## 9.4　PLC 在恒压供水系统中的应用

### 9.4.1　工艺过程及控制要求

（1）工艺过程

由三台泵组构成的生活、消防双恒压无塔供水系统如图 9-26 所示。市网自来水用高、低水位传感器 EQ 控制注水阀 YV1，只要水位低于高水位，就自动把水注满储水池。水池高、低水位信号也同时送给 PLC，作为高、低水位报警用。为了保证供水的连续性，高、低水位传感器的间距较小。生活与消防用水共用三台泵供水，平时电磁阀 YV2 处于失电状态，关闭消防管网，三台泵根据生活用水的多少，按一定的控制逻辑运行，维持生活用水低恒压；当有火灾发生时，电磁阀 YV2 得电，关闭生活用水管网，三台泵向消防系统供水，并维持消防用水的高恒压，火灾结束后，三台泵再向生活用水系统供水。

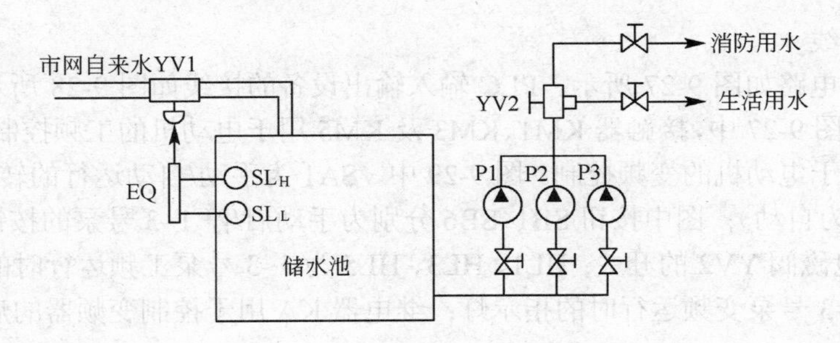


图 9-26　生活、消防双恒压无塔供水系统

（2）控制要求

① 生活供水时系统为低恒压运行；消防供水时系统为高恒压运行。

② 三台泵根据恒压的需要，采取“先开先停”的原则接入和退出。

③ 在用水量小的情况下，如果一台泵连续运行时间超过 3h，则要切换下一台泵，避免某一台泵工作时间过长。

④ 从经济性考虑，三台泵只配用一台变频器，但都要有软启动性能。

⑤ 要有完善的报警功能。

⑥ 泵的操作要有手动控制功能，以便在火灾、应急或检修时临时使用。

## 9.4.2 控制系统设计

（1）I/O 信号分配

I/O 信号分配如表 9-5 所示。

表 9-5　I/O 信号分配表

| | 元　件 | 功　能 | 信号地址 |
|---|---|---|---|
| 输入（I） | 开关 SA1 | 手动/自动消防信号 | X0 |
| | 低水位传感器 $SL_L$ | 水池水位下限信号 | X1 |
| | 高水位传感器 $SL_H$ | 水池水位上限信号 | X2 |
| | 变频器报警 SU | 变频器报警信号 | X3 |
| | 按钮 SB9 | 消铃 | X4 |
| | 按钮 SB10 | 试灯 | X5 |
| | 压力传感器 $U_P$ | 测取水压 | 模拟量输入模块通道 1 |
| 输出（O） | 接触器 KM1 指示灯 HL1 | 1 号泵工频运行接触器及指示 | Y0 |
| | 接触器 KM2 指示灯 HL2 | 1 号泵变频运行接触器及指示 | Y1 |
| | 接触器 KM3 指示灯 HL3 | 2 号泵工频运行接触器及指示 | Y2 |
| | 接触器 KM4 指示灯 HL4 | 2 号泵变频运行接触器及指示 | Y3 |
| | 接触器 KM5 指示灯 HL5 | 3 号泵工频运行接触器及指示 | Y4 |
| | 接触器 KM6 指示灯 HL6 | 3 号泵变频运行接触器及指示 | Y5 |
| | 电磁阀 YV2 | 生活/消防供水转换 | Y10 |
| | 指示灯 HL7 | 水池水位下限报警 | Y11 |
| | 指示灯 HL8 | 变频器故障报警 | Y12 |
| | 指示灯 HL9 | 火灾报警 | Y13 |
| | 电铃 HA | 报警 | Y14 |
| | 继电器 KA | 变频器频率复位控制 | Y15 |
| | 模拟量模块电压输出 | 控制变频器频率用电压信号 | 模拟量输出模块电压通道 |

（2）硬件接线

控制系统主电路如图 9-27 所示。PLC 输入输出设备的接线如图 9-28 所示。控制电路如图 9-29 所示。在图 9-27 中，接触器 KM1、KM3 及 KM5 用于电动机的工频控制；接触器 KM2、KM4 及 KM6 用于电动机的变频控制。图 9-29 中，SA1 为手动/自动运行的转换开关（1 位时为手动，2 位时为自动）；图中按钮 SB1~SB6 分别为手动启/停 1~3 号泵的按钮；SA2 为手动启/停消防供水电磁阀 YV2 的开关；HL1、HL3、HL5 为 1~3 号泵工频运行时的指示灯，HL2、HL4、HL6 为 1~3 号泵变频运行时的指示灯；继电器 KA 用于控制变频器的启动与复位。

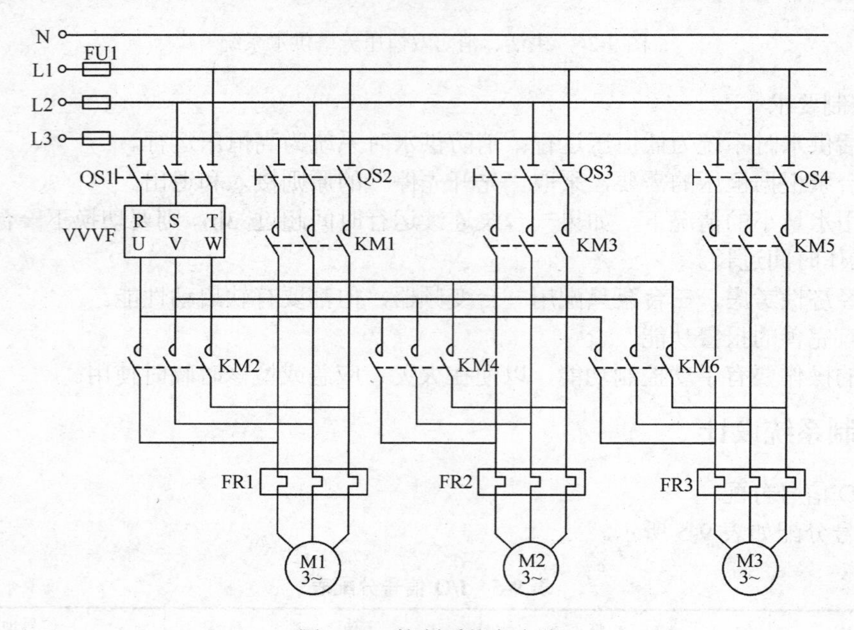


图 9-27　控制系统主电路

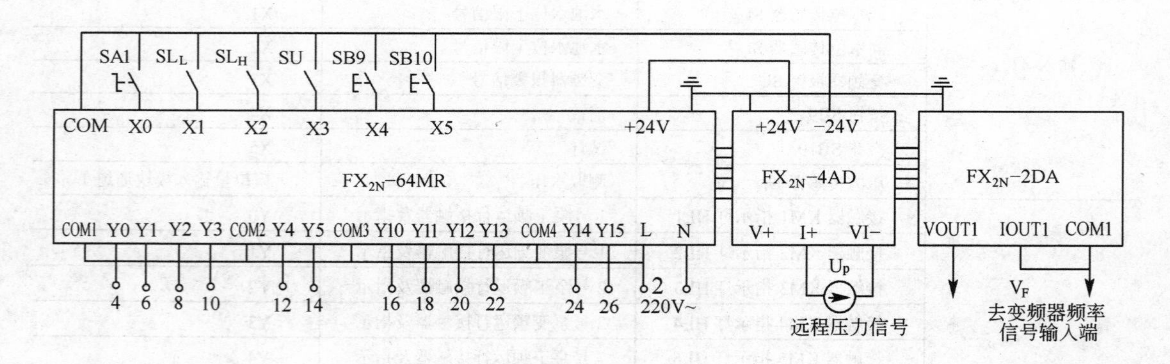


图 9-28　PLC 输入输出设备的接线

（3）控制程序

① 为了恒定水压，在水压降落时要升高变频器的输出频率，且在一台泵工作不能满足恒压要求时，需启动第二台泵或第三台泵。判断需要启动下一台泵的标准是变频器的输出频率是否达到设定的上限值，这一功能可通过比较指令实现。为了判断变频器工作频率达上限值的确实性，应排除频率偶然波动引起的频率达到上限的情况，为此在程序中采用了时间滤波。

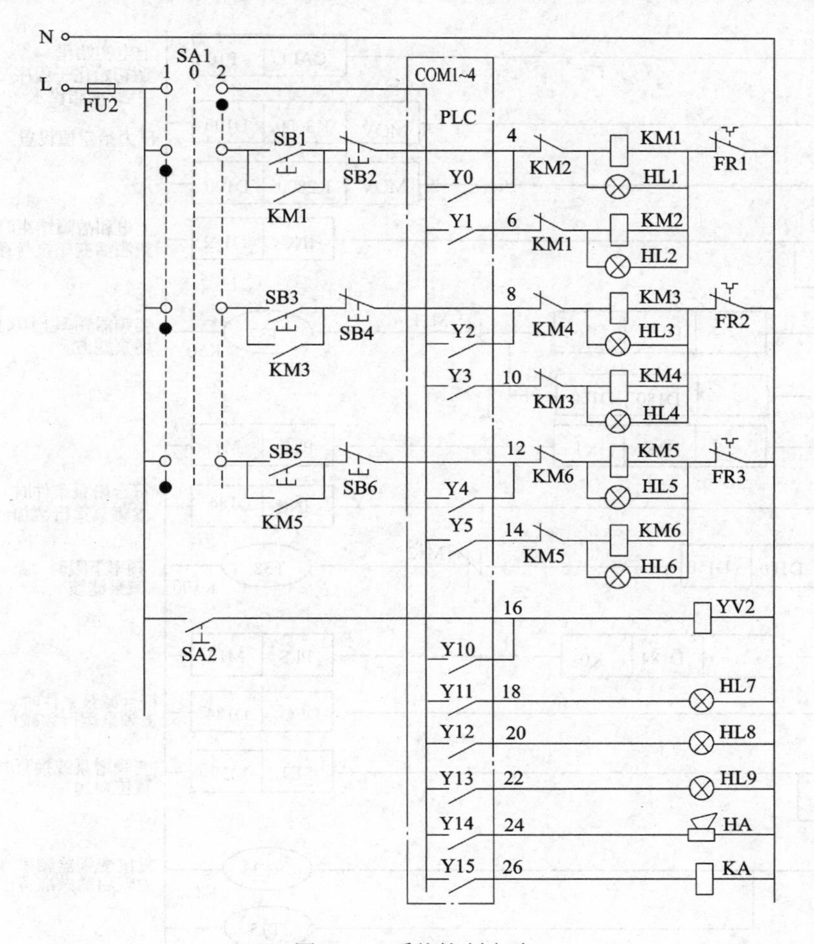


图 9-29　系统控制电路

② 控制要求中规定任一台泵连续变频运行不得超过 3h，若超过 3h，则需启动下一台泵或切换变频泵。程序中将现行运行的变频泵从变频器上切除，并接上工频电源运行，再将变频器复位，用于下一台泵的启动。使用泵号加 1 的方法实现变频泵的循环控制（启动第三台泵后，泵号再加 1 则复位，复位后第一台泵再被启动），用工频泵的总数结合泵号实现工频泵的轮换工作。

③ 系统初始化在初始化子程序中完成；定时中断程序则用来实现 PID 控制的定时采样及输出控制；主程序完成泵切换信号的生成、泵组接触器逻辑控制信号的综合及报警处理等。中断程序中给出了模拟量输入数据的读取程序及 PID 处理后的数据向模拟量输出单元数据存储器传送过程的程序。

生活/消防双恒压的两个恒压值是采用数字方式直接在程序中设定的，生活供水时系统设定值为满量程的 70%；消防供水时系统设定值为满量程的 90%。这里满量程可以理解为 16 位二进制数字对应的十进制数 4000。在实际工程中，如传感器选择适当，4000 可对应传感器输出的满度值。本系统 PID 控制中只是用了比例控制和积分控制，其回路增益和时间常数可通过工程计算初步确定。

图 9-30 为双恒压供水系统的梯形图程序及注释（这里省略了系统监测及保护等环节的程序）。

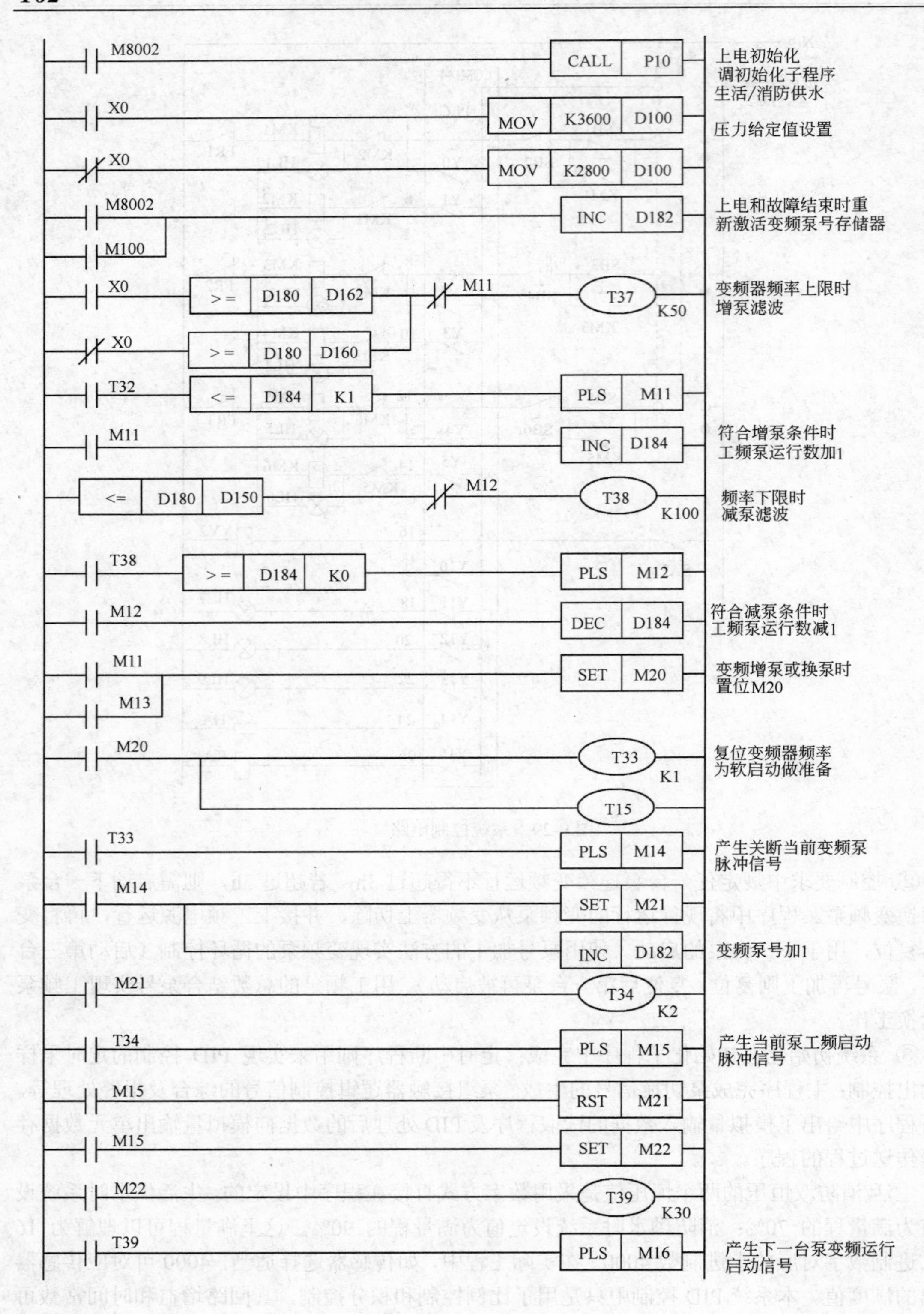
M8002
CALL P10
上电初始化
调初始化子程序
生活/消防供水
X0
MOV K3600 D100
压力给定值设置
X0
MOV K2800 D100
M8002
M100
INC D182
上电和故障结束时重
新激活变频泵号存储器
X0
>= D180 D162
X0
>= D180 D160
M11
T37
K50
变频器频率上限时
增泵滤波
T32
<= D184 K1
PLS M11
M11
INC D184
符合增泵条件时
工频泵运行数加1
<= D180 D150
M12
T38
K100
频率下限时
减泵滤波
T38
>= D184 K0
PLS M12
M12
DEC D184
符合减泵条件时
工频泵运行数减1
M11
M13
SET M20
变频增泵或换泵时
置位M20
M20
T33
K1
T15
复位变频器频率
为软启动做准备
T33
PLS M14
产生关断当前变频泵
脉冲信号
M14
SET M21
INC D182
变频泵号加1
M21
T34
K2
T34
PLS M15
产生当前泵工频启动
脉冲信号
M15
RST M21
M15
SET M22
M22
T39
K30
T39
PLS M16
产生下一台泵变频运行
启动信号

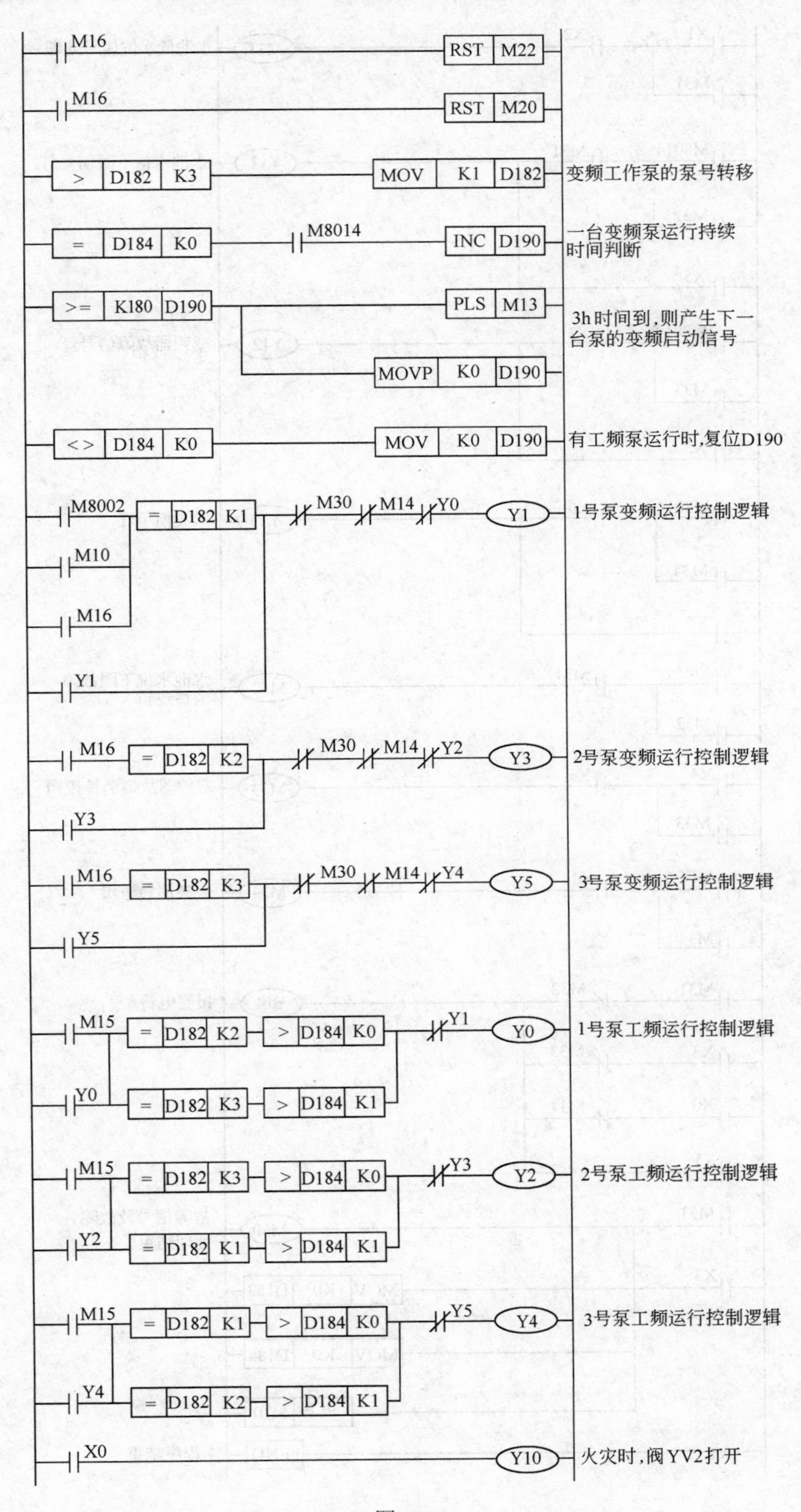
M16
RST M22
M16
RST M20
> D182 K3
MOV K1 D182
变频工作泵的泵号转移
= D184 K0
M8014
INC D190
一台变频泵运行持续时间判断
>= K180 D190
PLS M13
MOVP K0 D190
3h时间到，则产生下一台泵的变频启动信号
<> D184 K0
MOV K0 D190
有工频泵运行时，复位D190
M8002
= D182 K1
M30
M14
Y0
Y1
1号泵变频运行控制逻辑
M10
M16
Y1
M16
= D182 K2
M30
M14
Y2
Y3
2号泵变频运行控制逻辑
Y3
M16
= D182 K3
M30
M14
Y4
Y5
3号泵变频运行控制逻辑
Y5
M15
= D182 K2
> D184 K0
Y1
Y0
1号泵工频运行控制逻辑
Y0
= D182 K3
> D184 K1
M15
= D182 K3
> D184 K0
Y3
Y2
2号泵工频运行控制逻辑
Y2
= D182 K1
> D184 K1
M15
= D182 K1
> D184 K0
Y5
Y4
3号泵工频运行控制逻辑
Y4
= D182 K2
> D184 K1
X0
Y10
火灾时，阀YV2打开

图 9-30

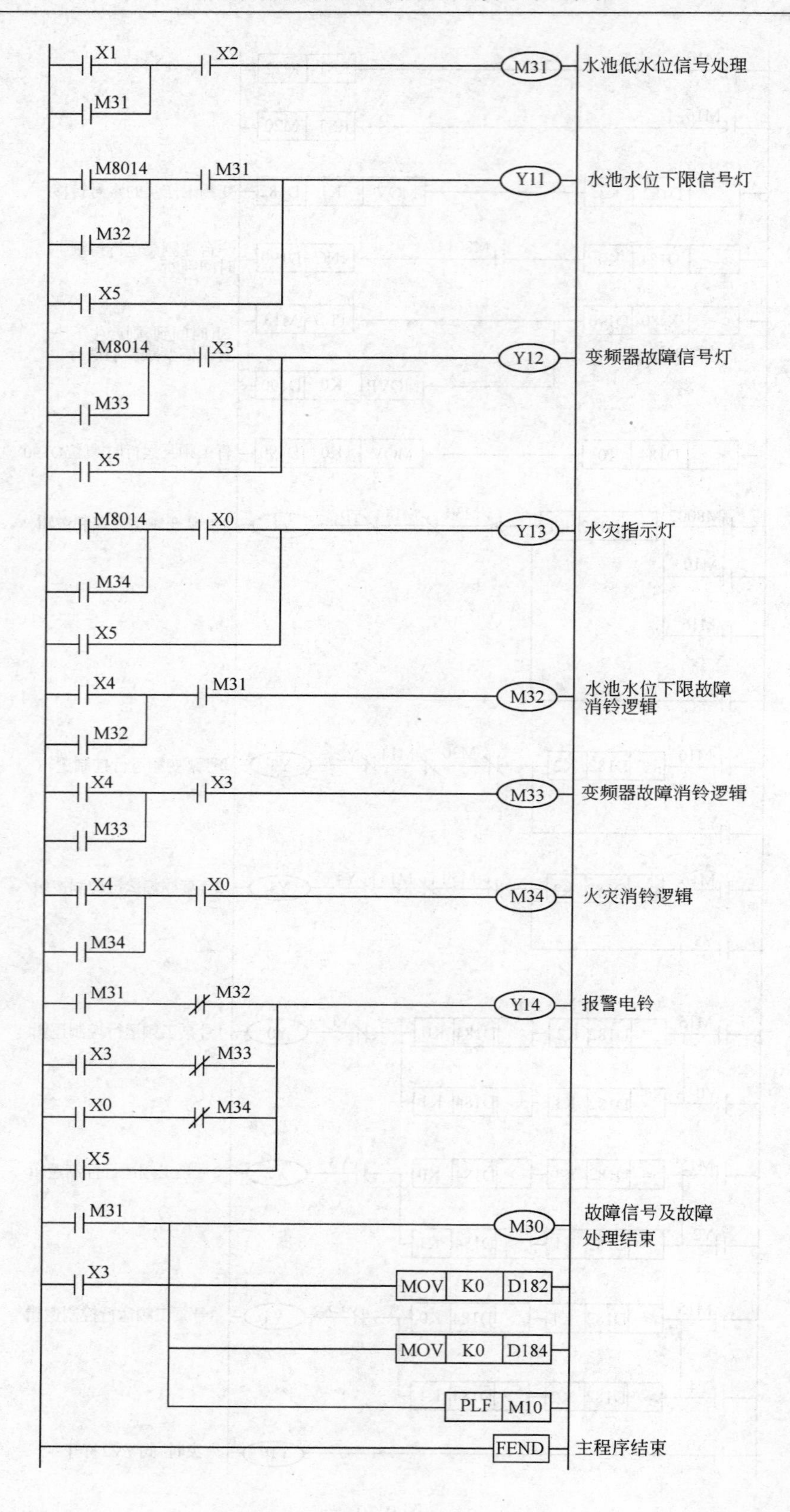
X1
X2
M31
M31
水池低水位信号处理
M8014
M31
Y11
水池水位下限信号灯
M32
X5
M8014
X3
Y12
变频器故障信号灯
M33
X5
M8014
X0
Y13
水灾指示灯
M34
X5
X4
M31
M32
水池水位下限故障
消铃逻辑
M32
X4
X3
M33
变频器故障消铃逻辑
M33
X4
X0
M34
火灾消铃逻辑
M34
M31
M32
Y14
报警电铃
X3
M33
X0
M34
X5
M31
M30
故障信号及故障
处理结束
X3
MOV
K0
D182
MOV
K0
D184
PLF
M10
FEND
主程序结束

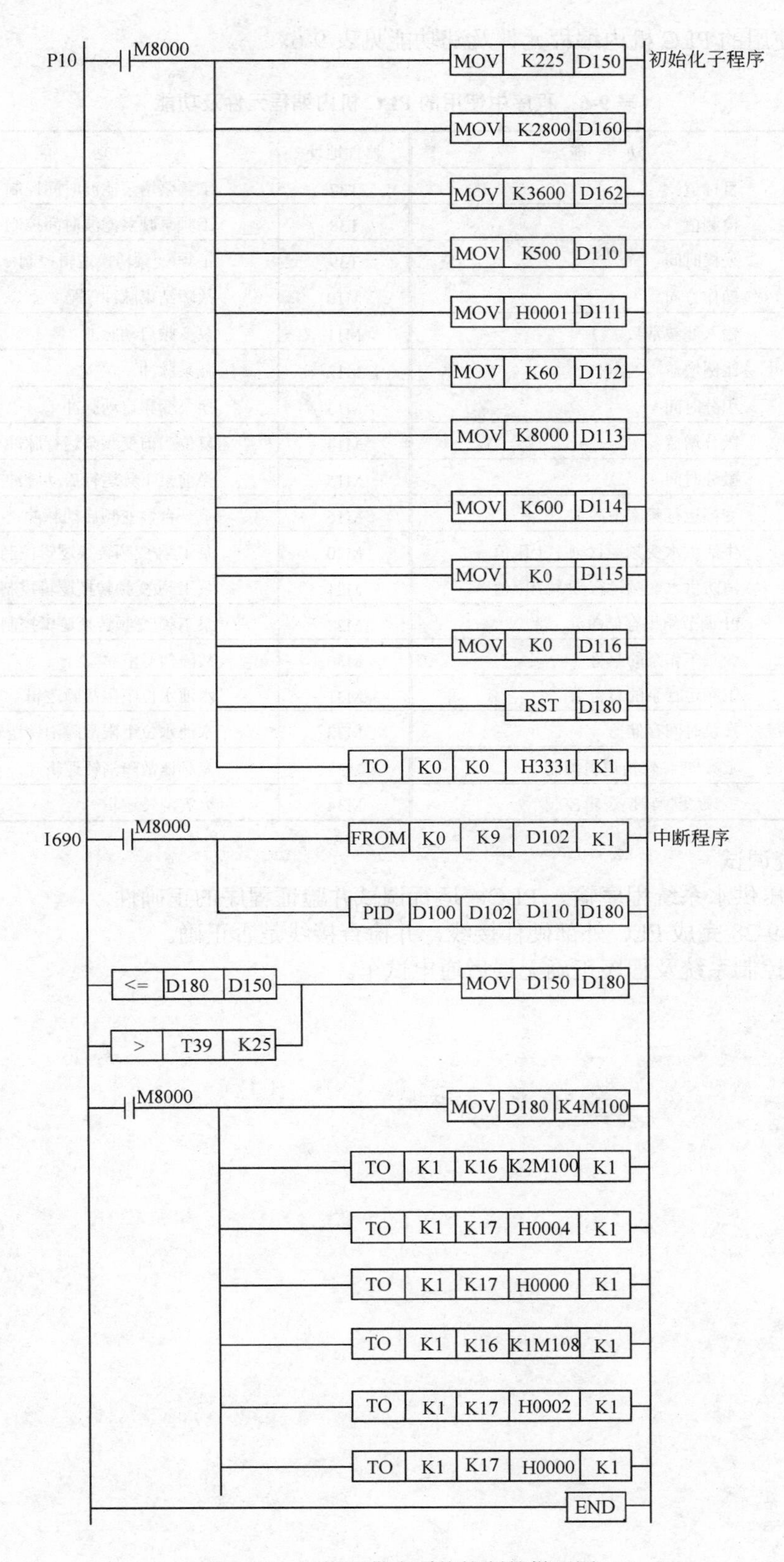


图 9-30　双恒压供水系统控制的梯形图

程序中使用的PLC机内编程元件及其功能见表9-6。

表9-6　程序中使用的PLC机内编程元件及功能

| 器件地址 | 功　能 | 器件地址 | 功　能 |
| --- | --- | --- | --- |
| D100 | 目标值 | T37 | 工频泵增泵滤波时间控制 |
| D102 | 检测值 | T38 | 工频泵减泵滤波时间控制 |
| D110 | 采样时间 | T39 | 工频/变频转换逻辑控制 |
| D111 | 动作方向 | M10 | 故障结束脉冲信号 |
| D112 | 输入滤波常数 | M11 | 泵变频启动脉冲 |
| D113 | 比例增益 | M12 | 减泵脉冲 |
| D114 | 积分时间 | M13 | 换泵变频启动脉冲 |
| D115 | 微分增益 | M14 | 复位当前变频泵运行脉冲 |
| D116 | 微分时间 | M15 | 当前泵工频运行启动脉冲 |
| D150 | 变频运行频率下限值 | M16 | 下一台泵变频启动脉冲 |
| D160 | 生活供水变频运行频率上限值 | M20 | 泵工频/变频转换逻辑控制 |
| D162 | 消防供水变频运行频率上限值 | M21 | 泵工频/变频转换逻辑控制 |
| D180 | PI调节结果存储单元 | M22 | 泵工频/变频转换逻辑控制 |
| D182 | 变频工作泵的泵号 | M30 | 故障信号汇总 |
| D184 | 工频运行泵的总台数 | M31 | 水池水位下限故障逻辑 |
| D190 | 换泵时间存储器 | M32 | 水池水位下限故障消铃逻辑 |
| T33 | 工频/变频转换逻辑控制 | M33 | 变频器故障消铃逻辑 |
| T34 | 工频/变频转换逻辑控制 | M34 | 火灾消铃逻辑 |

（4）系统调试

① 将恒压供水系统程序输入PLC，运行调试并验证程序的正确性。

② 按图9-28完成PLC外部硬件接线，并检查接线是否正确。

③ 确认控制系统及程序正确无误后通电试车。

# 第10章 实训课题

## 10.1 程序的写入、调试及监控

### 10.1.1 实训目的

① 熟悉FX-20P手持式编程器各功能键的功能。

② 掌握FX-20P手持式编程器的使用方法。

### 10.1.2 实训指导

#### 10.1.2.1 FX-20P手持式编程器

程序的写入、调试及监控是通过编程器实现的，编程器是PLC必不可少的外部设备，它一方面对PLC进行编程，另一方面又能对PLC的工作状态进行监控。

FX-20P手持式编程器（简称HPP）由液晶显示屏、ROM写入器接口、存储器卡盒接口及键盘（功能键、指令键、元件符号键和数字键等）组成，如图10-1所示。

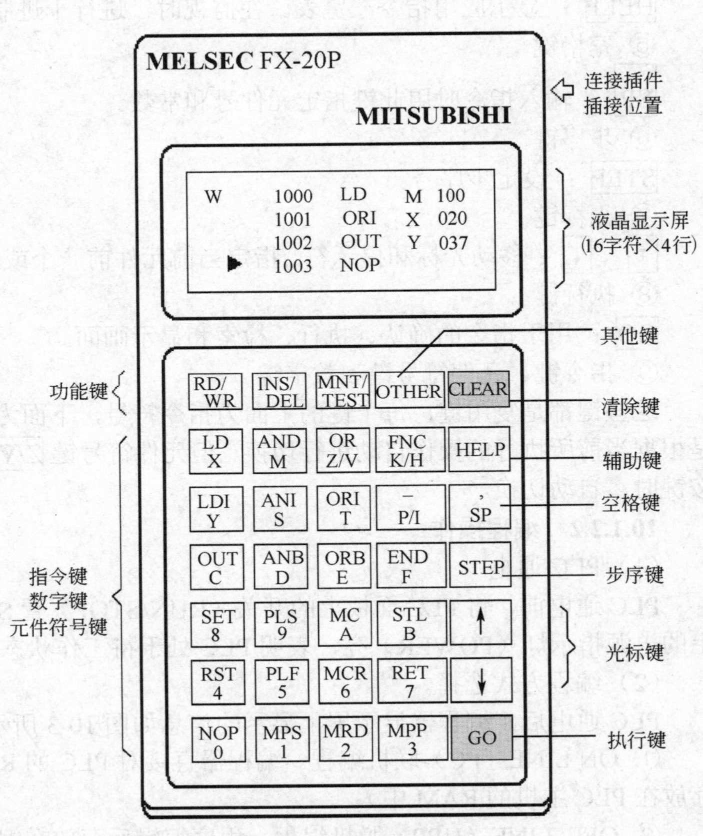


图10-1 FX-20P编程器操作面板

（1）液晶显示屏

FX-20P手持式编程器的液晶显示屏只能同时显示4行，每行16个字符，在编程操作时，编程器液晶显示屏显示内容如图10-2所示。

（2）键盘 键盘由35个按键组成，包括功能键、指令键、元件符号键和数字键等。

① 功能键

RD/WR：读出/写入键。

INS/DEL：插入/删除键。

MNT/TEST：监视/测试键。

各功能键为复用键，交替使用，按一次选择第一个功能；再按一次，选择第二个功能。

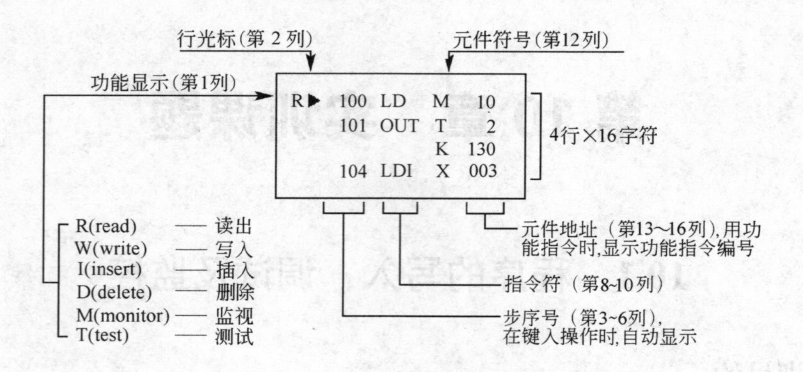


图 10-2　编程器液晶显示屏示意图

② 其他键（工作方式选择）

OTHER：在任何状态下按此键，将显示工作方式菜单。安装 ROM 写入器时，在脱机方式菜单上进行项目选择。

③ 清除键

CLEAR：在按执行键之前按此键，可清除键入的指令或数据。该键也可以用于清除显示屏上的错误信息或恢复原来的画面。

④ 辅助键

HELP：显示应用指令一览表。在监视时，进行十进制数与十六进制数的转换。

⑤ 空格键

SP：输入指令时用此键指定元件号和常数。

⑥ 步序键

STEP：设定步序号。

⑦ 光标键

↑、↓：移动光标和提示符；指定当前元件前一个或后一个地址号的元件；做行滚动。

⑧ 执行键

GO：用于指令的确认、执行、检索和显示画面。

⑨ 指令键、元件符号键和数字键

这些键都是复用键，每个键的上面为指令符号，下面为元件符号或数字。上、下的功能是根据当前所执行的操作自动进行切换。但元件符号键 Z/V、K/H、P/I 是交替使用键，反复按键时，自动切换。

**10.1.2.2　编程操作**

（1）PLC 通电

PLC 通电前，将 PLC 面板上的开关（RUN/STOP）置 STOP 状态；PLC 通电后，其面板上的电源指示灯（POWER）亮，表明 PLC 处于待工作状态。

（2）编程方式选择

PLC 通电后，编程器显示屏上显示的信息如图 10-3 所示。

① ON LINE（PC）联机编程。编程器直接对 PLC 的 RAM 进行读/写操作（程序编辑后存放在 PLC 主机的 RAM 中）。

② OFF LINE（HPP）脱机编程。程序编辑后存放在编程器的 RAM 中（需要成批传入 PLC 的内存）。

以上编程方式可以任意选择。用光标键将光标“■”移到 ON LINE（PC）或 OFF LINE

（HPP）前，按GO键确认，即可选择联机编程或脱机编程（建议用ON LINE编程方式）。

```
PROGRAM  MODE
■ ONLINE  （PC）
  OFFLINE （HPP）
```

图10-3 编程方式选择

```
ONLINE  MODE    FX
■ 1. OFFLINE   MODE
  2. PROGRAM  CHECK
  3. DATA  TRANSFTER
```

图10-4 工作方式选择

（3）工作方式选择

按OTHER键，进入工作方式选择菜单。此时，显示屏上显示的信息如图10-4所示。在联机编程方式下，可供选择的工作方式有以下七种。

① OFF LINE MODE 脱机方式，进入脱机编程方式。

② PROGRAM CHECK 程序检查，若无错误，显示“NO ERROR”；若有错误，显示出错误指令的步序号及出错代码。

③ DATA TRANSFER 数据传送，若PLC内安装有存储器卡盒，在PLC的RAM和外装的存储器卡盒之间进行程序和参数的传送；反之则显示“NO MEM CASSETTE”（没有存储器卡盒），不进行传送。

④ PARAMETER 对PLC用户程序存储器容量进行设置，还可以对各种具有断电保持功能的编程元件的范围以及文件寄存器的数量进行设置。

⑤ XYM. NO. CONV.修改X、Y、M的元件号。

⑥ BUZZER LEVEL 蜂鸣器音量调节。

⑦ LATCH CLEAR 复位有断电保持功能的编程元件。文件寄存器的复位与它所使用的存储器类别有关，只能对RAM和写保护开关处于OFF位置的EEPROM中的文件寄存器复位。

用光标键将光标“■”移到所需要的位置，再按GO键，就进入选定的工作方式。

（4）清零

写入程序之前，需要将PLC内存中的程序全部清除（简称“清0”），操作过程是：

RD/WR→RD/WR→NOP→A→GO→GO

“清零”后，显示屏上将全部显示“NOP”，表明原有程序已被清除，可以输入新的用户应用程序。

（5）编辑程序

① 程序写入

**W**：W为写指令操作，编程器在写功能时，可进行以下三项操作。

• 写入指令：每键入一条指令，必须按一下GO键确认，输入才有效，程序步序号自动递增；每写完一条指令时，显示屏上将显示出步序号、指令及元件号。

如图10-5所示梯形图，其第1、第4和第5回路程序写入的键操作过程为：

LD→X→0→GO→AND→X→1→GO→OUT→Y→0→GO

LD→T→0→GO→OUT→T→1→SP→K→1→0→GO→OUT→Y→2→GO

LD→M→8→0→0→0→GO→FNC→1→2→P→SP→K→1→2→0→SP→D→0→GO。

• 修改指令：将光标对准需要修改的指令，写入正确的指令，按GO键，则后写入的指令将原来的指令覆盖。

• 移动光标：按STEP键，再键入所要到达的目标程序步，按GO键，光标就跳移到指定的程序步。

② 程序读出

**R**：为读指令操作，编程器在读功能时，可根据步序号、指令、元件及指针从 PLC 内存中读出程序。

指定步序号读出：如要读出第 16 步的程序，其按键操作为 STEP→1→6→GO。

指定指令读出：如要读出 OUT Y002 指令，先写入 OUT Y002，再按 GO 键，PLC 便在程序中查找此条指令，找到后光标就停留在此条指令前面；如果程序中没有此条指令，显示屏将出现“NOT FOUND”。

指定元件读出：如要读出元件 Y003，其按键操作为 SP→Y→3→GO。

指定指针读出：如要读出指针号为 P2 的标号，其按键操作为 P→2→GO。

③ 插入/删除程序

**I**：为插入程序操作，如在第 5 步前插入 ANI X10，应先读出第 5 步程序，将光标移到第 5 步程序 OUT Y001 之前，然后进行插入操作：ANI→X→1→0→GO。

**D**：为删除程序操作，如要删除第 15 步程序 OUT Y002，应先读出第 15 步程序，将光标移到第 15 步程序 OUT Y002 之前，然后进行删除操作再按 GO 键。

指定范围删除的按键操作为 STEP→起始步序号→SP→STEP→终止步序号→GO。

（6）监视与测试操作

监视操作是在联机方式下，通过编程器的显示屏监视和确认 PLC 的工作状态；测试操作是指编程器对 PLC 位元件的触点和线圈进行强制置位或复位以及对 T、C 等元件当前值和设定值的修改等。

① 监视操作

**M**：为监视操作，编程器在监视功能下可进行以下两项操作。

元件状态监视：监视指定元件的 ON/OFF 状态、设定值及当前值，如监视元件 X000 状态的键操作为 SP→X→0→GO。按 GO 键后，显示屏将显示 X000 等元件的状态，其前面有“■”标记的元件为 ON 状态，没有的则为 OFF 状态，利用光标键进行行滚动，还可监视程序中其他位元件的状态。

导通检查：根据步序号或指令读出程序，监视元件触点的动作及线圈的导通，如读出第 12 步指令做导通检查的键操作是 STEP→1→2→GO ，按 GO 键后，显示以指定步序号为首的 4 行指令，其中元件前面有“■”标记的触点和线圈为导通状态。

② 测试操作

**T**：为测试操作，编程器在测试功能下可进行以下三项操作。

强制元件 ON/OFF：PLC 主机处于 STOP 状态下，按 MNT/TEST 键，使编程器处于 M 功能，按 SP 键后，输入要监视的元件号，再按 GO 键确认，显示屏将显示出所监视的元件，然后再按 MNT/TEST 键，使编程器处于 T 功能，再按 SET 键，强制元件为 ON，按 RST 键，强制元件为 OFF（每次只能强制一个元件 ON/OFF），例如，强制元件 Y003 ON/OFF 的键操作为：在 M 功能下，按 SP→Y→3→GO 键；在 T 功能下，再按 SET 键，强制 Y003 为 ON，按 RST 键，强制 Y003 为 OFF。

修改 T、C、D、V、Z 的当前值：在 PLC 主机处于 RUN 状态下，先进行元件监视，再按 MNT/TEST 键转到测试功能，然后修改 T、C、D、Z、V 等元件的当前值，例如，将数据寄存器 D0 的当前值 K120 修改为 K50，其键操作为：在 M 功能下，按 SP→D→0→GO；在 T 功能下，再按 SP→K→5→0→GO，即可完成 D0 当前值的变更。

修改 T、C 的设定值：PLC 主机处于 STOP 或 RUN 运行状态下，先进行元件监视，再按 MNT/TEST 键转到测试功能，再按 SP 键 2 次，即可修改 T、C 元件的设定值，例如，将定时器 T1 的设定值 K10 修改为 K30，其键操作为：在 M 功能下，按 SP→T→1→GO；在 T 功能下，按 SP→SP→K→3→0→GO，即完成了 T1 设定值的修改。

### 10.1.3　技能训练

① 写入程序　将图 10-5 所示梯形图对应的指令程序写入 PLC。每输入一条指令，应按 GO 键予以确认，输入才有效，程序步序号会自动递增；每写完一条指令时，显示屏上将显示出对应的步序、指令及元件号。

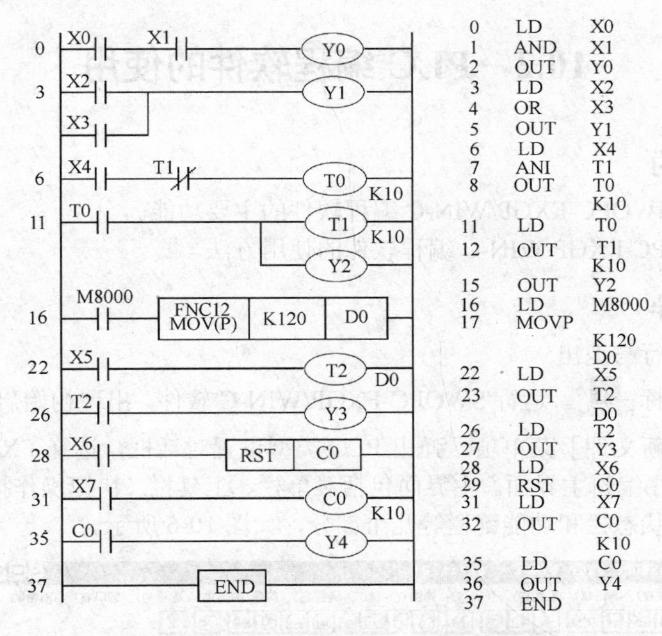


图 10-5　技能训练 1 梯形图及指令程序

若输入出错，按 GO 键前，可用 CLEAR 键自动清除，重新输入；按 GO 键后，可用 ↑ 或 ↓ 键将光标移至出错指令前，重新输入，或删除错误指令后，再插入正确的指令。

② 读出程序　将写入 PLC 的指令程序读出校对（可逐条校对，也可根据步序号读出某条指令进行校对）。

③ 修改程序　先删除某条指令，再插入该条指令。

④ 调试程序　给定输入，观察输入、输出指示灯的状态。若输出指示灯的状态与控制程序的要求一致，则表明程序调试成功。

⑤ 监视操作　监视 X0～X2、Y2～Y4 的 NO/OFF 状态；监视 T1、T2 和 C0 的设定值及当前值，并将监视结果填于表 10-1。

**表 10-1　元件状态监视表**

| 元件 | ON/OFF | 元件 | ON/OFF | 元件 | 设定值 | 当前值 |
|---|---|---|---|---|---|---|
| X0 | | Y2 | | T1 | | |
| X1 | | Y3 | | T2 | | |
| X2 | | Y4 | | C0 | | |

⑥ 导通检查　读出以 6 步为首的 4 行指令，利用显示在元件左侧的“■”标记，监视触

点和线圈的动作状态。

⑦ 强制元件 ON/OFF　对 Y2、Y3 进行强制 ON/OFF 操作。

⑧ 修改元件当前值　将 D0 当前值 K120 修改为 K60，写出其键操作过程。

⑨ 修改元件设定值　将 C0 的设定值 K10 修改为 K20，写出其键操作过程。

### 10.1.4　实训考核

① 编程操作（包括清零，程序写入、读出，程序修改）（4 分）。

② 监视操作（包括元件监视，强制元件 ON/OFF，修改 T、C 设定值）（3 分）。

③ 运行操作（包括程序运行，运行调试）（3 分）。

## 10.2　PLC 编程软件的使用

### 10.2.1　实训目的

① 熟悉三菱 SWOPC-FXGP/WIN-C 编程软件的主要功能。

② 掌握 SWOPC-FXGP/WIN-C 编程软件的使用方法。

### 10.2.2　实训指导

（1）系统的运行与退出

双击桌面上图标 FXGP_WIN-C，运行 SWOPC-FXGP/WIN-C 软件，出现初始启动界面。点击［文件］菜单并选择［新文件］菜单项，弹出 PLC 类型设置对话框，选择 $FX_{2N}$ 机型，点击［确认］按钮，出现程序编辑主界面。主界面包括菜单栏、工具栏（快捷操作按钮）、功能图栏、用户程序编辑区、状态栏和功能键栏等几个部分，如图 10-6 所示。

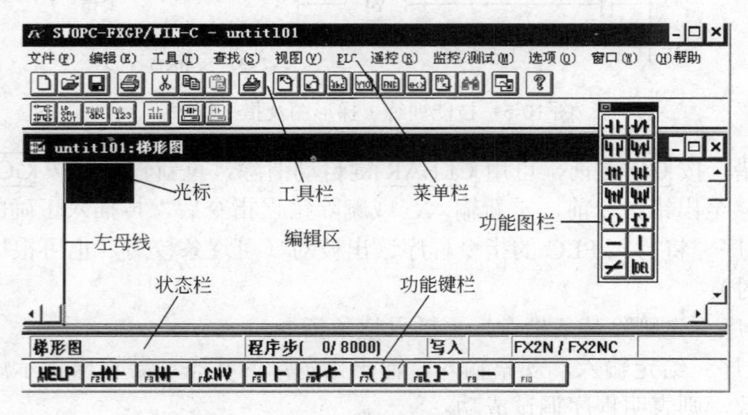


图 10-6　打开的 SWOPC-FXGP/WIN-C 窗口

① 菜单栏　菜单栏包括［文件］、［编辑］、［工具］、［查找］、［视图］、［PLC］、［遥控］、［监控/测试］等主菜单，并以下拉菜单的形式进行选择操作。点击某主菜单，弹出该菜单的下拉菜单，如［文件］菜单包含新文件、打开、关闭打开、保存、另存为、打印、页面设置等菜单项；［编辑］菜单包含剪切、复制、粘贴、删除等菜单项。［文件］和［编辑］这两个菜单的主要功能是管理、编辑程序文件；其他菜单，如［视图］菜单功能涉及编程方式的变换；［PLC］菜单主要进行程序的下载、上传传送；［监控/测试］菜单可实现程序的调试及监控等操作。

② 工具栏　工具栏是最常用的编程操作按钮，可提供简便的鼠标操作。菜单栏中常用的一些操作功能可设置在工具栏中，利用［视图］菜单选项可显示或隐藏工具栏。

③ 用户程序编辑区　用户程序编辑区显示编程操作的工作对象，如梯形图、指令表和 SFC 图等。选择［视图］菜单中的［梯形图］或［指令表］菜单项，或利用工具栏中梯形图与指令表的转换按钮，可实现梯形图程序与指令表程序的转换。

④ 状态栏、功能键栏及功能图栏　状态栏可显示编程 PLC 的类型、软件的应用状态及所处的程序步数等；功能键栏与功能图栏都含有梯形图编程的各种梯形图符号，可直接用于编程操作。

选择［文件］→［退出］操作命令，即可退出 SWOPC-FXGP/WIN-C 系统。

（2）文件的管理

① 创建新文件　选择［文件］→［新文件］菜单项，或者按［Ctrl］+［N］键操作，然后在 PLC 类型设置对话框中选择 PLC 类型，点击［确认］或按［O］键操作即可。

② 打开文件　选择［文件］→［打开］菜单项或按［Ctrl］+［O］键，弹出打开文件对话框，如图 10-7 所示，从文件类型列表中选择一个 * pmw 文件，点击［确定］即可。

③ 文件的保存和关闭　执行［文件］→［保存］菜单项或按［Ctrl］+［S］键，弹出如图 10-8 所示文件保存对话框，通过该对话框给当前程序命名并点击［确定］即可。

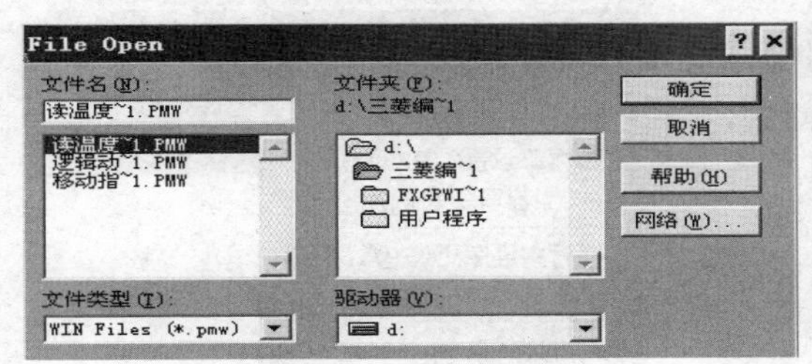


图 10-7　打开文件对话框

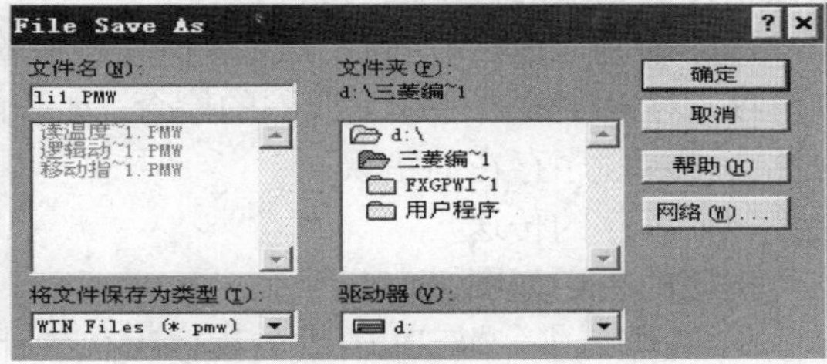


图 10-8　文件保存对话框

将打开状态的顺控程序关闭，其操作方法是执行［文件］→［关闭打开］菜单项即可。

（3）程序编辑操作

程序编辑操作是在用户程序编辑区绘制梯形图的过程。执行［文件］→［新文件］菜单项，打开编程主窗口，如图 10-9 所示。主窗口左边的一根竖线是梯形图的左母线；左上方蓝色的方框为光标。梯形图的绘制是取用图形符号库（功能图栏或功能键栏）中的图形符号，“拼绘”梯形图的过程，比如要输入一个常开触点，可点击功能图栏中的常开触点，或执行［工具］→［触点］→［常开触点］操作命令，这时弹出输入元件对话框，在对话框中输入元件的编号（如 X000），然后点击［确认］按钮，则要输入的常开触点及其地址就出现在蓝色光标所在的位置上。其他触点或线圈的输入都是类似的。

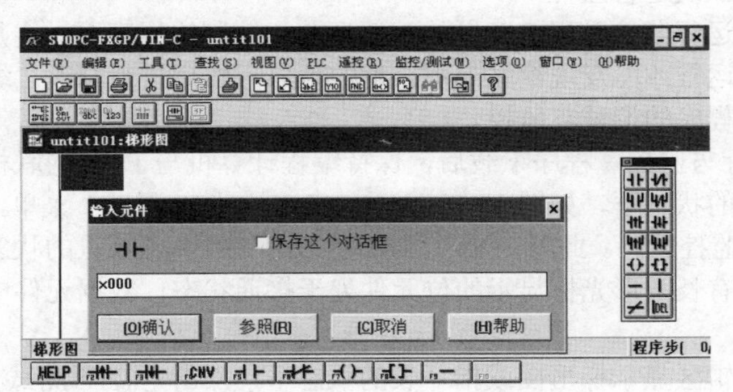


图 10-9　梯形图编程操作过程

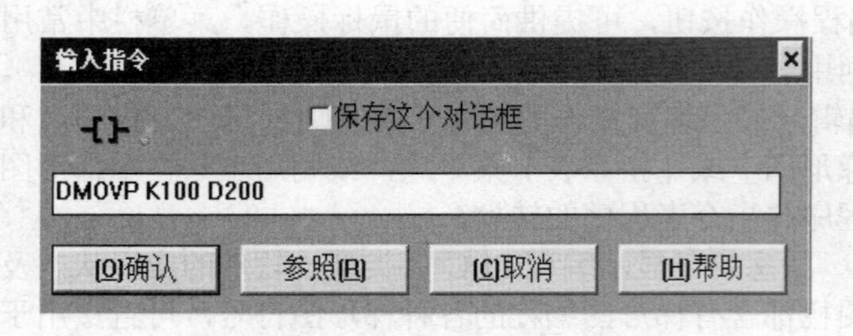


图 10-10 输入功能指令对话框

输入功能指令时，点击［工具］菜单中的［功能］菜单项或点击功能图栏或功能键栏中的功能按钮，即可弹出如图 10-10 所示的对话框。然后在对话框中填入功能指令的助记符及操作数，点击［确认］即可。

注意，功能指令的输入，助记符与操作数间要空格，但指令的脉冲执行方式所加的“P”及 32 位指令在指令助记符前加的“D”不空格。梯形图符号间的连线可通过在［工具］菜单中的［连线］菜单项中选择水平线与竖线完成。另外，不论绘制什么图形，都先要将光标移到需要绘制这些图形符号的地方。梯形图符号的删除可利用计算机的删除键完成；梯形图竖线的删除可执行［工具］→［连线］→［删除］。梯形图符号及电路块的剪切、复制和粘贴等方法与其他应用软件的操作相似。绘制的梯形图需要保存时，要先执行［工具］→［转换］菜单项，或点击工具栏中的转换按钮，使梯形图转换成功后才能保存；若梯形图未经转换就直接点击［保存］按钮存盘，将关闭编程软件，编绘的梯形图将会丢失。

程序编制完成后，执行［选项］→［程序检查］菜单项，对程序做语法或双线圈的检查，如有问题，软件会提示程序存在的错误。

（4）程序的传送

程序的传送如图 10-11 所示。

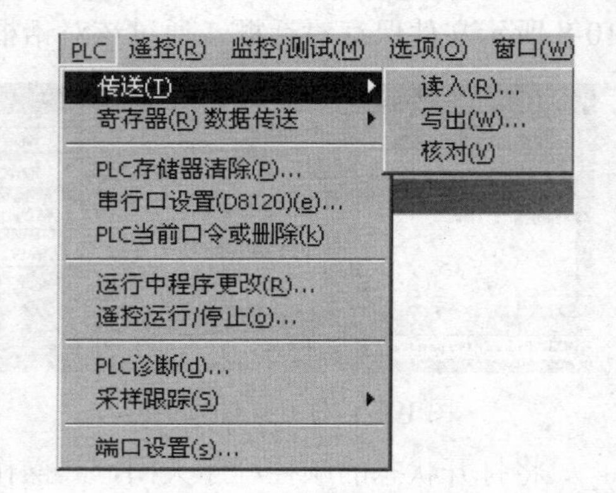


图 10-11 程序的传送

① ［读入］ 将 PLC 中的程序上传到计算机中修改。

② ［写出］ 将计算机中编辑好的程序下载到 PLC 中运行。

③ ［核对］ 将计算机与 PLC 中的程序加以比较校验。

传送程序时，应注意以下两个问题。

- 计算机的 RS-232C 端口与 PLC 之间必须用指定的电缆线及转换器连接。
- 执行［写出］时，PLC 应停止运行。执行［写出］，即下载了新程序后，PLC 中原有的程序即被删除。

（5）程序的调试及运行监控

程序的调试及运行监控是程序开发的重要环节。编制的程序不一定是完善的，只有经过试运行，甚至现场运行才能发现程序中不合理的地方，然后进行修改。编程软件具有监控与测试功能，可用于程序的调试与监控。

① 程序的运行与监控 程序下载后，保持编程计算机与 PLC 的联机状态。在用户程序编辑区显示梯形图的状态下，如图 10-12 所示，点击［监控/测试］菜单，执行［开始监控］命令，进入元件的监控状态。此时，梯形图上将显示 PLC 中各触点的状态及各数据存储单元数值的变化，图中有长方形光标显示的位元件处于接通状态，数据元件中的参数也将直接显示出来。

在用户程序编辑区显示梯形图或指令表的状态下，点击［监控/测试］菜单，再选择［进入元件监控］菜单项，就会弹出元件监控状态对话框。这时，在对话框中设置需监控的元件，则当PLC运行时就可显示运行中各元件的状态。

在监控状态下，执行［监控/测试］→［停止监控］菜单项，则终止监控状态并回到编辑状态。

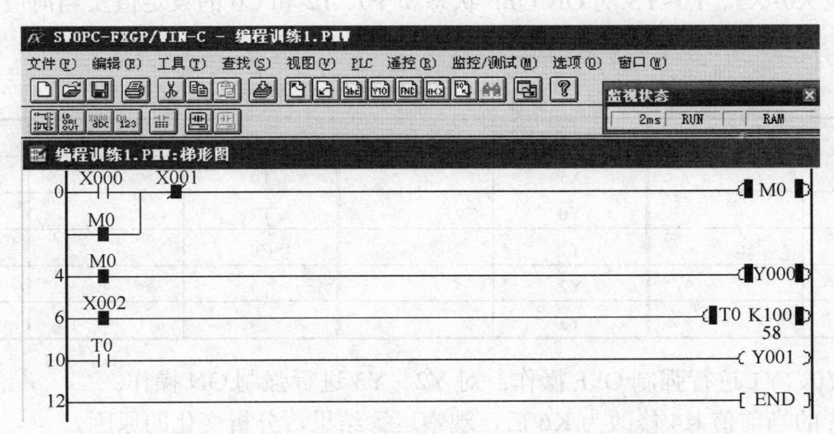


图10-12 程序的运行与监控

② 强制位元件的状态　在程序调试中，可能需要使PLC的某些位元件处于ON或OFF状态，以便观察程序的反应。执行［监控/测试］菜单中的［强制Y输出］或［强制ON/OFF］命令，弹出强制对话框，在对话框中设置需要强制的内容并点击［确认］即可。

③ 改变PLC字元件的当前值　执行［监控/测试］→［改变当前值］菜单选项，弹出改变当前值对话框，在此输入元件号并设定新的当前值，点击［确认］或按［Enter］键，则选定元件的当前值被改变。

④ 改变PLC字元件的设定值　在梯形图监控时，如果光标在计数器或定时器的输出命令状态，执行［监控/测试］→［改变设置值］菜单项，弹出改变设置值对话框，在此设置新的设定值，点击［确认］或按［Enter］键即可。

若数据寄存器或光标在应用命令位置，并且D、V或Z当前可用，则该功能同样可被执行，在这种情况下，元件号可被改变。

### 10.2.3 技能训练

采用梯形图编程的技能训练。将图10-13所示的梯形图输入到计算机，并进行以下操作。

① 打开程序文件，通过［写出］操作将程序文件*.pmw传送到PLC用户存储器RAM中，然后进行校验。

② 通过［读入］操作将PLC用户存储器中已有的程序读入到计算机中，然后进行校验。

③ 运行调试程序，操作有关输入信号，在不同输入状态下观察输入/输出指示灯的变化，若输出指示灯

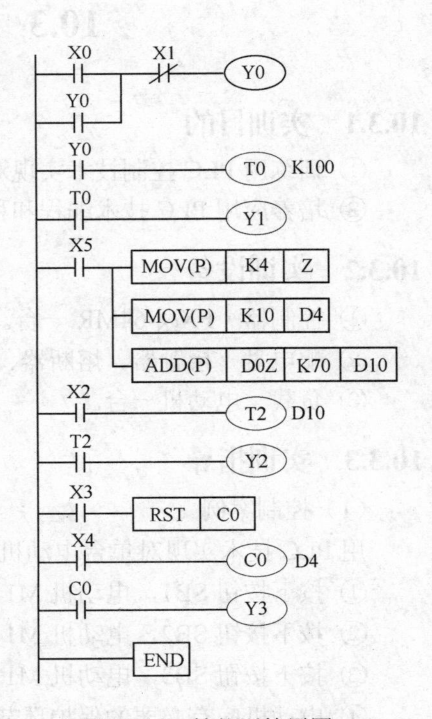


图10-13 技能训练用图

的状态与程序控制要求一致，则表明程序运行正常。否则，应修改程序，直到满足控制要求为止。

④ 监视 X0~X5、Y0~Y3 的 ON/OFF 状态和 T0、T2 和 C0 的设定值及当前值，并将结果填于表 10-2 中。

表 10-2 元件监视情况一览表

| 元件 | ON/OFF | 元件 | ON/OFF | 元件 | 设定值 | 当前值 |
|---|---|---|---|---|---|---|
| X0 | | X5 | | T0 | | |
| X1 | | Y0 | | T2 | | |
| X2 | | Y1 | | C0 | | |
| X3 | | Y2 | | | | |
| X4 | | Y3 | | | | |

⑤ 对 Y0、Y1 进行强制 OFF 操作；对 Y2、Y3 进行强制 ON 操作。

⑥ 将 Z 的当前值 K4 修改为 K6 后，观察运行结果，分析变化的原因。

⑦ 将 D4 的当前值 K10 修改为 K20 后，观察运行结果，分析变化的原因。

⑧ 将 T0 的设定值 K100 修改为 K150 后，观察运行结果，并写出操作过程。

### 10.2.4 实训考核

① 编程操作（包括建立程序文件，程序编辑，程序传送）(4 分)。

② 监控操作（包括元件监视，强制元件 ON/OFF，修改 T、C 设定值）(3 分)。

③ 运行操作（包括程序运行，运行调试）(3 分)。

## 10.3 电动机正/反转控制

### 10.3.1 实训目的

① 训练用 PLC 控制技术实现对电动机负载控制的技能。

② 培养应用 PLC 技术编程和程序调试的能力。

### 10.3.2 实训设备

① 控制器 $FX_{2N}$-64MR 一台。

② 配电盘 接触器、熔断器、热继电器、按钮、接线端子等。

③ 负载 电动机一台。

### 10.3.3 实训指导

（1）控制案例

用 PLC 技术实现对单台电动机的正/反转控制，其控制要求如下。

① 按下按钮 SB1，电动机 M1 正转运行。

② 按下按钮 SB2，电动机 M1 反转运行。

③ 按下按钮 SB3，电动机 M1 停止运行。

④ 电动机应有必要的保护环节。

（2）输入/输出信号分配

输入/输出信号分配如表 10-3 所示。

表 10-3 输入/输出信号分配

| 输入（I） | | | 输出（O） | | |
|---|---|---|---|---|---|
| 元 件 | 功 能 | 信号地址 | 元 件 | 功 能 | 信号地址 |
| 按钮 SB1 | 正转启动 | X0 | 电动机 | 正转 | Y0 |
| 按钮 SB2 | 反转启动 | X1 | | 反转 | Y1 |
| 按钮 SB3 | 停止 | X2 | | | |
| 热继电器 FR | 过载保护 | X3 | | | |

（3）硬件接线

① 主电路 电动机的正/反转控制通过交流接触器 KM1 和 KM2 对电源的换相实现。用熔断器作相间短路保护，用热继电器作过载保护。

② 控制电路 为了防止因交流接触器主触点熔焊而不能断开引起的主电路短路，故在 PLC 输出回路中，增加了 KM1 和 KM2 的电气互锁环节。当 KM1 线圈失电而其触点没有切换时，其常闭触点互锁了 KM2 线圈回路，KM2 线圈就不可能得电；同样，KM2 线圈失电而其触点没有切换时，其常闭触点互锁了 KM1 线圈回路，KM1 线圈就不可能得电。这样，就保证了电动机运行的可靠性和安全性。

电动机的过载保护可设置在输入回路中，当电动机过载时，热继电器的常开触点闭合，通过 X3 输入过载信号，使程序中止运行，电动机停机。

PLC 外部 I/O 设备接线如图 10-14 所示。

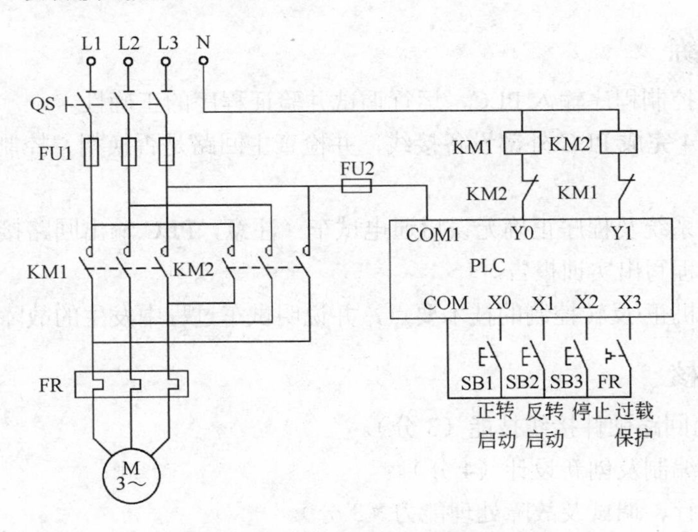


图 10-14 PLC 外部 I/O 设备接线图

（4）控制程序

电动机正/反转控制主电路中，交流接触器 KM1 和 KM2 的主触点不能同时闭合，并且必须保证只有在一个接触器的主触点断开以后，另一个接触器的主触点才能闭合。为此，要在程序中设置互锁环节，如在正转控制（Y0 输出）回路中增加了 Y1 的常闭触点；而在反转控制（Y1 输出）回路中增加了 Y0 的常闭触点。当 Y0 线圈得电时，Y0 的常闭触点断开，对 Y1 的输出回路进行互锁；同样，当 Y1 的线圈得电时，Y1 的常闭触点断开，对 Y0 的输出回路进行互锁。

为了使电动机能从正转直接切换到反转，或从反转直接切换到正转，梯形图中需要增加类似按钮机械互锁的程序控制，如在正转控制回路中增加了反转启动信号 X1 的常闭触点；在反转控制回路中增加了正转启动信号 X0 的常闭触点。当电动机正转运行时，按下反转启动按钮，X1 的常开触点闭合，常闭触点断开，使 Y0 线圈失电并解除自锁，电动机停止正转，同时 Y0 的常闭触点闭合，解除互锁，使 Y1 线圈得电，电动机反转；当电动机反转运行时，按下正转启动按钮，X0 的常开触点闭合，常闭触点断开，使 Y1 线圈失电并解除自锁，电动机停止反转，同时 Y1 的常闭触点闭合，解除互锁，使 Y0 线圈得电，电动机正转。

综合以上方面，电动机正/反转控制的梯形图及指令程序如图 10-15 所示。

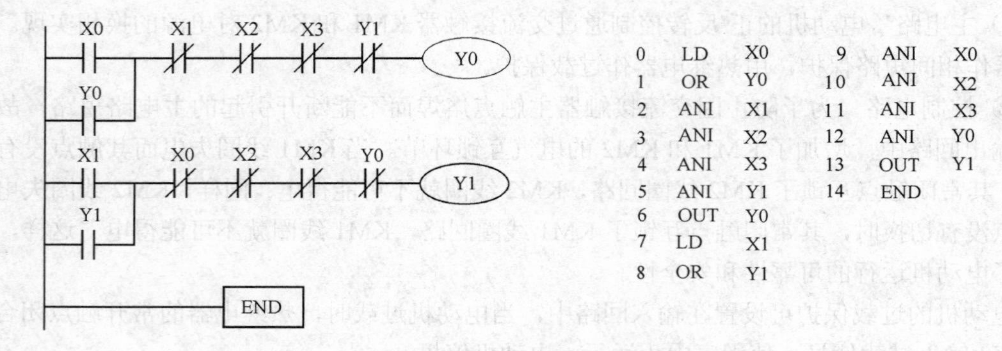


图 10-15 电动机正/反转控制的梯形图及指令程序

### 10.3.4 技能训练

① 将电动机控制程序输入 PLC，运行调试并验证程序的正确性。

② 按图 10-14 完成 PLC 外部设备接线，并检查主回路是否换相、控制回路是否加电气互锁。

③ 确认控制系统及程序正确无误后通电试车（注意，PLC 输出回路接 220V 电源）。

④ 按实训过程写出实训报告。

⑤ 总结电动机正/反转控制的技术要点，并说明试车过程中发生的故障及处理的方法。

### 10.3.5 实训考核

① 输入/输出回路硬件接线技能（3 分）。

② 控制程序编制及创新设计（4 分）。

③ 程序的运行、调试及故障处理能力（3 分）。

## 10.4 三台泵顺序启停控制

### 10.4.1 实训目的

① 掌握 PLC 顺序控制程序设计的方法。

② 训练 PLC 输入/输出接口电路设计与接线的技能。

③ 熟悉 PLC 定时器的应用。

## 10.4.2 实训设备

① 控制器 $FX_{2N}$-64MR一台。

② 配电盘 接触器、熔断器、热继电器、按钮、接线端子、连接导线等。

③ 负载 泵（或电动机）三台。

## 10.4.3 实训指导

（1）控制案例

某化工生产过程的物料由三台泵输送，1号泵由电动机M1拖动，2号泵由电动机M2拖动，3号泵由电动机M3拖动。根据生产工艺，控制要求如下。

① 按启动按钮SB1，三台泵按1号泵→2号泵→3号泵的顺序启动，间隔均为3s。

② 按停止按钮SB2，三台泵按3号泵→2号泵→1号泵的顺序停止，间隔也为3s。

③ 若3号泵发生过载，则3号泵立即停止运行，3s后2号泵停止运行，再过3s 1号泵停止运行；若2号泵发生过载，则3号泵和2号泵同时停止运行，3s后1号泵停止运行；若1号泵发生过载，则3号泵、2号泵和1号泵同时停止运行。

④ 电动机要有急停和必要的保护环节。

（2）输入/输出信号分配

输入/输出信号分配如表10-4所示。

表10-4 输入/输出信号分配

| 输入（I） | | | 输出（O） | | |
|---|---|---|---|---|---|
| 元件 | 功能 | 信号地址 | 元件 | 功能 | 信号地址 |
| 按钮SB1 | 启动 | X0 | 接触器KM1 | 控制电动机M1 | Y0 |
| 按钮SB2 | 停止 | X1 | 接触器KM2 | 控制电动机M2 | Y1 |
| 热继电器FR1 | 1号泵过载保护 | X2 | 接触器KM3 | 控制电动机M3 | Y2 |
| 热继电器FR2 | 2号泵过载保护 | X3 | | | |
| 热继电器FR3 | 3号泵过载保护 | X4 | | | |
| 按钮SB3 | 急停 | X5 | | | |

（3）硬件接线

主电路中用熔断器作相间短路保护，当泵过载时，热继电器的常开触点闭合，通过PLC相应的信号地址输入过载信号，使泵按控制要求停止。输入/输出回路硬件接线如图10-16所示。

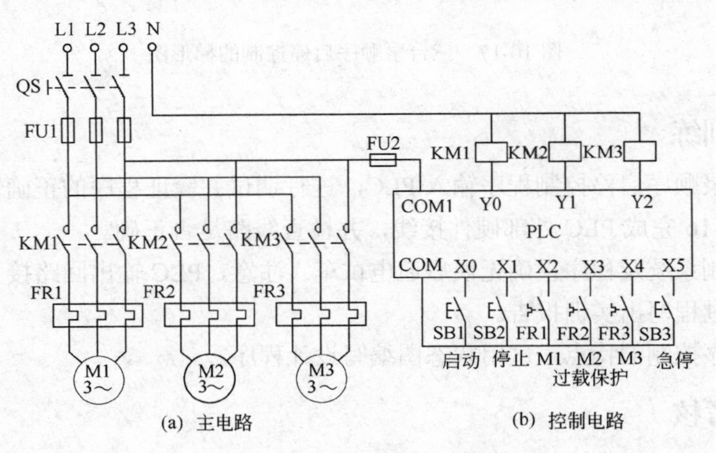


图10-16 PLC外部I/O接线

（4）控制程序

按下启动按钮 SB1，即 X0 接通，Y0 线圈得电，1 号泵启动运行，同时接通定时器 T0，延时 3s 后 Y1 线圈得电，2 号泵启动运行，同时接通定时器 T1，延时 3s 后 Y2 线圈得电，3 号泵启动运行。按下停止按钮 SB2，即 X1 接通，Y2 线圈失电，3 号泵停止运行，同时接通定时器 T2，延时 3s 后 Y1 线圈失电，2 号泵停止运行，同时接通定时器 T3，延时 3s 后 Y0 线圈失电，1 号泵停止运行。

3 号泵过载所产生的效果等同于按下停止按钮 SB2，所以 3 号泵过载信号 X4 与停止按钮 SB2 信号 X1 并联；若 2 号泵过载，则 2 号泵和 3 号泵同时停止运行，并且要接通定时器 T3；若 1 号泵过载，则 1 号、2 号和 3 号泵同时停止运行。由于按钮是点动信号，为保证定时器正常工作，使用了辅助继电器 M0 和 M1。

综合以上方面，三台泵顺序启停控制的梯形图如图 10-17 所示。

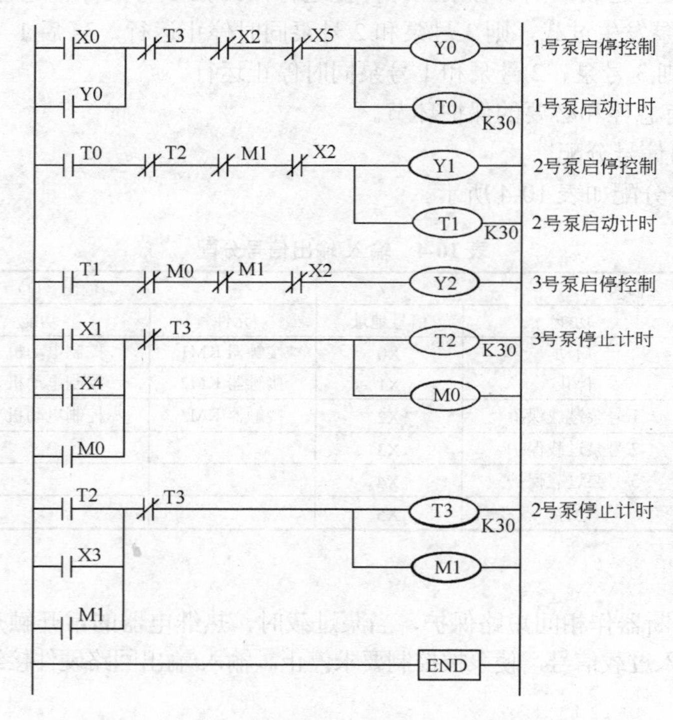


图 10-17 三台泵顺序启停控制的梯形图

## 10.4.4 技能训练

① 将三台泵顺序启停控制程序输入 PLC，进行调试并验证程序的正确性。

② 按图 10-16 完成 PLC 外部硬件接线，并检查线路是否正确。

③ 确认控制系统及程序正确无误后通电试车（注意，PLC 输出回路接 220V 电源）。

④ 按实训过程写出实训报告。

⑤ 总结顺序控制的特点，试用状态图编写设计程序。

## 10.4.5 实训考核

① PLC 外部 I/O 接线技能（3 分）。

② 控制程序编制及创新设计（4 分）。

③ 运行、调试程序及故障处理能力（3 分）。

## 10.5　自动送料装车控制

### 10.5.1　实训目的

① 训练使用状态转移图（SFC）编制程序的技能。

② 培养应用 PLC 技术控制生产过程的能力。

### 10.5.2　实训设备

① 控制器　$FX_{2N}$-64MR 一台。

② 自动送料装车装置　自动送料装车控制模拟盘一块，见图 10-18。

③ 电源　直流稳压电源一台（DC 12V）。

### 10.5.3　实训指导

（1）控制案例

自动送料装车系统由三级传送带、料箱、送料与料位检测、车位和装料重量检测等环节组成，如图 10-18 所示，其控制要求如下。

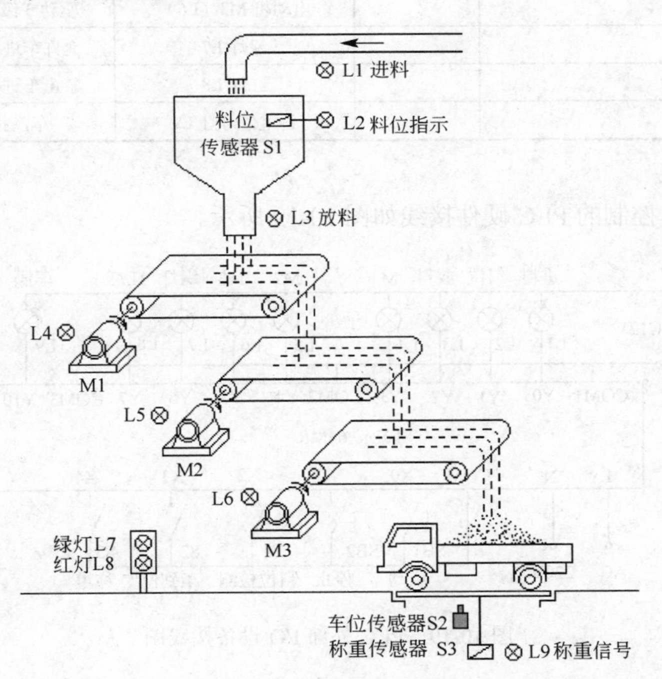


图 10-18　自动送料装车控制系统示意图

① 初始状态　红灯 L8 灭，绿灯 L7 亮，表明允许汽车开进装料。此时，料斗出料口关闭，电动机 M1、M2 和 M3 皆为停止状态。

② 进料　如料箱中料不满（料位传感器 S1 为 OFF），5s 后进料电磁阀开启进料；当料

满（S1 为 ON）时，中止进料。

③ 装车　当汽车开进到装车位置（车位传感器 S2 为 ON）时，红灯 L1 亮，绿灯 L2 灭，同时启动 M3（用 L6 指示），经 5s 后启动 M2（用 L5 指示），再经 5s 后启动 M1（用 L4 指示），再经 5s 后打开料箱（L3 为 ON）出料。

当车装满（称重传感器 S3 为 ON）时，料箱关闭（L3 为 OFF），经 5s 后 M1 停止，再经 5s 后 M2 停止，再经 5s 后 M3 停止，同时红灯 L8 灭，绿灯 L7 亮，表明汽车可以开走。

④ 停机　按下停止按钮 SB2，整个系统中止运行。

（2）输入/输出信号分配

输入/输出信号分配如表 10-5 所示。

**表 10-5　输入/输出信号分配**

| 输　入（I） | | | 输　出（O） | | |
|---|---|---|---|---|---|
| 元　件 | 功　能 | 信号地址 | 元　件 | 功　能 | 信号地址 |
| 按钮 SB1 | 启动 | X0 | 料箱进料电磁阀 L1 | 控制进料 | Y0 |
| 按钮 SB2 | 停止 | X1 | 料箱料位指示灯 L2 | 料箱料满指示 | Y1 |
| 料位传感器 S1 | 料箱料位检测 | X2 | 料箱放料电磁阀 L3 | 控制放料 | Y2 |
| 车位传感器 S2 | 车到位检测 | X3 | 电动机 M1（L4） | 驱动 1 级传送带 | Y3 |
| 称重传感器 S3 | 装料重量检测 | X4 | 电动机 M2（L5） | 驱动 2 级传送带 | Y4 |
| | | | 电动机 M3（L6） | 驱动 3 级传送带 | Y5 |
| | | | 绿灯 L7 | 允许车进/出指示 | Y6 |
| | | | 红灯 L8 | 禁止车进/出指示 | Y7 |
| | | | 料重信号灯 L9 | 车满指示 | Y10 |

（3）硬件接线

自动送料装车控制的 PLC 硬件接线如图 10-19 所示。

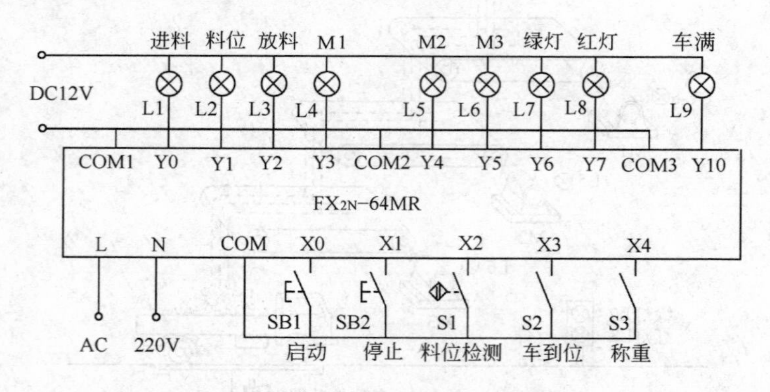


图 10-19　PLC 外部 I/O 设备接线图

（4）控制程序

设计程序时，要考虑料箱无料的情况，料箱可能在装料过程中无料，也可能在装料结束后无料。但进料与装车是两个相对独立的过程，所以设计程序时，既可以使用并行分支编程，也可以使用选择性分支编程。其中，一条分支用于料箱进料控制；另一条分支用于放料控制。

按并行分支和选择性分支设计的自动送料装车控制程序分别如图 10-20、图 10-21 所示。

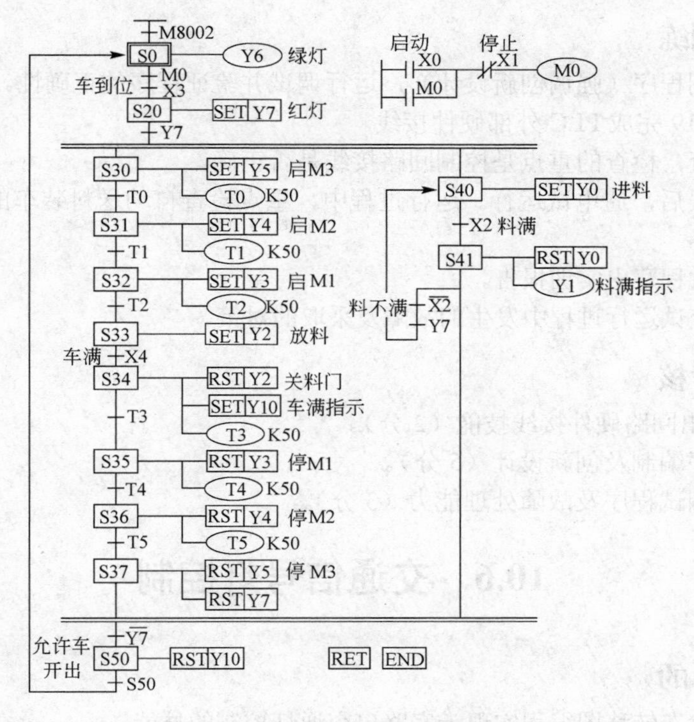

图 10-20 按并行分支设计的控制程序

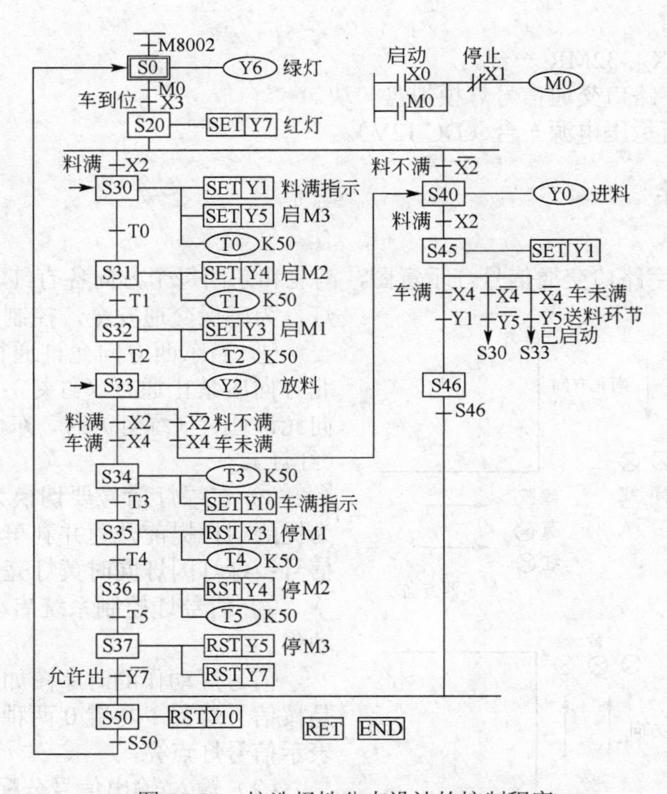

图 10-21 按选择性分支设计的控制程序

### 10.5.4 技能训练

① 设计控制程序（强调创新设计），运行调试并验证程序的正确性。

② 按图 10-19 完成 PLC 外部硬件接线。

③ 教师检查，检查的重点是控制回路接线是否正确。

④ 检查无误后，通电试运行。运行过程中，重点检查自动送料装车的过程是否符合控制要求。

⑤ 按实训过程写出实训报告。

⑥ 说明系统试运行过程中发生的故障及采取的对策。

### 10.5.5 实训考核

① 输入/输出回路硬件接线技能（2 分）。

② 控制程序编制及创新设计（5 分）。

③ 运行、调试程序及故障处理能力（3 分）。

## 10.6 交通信号灯控制

### 10.6.1 实训目的

① 训练用状态转移图编程实现十字路口交通灯控制的技能。

② 培养应用状态图编制控制类程序和程序调试的能力。

### 10.6.2 实训设备

① 控制器 $FX_{2N}$-32MR 一台。

② 负载 十字路口交通信号灯模拟盘一块。

③ 电源 直流稳压电源一台（DC 12V）。

### 10.6.3 实训指导

（1）控制案例

图 10-22 是十字路口交通信号灯示意图，南北和东西每个方向各有红、绿、黄三种信号灯，为确保交通安全，控制要求如下。

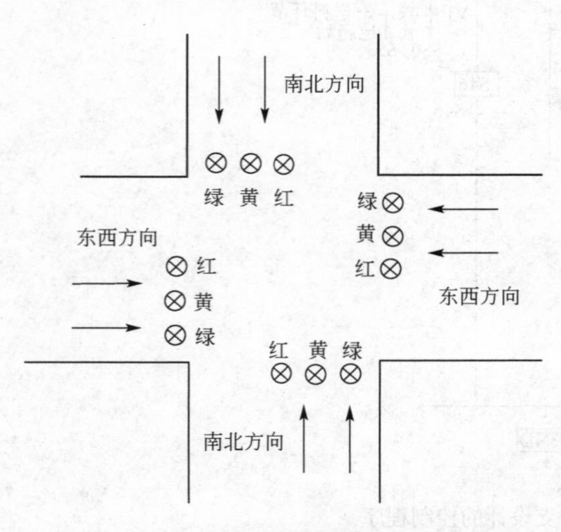


图 10-22 十字路口交通信号灯示意图

① 当东西方向允许通行（绿灯）时，南北方向应禁止通行（红灯）；同样，当南北方向允许通行（绿灯）时，东西方向应禁止通行（红灯）。

② 在绿灯信号要切换为红灯信号之前，为提醒司机提前减速并刹车，应有明显的提示信号：绿灯闪烁同时黄灯亮。

③ 信号灯控制系统启动后应能自动循环动作。

信号灯动作的时序图如图 10-23 所示，它是按信号灯置 1 与置 0 两种状态绘制的，置 1 表示信号灯点亮。

（2）输入/输出信号分配

输入/输出信号分配如表 10-6 所示。

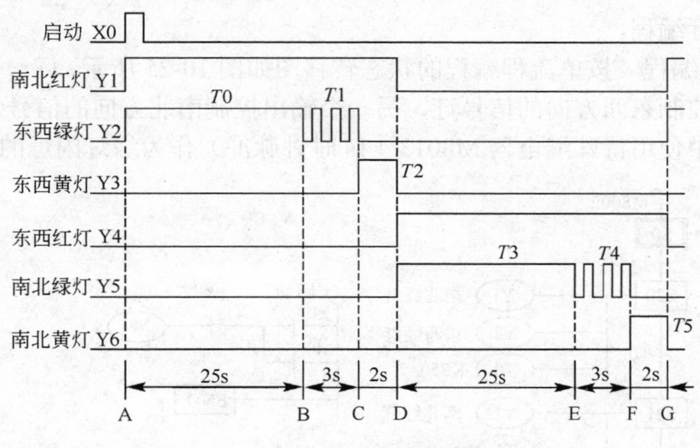


图 10-23　十字路口交通灯工作时序图

**表 10-6　输入/输出信号分配**

| 输入（I） | | | 输出（O） | | |
|---|---|---|---|---|---|
| 元 件 | 功 能 | 信号地址 | 元 件 | 功 能 | 信号地址 |
| 按钮 SB1 | 启动 | X0 | 信号灯 L1、L2 | 南北红灯 | Y1 |
| 按钮 SB2 | 停止 | X1 | 信号灯 L3、L4 | 东西绿灯 | Y2 |
| | | | 信号灯 L5、L6 | 东西黄灯 | Y3 |
| | | | 信号灯 L7、L8 | 东西红灯 | Y4 |
| | | | 信号灯 L9、L10 | 南北绿灯 | Y5 |
| | | | 信号灯 L11、L12 | 南北黄灯 | Y6 |

（3）硬件接线

PLC 外部 I/O 设备接线如图 10-24 所示。图中用一个输出点驱动两个信号灯，如果 PLC 输出点的负载电流超过规定值，可以用一个输出点驱动一个信号灯，也可以通过中间继电器驱动信号灯。

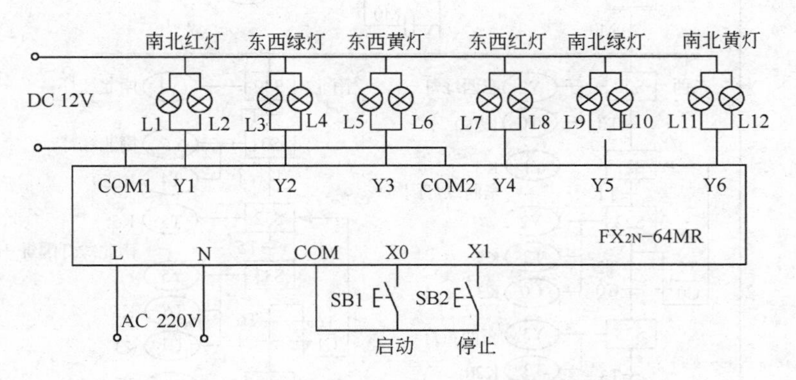


图 10-24　PLC 外部 I/O 设备接线

（4）控制程序

由于交通信号灯是按一定的顺序和时间动作的，因此交通信号灯控制的关键是时序控制。在图 10-23 所示的时序图中，A、B、C、D、E、F、G 分别是一个工作周期 6 只信号灯工作状态变化的切换点，对不同的时段（如 A→B、B→C、C→D、D→E、E→F、F→G），信号灯的工作状态和时间是一定的，因此每个时段可作为一个工步，再按时序图所表达的信号之间的顺序进行编程。

① 按单流程编程　按单流程编程的状态转移图如图 10-25 所示，每一个工步同时有两个输出，一个输出控制东西方向的信号灯，另一个输出控制南北方向的信号灯，信号切换由定时器控制。程序中使用特殊继电器 M8013（1s 时钟脉冲）作为绿灯闪烁的控制信号。

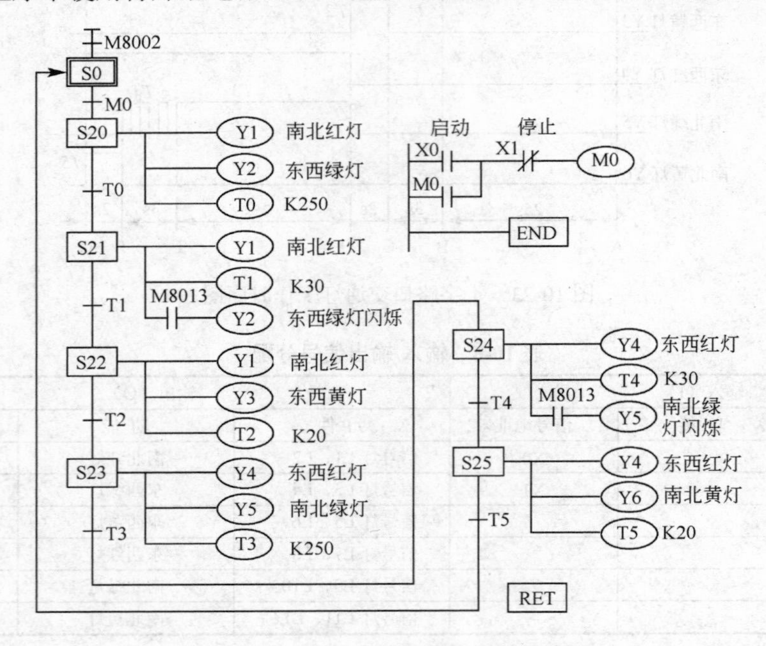


图 10-25　按单流程编程的状态转移图

② 按并行分支编程　东西方向和南北方向信号灯的动作过程可以视为两个独立的顺序动作过程。由于两个方向信号灯动作的同时性，其状态转移图应为并行分支，如图 10-26 所示。

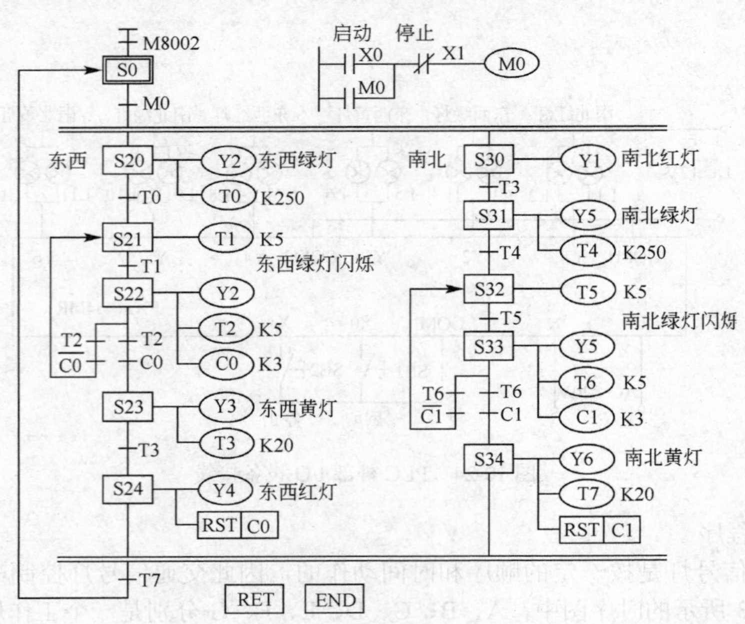


图 10-26　按并行分支编程的状态转移图

### 10.6.4　技能训练

① 将交通灯控制程序输入 PLC，运行调试并测试程序的正确性。

② 按图 10-24 完成 PLC 外部硬件接线，并检查接线是否正确。

③ 确认线路正确及程序正确无误后，通电试验。

④ 按实训过程写出实训报告。

⑤ 分析总结状态图编程的特点。

### 10.6.5　实训考核

① 输入/输出回路接线技能（3 分）。

② 控制程序编制及创新设计（4 分）。

③ 运行、调试程序及故障处理能力（3 分）。

## 10.7　彩灯控制

### 10.7.1　实训目的

① 熟悉数据处理类应用指令的功能和使用方法。

② 通过编程训练，掌握编程技巧，积累编程经验，提高编制综合程序的能力。

③ 学会分析指令执行的过程，掌握程序运行调试的方法。

### 10.7.2　实训设备

① 控制器　$FX_{2N}$-64MR 一台。

② 负载　彩灯模拟盘一块（见图 10-27）。

③ 电源　直流稳压电源一台（DC 12V）。

### 10.7.3　实训指导

（1）控制案例

某广告屏有 16 只彩灯 L1～L16，如图 10-27 所示，现用 PLC 对广告屏灯光实现控制，具体控制要求如下。

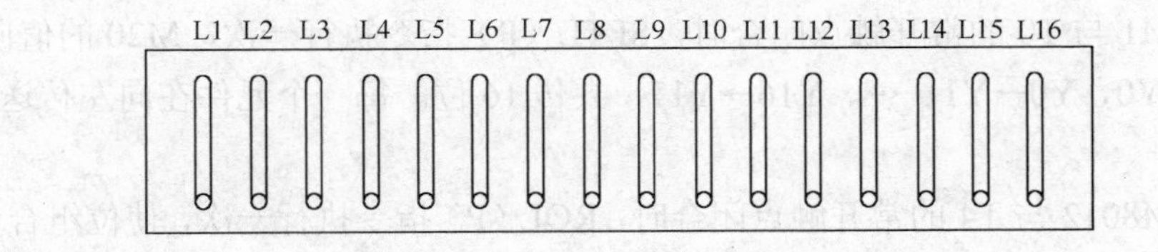


图 10-27　彩灯模拟盘

① L1～L16 顺序间隔 1s 依次点亮，当 L16 点亮 2s 后，所有的灯全灭。

② 经 2s 延时后，编号为奇数与编号为偶数的灯每间隔 0.5s 交替闪烁 5 次。

③ 再经 2s 延时后，L1～L16 顺序间隔 0.1s 依次点亮，后一只灯亮时，前一只灯灭；当最后一只灯 L16 点亮时，L1～L16 再按相反的顺序，每间隔 0.1s 依次点亮，同样当后一只灯亮时，前一只灯灭；当 L1 点亮时，重新循环上述过程。

④ 按停止按钮，程序中止运行。

（2）输入/输出信号分配

输入/输出信号分配如表 10-7 所示。

表 10-7 输入/输出信号分配

| 输 入（I） | | | 输 出（O） | | |
|---|---|---|---|---|---|
| 元 件 | 功 能 | 信号地址 | 元 件 | 功 能 | 信号地址 |
| 按钮 SB1 | 程序启动 | X0 | 灯 L1～L16 | 组成彩灯（动感效果） | Y0～Y17 |
| 按钮 SB2 | 程序停止 | X1 | | | |

（3）硬件接线

彩灯控制的 PLC 硬件接线如图 10-28 所示。

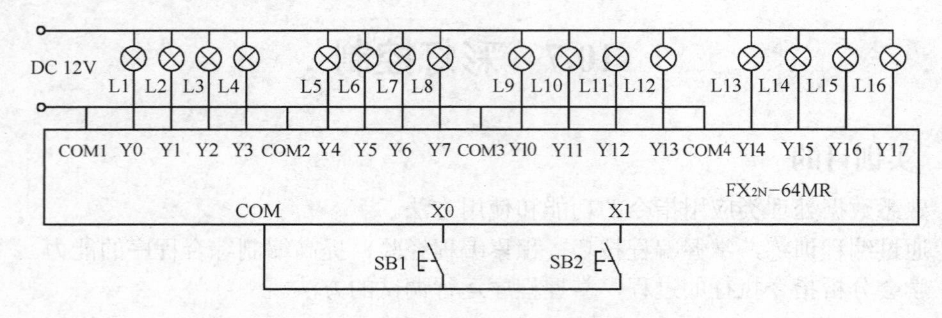


图 10-28 PLC 外部 I/O 设备接线图

（4）控制程序

彩灯控制的梯形图如图 10-29 所示，在程序设计中，使用了 MOV 指令（数据传送）、ROR 指令（循环右移）、ROL 指令（循环左移）、SFTL 指令（位左移）及 ZRST 指令（区间复位）等，分析调试程序时，要注意它们的形式及操作功能。

① MOV（P）指令为脉冲执行方式，即元件 M1 的常开触点每闭合一次，将十进制数 1 向位组合元件 K1M20 传送一次。

②（D）MOV（P）表示 MOV 指令传送的数据长度是 32 位，因为 K43690 大于 16 位操作的最大值 K32767。

③ 每当 M1 与 T0 的常开触点闭合时，SFTL（P）指令执行一次，M20 的值向左传送一位，即 M20→Y0、Y0→Y1、…、Y16→Y17，共传 16 位。每一个元件在向左传送的过程中，其值保留。

④ 每当 M8012 与 T4 的常开触点闭合时，ROL（P）指令执行一次，使位组合元件 K4Y0 从 Y0 开始，依次向左传送一位，即 Y0→Y1、Y1→Y2、…、Y16→Y17。每个元件在向左传送过程中，其值不保留。

⑤ 每当 M8012 与 M11 的常开触点闭合时，ROR（P）指令执行一次，使位组合元件 K4Y0 从 Y17 开始依次向右传送一位，即 Y17→Y16、Y16→Y15、…、Y1→Y0。每个元件在向右传送的过程中，其值不保留。

⑥ 当 M1 的常闭触点闭合时，执行 ZRST 指令，元件 M10～M13 复位。

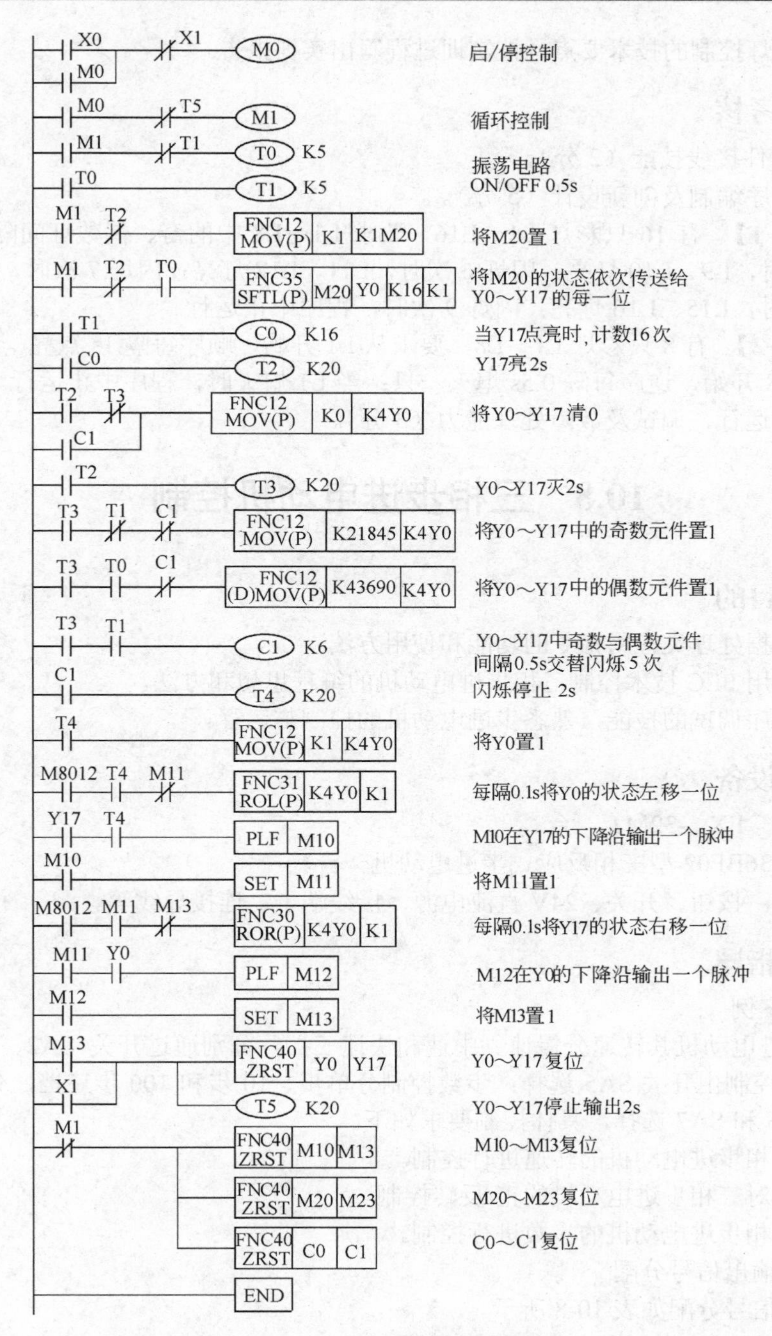


图 10-29　彩灯控制的梯形图

## 10.7.4　技能训练

① 将图 10-29 对应的指令程序输入 PLC 主机，运行调试并验证程序的正确性。

② 调试程序时，应深入理解每条功能指令的功能及应用。

③ 按图 10-28 完成 PLC 硬件接线，检查控制回路接线是否正确。

④ 确认控制系统及程序正确无误后通电试运行。

⑤ 在老师的指导下，分析可能出现故障的原因及对策。

⑥ 总结彩灯控制的技术要点，按实训过程写出实训报告。

### 10.7.5 实训考核

① PLC 硬件接线技能（2 分）。

② 控制程序编制及创新设计（5 分）。

【技能训练 1】 有 16 只彩灯 L1～L16，要求 L1～L8 中的奇、偶数灯间隔 0.5s 交替闪烁，闪烁 5 次时，L9、L10 灯亮；闪烁 6 次时，L11、L12 灯亮；闪烁 7 次时，L13、L14 灯亮；闪烁 8 次时，L15、L16 灯亮；闪烁 9 次时，程序中止运行。

【技能训练 2】 有 8 只彩灯 L1～L8，要求从 L1 开始，顺序每隔 1s 点亮一只；当 L8 点亮 1s 后，从 L8 开始，逆序每隔 0.5s 熄灭一只；当 L1 熄灭时，程序中止运行。

③ 程序的运行、调试及故障处理能力（3 分）。

## 10.8 三相步进电动机控制

### 10.8.1 实训目的

① 熟悉数据处理类应用指令的功能和使用方法。

② 训练应用 PLC 技术控制三相步进电动机的编程思想和方法。

③ 掌握程序调试的技能，熟悉步进电动机的控制与运行。

### 10.8.2 实训设备

① 控制器　$FX_{2N}$-32MT 一台。

② 负载　36BF02 型三相反应式步进电动机一台。

③ 配电盘　按钮、开关、24V 直流电源、接线端子、连接导线等。

### 10.8.3 实训指导

（1）控制案例

某三相步进电动机其转速分慢速、中速和快速三挡，分别通过开关 SA2、SA3 和 SA4 选择；正/反转控制由开关 SA5 选择；步数控制分单步、10 步和 100 步三挡，分别通过按钮 SB1、开关 SA6 和 SA7 选择，具体控制要求如下。

① 能对三相步进电动机的转速进行控制。

② 可实现对三相步进电动机的正/反转控制。

③ 能对三相步进电动机的步数进行控制。

（2）输入/输出信号分配

输入/输出信号分配如表 10-8 所示。

表 10-8　输入/输出信号分配

| 输入（I） | | | 输出（O） | | |
|---|---|---|---|---|---|
| 元　件 | 功　能 | 信号地址 | 元　件 | 功　能 | 信号地址 |
| 开关 SA1 | 启动 | X0 | 三相步进电动机 | U 相 | Y0 |
| 开关 SA2 | 慢速 | X1 | | V 相 | Y1 |
| 开关 SA3 | 中速 | X2 | | W 相 | Y2 |
| 开关 SA4 | 快速 | X3 | | | |
| 开关 SA5 | 正/反转 | X4 | | | |
| 按钮 SB1 | 单步 | X5 | | | |

续表

| 输入（I） | | | 输出（O） | | |
|---|---|---|---|---|---|
| 元　件 | 功　能 | 信号地址 | 元　件 | 功　能 | 信号地址 |
| 开关 SA6 | 10 步 | X6 | | | |
| 开关 SA7 | 100 步 | X7 | | | |
| 开关 SA8 | 暂停 | X10 | | | |

（3）硬件接线

三相步进电动机控制的 PLC 硬件接线如图 10-30 所示。

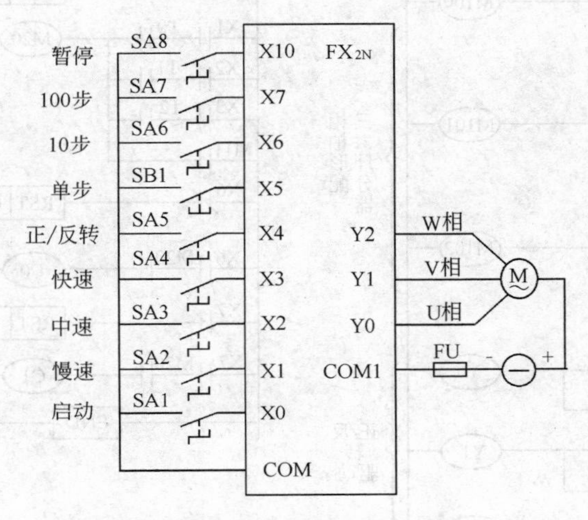


图 10-30　PLC 外部 I/O 设备接线

（4）控制程序

三相步进电动机控制的梯形图如图 10-31 所示。

① 转速控制　由脉冲发生器产生不同周期 $T$ 的控制脉冲，通过脉冲控制器的选择和三相六拍环形分配器使三个输出继电器 Y0、Y1 和 Y2 按照单双六拍的通电方式接通，其接通顺序为：

$$Y0 \xrightarrow{T} Y0、Y1 \xrightarrow{T} Y1 \xrightarrow{T} Y1、Y2 \xrightarrow{T} Y2 \xrightarrow{T} Y2、Y0 \xrightarrow{T} Y0$$

该过程对应于三相步进电动机的通电顺序是：

$$U \xrightarrow{T} U、V \xrightarrow{T} V \xrightarrow{T} V、W \xrightarrow{T} W \xrightarrow{T} W、U \xrightarrow{T} U$$

选择不同的脉冲周期 $T$，获得不同频率的控制脉冲，可以实现对步进电动机的调速。

② 正/反转控制　通过正/反转驱动环节（调换相序）改变 Y0、Y1 和 Y2 接通的顺序，以实现步进电动机的正/反转控制，即

正转　Y0 → Y0、Y1 → Y1 → Y1、Y2 → Y2 → Y2、Y0 →（返回 Y0）

反转　Y1 → Y1、Y0 → Y0 → Y0、Y2 → Y2 → Y2、Y1 →（返回 Y1）

③ 步数控制 通过脉冲计数器控制六拍时序脉冲数，以实现对步进电动机步数的控制。

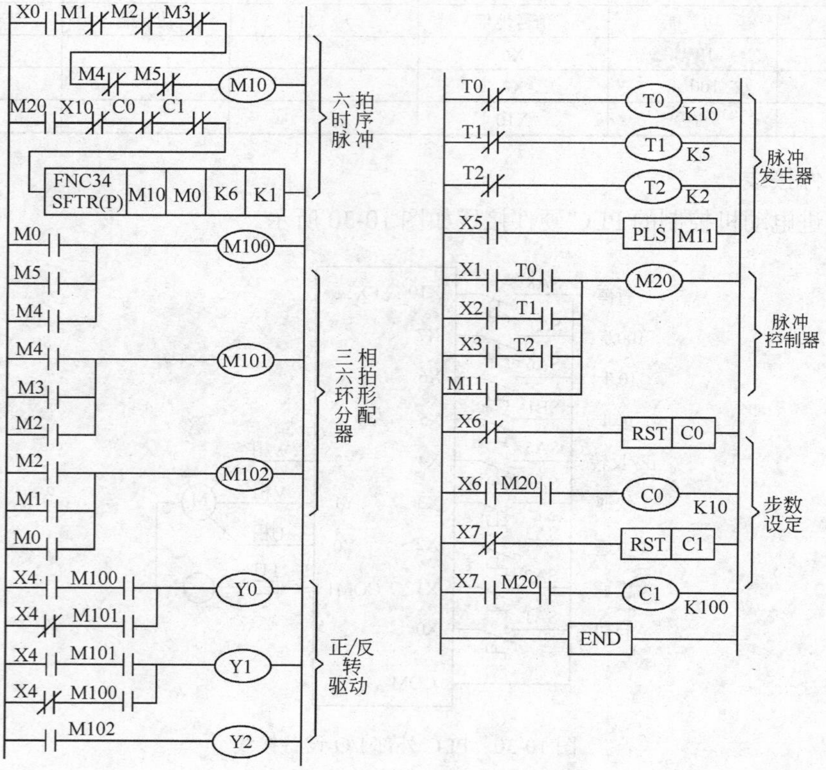

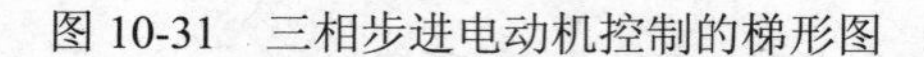


图 10-31 三相步进电动机控制的梯形图

## 10.8.4 技能训练

按图 10-30 完成 PLC 硬件接线，检查控制回路接线是否正确。将图 10-31 对应的指令程序输入 PLC 主机，运行调试并验证程序的正确性。

① 转速控制 选择慢速（接通 SA2），接通启动开关 SA1，脉冲控制器产生周期为 1s 的控制脉冲，使 M0～M5 的状态随脉冲向右移位，产生六拍时序脉冲，并通过三相六拍环形分配器使 Y0、Y1 和 Y2 按照单、双六拍的通电方式接通，步进电动机开始慢速步进运行。

断开 SA2、SA1，接通 SA3、SA1 或 SA4、SA1，观察步进电动机的转速，并说明每步间隔的时间。

② 正/反转控制 先接通正/反转开关 SA5，再重复上述转速控制操作，观察步进电动机的运行情况。

③ 步数控制 选择慢速（接通 SA2）、选择 10 步（接通 SA6），接通启动开关 SA1，六拍时序脉冲及三相六拍环形分配器开始工作，计数器开始计数。当走完预定步数时，计数器动作，其常闭触点断开移位驱动电路，六拍时序脉冲、三相六拍环形分配器及正/反转驱动环节停止工作，步进电动机停转。

在选择慢速的前提下，再选单步或 100 步重复上述操作，观察步进电机的运行情况。

分析程序调试过程中出现的故障，总结三相步进电动机控制的技术要点，按实训过程写出实训报告。

试一试：参考图 10-32，试重新设计三相步进电动机控制的梯形图，编写程序，并在 PLC 上调试运行通过。

想一想：图 10-32 所示电路中，如何改变脉冲发生器的频率，以实现步进电动机的调速？

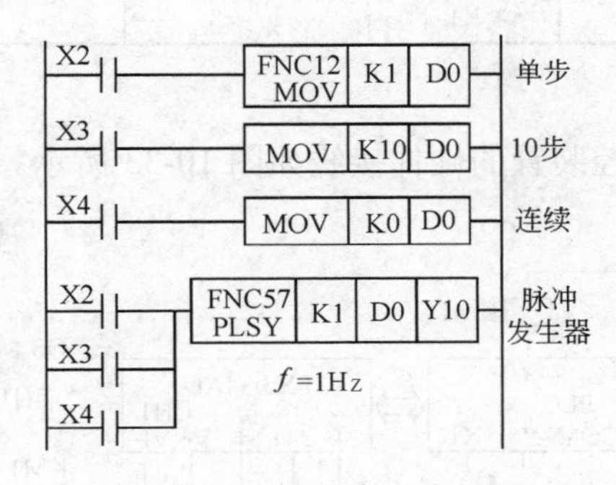


图 10-32　技能训练用梯形图

### 10.8.5　实训考核

① 输入/输出回路硬件接线技能（2 分）。

② 控制程序编制及创新设计（5 分）。

③ 运行、调试程序及故障处理能力（3 分）。

## 10.9　恒温系统控制

### 10.9.1　实训目的

① 了解模拟量输入模块 $FX_{2N}$-4AD 和模拟量输出模块 $FX_{2N}$-4DA 的性能指标。

② 训练使用特殊功能模块的技能。

③ 掌握 PLC 基本单元与特殊功能模块数据读写操作的编程方法。

### 10.9.2　实训设备

① 控制器　$FX_{2N}$-64MR 一台，$FX_{2N}$-4AD 一台，计算机一台。

② 配电盘　接触器、熔断器、按钮、接线端子等。

③ 检测元件　热电偶。

④ 负载　恒温箱（加热丝）。

### 10.9.3　实训指导

（1）控制案例

某恒温箱要求工作温度为 100℃，当温度小于 100℃时，启动电加热装置加热；当温度大于 100℃时，停止加热。现场温度用热电偶检测，并通过模拟量输入模块 $FX_{2N}$-4AD 转换成数字信号反馈给 PLC，作为控制电加热器启/停的依据。

（2）输入/输出信号分配

输入/输出信号分配如表 10-9 所示。

表 10-9 输入/输出信号分配

| 输入（I） | | | 输出（O） | | |
|---|---|---|---|---|---|
| 元 件 | 功 能 | 信号地址 | 元 件 | 功 能 | 信号地址 |
| 按钮 SB1 | 启动 | X0 | 接触器 KM1 | 控制电加热器 | Y0 |
| 按钮 SB2 | 停止 | X1 | | | |

（3）硬件接线

PLC 与 $FX_{2N}$-4AD 及温控装置的硬件接线如图 10-33 所示。

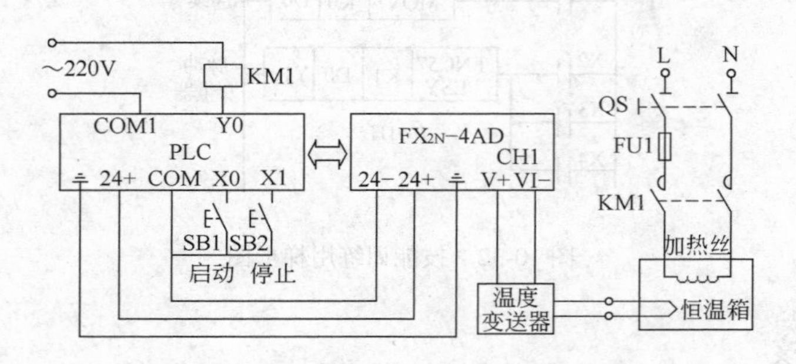


图 10-33 恒温控制的 PLC 硬件接线图

（4）控制程序

系统程序设计时，涉及现场温度信号的采样和 PLC 基本单元与特殊功能模块数据的读写操作，因此，必须解决以下七个问题。

① 模块编号 本系统只使用了一个特殊功能模块 $FX_{2N}$-4AD，故其编号应为 0 号。

② 模块确认 特殊功能模块 $FX_{2N}$-4AD 具有确定的识别码，其值为 K2010，存放在其缓冲寄存器的 30 号单元（BFM#30）。因此编制程序时，首先要读取该识别码，通过 PLC 的比较确认才能使用。程序中应用读特殊功能模块指令 FROM（FNC78）将 0 号模块 BFM#30 中的识别码 K2010 读到 PLC 基本单元的数据寄存器 D0 中，并应用比较指令 CMP（FNC10）予以确认，若（D0）=K2010，表明 0 号模块是 $FX_{2N}$-4AD，同时置 M1 为 ON。

③ 通道初始化 $FX_{2N}$-4AD 模块有 4 个通道 CH1~CH4 可供选择使用，需要通过通道初始化设定温度信号传输的通道及信号的性质和范围。程序中应用写特殊功能模块指令 TO（FNC79），将通道初始化字 H3300 写入 0 号模块缓冲寄存器的 0 号单元（BFM#0）。程序中 H3300 的意义如下（通道初始化设置详见第 6 章）：

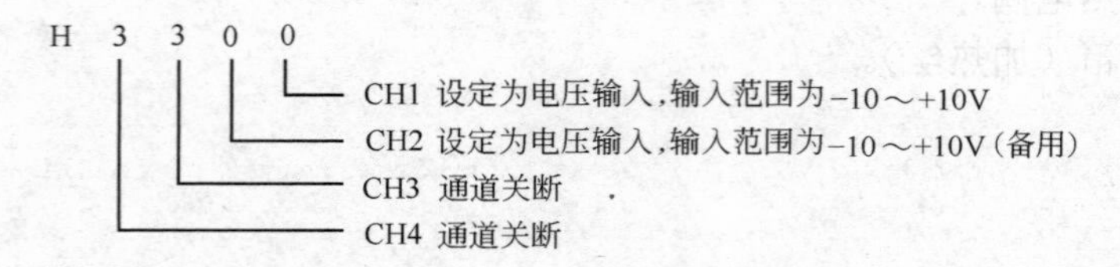


④ 设定采样次数 程序中应用写特殊功能模块指令 TO 将 K4 写入 0 号模块缓冲寄存器的 1 号单元（BFM#1），设定采样次数为 4，并取其平均值。

⑤ 工作状态判断 $FX_{2N}$-4AD 模块当前工作状态的信息存放在其缓冲寄存器的 29 号单元（BFM#29）。程序中应用读特殊功能模块指令 FROM 将 0 号模块 BFM#29 中的信息（16 位）读到 PLC 的位组合元件 K4M10，若 b0 位（M10）和 b11 位（M20）为 0，表明 CH1 通

道的设置及采样值（1~4096）正常，即可读取当前温度的采样值。

⑥ 读取温度当前值 若M10、M20为OFF，表明CH1通道工作及采样值正常，可读取温度当前值。程序中应用读特殊功能模块指令FROM，将0号模块缓冲寄存器的5号单元（BFM#5）存放的温度采样平均值，读到PLC基本单元的D1中。

⑦ 温度控制 根据温度当前值与设定值（恒温值）的差值决定温控系统的动作。程序中应用区间比较指令ZCP（FNC11）将D1的值与温度设定值比较，当K0≤（D1）≤K1000时，元件M4置1，然后使Y0为ON，启用电加热环节，其中K1000为温度设定的上限值。温度传感器检测到的温度（模拟量）通过$FX_{2N}$-4AD转换为数字量，不断传送给PLC数据寄存器D1。温度上升时，D1中的值不断增大，当D1中的值大于K1000时，元件M4置0，输出继电器Y0失电，电加热环节停止加热，温度下降时，D1中的值不断减小，当D1中的值小于K1000时，元件M4置1，输出继电器Y0得电，电加热环节开始加热。

综合以上方面，恒温控制的梯形图如图10-34所示。

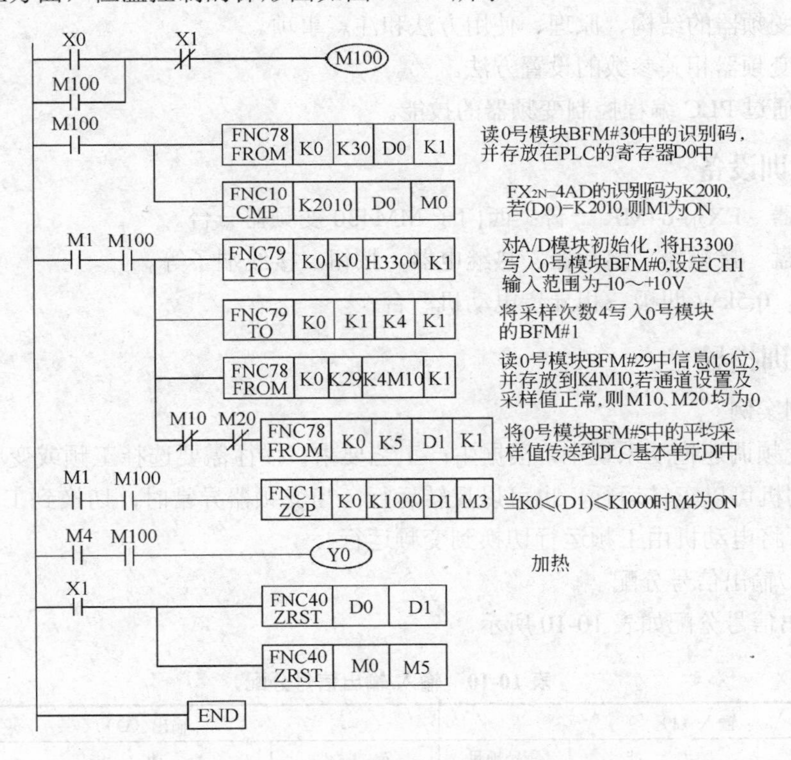


图10-34 恒温控制的梯形图

## 10.9.4 技能训练

① 将图10-34所示梯形图在三菱编程软件下进行编辑操作，并转化成指令程序。

② 将程序传给PLC，并在全画面下监视、运行程序，验证程序的正确性。

③ 研究程序中每条功能指令的功能及应用。

④ 按图10-33完成PLC外部硬件接线。

⑤ 在老师指导下，启用电加热环节，观察D1中温度当前值的变化及系统温度控制的效果。

⑥ 改变系统温度控制的上限值，修改程序，重新调试运行系统。

⑦ 分析调试过程中所出现的故障及原因。

⑧ 按实训过程写出实训报告，重点在特殊功能模块的设置与编程上。

### 10.9.5 实训考核

① $FX_{2N}$-4AD 的性能指标及使用注意事项（3 分）。

② PLC 基本单元与特殊功能模块数据读写操作的编程方法（4 分）。

③ 程序的运行、调试及故障处理能力（3 分）。

## 10.10 PLC 与变频器控制电动机的调速

### 10.10.1 实训目的

① 了解变频器的结构、原理、使用方法和注意事项。

② 掌握变频器相关参数的设置方法。

③ 训练通过 PLC 编程控制变频器的技能。

### 10.10.2 实训设备

① 控制器 $FX_{2N}$-64MR 一台；西门子 MM430 变频器一台。

② 配电盘 接触器、熔断器、热继电器、按钮、接线端子等。

③ 负载 0.5kW 四极三相异步电动机一台。

### 10.10.3 实训指导

（1）控制案例

在交流变频调速拖动系统中，根据生产工艺要求，往往需要选择工频或变频运行。变频运行时，电动机可以正转运行，也可以反转运行；当变频器异常时，切换到工频电源运行；根据需要也可将电动机由工频运行切换到变频运行。

（2）输入/输出信号分配

输入/输出信号分配如表 10-10 所示。

**表 10-10 输入/输出信号分配**

| 输入（I） | | | 输出（O） | | |
|---|---|---|---|---|---|
| 元 件 | 功 能 | 信号地址 | 元 件 | 功 能 | 信号地址 |
| 按钮 SB1 | 启动 | X0 | 由 PLC 送给变频器 | 变频正转控制信号 | Y0 |
| 按钮 SB2 | 停止 | X1 | | 变频反转控制信号 | Y1 |
| 按钮 SB3 | 工频正转运行 | X2 | 接触器 KM1 | 变频器输入电源控制 | Y4 |
| 按钮 SB4 | 工频反转运行 | X3 | 接触器 KM2 | 变频器输出电源控制 | Y5 |
| 按钮 SB5 | 变频正转运行 | X4 | 接触器 KM3 | 工频正转电源控制 | Y6 |
| 按钮 SB6 | 变频反转运行 | X5 | 接触器 KM4 | 工频反转电源控制 | Y7 |
| 热继电器 FR1 | 过载保护 | X6 | | | |

（3）硬件接线

PLC 与变频器控制电动机调速的硬件接线如图 10-35 所示。

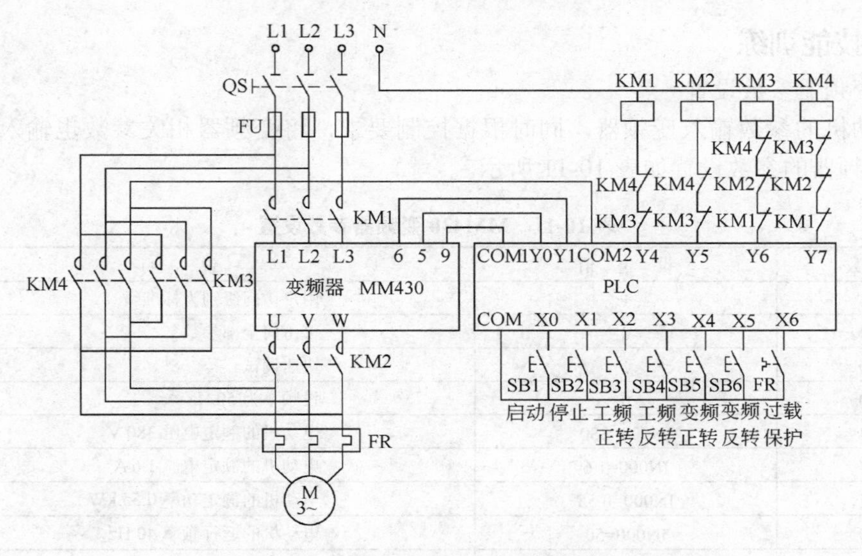


图10-35　PLC与变频器控制电动机调速的硬件接线

（4）控制程序

PLC与变频器控制电动机调速的程序设计时，要注意以下问题。

① 变频器的输出端绝对不允许外加电源，否则将造成变频器的损坏，所以在程序设计上，控制KM3、KM4的输出继电器Y6、Y7与控制KM1、KM2的输出继电器Y4、Y5一定不能同时输出；在外部接线上，KM3、KM4与KM1、KM2之间要加电气互锁。

② Y0和Y1为控制电动机变频正转与变频反转的信号，其控制电源由变频器的9端提供。当输出继电器Y0得电时，变频器的5端接通，电动机得到变频正转信号；当输出继电器Y1得电时，变频器的6端接通，电动机得到变频反转信号。当变频器加上电源时，电动机就能按要求进行正转或反转。

PLC与变频器控制电动机调速的梯形图如图10-36所示。

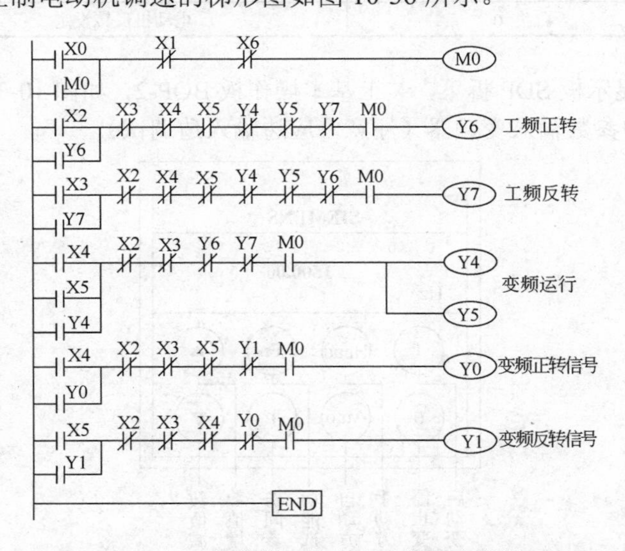


图10-36　PLC与变频器控制电动机调速的梯形图

### 10.10.4 技能训练

（1）变频器参数设置

将电动机的参数输入变频器，同时根据控制要求，将变频器相关参数也输入变频器。MM430 变频器的参数设置如表 10-11 所示。

表 10-11 MM430 变频器参数设置

| 参数 | 设定值 | 说明 |
|---|---|---|
| P0003 | 1 | 用户访问级别为标准级 |
| P0004 | 0 | 可访问全部参数 |
| P0010 | 1 | 快速调试 |
| P0100 | 0 | 设频率为 50 Hz |
| P0304 | IN000=380 | 电动机的额定电压 380 V |
| P0305 | IN000=1.6 | 电动机的额定电流 1.6 A |
| P0307 | IN000=0.55 | 电动机的额定功率 0.55 kW |
| P0310 | IN000=50 | 电动机的运行频率 40 Hz |
| P0311 | IN000=1440 | 电动机的额定转速 1440 r/min |
| P1000 | 1 | 选择频率设定值的信号源 |
| P1080 | 30 | 电动机运行的最低频率/Hz |
| P1082 | 50 | 电动机运行的最高频率/Hz |
| P1120 | 2 | 斜坡上升时间/s |
| P1121 | 2 | 斜坡下降时间/s |
| P3900 | 1 | 快速调试结束 |
| P0003 | 2 | 用户访问级别为扩展级 |
| P0004 | 7 | 命令和数字 I/O |
| P0700 | 2 | 命令源选择“由端子排输入” |
| P0701 | 1 | ON 为接通并正转；OFF 为停止 |
| P0702 | 2 | ON 为接通并反转；OFF 为停止 |
| P0003 | 3 | 用户访问级别为专家级 |
| P1110 | 0 | 电动机反转设定 |

将变频器状态显示板 SDP 拆下，装上基本操作板 BOP-2，如图 10-37 所示。通过 BOP-2 操作板将表 10-11 中参数输入变频器（注意，应边输入边调试）。

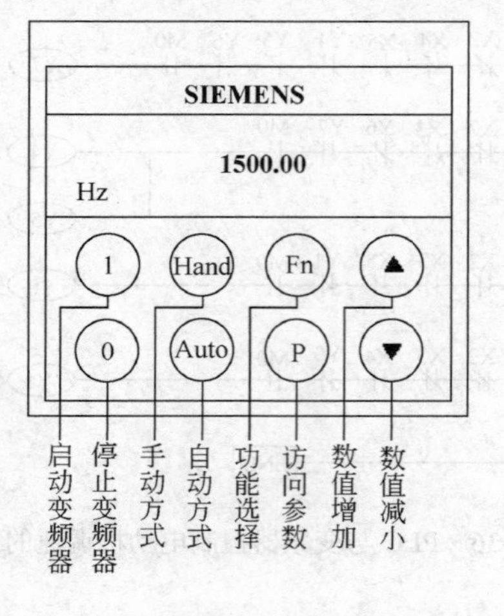


图 10-37 变频器基本操作板 BOP-2

以上参数按顺序调试好后，电动机将按设定的最低频率 30Hz 运行。如果要改变电动机旋转的速度，可改变设定的最低频率数值，以实现电动机调速的目的。

（2）程序调试

① 在老师的指导下，正确接好变频器的电源及接地线，并要熟悉变频器使用的注意事项。

② 掌握用基本操作板 BOP -2 调试参数的方法，正确调试变频器的参数。

③ 给变频器加上电源，检验变频器参数设置的正确性。若不符合控制要求，应重新设置与调试变频器的相关参数，直到满足控制要求为止。

④ 将图 10-36 所示的梯形图指令程序输入 PLC 主机，运行调试，验证程序的正确性。

⑤ 按图 10-35 完成 PLC 与变频器控制电动机调速的系统接线。

⑥ 确认控制系统及程序正确无误后，分步骤通电试车，先验证变频情况下电动机的正转与反转运行情况，正确无误后，再验证工频情况下电动机的正转与反转运行情况。

⑦ 在老师指导下，分析调试过程中所出现的故障及其原因。

⑧ 按实训过程写出实训报告（重点在变频器参数的设置与调试上）。

### 10.10.5 实训考核

① 变频器使用注意事项（2 分）。

② 变频器相关参数的设置、调试方法及其所表达的含义（5 分）。

③ 运行、调试程序及故障处理能力（3 分）。

## 10.11 触摸屏与 PLC 技术应用

### 10.11.1 实训目的

① 了解 F940 触摸屏的使用。

② 训练用触摸屏与 PLC 实现设备控制的技能。

### 10.11.2 实训设备

① 控制器 $FX_{2N}$-64MR 一台，F940 触摸屏一台。

② 配电盘 按钮、行程开关、红外传感器、24V 直流电源、接线端子、连接导线等。

③ 负载 电动机两台，信号灯两个。

### 10.11.3 实训指导

（1）控制案例

某停车场可以停放 30 辆汽车，有一个出口和一个入口。工作人员可以通过控制室的触摸屏或出、入口现场的按钮对两侧大门进行开启和关闭控制。触摸屏中应显示已经停的车数，并通过入口处的绿灯和红灯分别显示有无泊车位。

（2）输入/输出信号分配

PLC 输入/输出信号分配如表 10-12 所示，PLC 内部寄存器和继电器的使用如表 10-13 所示。

**表 10-12 PLC 输入/输出信号分配**

| 输入（I） | | | 输出（O） | | |
|---|---|---|---|---|---|
| 元　件 | 功　能 | 信号地址 | 元　件 | 功　能 | 信号地址 |
| 按钮 SB1 | 入口大门停止 | X0 | 接触器 KM1 | 控制入口大门开启 | Y0 |
| 按钮 SB2 | 入口大门开启 | X1 | 接触器 KM2 | 控制入口大门关闭 | Y1 |

续表

| 输入（I） | | | 输出（O） | | |
|---|---|---|---|---|---|
| 元　件 | 功　能 | 信号地址 | 元　件 | 功　能 | 信号地址 |
| 按钮 SB3 | 入口大门关闭 | X2 | 接触器 KM3 | 控制出口大门开启 | Y2 |
| 行程开关 SQ1 | 入口大门开限位 | X3 | 接触器 KM4 | 控制出口大门关闭 | Y3 |
| 行程开关 SQ2 | 入口大门关限位 | X4 | 信号灯 HL1 | 有泊车位显示 | Y4 |
| 热继电器 FR1 | 入口大门过载保护 | X5 | 信号灯 HL2 | 无泊车位显示 | Y5 |
| 热继电器 FR2 | 出口大门过载保护 | X6 | | | |
| 按钮 SB4 | 出口大门停止 | X10 | | | |
| 按钮 SB5 | 出口大门开启 | X11 | | | |
| 按钮 SB6 | 出口大门关闭 | X12 | | | |
| 行程开关 SQ3 | 出口大门开限位 | X13 | | | |
| 行程开关 SQ4 | 出口大门关限位 | X14 | | | |
| 红外传感器 S1 | 车入库检测 | X15 | | | |
| 红外传感器 S2 | 车出库检测 | X16 | | | |

**表 10-13　PLC 内部寄存器和继电器的使用**

| 信号地址 | 功　能 | 信号地址 | 功　能 |
|---|---|---|---|
| M0 | 入口大门停止 | M5 | 出口大门关闭 |
| M1 | 入口大门开启 | M6 | 有泊车位 |
| M2 | 入口大门关闭 | M7 | 无泊车位 |
| M3 | 出口大门停止 | D0 | 已停车数 |
| M4 | 出口大门开启 | | |

（3）硬件接线

主电路接线如图 10-38 所示。PLC 与外部输入/输出设备接线如图 10-39 所示。

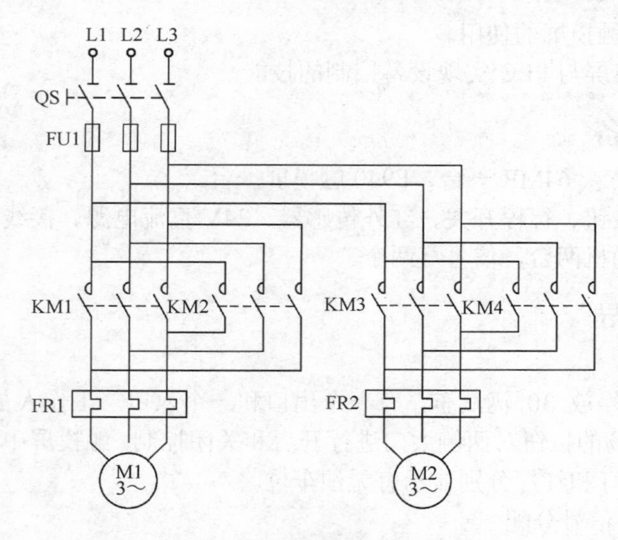


图 10-38　主电路接线

（4）控制程序

① F940 触摸屏　F940 是用于可编程控制器的小型人机界面，以文字、数字、指示灯或棒图等形式显示 PLC 内部寄存器的数值或继电器的状态。操作人员能够通过屏上的触摸按键改变 PLC 内部寄存器的数值或继电器的状态，从而实现对机电设备的控制。

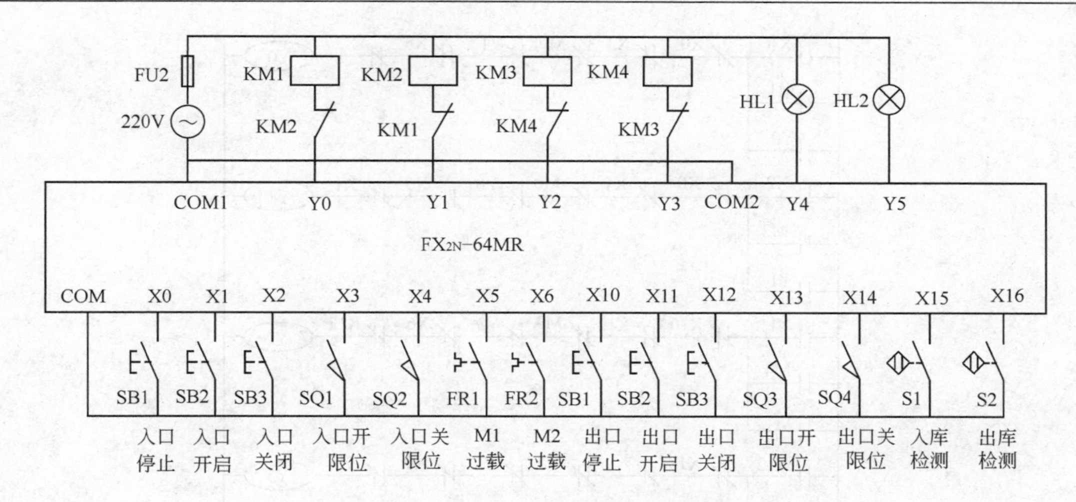


图10-39　PLC与外部输入/输出设备接线

② 触摸屏控制画面　打开GT-Designer软件，通过[新建]或[打开工程和画面]，选择显示器为F940，选择PLC为FX系列，即可打开新建的工程画面。在每幅工程画面窗口中，可根据控制需要设置触摸按键、文字（中英文）、指示灯、数据显示、数据设定和棒图等。工程画面之间可实现自由切换，操作者可完成数据监视、参数设定、开关控制等操作。停车场控制系统触摸屏工程画面如图10-40所示。控制画面设定完成后，可下载到触摸屏F940。（注意，下载过程中应确保不能断电！）

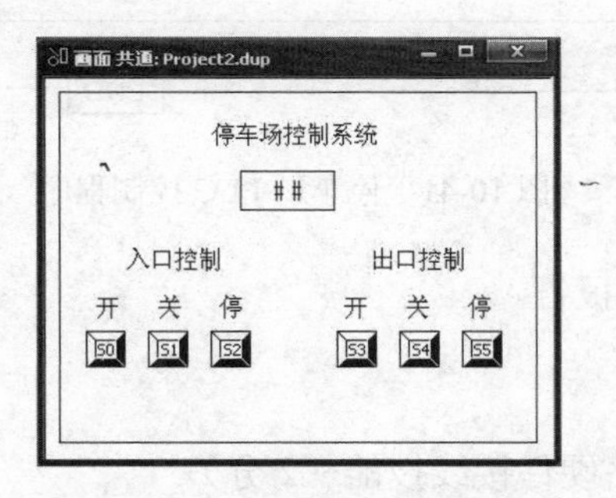


图10-40　停车场控制系统触摸屏工程画面

画面传送结束后，关掉显示器电源，拔出画面传送电缆，用PLC通信电缆将F940和PLC连接起来，给PLC和显示器上电，如果通信正常，便能进行数据监视等各项操作。

如果显示器和PLC不能正常通信，请检查PLC通信参数设置是否与显示器的一致，如速率、数据位、停止位、无校验等（方法为：按住屏幕左上角→进入系统画面→设定模式→串行通信口）。

③ PLC控制程序　停车场PLC控制程序如图10-41所示。

### 10.11.4　技能训练

① 熟悉GT触摸屏编辑软件的使用，编辑控制画面，实现与PLC的连接。

② 按图10-38、图10-39完成PLC外部硬件接线，并检查接线是否正确。

③ 确认控制系统及程序正确无误后通电试车。

④ 自行设计控制画面，通过触摸屏实现对负载控制，并能够显示相关的数据。

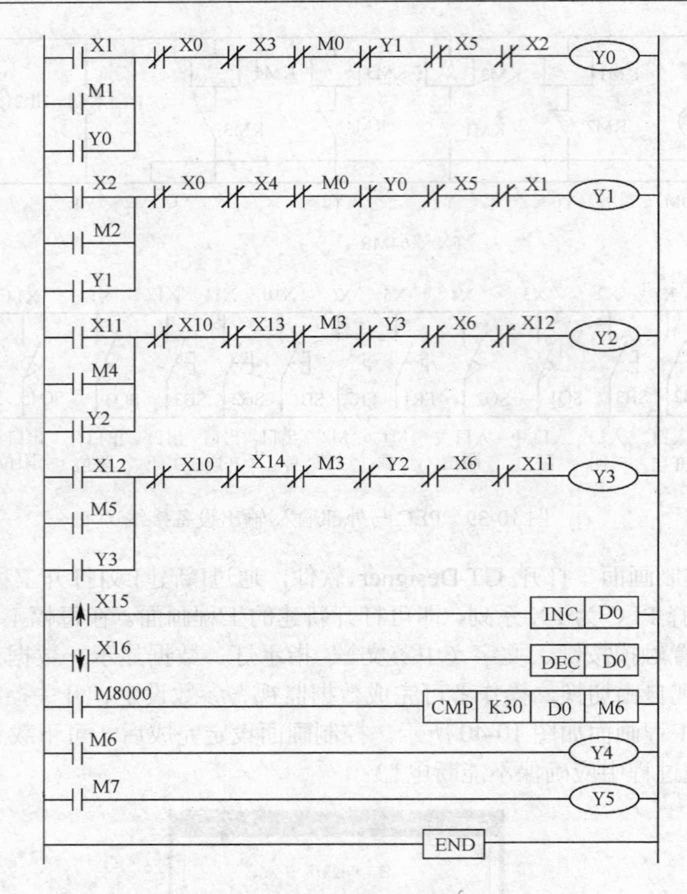


图 10-41　停车场 PLC 控制程序

⑤ 按实训过程写出实训报告。

### 10.11.5　实训考核

① PLC 与输入/输出回路硬件接线技能（2 分）。

② 触摸屏编辑软件的使用，画面设计、控制程序编制及创新设计（5 分）。

③ 运行、调试程序及故障处理能力（3 分）。

## 10.12　组态与 PLC 技术应用

### 10.12.1　实训目的

① 熟悉组态王软件的使用。

② 掌握组态与 PLC 控制中变量设置、寄存器设置及通信设置的方法。

③ 训练联机调试的技能。

### 10.12.2　实训设备

① 控制器　西门子 S7-200 一台。

② 计算机　安装组态王软件和 STEP 7 WicroWIN 编程软件。

### 10.12.3　实训指导

（1）控制案例

试应用组态软件设计两个信号灯亮、灭控制的组态画面，如图 10-42 所示，并通过 PLC 对信号灯实现控制，使组态画面的显示与信号灯的实际动作一致。

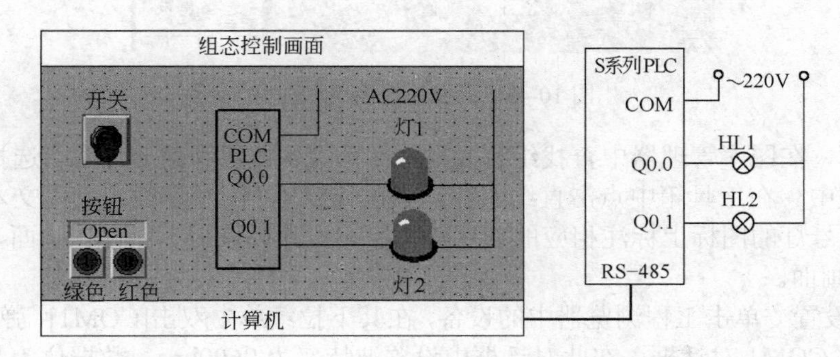


图 10-42　信号灯的 PLC 控制及控制的组态画面

① 用按钮控制灯 1　按绿色按钮，显示 Open（表明按钮触点断开），灯 1 变绿并熄灭；按红色按钮，显示 Close（表明按钮触点闭合），灯 1 变红并点亮。

② 用开关控制灯 2　当开关断开时，开关变成绿色，灯 2 变绿并熄灭；当开关闭合时，开关变成红色，灯 2 变红并点亮。

（2）组态变量与 PLC 地址分配

组态变量与 PLC 地址分配如表 10-14 所示。

表 10-14　组态变量与 PLC 地址分配

| 组态变量 | PLC 地址 |
|---|---|
| 开关 | 内存变量，通过组态变量 M1 与 PLC 的 M1.0～M1.7 联系 |
| 按钮 | 内存变量，通过组态变量 M1 与 PLC 的 M1.0～M1.7 联系 |
| 灯 | 内存变量，通过组态变量 M1 与 PLC 的 M1.0～M1.7 联系 |
| M1 | M1.0～M1.7 |

（3）组态变量 M1 与 PLC 辅助继电器 M 的对应关系

组态变量 M1 与 PLC 辅助继电器 M 的对应关系如表 10-15 所示。

表 10-15　组态变量 M1 与 PLC 辅助继电器 M 的对应关系

| 组态变量 M1（十进制） | PLC 辅助继电器 M（二进制） | 组态变量 M1（十进制） | PLC 辅助继电器 M（二进制） |
|---|---|---|---|
| 0 | 00000000　（M1.0=0） | 16 | 00010000　（M1.4=1） |
| 1 | 00000001　（M1.0=1） | 32 | 00100000　（M1.5=1） |
| 2 | 00000010　（M1.1=1） | 64 | 01000000　（M1.6=1） |
| 4 | 00000100　（M1.2=1） | 128 | 10000000　（M1.7=1） |
| 8 | 00001000　（M1.3=1） | | |

（4）组态画面的设计

① 创建一个新项目　打开组态王软件，点击工程管理器的新建，选择保存路径，并添加工程名“信号灯控制”，然后点击完成按钮，即完成了一个新项目的创建。

② 设计组态画面　在工程浏览器中，双击新建图标，打开一个新画面，在画面名称栏中输入画面名称（信号灯控制），然后点击确定按钮，即出现开发系统画面（见图 10-43）。

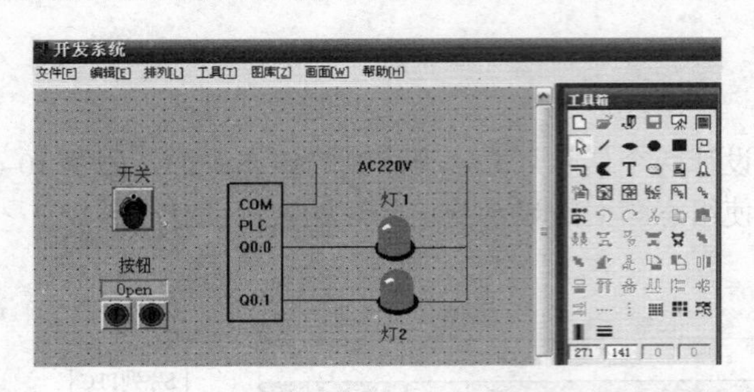


图 10-43　开发系统及组态画面

打开图库，在图库管理器中查找组态元件，如开关、按钮和信号灯等，选择合适的元件放入开发系统中。在工具箱中点击直线图标，画出 PLC 框图及连线；使用文本域工具在开关、按钮及信号灯的图标上标注相应的文字等。组态设计完成后，保存该画面，便得到如图 10-43 所示的画面。

③ 串口设置　单击工程浏览器中的设备，在其下拉菜单中双击[COM1]，弹出如图 10-44 所示设置串口-COM1 对话框，在此对话框中设置波特率为 9600bps，数据位为 8 位，停止位为 1 位，奇偶校验为偶校验，通信方式为 RS-485 等。

④ PLC 设置　单击工程浏览器中的设备，在其下拉菜单中单击[COM1]，右边出现[新建]，如图 10-45 所示。双击新建，弹出下拉菜单，单击 PLC 左边的+，在其下拉菜单中选择西门子，然后选择 S7-200 系列中的 PPI，如图 10-46 所示。在弹出的对话框中设置 PLC 的逻辑名为“PLC1”或别的名称；串口为 COM1（设置如图 10-44 所示）；通信地址为“2”或别的地址，但不能设置为 0（因为主机地址为 0）。

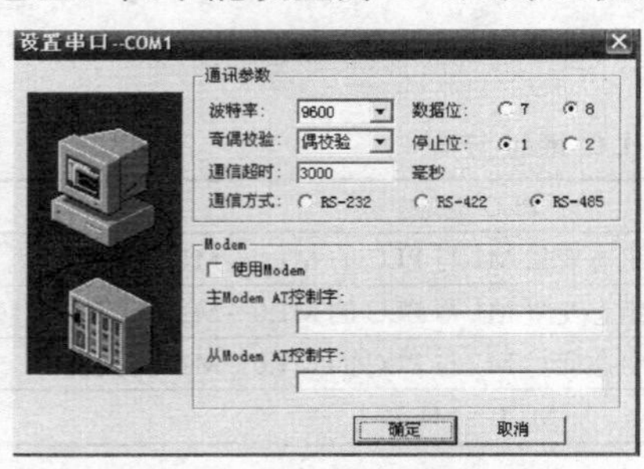


图 10-44　串口设置

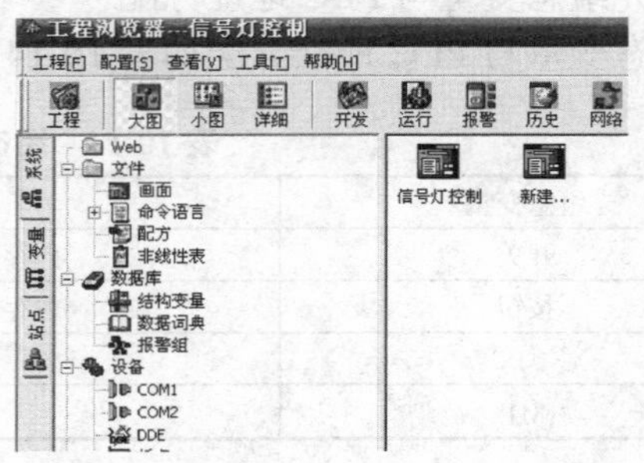


图 10-45　设置 PLC

其他参数按顺序进行设置，设置完成后弹出设备安装向导——信息总结界面，点击完成即可，如图 10-47 所示。

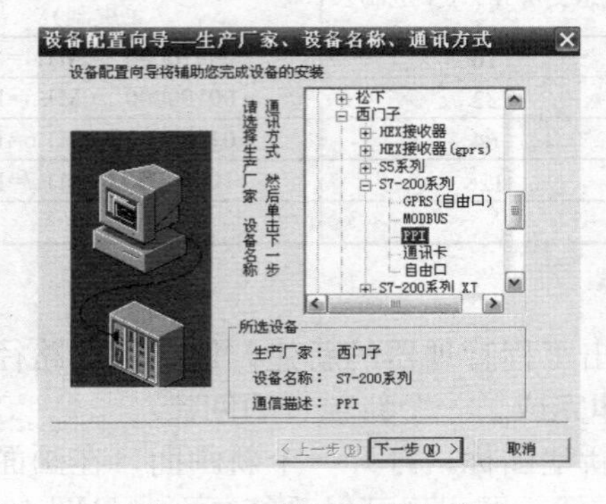


图 10-46　设置通信方式

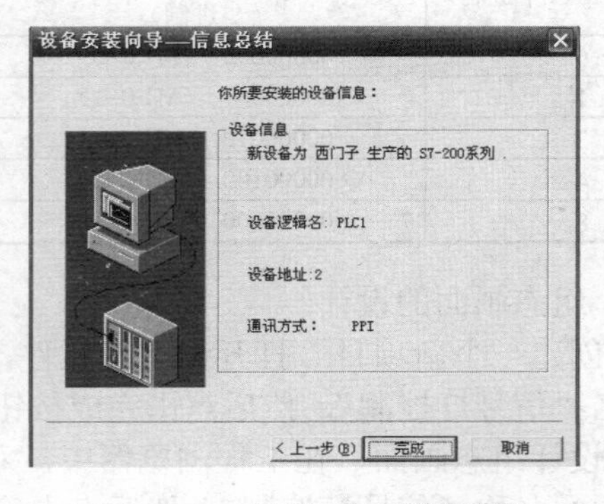


图 10-47　设置 PLC 通信地址

⑤ 定义变量　单击工程浏览器中的数据词典，在其下拉菜单中双击右边的[新建]，弹出如图 10-48 所示定义变量界面，输入变量名“开关”及变量类型“内存离散”，单击确定，即完成了变量“开关”的定义。变量“按钮”和“灯”的定义与变量“开关”的定义相同。

单击工程浏览器中的数据词典，在其下拉菜单中双击右边的新建，弹出如图 10-49 所示界面，输入变量名“M1”、变量类型“I/O 整数”、连接设备“PLC1”、寄存器“M1”和数据类型“BYTE”等，单击确定，即完成了组态变量 M1 的定义。

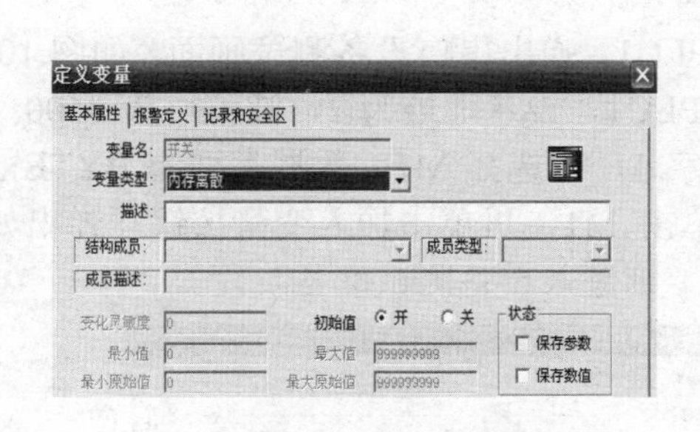


图 10-48　定义变量

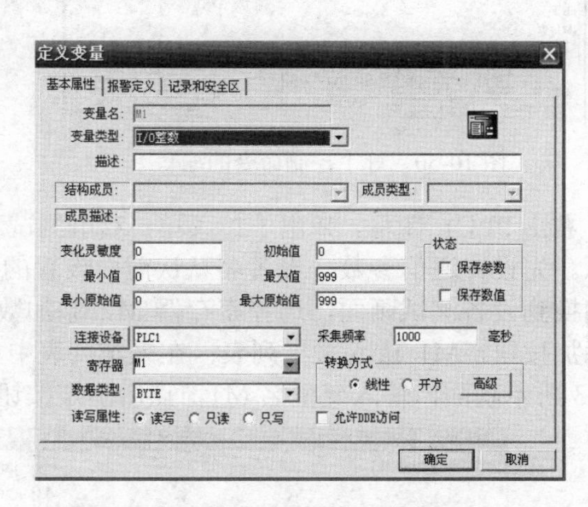


图 10-49　组态变量 M1（寄存器）的定义

以上设置完成后，就把组态变量 M1 与 PLC 中辅助继电器 M1.0~M1.7 链接起来了。

⑥ 控制命令语句　单击工程浏览器中的数据改变命令语言，再双击右边出现的新建，在图 10-50 所示画面中添加变量“按钮”，或单击图标“?”，在变量中选择“按钮”，然后编写以下灯 1 控制命令语句。

```
If（按钮= =1）
{ M1=1;
灯 1=1; }
else
{ M1=0;
灯 1=0; }
```

同样，可编写灯 2 的控制命令语句如下。

```
If（开关= =1）
{ M1=2;
灯 2=1; }
else
{ M1=0;
灯 2=0; }
```

点击确认后，即完成了控制命令语句的编辑。

⑦ 组态与 PLC 通信测试　单击工程浏览器中的设备，弹出下拉菜单，在下拉菜单中单击 COM1，右边出现“PLC1”图标，如图 10-51 所示。

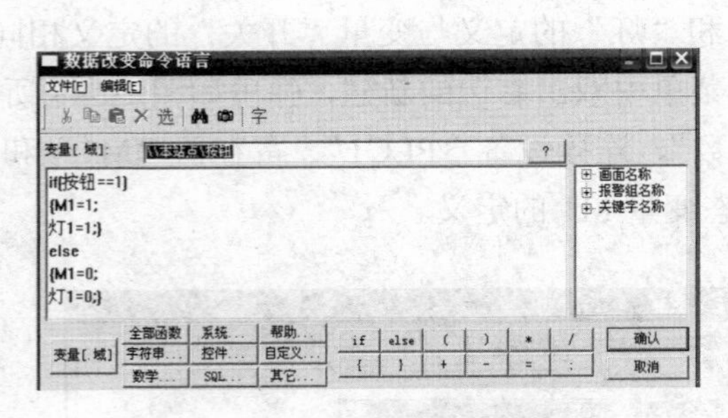

图 10-50　灯 1 控制命令的编写

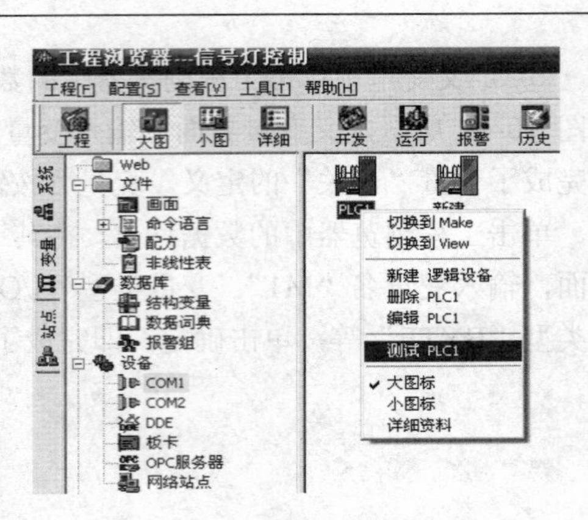

图 10-51　PLC 通信测试

右击 PLC1 图标，弹出下拉菜单，双击测试 PLC1，弹出串口设备测试画面，如图 10-52 所示。先设置通信参数，设备名默认前面设置的 PLC1，设备地址为 2，波特率为 9600；然后切换到设备测试画面，选择寄存器 M，添加数字 1，即选择 M1，数据类型为 BYTE，单击添加按钮，M1 进入采集列表；在采集列表中单击 M1，再单击加入变量按钮，弹出如图 10-53 所示画面，输入变量名 M1，点击确定按钮，则进入设备测试准备阶段。

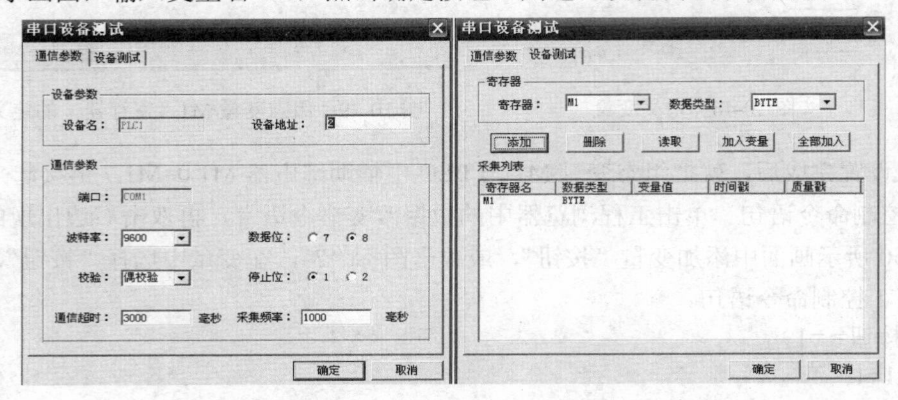

图 10-52　串口设备测试

对寄存器 M1 输入数据，双击采集列表中的寄存器 M1，弹出数据输入画面，输入十进制数 1、2、4、8、16、32、64、128，分别对应寄存器 M1.0~M1.7 置 1；输入十进制数 0，对应寄存器 M1.0~M1.7 置 0，如图 10-54 所示。

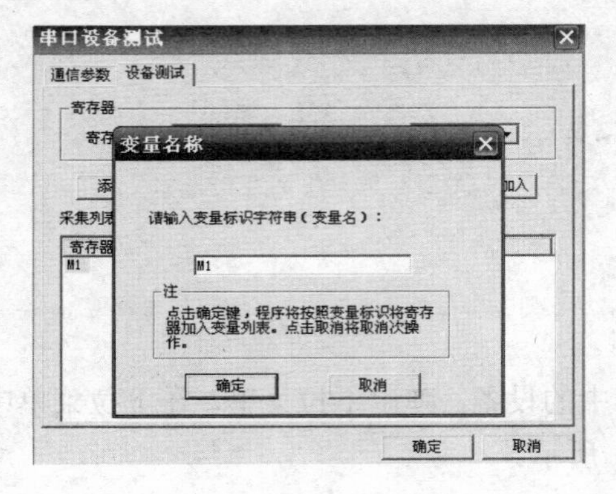

图 10-53　测试中加入变量名

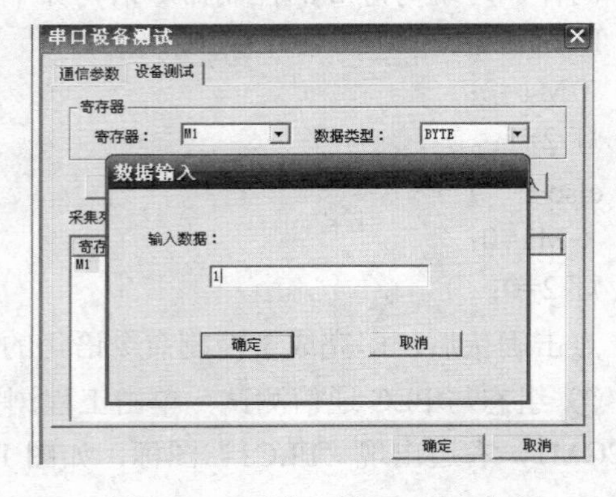

图 10-54　对寄存器 M1 输入数据

在采集列表中，单击 M1，再单击读取按钮，寄存器 M1 的数据将被读取。如未连接 PLC，将出现通信失败信息：“程序打开通信设备失败！”。

⑧ PLC 通信设置　启用编程软件 STEP 7 WicroWIN，进入编程环境，双击项目 1 中的 CPU 226 CN 选项，弹出如图 10-55 所示画面，选择与使用机型相同的 CPU 型号，然后点击右边的通信按钮，进入通信画面，如图 10-56 所示。双击双击刷新处，PLC 进入通信状态，如果通信成功，则弹出如图 10-57 所示画面；如果通信不成功，则出现通信失败信息。

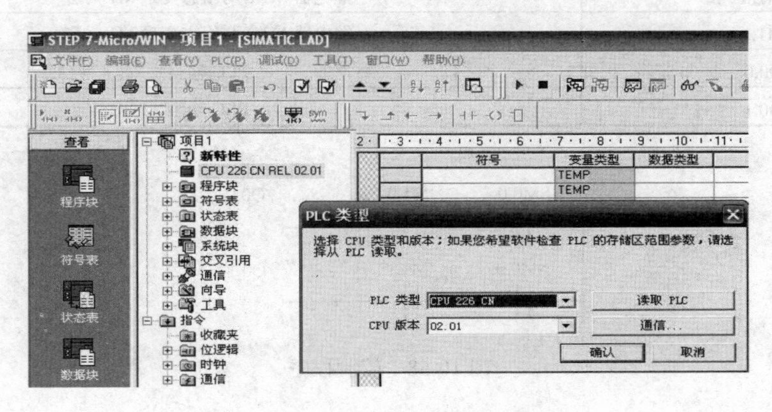


图 10-55　PLC 通信设置

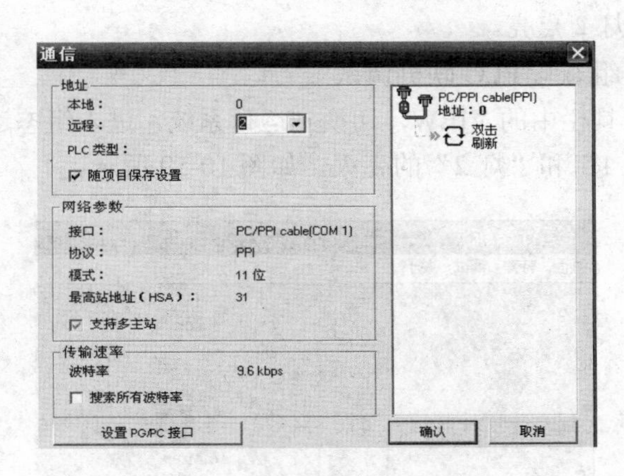


图 10-56　通信标志

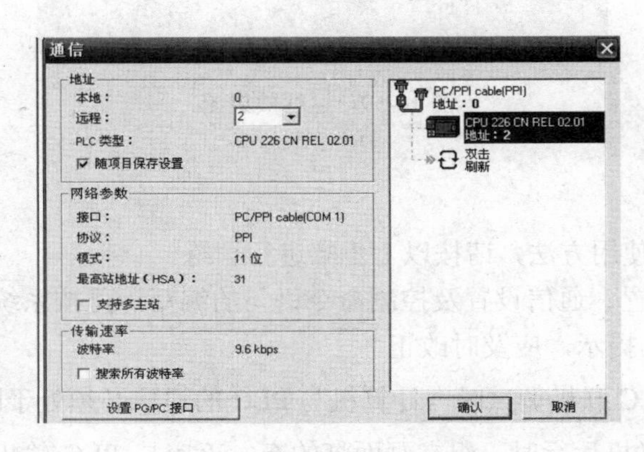


图 10-57　通信成功

（5）信号灯控制的PLC编程

信号灯控制的I/O信号地址如表10-16所示，控制程序如图10-58所示。

表10-16 I/O信号地址

| PLC地址 | 说　明 |
|---|---|
| SM0.0 | PLC运行为ON |
| M1.0 | 继电器M1.0与组态变量M1对应 |
| M1.1 | 继电器M1.1与组态变量M1对应 |
| Q0.0 | PLC输出 |
| Q0.1 | PLC输出 |

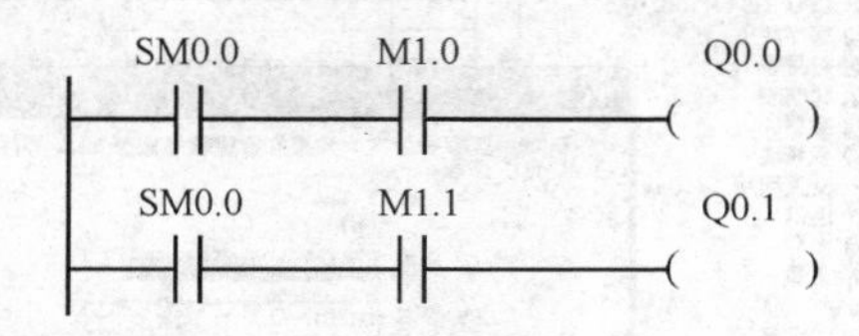


图10-58 控制程序

PLC处于运行状态时，SM0.0为ON，若M1.0为1，则Q0.0为ON，灯1点亮；若M1.1为1，则Q0.1为ON，灯2点亮。

（6）信号灯控制的组态与PLC联机调试

点击组态管理器工具栏中的VIEW，切换到运行系统，进入组态运行。点击“按钮”或“开关”，分别控制“灯1”和“灯2”的亮灭，如图10-59所示。

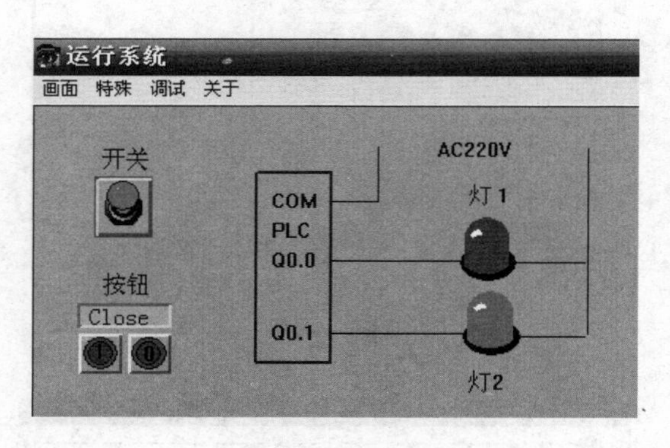


图10-59 运行效果图

## 10.12.4 技能训练

① 组态王软件的使用方法，请按以上步骤进行训练。

② 组态变量的设置、通信设置及控制命令语句的编写，可按系统提示进行。若设置或编写错误，系统会自动提示，应及时改正。

③ 组态软件与PLC联机调试时，计算机与PLC的通信必须处于断开状态。

④ 组态与PLC联机运行时，组态画面灯的亮、灭应与PLC输出继电器及负载的动作一致。

⑤ 按实训过程写出实训报告（电子版）。

### 10.12.5　实训考核

① 组态软件使用及组态画面的设计（4 分）。

② 参数定义及组态与 PLC 的通信设置（3 分）。

③ 通信测试及运行调试（3 分）。

## 10.13　水压的 PID 调节控制

### 10.13.1　实训目的

① 熟悉 PID 指令的应用及调节参数的设置。

② 掌握 PLC、变频器和 $FX_{0N}$-3A 模拟量 I/O 模块的综合应用。

③ 培养应用 PLC、变频器和触摸屏等器件解决工程实际问题的能力。

### 10.13.2　实训设备

① 控制器　$FX_{2N}$-64MR 一台、$FX_{0N}$-3A 一台、FRA540 变频器一台和 F940 触摸屏。

② 配电盘　按钮、接触器、熔断器、指示灯、转换开关、接线端子等。

③ 负载　电动机或恒压供水实训台。

### 10.13.3　实训指导

（1）控制案例

① 两台水泵分别由电动机 M1 和 M2 拖动，按要求一台运行，一台备用，自动运行累计 100h 轮换一次，手动时不切换。

② 自动切换的启动或停电后的启动前应有 5s 报警，运行异常时可自动切换到备用泵并报警。

③ 水压要求通过 PLC 的 PID 调节保持恒压。

④ 用触摸屏显示设定水压、实际水压、水泵的运行时间、转速、报警信号等；水压在 0~10kg 可调（用三菱 F940 触摸屏输入设定水压）。

⑤ 采用 PLC 模拟量输入/输出模块 $FX_{0N}$-3A 与变频器（三菱 FR-A540）配合，调节电动机的转速；电动机额定转速为 2880r/min，由接触器 KM1 和 KM2 控制。

⑥ 变频器的其余参数自行设定。

（2）输入/输出信号分配

输入/输出信号分配如表 10-17 所示。

表 10-17　输入/输出信号分配

| 输入（I） | | | 输出（O） | | |
|---|---|---|---|---|---|
| 元　件 | 功　能 | 信号地址 | 元　件 | 功　能 | 信号地址 |
| 水流开关 S1 | 1 号泵水流控制 | X0 | 接触器 KM1 | 控制 1 号泵运行 | Y0 |
| 水流开关 S2 | 2 号泵水流控制 | X1 | 接触器 KM2 | 控制 2 号泵运行 | Y1 |
| 继电器 KA | 过电流保护 | X2 | 报警器 HA | 报警 | Y4 |
| | | | 变频器接口 SD | 控制变频器 | Y10 |

（3）硬件接线

PLC 的 I/O 接线和变频器的控制电路如图 10-60 所示。

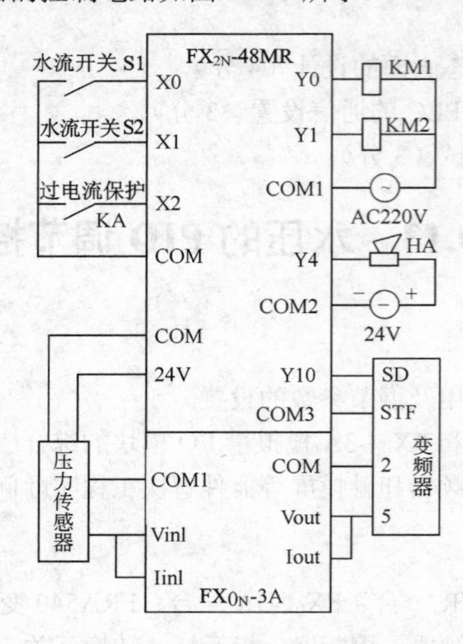


图 10-60　控制系统接线图

（4）控制程序

① 触摸屏控制画面设计　设计制作触摸屏画面时，应先根据 I/O 口和 PLC 的程序，对触摸屏的控件进行确定，触摸屏的控制如表 10-18 所示。制作的触摸屏参考画面如图 10-61 所示。

**表 10-18　触摸屏的输入/输出控制分配**

| 输入部分 | | 输出部分 | |
|---|---|---|---|
| M100 | 1 号泵手动启动 | Y0 | 1 号泵运行指示 |
| M101 | 2 号泵手动启动 | Y1 | 2 号泵运行指示 |
| M102 | 停止 | T20 | 1 号泵故障 |
| M103 | 运行时间复位 | T21 | 2 号泵故障 |
| M104 | 清除报警 | D101 | 当前水压 |
| M500 | 自动启动 | D102 | 电动机的转速 |
| D500 | 水压设定 | D502 | 泵累计运行的时间 |

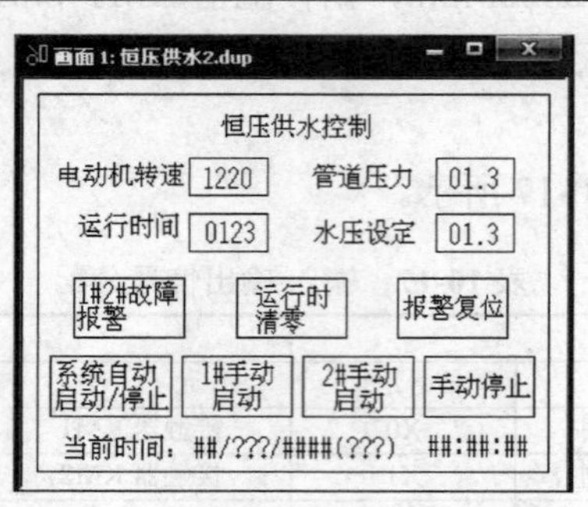


图 10-61　触摸屏控制的参考画面

② 变频器参数设置　Pr1=50Hz（上限频率）；Pr2=30Hz（下限频率）；Pr3=50Hz（额定频率）；Pr7=3s（加速时间）；Pr8=3s（减速时间）；Pr9=电动机的额定电流；Pr13=10Hz（启动频率）；Pr73=0（端子 2~5 间设定为电压 0~10V）；Pr79=2（外部运行操作模式）。

③ 控制程序　根据控制要求编制的水压 PID 调节控制系统的程序如图 10-62 所示。

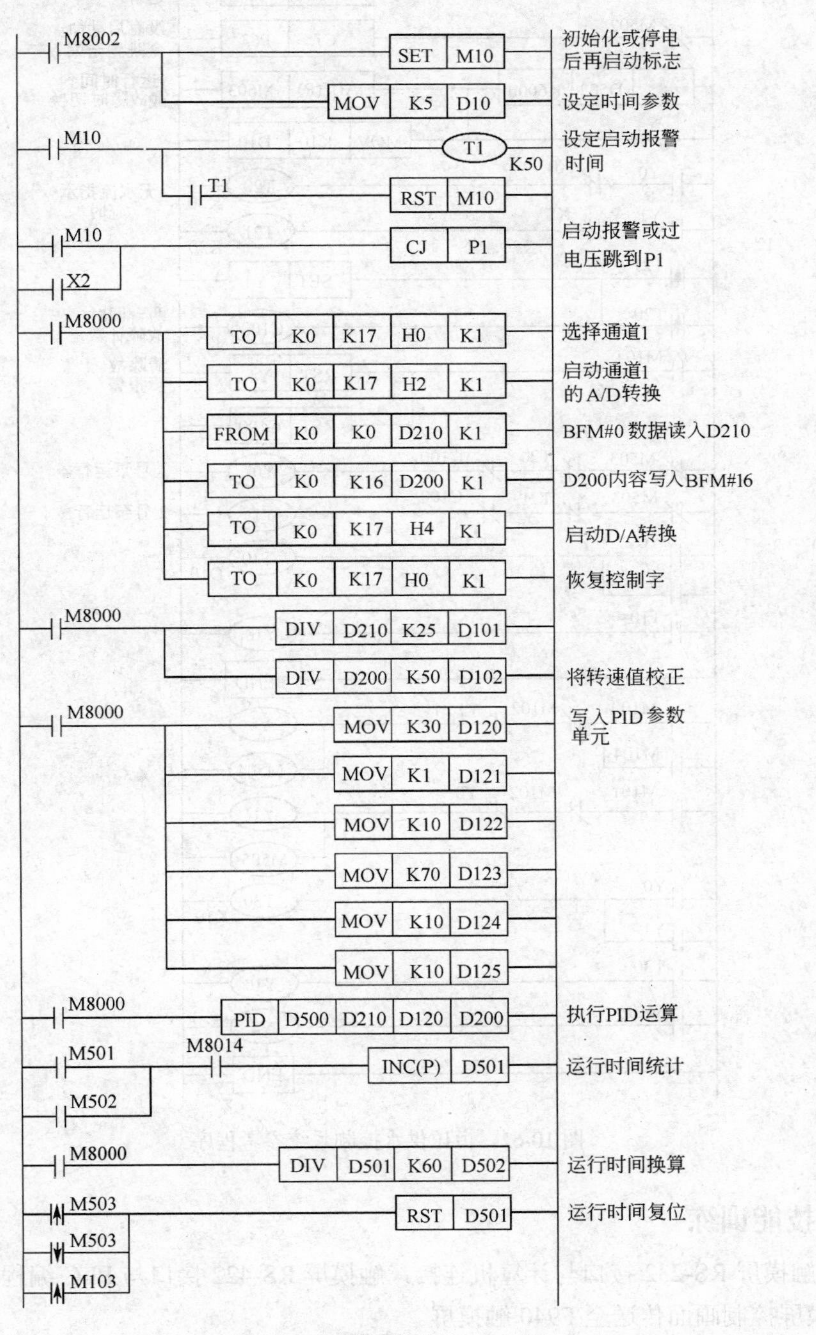


图 10-62

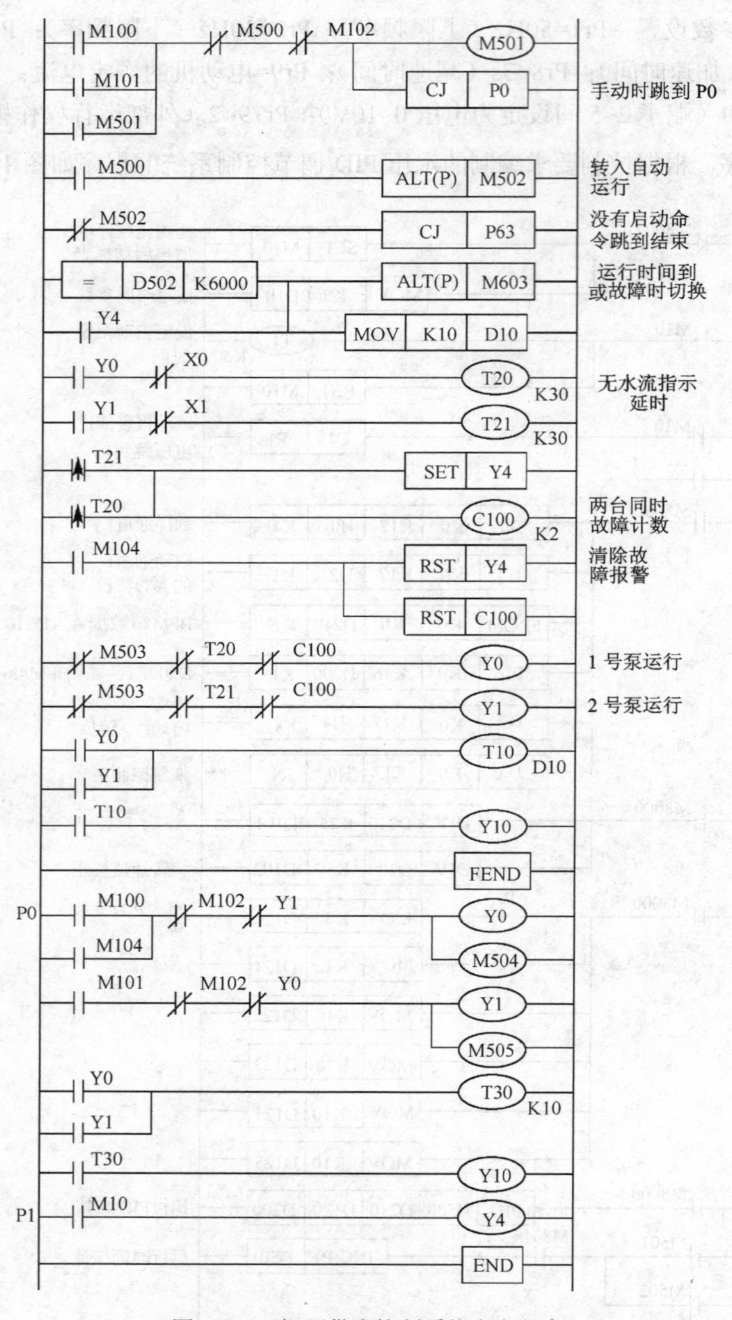


图 10-62 恒压供水控制系统参考程序

### 10.13.4 技能训练

① 将触摸屏 RS-232 接口与计算机连接，触摸屏 RS-422 接口与 PLC 编程口连接，将设计好的触摸屏控制画面传送至 F940 触摸屏。

② 将编制的控制程序传送到 PLC，运行调试并验证程序的正确性。

③ 按图 10-60 完成 PLC 和变频器的外部硬件接线，并检查接线是否正确。

④ 确认控制系统及程序正确无误后通电试车，系统时间应正确显示。

⑤ 改变触摸屏输入寄存器值，观察程序对应寄存器的变化。

⑥ 将 PLC 运行开关保持 ON，设定水压调整为 3kg。

⑦ 按手动启动，设备应正常启动。观察各设备运行是否正常，变频器输出频率是否相对平衡，水压与设定的偏差是否符合控制要求。如果水压在设定值上下有剧烈的抖动，则应调节 PID 指令的微分参数，将值设定小一些，同时适当增加积分参数值；如果调整过于缓慢，水压的上下偏差很大，则系统比例常数太大，应适当减小。

⑧ 按实训过程写出实训报告。

### 10.13.5　实训考核

① 输入/输出回路硬件接线技能（2 分）。

② 控制程序编制及创新设计（5 分）。

③ 程序的运行、调试及故障处理能力（3 分）。

# 附录 FX 系列 PLC 功能指令一览表

| 分类 | 指令编号 FNC | 指令助记符 | 功 能 | 对应 PLC 型号 | | | | |
|---|---|---|---|---|---|---|---|---|
| | | | | $FX_{0S}$ | $FX_{0N}$ | $FX_{1S}$ | $FX_{1N}$ | $FX_{2N}$、$FX_{2NC}$ |
| 程序流程 | 00 | CJ | 条件跳转 | O | O | O | O | O |
| | 01 | CALL | 子程序调用 | O | O | O | O | O |
| | 02 | SRET | 子程序返回 | — | — | O | O | O |
| | 03 | IRET | 中断返回 | O | O | O | O | O |
| | 04 | EI | 开中断 | O | O | O | O | O |
| | 05 | DI | 关中断 | O | O | O | O | O |
| | 06 | FEND | 主程序结束 | O | O | O | O | O |
| | 07 | WDT | 监视定时器刷新 | O | O | O | O | O |
| | 08 | FOR | 循环开始 | O | O | O | O | O |
| | 09 | NEXT | 循环结束 | O | O | O | O | O |
| 传送与比较 | 010 | CMP | 比较 | O | O | O | O | O |
| | 011 | ZCP | 区间比较 | O | O | O | O | O |
| | 012 | MOV | 传送 | O | O | O | O | O |
| | 013 | SMOV | 移位传送 | — | — | — | — | O |
| | 014 | CML | 取反传送 | — | — | — | — | O |
| | 015 | BMOV | 数据块传送 | — | O | O | O | O |
| | 016 | FMOV | 多点传送 | — | — | — | — | O |
| | 017 | XCH | 数据交换 | — | — | — | — | O |
| | 018 | BCD | BCD 变换 | O | O | O | O | O |
| | 019 | BIN | BIN 变换 | O | O | O | O | O |
| 算术及逻辑运算 | 020 | ADD | 加法 | O | O | O | O | O |
| | 021 | SUB | 减法 | O | O | O | O | O |
| | 022 | MUL | 乘法 | O | O | O | O | O |
| | 023 | DIV | 除法 | O | O | O | O | O |
| | 024 | INC | 加 1 | O | O | O | O | O |
| | 025 | DEC | 减 1 | O | O | O | O | O |
| | 026 | WAND | 字逻辑与 | O | O | O | O | O |
| | 027 | WOR | 字逻辑或 | O | O | O | O | O |
| | 028 | WXOR | 字逻辑异或 | O | O | O | O | O |
| | 029 | NEG | 求补 | — | — | — | — | O |
| 循环与移位 | 030 | ROR | 循环右移 | — | — | — | — | O |
| | 031 | ROL | 循环左移 | — | — | — | — | O |
| | 032 | RCR | 带进位的循环右移 | — | — | — | — | O |
| | 033 | RCL | 带进位的循环左移 | — | — | — | — | O |
| | 034 | SFTR | 位右移 | O | O | O | O | O |
| | 035 | SFTL | 位左移 | O | O | O | O | O |
| | 036 | WSFR | 字右移 | — | — | — | — | O |
| | 037 | WSFL | 字左移 | — | — | — | — | O |
| | 038 | SFWR | FIFO（先入先出）写入 | — | — | O | O | O |
| | 039 | SFRD | FIFO（先入先出）读出 | — | — | O | O | O |

续表

| 分类 | 指令编号 FNC | 指令助记符 | 功能 | 对应 PLC 型号 | | | | |
|---|---|---|---|---|---|---|---|---|
| | | | | $FX_{0S}$ | $FX_{0N}$ | $FX_{1S}$ | $FX_{1N}$ | $FX_{2N}$、$FX_{2NC}$ |
| 数据处理 | 040 | ZRST | 区间复位 | O | O | O | O | O |
| | 041 | DECO | 解码 | O | O | O | O | O |
| | 042 | ENCO | 编码 | O | O | O | O | O |
| | 043 | SUM | ON 位数求和 | — | — | — | — | O |
| | 044 | BON | ON 位数判断（查询某位状态） | — | — | — | — | O |
| | 045 | MEAN | 取平均值 | — | — | — | — | O |
| | 046 | ANS | 报警器置位 | — | — | — | — | O |
| | 047 | ANR | 报警器复位 | — | — | — | — | O |
| | 048 | SQR | BIN 开方 | — | — | — | — | O |
| | 049 | FLT | BIN 整数→二进制浮点数转换 | — | — | — | — | O |
| 高速处理 | 050 | REF | 输入/输出刷新 | O | O | O | O | O |
| | 051 | REFF | 输入滤波时间调整 | — | — | — | — | O |
| | 052 | MTR | 矩阵输入 | — | — | O | O | O |
| | 053 | HSCS | 比较置位（高速计数用） | — | O | O | O | O |
| | 054 | HSCR | 比较复位（高速计数用） | — | O | O | O | O |
| | 055 | HSZ | 区间比较（高速计数用） | — | — | — | — | O |
| | 056 | SPD | 速度（脉冲密度）检测 | — | — | O | O | O |
| | 057 | PLSY | 脉冲输出（指定频率） | O | O | O | O | O |
| | 058 | PWM | 脉宽调制 | O | O | O | O | O |
| | 059 | PLSR | 可调（带加减）脉冲输出 | — | — | O | O | O |
| 方便指令 | 060 | IST | 状态初始化 | O | O | O | O | O |
| | 061 | SER | 数据查找 | — | — | — | — | O |
| | 062 | ABSD | 凸轮控制（绝对方式） | — | — | O | O | O |
| | 063 | INCD | 凸轮控制（增量方式） | — | — | O | O | O |
| | 064 | TTMR | 示教定时器 | — | — | — | — | O |
| | 065 | STMR | 特殊定时器 | — | — | — | — | O |
| | 066 | ALT | 交替输出 | O | O | O | O | O |
| | 067 | RAMP | 斜坡信号输出 | O | O | O | O | O |
| | 068 | ROTC | 旋转工作台控制 | — | — | — | — | O |
| | 069 | SORT | 列表数据排序 | — | — | — | — | O |
| 外部设备 I/O | 070 | TKY | 10 键（0~9）输入 | — | — | — | — | O |
| | 071 | HKY | 16 键（0~15）输入 | — | — | — | — | O |
| | 072 | DSW | BCD 码数字开关输入 | — | — | O | O | O |
| | 073 | SEGD | 7 段译码 | — | — | — | — | O |
| | 074 | SEGL | 带锁存的 7 段显示 | — | — | O | O | O |
| | 075 | ARWS | 方向开关 | — | — | — | — | O |
| | 076 | ASC | ASCII 码转换 | — | — | — | — | O |
| | 077 | PR | ASCII 码打印 | — | — | — | — | O |
| | 078 | FROM | 读特殊功能模块 | — | O | — | O | O |
| | 079 | TO | 写特殊功能模块 | — | O | — | O | O |

续表

| 分类 | 指令编号FNC | 指令助记符 | 功能 | 对应PLC型号 | | | | |
|---|---|---|---|---|---|---|---|---|
| | | | | $FX_{0S}$ | $FX_{0N}$ | $FX_{1S}$ | $FX_{1N}$ | $FX_{2N}$、$FX_{2NC}$ |
| 外部设备SER | 080 | RS | 串行数据传送 | — | O | O | O | O |
| | 081 | PRUN | 并行数据传送 | — | — | O | O | O |
| | 082 | ASCI | HEX（十六进制）→ASCII码 | — | O | O | O | O |
| | 083 | HEX | ASCII码→HEX（十六进制） | — | O | O | O | O |
| | 084 | CCD | 校验码 | — | O | O | O | O |
| | 085 | VRRD | 电位器（FX—8AV）值读出 | — | — | O | O | O |
| | 086 | VRSC | 电位器（FX—8AV）刻度 | — | — | O | O | O |
| | 087 | — | — | | | | | |
| | 088 | PID | PID运算 | — | — | O | O | O |
| | 089 | — | — | | | | | |
| 浮点数运算 | 110 | ECMP | 二进制浮点数比较 | — | — | — | — | O |
| | 111 | EZCP | 二进制浮点数区间比较 | — | — | — | — | O |
| | 118 | EBCD | 二进制浮点数→十进制浮点数 | — | — | — | — | O |
| | 119 | EBIN | 十进制浮点数→二进制浮点数 | — | — | — | — | O |
| | 120 | EADD | 二进制浮点数加 | — | — | — | — | O |
| | 121 | ESUB | 二进制浮点数减 | — | — | — | — | O |
| | 122 | EMUL | 二进制浮点数乘 | — | — | — | — | O |
| | 123 | EDIV | 二进制浮点数除 | — | — | — | — | O |
| | 127 | ESQR | 二进制浮点数开方 | — | — | — | — | O |
| | 129 | INT | 二进制浮点数→BIN整数 | — | — | — | — | O |
| | 130 | SIN | 浮点数sin运算 | — | — | — | — | O |
| | 131 | COS | 浮点数cos运算 | — | — | — | — | O |
| | 132 | TAN | 浮点数tan运算 | — | — | — | — | O |
| 定位 | 147 | SWAP | 上下字节交换 | — | — | — | — | O |
| | 155 | ABS | ABS当前值读出 | — | — | O | O | — |
| | 156 | ZRN | 原点回归 | — | — | O | O | — |
| | 157 | PLSY | 变速脉冲输出 | — | — | O | O | — |
| | 158 | DRVI | 相对定位 | — | — | O | O | — |
| | 159 | DRVA | 绝对定位 | — | — | O | O | — |
| 时钟运算 | 160 | TCMP | 时钟数据比较 | — | — | O | O | O |
| | 161 | TZCP | 时钟数据区间比较 | — | — | O | O | O |
| | 162 | TADD | 时钟数据加 | — | — | O | O | O |
| | 163 | TSUB | 时钟数据减 | — | — | O | O | O |
| | 166 | TRD | 时钟数据读出 | — | — | O | O | O |
| | 167 | TWR | 时钟数据写入 | — | — | O | O | O |
| | 169 | HOUR | 计时器 | — | — | O | O | — |

续表

| 分类 | 指令编号 FNC | 指令助记符 | 功　能 | 对应 PLC 型号 | | | | |
|---|---|---|---|---|---|---|---|---|
| | | | | FX$_{0S}$ | FX$_{0N}$ | FX$_{1S}$ | FX$_{1N}$ | FX$_{2N}$ 、FX$_{2NC}$ |
| 外围设备 | 170 | GRY | 二进制数→葛雷码 | — | — | — | — | O |
| | 171 | GBIN | 葛雷码→二进制数 | — | — | — | — | O |
| | 176 | RD3A | 模拟量模块（FX$_{0N}$—3A）读出 | — | O | — | O | — |
| | 177 | WR3A | 模拟量模块（FX$_{0N}$—3A）写入 | — | O | — | O | — |
| 触点比较 | 224 | LD= | （S1）=（S2）时起始触点为 ON | — | — | O | O | O |
| | 225 | LD＞ | （S1）＞（S2）时起始触点为 ON | — | — | O | O | O |
| | 226 | LD＜ | （S1）＜（S2）时起始触点为 ON | — | — | O | O | O |
| | 228 | LD＜＞ | （S1）≠（S2）时起始触点为 ON | — | — | O | O | O |
| | 229 | LD≤ | （S1）≤（S2）时起始触点为 ON | — | — | O | O | O |
| | 230 | LD≥ | （S1）≥（S2）时起始触点为 ON | — | — | O | O | O |
| | 232 | AND= | （S1）=（S2）时串联触点为 ON | — | — | O | O | O |
| | 233 | AND> | （S1）＞（S2）时串联触点为 ON | — | — | O | O | O |
| | 234 | AND< | （S1）＜（S2）时串联触点为 ON | — | — | O | O | O |
| | 236 | AND<> | （S1）≠（S2）时串联触点为 ON | — | — | O | O | O |
| | 237 | AND≤ | （S1）≤（S2）时串联触点为 ON | — | — | O | O | O |
| | 238 | AND≥ | （S1）≥（S2）时串联触点为 ON | — | — | O | O | O |
| | 240 | OR= | （S1）=（S2）时并联触点为 ON | — | — | O | O | O |
| | 241 | OR> | （S1）＞（S2）时并联触点为 ON | — | — | O | O | O |
| | 242 | OR< | （S1）＜（S2）时并联触点为 ON | — | — | O | O | O |
| | 244 | OR<> | （S1）≠（S2）时并联触点为 ON | — | — | O | O | O |
| | 245 | OR≤ | （S1）≤（S2）时并联触点为 ON | — | — | O | O | O |
| | 246 | OR≥ | （S1）≥（S2）时并联触点为 ON | — | — | O | O | O |

注：“O”表示该机型适用。

# 参 考 文 献


[1] 李俊秀. 可编程控制器应用技术. 北京：化学工业出版社，2010.

[2] 郁汉琪. 电气控制与可编程序控制器应用技术. 南京：东南大学出版社，2003.

[3] 张万忠. 可编程序控制器应用技术. 第 2 版. 北京：化学工业出版社，2005.

[4] 李俊秀等. 可编程控制器应用技术实训指导. 第 2 版. 北京：化学工业出版社，2005.

[5] 蔡红斌. 电气与 PLC 控制技术. 北京：清华大学出版社，2007.

[6] 钟肇新等. 可编程控制器原理及应用. 第 3 版. 广州：华南理工大学出版社，2003.

[7] 高勤. 可编程控制器原理及应用（三菱机型）. 北京：电子工业出版社，2006.

[8] 孙振强. 可编程控制器原理及应用教程. 北京：清华大学出版社，2005.

[9] 王海国. 可编程序控制器及应用. 第 2 版. 北京：中国劳动社会保障出版社，2007.

[10] 阮友德. 电气控制与 PLC 实训教材. 北京：人民邮电出版社，2006.

[11] 王阿根. 电气可编程控制原理与应用. 北京：清华大学出版社，2007.

[12] 龚仲华. 三菱 FX/Q 系列 PLC 应用技术. 北京：人民邮电出版社，2006.

[13] 刘美俊. 变频器应用与维护技术. 北京：中国电力出版社，2008.

[14] 严盈富. 监控组态软件与 PLC 入门. 北京：人民邮电出版社，2007.

[15] 胡学林. 可编程控制器教程：实训篇. 北京：电子工业出版社，2004.